前　言

本书依据教育部机械基础系列课程教学基本要求编写，并在此基础上结合教学工作的实践经验和21世纪对高等工程技术人才培养的需要以及现代机械的发展，对内容进行了精心选择和编排。

本书编写过程中吸收了近年来在教学改革中形成的正确的教育观念和教育思想以及一些教学改革成果，特别是省级精品课程建设的成果。在内容的编排上遵循人们对一般事物认知的规律和循序渐进的学习规律，从对机器的直观认识入手，分析机器组成的基本原理，机构的运动关系和特征，设计通用零部件的工作能力和结构尺寸，并综合应用基本理论和基本方法最终完成机械传动装置的设计。在这样一个学习链中将各种不同机构和不同零部件的看似相对孤立的知识有机结合起来，强化了知识间的逻辑关系，使学生有一个明晰的思维主线，有助于锻炼逻辑思维能力，克服学习中的困难。不但增强了知识的系统性，而且增强了学习的目的性；不但使学生掌握基本理论知识，同时增强了机械系统设计意识和产品总体设计能力，培养学生综合运用知识解决实际问题的能力。

全书由4部分组成。第1部分以几种典型机器为实例，引出一些基本概念，并介绍机械设计的一般过程和机械设计所需的一些基础知识。第2部分以平面机构为核心，介绍了机构的组成、常用机构及其应用和机器动力学基础知识。第3部分介绍了常用传动装置和通用零件的工作能力设计和结构设计。机械传动系统设计作为所学知识的综合应用放在本书最后，以期培养和训练学生的综合应用知识能力和创新设计能力。

随着机械设备自动化水平的提高，液压传动装置在现代机械特别是自动机械和生产线上的应用越来越广泛。作为机械传动的一个重要种类，本书对液压传动的基本原理、主要元件、基本回路以及典型液压传动系统的设计进行了介绍。

参加本书编写的人员有：马保吉（第1章、第10章）、朱育权（第2章、第9章、第11章）、白川（第12章、第16章、第17章）、王丽君（第6章、第7章、第13章、第15章）、千学明（第3章、第4章）、肖强（第8章、第18章）、王文娟（第5章）、姚敏茹（第14章）。承蒙张君安教授对全书进行审稿，并就全书内容和编排提出了许多宝贵意见和建议，使教材的质量得到很大提高，编者在此表示衷心感谢。

本书由马保吉担任主编，朱育权、王丽君任副主编；西安工业学院教务处和西北工业大学出版社在本书的编辑出版过程中给予了大力支持；赵鹏、王芳老师绘制了书中部分插图。在此，对他们以及参考文献中所有作者致以衷心的感谢。

由于编者水平所限，书中难免有误漏与欠妥之处，敬请学界同仁和广大读者批评指正。

编　者

2005年7月

目 录

第1章 绪　　论

1.1 引　　言

机器是人类为了减轻体力劳动和提高劳动生产率而创造出来的主要工具，使用机器进行生产的水平是衡量一个国家的技术水平和现代化程度的重要标志之一。在人类历史上，机器的进步从来就是促进生产力发展的主要因素。以蒸汽机的发明和广泛使用为标志的第一次技术革命，为近代机械化大生产奠定了基础，使人类从手工生产进入到机械化生产。从 20 世纪 40 年代起，以原子能、空间技术和电子计算机为主要标志的一场新技术革命，促进了科学技术的重大变革和飞速发展，大量的新机器也从传统的纯机械系统，演变成机电一体化的机械设备。机器设计、制造的手段得到根本的改变，新材料、新工艺的出现改变了机器原来单一钢铁之躯的面貌，机器中电子控制技术的应用，使机械进入了智能化的新阶段。机器的设计制造周期越来越短，对机器的性能、质量的要求也越来越高，个性化要求越来越多，机械产品向着高速、精密、重载、智能等方向发展。

20 世纪末期以互联网技术为代表的信息技术革命，深刻地影响着人们的生活和生产方式，基于互联网和信息融合的机器设计和制造技术得到迅速发展，跨地域协同设计和制造成为机器制造技术的发展趋势，使得传统设计制造流程发生重大变革。

机械的种类繁多，从日常生活使用的洗衣机、食品加工机、自行车、摩托车、汽车到工业生产的机床、轧钢机、工程机械，再到飞机、火箭、航天飞机、坦克、战车等国防武器，其性能、用途各异，但是他们都有一些共同特征。

1.2 机器的组成及其特征

任何机器都是为实现某种功能而设计制造的。如图 1-1 所示的单缸内燃机，是由活塞 1、连杆 2、曲轴 3、齿轮 4 与 5、凸轮 6、顶杆 7 以及气缸 8 等组成。其基本功能是使燃气在气缸内经过进气—压缩—爆发—排气的循环过程，将燃气的热能不断地转换为机械能，从而使活塞的往复运动转换为曲轴的连续转动。为了保证曲轴连续转动，要求定时将燃气送入气缸并将废气排出气缸，这是通过进气阀和排气阀完成的，而进、排气阀的启闭则是通过齿轮、凸

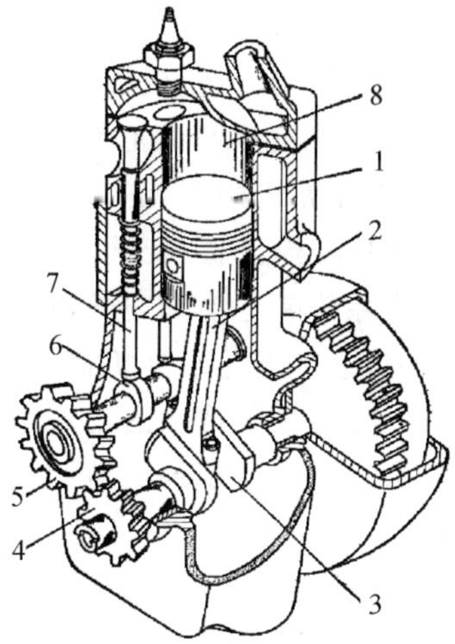

图 1-1　单缸发动机

轮、顶杆、弹簧等各构件的协同运动来实现的。

又如图 1-2 所示的颚式破碎机，其主体是由机架、偏心轴、动颚和肘板等组成。偏心轴 2 与带轮 5 固连，当电动机通过 V 带驱动带轮转动时，偏心轴则绕轴 A 转动，使动颚 3 作平面运动，轧碎动颚与定颚 6 之间的矿石，从而做有用的机械功。

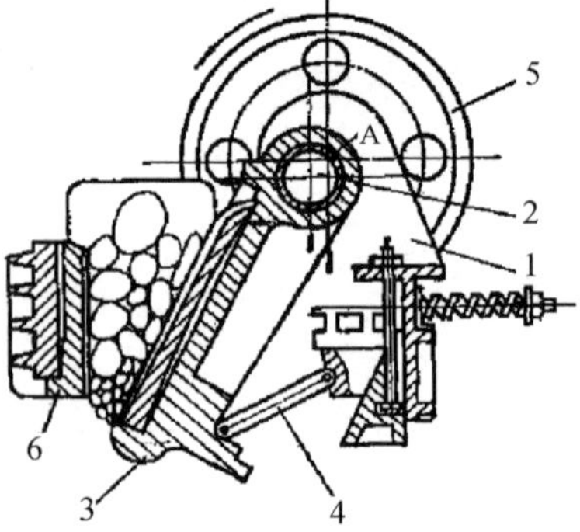

图 1-2　颚式破碎机

图 1-3 所示的牛头刨床是由曲柄 5（和大齿轮固定在一起）、滑块 2 和 6、导杆 7、刨头 8、床身 1、小齿轮 4、电动机 3 以及其他一些辅助部分（图中未画出）组成。当电动机 3 经带传动、变速箱（图中未画出）并通过小齿轮 4 使曲柄 5 作连续转动时，齿轮 5 上装有用销轴连接的滑块 6，一方面绕销轴转动，同时又可在导杆 7 的导槽中滑动，导杆 7 的下部分导槽又与另一滑块 2 连接，而滑块 2 可绕固定在床身 1 上的销轴转动。故当齿轮 5 转动时，便可通过滑块 6 带动导杆 7 作平面复杂运动。导杆 7 上端用销轴与刨头 8 相连，刨刀固定在刨头 8 的前端，随同刨头一起运动。这样当导杆 7 往复摆动时，即驱使刨刀作往复刨削运动，完成有效的机械功。

又如电动机是由一个转子（电枢）和一个定子所组成，当定子输入电流后，转子便能作回转运动，使电能转换为机械能。

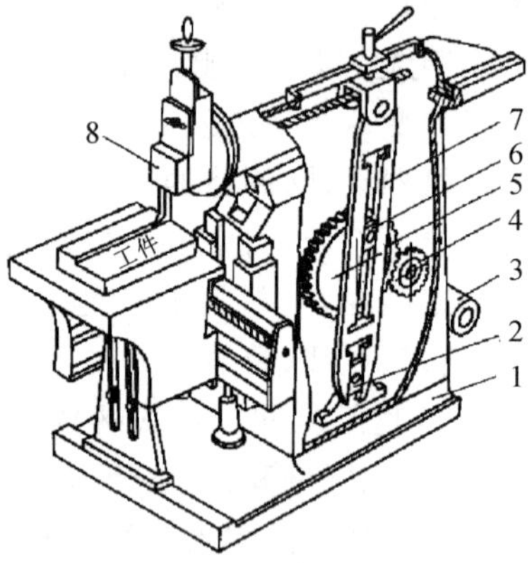

图 1-3　牛头刨床

通过以上内容可知，机器具有以下共同特征：

（1）它们是人为实体的组合；

（2）各实体间具有确定的相对运动；

（3）它们可以代替或减轻人类的劳动，以完成有效的机械功（如颚式破碎机、刨床）或能量转换（如内燃机、电动机）。

凡同时具有以上三个特征的称为机器，仅具备前两个特征的则称为机构。由图 1-1 可知，内燃机为机器，它由曲柄滑块机构、凸轮机构和齿轮机构等组成。又由图 1-2 可知，颚式破碎机也为机器，它由一个带轮传动机构和偏心轮机构组成。由此可知，机器主要由机构组成，但从构成和运动的观点看，机器和机构并无区别。在工程上，通常以“机械”一词作为机器和机构的总称。

从功能上看，机构与机器的根本区别在于机构的主要功能是传递运动和力，而机器的主要功能除传递运动和力外，还有变换机械能或完成有用的机械功。因此，一部机器可以只有一种机构，也可以是数种机构的组合。

随着科学技术的发展，“机器”一词的含义已有所改变。对于现代机器，则可定义为：“机器是执行机械运动的装置，用来变换或传递能量、物料与信息，以代替或减轻人的体力和脑力劳动”。

根据用途不同，现代机器可分为动力机器（电动机、内燃机、发电机等）、加工机器（金属切削机床、轧钢机、织布机等）、运输机器（升降机、起重机、汽车等）、信息机器（绘图机、硬盘机、磁带机、打印机等）等。

凡是在无人直接参与的前提下，能完成能量、物料和信息的整个变换过程的机器，即能按预定程序自动完成某些生产工艺过程的单机，称为自动机，例如各种自动机床、机械手等。通过自动运输装置联接起来，且能自动完成生产过程的自动机群和控制系统的组合称为自动线。它在汽车、轴承、电机、电子器件、集成电路等大批量生产的工业部门中采用。显然，机器尤其是自动机和自动线能较大地减轻人的劳动，提高劳动生产率。

对于机构，其含义也随着科学技术的发展而有所变化。以前人们认为机构只能由刚体所组成，现在这一观点已由液体和气体可参与运动的变换而改变。如果机构中除刚体外，液体或气体也参与运动的变换，则该机构相应地称为液压机构或气动机构。

一台完整的机器一般由原动部分、传动部分、执行部分和控制部分组成。如载重汽车作为一台完整的机器，它有原动部分（机器动力的来源）即汽车上的内燃机；执行部分，直接完成机器预想动作的部分即汽车的车轮；传动部分，将原动部分的运动和动力传给执行部分的中间环节，即离合器、变速箱、传动轴、差速器等；控制系统即点火系统、燃油喷射系统、制动分配等。

各种机械中普遍使用的机构称为常用机构，如连杆机构、凸轮机构、齿轮机构和间歇运动机构等。

机构中的运动单元体称为构件。所以构件具有独立的运动特性，它是运动的单元。而零件则是制造的单元。构件可以是一个零件，如图 1-4(a)所示曲轴；也可由若干个相互无相对运动的零件所组成，如图 1-4(b)所示的连杆，它是由连杆体 1、连杆盖 3、螺栓 2 及螺母 4 等零件组成。

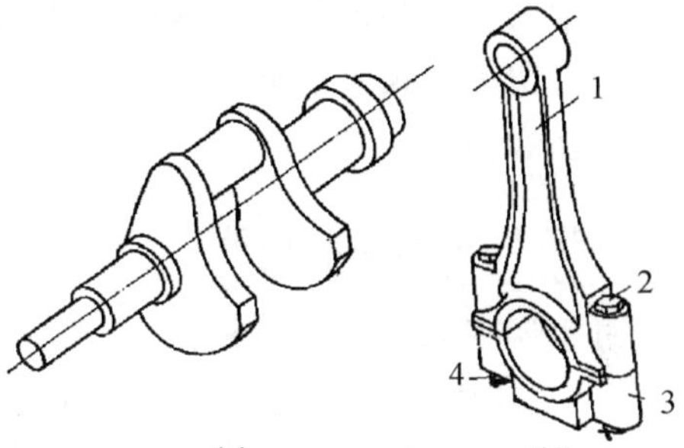

图 1-4　构件与零件

对于机器中的零件，按其功能和结构特点又可分为通用零件和专用零件。各种机械中普遍使用的零件称为通用零件，如螺栓，齿轮、轴、弹簧等。仅在某些专门行业中才用到的零件称为专用零件，如内燃机的活塞与曲轴、汽轮机的叶片、机床的床身等。

一起协同工作且完成共同任务的零件组合常称为部件。部件亦可分为通用部件与专用部件。如减速器、滚动轴承和联轴器等属通用部件，而汽车转向器则属于专用部件。

组成机器不可拆卸的基本单元称为机械零件。这一术语也常用来泛指零件和部件。

1.3　机械设计基础课程的内容、性质和任务

1.3.1　课程内容

机械设计基础（又称为机械原理及机械零件）课程主要讲述机械中的常用机构和通用零部件的工作原理、运动特点、结构特点、基本设计理论和计算方法，以及机器动力学中的一些问题。同时简要地介绍国家标准和规范、某些标准零部件的选用原则与方法，以及通用零部件的一般使用维护知识。

本书前半部分属机械原理范围，着重研究机械中的常用机构及机器动力学的基本知识（如机械的调速和平衡）；后半部分属机械零件范围，着重研究常用的联接（如螺纹联接、焊接等）、机械传动（螺旋传动、带传动、链传动、齿轮和蜗杆传动），轴系零部件（轴、轴承、联轴器）和弹簧等，并简要介绍了国家标准和有关规范。

除此之外，考虑到许多近代机械设备越来越多地采用液压传动、气压传动和电气传动，因此也对液压传动的基本知识进行了简单介绍。

1.3.2 课程的性质

本课程是高等学校工科有关专业一门重要的技术基础课，将为有关专业的学生学习专业机械设备课程提供必要的理论基础。

本课程是一门综合性较强的课程，它综合运用高等数学、理论力学、材料力学、机械制图、金属工艺学、金属材料及热处理、互换性原理与几何测量、计算机程序设计、电工电子技术等课程的基本知识，解决常用机构、通用零部件设计等问题。

本课程是一门实践性较强的课程，主要教学环节分为课堂学习、实验课和课程设计，并且大量使用工程实践中积累的设计知识。

本课程又是创新性很强的课程，机构的设计和机械结构的设计并没有固定的模式，这就给设计者留下了很大的创新空间。在国际和国内每年都要举行机构创新大赛，足以体现本课程的创新性。

1.3.3 本课程的任务

本课程的主要任务是：

(1)使学生掌握机构的结构、运动特性，初步具有分析和设计常用机构的能力，对机械动力学的一些基本知识有所了解。

(2)使学生掌握通用机械零件的工作原理、结构特点、设计计算和维护等基本知识，并初步具有设计机械传动装置的能力。

(3)培养学生具有综合运用所学知识和标准、规范、手册、图册等有关技术资料，解决工程实际问题的能力。

(4)对学生进行获得本学科实验技能的初步训练。

第2章　机械设计总论

2.1　概　　述

2.1.1　机械设计的基本要求

机械设计是为了实现机器的某些特定功能要求而进行的创造过程。它包含运用机械设计的基本知识、基本理论和基本方法而进行的开发新的机器设备和改进现有的机器设备两种设计。

机械设计的最终目的是为市场提供优质高效、价廉物美的机械产品，从而获得良好的经济效益。

机械设计质量的高低直接影响机械产品的性能、价格及经济效益。没有高质量的设计，就不可能有高质量的产品；没有经济观念的设计者，绝不可能设计出性能价格比高的产品。有资料表明，产品的质量事故，约有50%是由于设计不当造成的，而产品的成本，约70%～80%取决于设计。设计的成败往往成为产品在生产、销售和使用中能否取得良好效果的决定条件。

机械的种类繁多，但其设计的基本要求大致相同，主要包含以下几个方面：

1. 使用要求

人们为了生产和生活上的需要才设计和制造各种各样的机器。因此，我们所设计的机器必须满足预定的使用功能，这是设计机器的根本目的，也是选择和确定方案的依据。这项要求主要靠正确选择机器的工作原理，正确地设计或选用原动机、传动机构、执行机构以及合理地配置辅助系统等来实现。

2. 经济性要求

提高产品的经济性，既是增加产品市场竞争力、赢得用户的需要，也是节约社会劳动、提高社会效益的需要。机器的经济性是一个综合指标，体现在机器的设计、制造和使用的全过程中，包括设计制造经济性和使用经济性。设计制造经济性表现为机器的成本低；使用经济性表现为高效率、较低的能源和原材料消耗，以及较低的管理和维护费用等。设计机器时应最大限度地考虑其经济性。

提高设计制造经济性的主要途径有：

(1)采用先进的设计理论和方法，力求参数最优化，尽可能地应用CAD/CAM技术，特别是先进制造技术，以提高设计制造效率，降低设计制造成本。

(2)合理地选用材料，改善零件的结构工艺性，并注重对新材料、新结构、新工艺和新技术的应用，使其用料少、质量轻、加工费用低、易于装配。

(3)最大限度地采用标准化、系列化及通用化的零部件。

提高使用经济性的主要途径有：

(1)提高机器的效率。在方案设计及结构设计时，要从传动机构及执行机构的类型、润滑方式、自动化程度等方面充分考虑提高机器的效率。

(2)合理地确定机器的寿命。机器的寿命可分为功能寿命、技术寿命和经济寿命三种。机器从开始使用至其主要功能丧失而报废所经历的时间称为功能寿命；机器从开始使用至其因技术落后而被淘汰所经历的时间称为技术寿命；机器从开始使用至其继续使用将导致经济效益显著降低所经历的时间称为经济寿命。在科学技术高速发展的今天，机器的经济寿命、技术寿命远远短于功能寿命。要提高机器的使用经济性，就要由其经济寿命来确定机器更新的最佳时间。

(3)提高维修的经济性。及时的维修能延长机器的使用寿命，但同时也要付出相应的维修费用。在机器的设计阶段，就应该从结构、防护、润滑与密封等方面提高维修的经济性，以尽可能少的、方便的维修换取尽可能多的使用经济效益。

3. 可靠性要求

可靠性是机器在规定的条件下和规定的使用期限内，完成规定功能的能力。现代化机器的复杂性及现代化大规模生产的高生产率，都要求机器具有较高的可靠性。

可靠性是衡量机器质量的一个重要指标，提高机器可靠性的最有效的方法是进行可靠性设计。机器可靠性的高低可用可靠度的大小来衡量。

4. 其他要求

在满足以上基本要求的基础上，设计机器时还应对劳动保护和环境保护给予高度重视。不同用途的机器可能还有其特殊要求，也应给予充分的考虑。

2.1.2 机械设计的主要内容

机械设计主要包括以下内容：

(1)确定机器的工作原理，选择合适的机构，拟定合理的设计方案；

(2)进行运动分析和动力分析，计算作用在各构件上的载荷；

(3)进行零部件工作能力计算、总体设计和结构设计。

2.1.3 机械设计的一般程序

机器的质量基本上是由设计质量所决定的，而制造过程主要就是实现设计时所规定的质量。一部完整的机器是一个复杂的系统。要设计出高质量的机器，就必须有一个科学的设计程序。虽然我们不可能列出一个在任何情况下都有效的惟一设计程序，但是，总结人们长期以来设计机器的经验，一个较为完整的设计过程主要包括计划、方案设计、技术设计和技术文件编制等 4 个阶段。

1. 计划阶段

在计划阶段，主要是根据市场信息、市场预测或用户要求确定设计任务。要在反复调查研究、充分分析和论证的基础上做出决策，编制出设计任务书。设计任务书的具体内容主要包括机器的功能、用途、基本结构形式、设计进度、主要设计参数及技术经济指标等。

2. 方案设计阶段

实现机器预定功能是机器设计的核心，但实现同一功能的原理方案可以是多种多样的。因此，这一阶段就是要对任务书的要求进行充分的分析，通过创新构思、优化筛选，取得较为理想的功能原理方案。此阶段是机器设计的重要阶段，必须做到反复推敲、科学论证、全面评价，力求获得最佳方案。

3. 技术设计阶段

技术设计的目标是绘出正式的机器总装配图、部件装配图和零件工作图。主要工作有以下几个方面：

(1) 主要零部件的工作能力设计和结构设计(据其所受的公称载荷的大小和性质)。

(2) 部件装配草图和总装配草图的设计。

(3) 主要零件的校核计算。

(4) 零件工作图设计。

(5) 绘制正式的部件装配图和总装配图。

4. 技术文件编制阶段

通常要编制的技术文件有：机器的设计计算说明书、使用说明书、标准件及易损件明细表等。

必须强调指出，机械设计整个过程的各个阶段是紧密关联的，某一个阶段中发现的问题或不当之处，必须返回到前面相关阶段进行修改。可见整个机械设计的过程是一个不断反复、不断修改、不断完善的过程，只有这样，才有可能获得最佳的设计结果。

2.2　机械零件设计的基础知识

2.2.1　机械零件变形的基本形式及其强度条件

各种机械零件在不同的载荷作用下，可能产生不同形式的变形，但其最基本的变形有拉压变形、剪切变形、扭转变形和弯曲变形 4 种形式。有些零件可能同时承受几种基本形式的变形，这种情况称为组合变形。

机械零件(或构件)按其几何特征可分为杆、板、壳和块体等。但最常见的是杆件，即长度远大于横向尺寸的零件(或构件)。如果杆的轴线为直线，称为直杆，轴线为曲线时，称为曲杆。横截面大小和形状不变的直杆称为等直杆。杆件是材料力学的主要研究对象。

1. 直杆的拉伸和压缩

在机器中，很多杆件在工作时是承受拉伸或压缩的。其受力特点是：作用于杆件上的外力合力的作用线与杆件的轴线重合；其变形特点是：沿轴线方向的伸长或缩短。这种变形称为轴向拉伸或轴向压缩。

(1) 横截面上的内力和应力。零件在受轴向拉、压外力作用下，将产生拉伸或压缩变形，为了抵抗这种变形，其内部各质点间将产生相应的相互作用力，这种由外力引起的零件内部质点间的相互作用力称为内力。内力由外力引起，随外力的增大而增大，当其增大到某一极限值时，零件将发生破坏。

图 2－1 为受拉杆的内力分析图。其中图 2－1(a)所示为在外力 F 作用下处于平衡状态

下的受拉直杆。求各截面上内力的方法如下：

1)在需要求内力的截面处，假想地将杆件截成两部分，如图 2-1(b)和图 2-1(c)所示。

2)任取一段(一般取受力情况较简单的部分)，在截面上用内力代替被截掉部分对该段的作用力。

3)在所研究的部分建立力平衡方程，由已知外力计算截面上的未知内力 F_N。图中 $F_N=F$。习惯上规定，内力的方向与横截面的外法线方向一致时为正，反之为负。

应力为截面单位面积上的内力，它是判断杆件是否具有足够强度的依据。

由于内力在横截面上是均匀分布的，所以应力 σ 的计算公式为

$$\sigma=F_N/A \tag{2-1}$$

式中，A 表示横截面的面积。这种垂直于横截面的应力称为正应力，且拉伸应力为正，压缩应力为负。

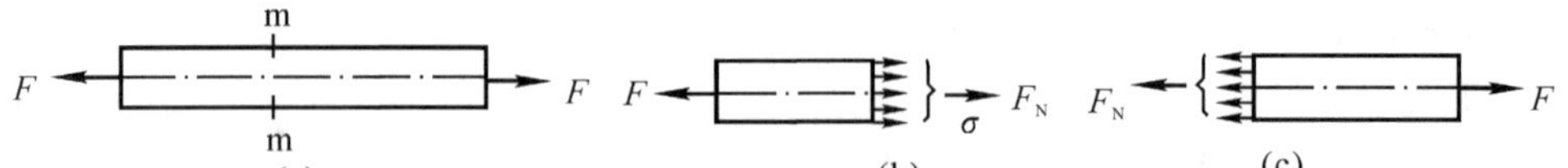

图 2-1　受拉杆的内力分析图

(2)低碳钢拉伸时的力学性能。低碳钢(含碳量小于 0.25%)是机械工程中最常用的金属材料之一。它在被拉伸时表现出来的力学性能具有典型性。

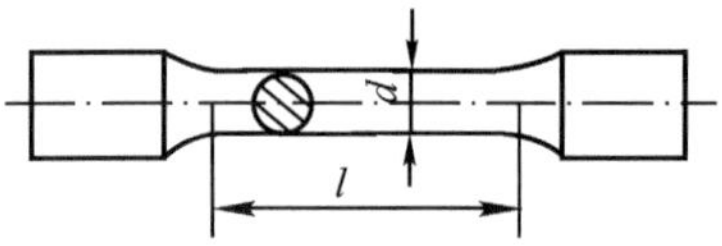

图 2-2　拉伸试件

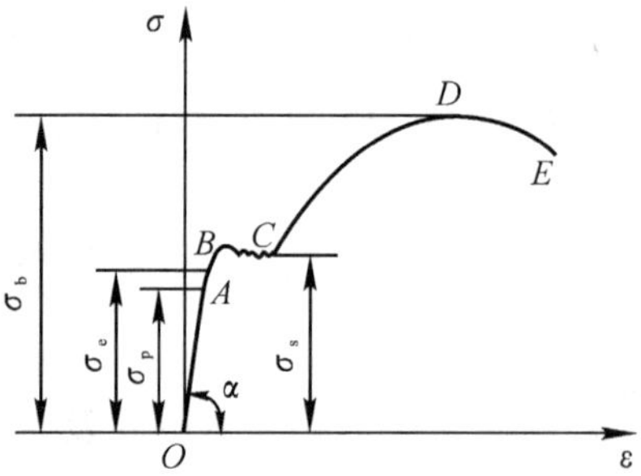

图 2-3　低碳钢拉伸应力-应变曲线

将材料按国家标准要求制成标准试件，如图 2-2 所示。试验时，将试件安装在试验机的夹头中，然后开动机器加载，绘出其应力-应变(单位长度的伸长量，用 ε 表示)曲线(即 $\sigma-\varepsilon$ 曲线)，如图 2-3 所示。可见，其变形可大致分为以下 4 个阶段。

1)弹性阶段。图 2-3 中 OB 段试件只产生弹性变形(卸载后变形将全部消失)，对应于 B 点的应力 σ_e 称为弹性极限。它表示材料只产生弹性变形时的最高应力值。弹性阶段主要是一段直线 OA，表示应力与应变成比例。与 A 点对应的应力 σ_p 称为材料的比例极限。σ_e 和 σ_p 虽然意义不同，但数值非常接近，实用中常认为二者数值相等。直线 OA 的倾角为 α，$\tan\alpha=\dfrac{\sigma}{\varepsilon}=E$，$E$ 称为弹性模量。

2)屈服阶段。如图 2-3 中的 BC 段所示。此时应力几乎不增加，而应变却增加很快，说明材料失去了抵抗变形的能力，这种现象称为屈服。屈服阶段应力的最小值称为材料的屈服点(或屈服极限)，用 σ_s 表示。在屈服阶段，主要是塑性变形。

3)强化阶段。如图 2-3 中的 CD 段所示。此时，材料又恢复了抵抗变形的能力。要使材料继续变形，就必须增加应力，这种现象称为强化。曲线的最高点 D 所对应的应力 σ_b 称为材

料的抗拉强度。它是材料所能承受的最大应力。

4)缩颈断裂阶段。当应力达到 σ_b 值后，试件的变形就集中在某个薄弱区域内，使这部分截面急剧收缩，这种现象称为缩颈(见图 2-4)。由于缩颈处横截面面积急剧减小，使试件继续变形所需的拉力也相应减小，最后到达 E 点时试件断裂。

σ_s 和 σ_b 是衡量材料性能的两个重要指标。

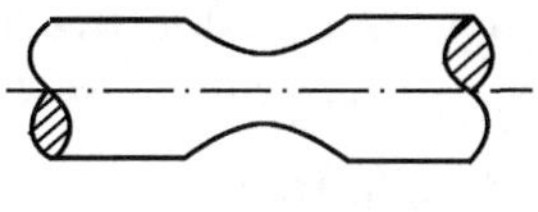

图 2-4　缩颈现象

5)泊松比。杆件在产生轴向伸长的同时，其横向尺寸将缩小。但在弹性范围内，横向应变与轴向应变之比的绝对值为一常数。我们将其定义为材料的泊松比，用 μ 来表示。一般碳钢的泊松比 $\mu \approx 0.3$。

(3)强度条件。为了使零件有足够的强度，零件在载荷作用下的最大应力必须小于材料的极限应力 σ_{lim}。对于塑性材料，应取材料的屈服极限 σ_s 作为极限应力；而对于脆性材料，则应取其强度极限 σ_b 作为极限应力。另外，在强度计算中，还应考虑留有一定的安全裕度，为此引入零件的许用应力$[\sigma]$，且

$$[\sigma] = \sigma_{lim}/S \tag{2-2}$$

式中，S 为安全因数，可查阅有关设计手册。

受轴向拉、压杆件的强度条件为

$$\sigma = F/A \leqslant [\sigma] \tag{2-3}$$

式中，A 为杆件危险横截面的面积。

2. 剪切和挤压

工程实际中有许多承受剪切的零件。如图 2-5 所示为一铆钉联接及其铆钉的受力、变形情况。钢板在横向载荷 F 的作用下将发生横向错动，铆钉的受力及变形情况如图 2-5(b)和图2-5(c)所示，这种变形称为剪切变形。另外，铆钉在承受剪切作用的同时，钢板的孔壁和铆钉的圆柱表面间还将产生挤压作用，使零件表面产生局部塑性变形。

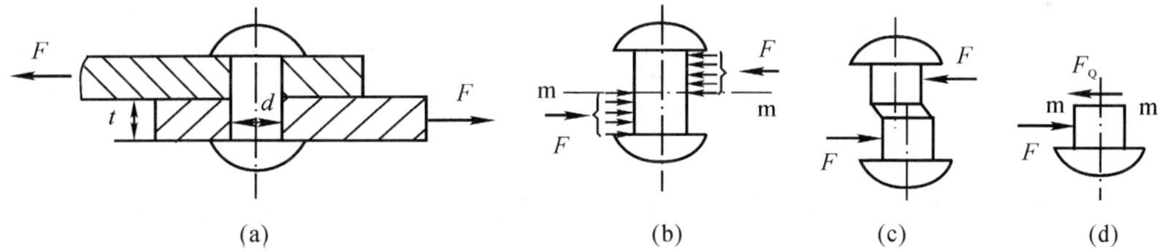

图 2-5　铆钉联接及铆钉的受力、变形情况

(1)剪切强度。零件受剪切作用时，在剪切面上产生内力 F_Q，其大小和方向同样可用截面法求得。图 2-5(d)中，$F_Q = F$。

工程上常假设切应力 τ 在剪切面上是均匀分布的，于是有

$$\tau = F_Q/A \tag{2-4}$$

剪切强度条件为

$$\tau = F_Q/A \leqslant [\tau] \tag{2-5}$$

式中，A 为剪切面的面积；$[\tau]$为许用剪切应力，由极限切应力 τ_{lim} 与安全因数 S 的比值确定。

(2)挤压强度。两零件间产生挤压作用时，由挤压力 F_{jy} 引起的应力称为挤压应力，用 σ_{jy} 表示。挤压应力在接触面上的分布比较复杂，一般假设挤压应力在挤压面上均匀分布，于是有

$$\sigma_{jy}=F_{jy}/A_{jy} \quad (2-6)$$

相应的挤压强度条件为

$$\sigma_{jy}=F_{jy}/A_{jy}\leqslant[\sigma_{jy}] \quad (2-7)$$

式中，A_{jy}为挤压面面积，若接触表面为平面，则A_{jy}为接触面面积；若接触面为圆柱面，则A_{jy}为接触面在直径平面上的投影面积。图2-5中，$A_{jy}=dt$。$[\sigma_{jy}]$为许用挤压应力。

3. 圆轴的扭转

在工程中，圆轴是最常见的受扭零件之一。如汽车方向盘的转向轴(见图2-6)，当汽车转向时，转向轴的两端受两个大小相等、方向相反、作用平面垂直于轴线的力偶作用，使轴的任意两个截面间都发生绕轴线的相对转动，这就是扭转变形。

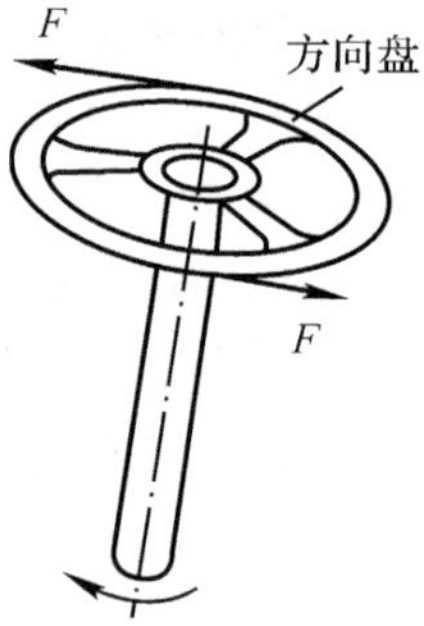

图2-6 扭转杆件

(1)外力偶矩与功率、转速的关系。外力偶矩T可由轴所传递的功率P(kW)和轴的转速n(r/min)计算出来，其公式为

$$T=9\,549P/n \quad (\mathrm{N\cdot m}) \quad (2-8)$$

(2)扭矩和扭矩图。圆轴在外力偶矩作用下，横截面上将产生内力，可用截面法求得。图2-7(a)所示为一受扭圆轴，其上作用有外力偶矩T_1，T_2，T_3。欲求截面m—m上的内力(也应为一力偶矩，它使圆轴产生扭转变形，故称其为扭矩，用T_T表示)，用截面法(见图2-7(b))及平衡方程可得

$$T_{Tm}=T_1$$

同理，可求得n—n截面上的扭矩为

$$T_{Tn}=T_1+T_2$$

扭矩的正负可用右手螺旋法则确定，即用右手四指指向扭矩作用方向，大拇指表示的就是扭矩矢量的方向，若其指出截面，则扭矩为正，反之则为负。

为了清楚地表示各横截面上扭矩沿轴线的变化规律，可画出扭矩图(见图2-7(c))。图中纵坐标表示扭矩，横坐标表示横截面的位置。

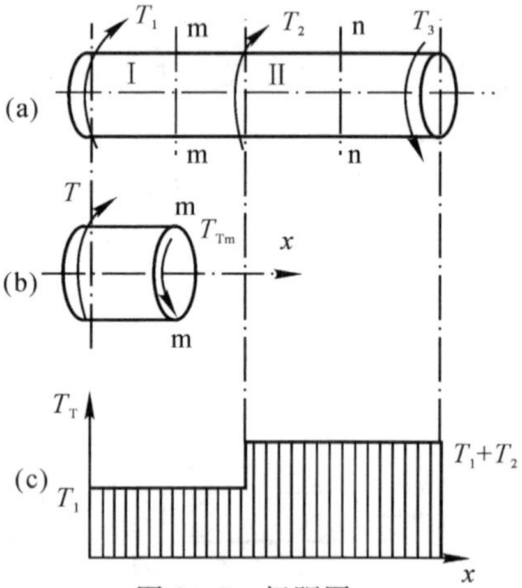

图2-7 扭距图

(3)扭转切应力及强度条件。扭转变形也是一种剪切变形，在圆截面上产生扭转切应力，其大小与半径成正比，如图2-8所示。圆截面任意半径ρ上的切应力为$\tau_{T\rho}$，最大切应力τ_{Tmax}可用下式计算：

$$\tau_{Tmax}=T_T/W_T \quad (2-9)$$

式中，T_T为横截面上的扭矩；W_T为抗扭截面因数，与截面形状及大小有关，对于圆截面，其计算公式为$W_T=\pi R^3/2$。

圆轴受扭时的强度条件为

$$\tau_{Tmax}=T_T/W_T\leqslant[\tau_T] \quad (2-10)$$

式中，$[\tau_T]$为许用扭转切应力。

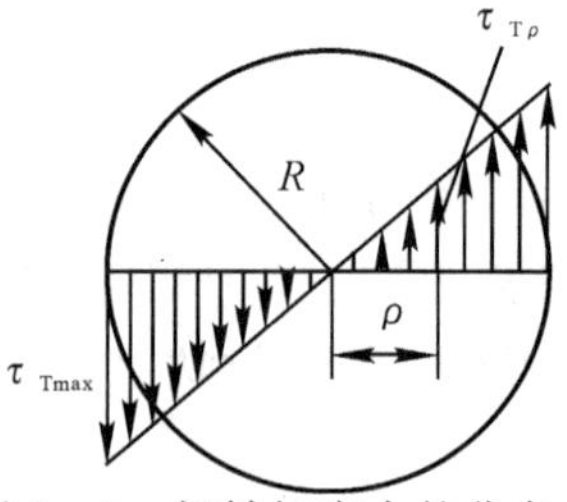

图2-8 扭转切应力的分布

4. 弯曲

当杆件受到垂直于杆轴线的外力(即横向力)或受到位于杆轴平面内的外力偶作用时，杆的轴线将由直线弯成曲线，即发生了弯曲变形。以弯曲变形为主的杆件习惯上称为梁。如

图 2－9 所示为梁式起重机的横梁。

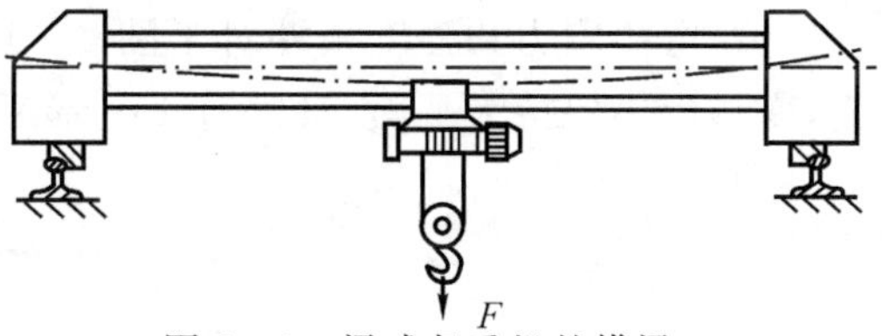

图 2－9　梁式起重机的横梁

梁的支座有多种形式，但根据支承情况的不同，可简化为以下三种类型：

1）悬臂梁。梁的一端固定，另一端自由。如图2－10(a)所示。

2）简支梁。梁的一端为固定铰支座，另一端为活动铰支座。如图 2－10(b)所示。

3）外伸梁。梁用一个活动铰支座和一个固定铰支座支承，一端或两端伸出支座。如图2－10(c)所示。

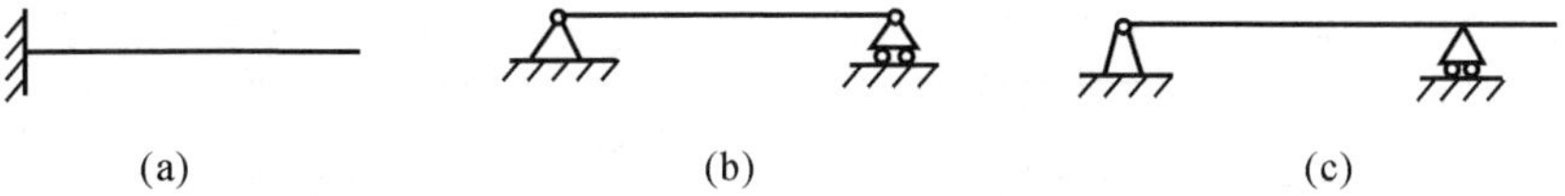

图 2－10　梁的典型形式

(1)弯矩和弯矩图。一般情况下，受弯零件在其横截面上将同时产生剪力和弯矩，其大小随截面位置的变化而变化。其中弯矩在强度计算中起主要作用。下面我们通过一道例题来说明弯矩的求法和弯矩图的画法。

【例 2－1】　图 2－11(a)所示的简支梁为某齿轮传动轴的计算简图，试列出它的弯矩方程并作出其弯矩图。

【解】　1)计算梁的支撑反力。取整个 AB 为研究对象。由平衡条件

$$\sum M_A = 0 \qquad 得\ F_{RB} = Fa/l$$

$$\sum M_B = 0 \qquad 得\ F_{RA} = Fb/l$$

2)列弯矩方程。以梁的左端为坐标原点建立坐标系。集中力 F 作用于 C 点，梁在 AC 和 CB 两段内的弯矩不能用同一方程来表示，应分段考虑。设各段任意截面的弯矩均以截面之左的外力表示，则

AC 段：　$M(x) = F_{RA}x = Fbx/l$　　$(0 \leqslant x \leqslant a)$　　(1)

CB 段：　$M(x) = F_{RA}x - F(x-a) = Fa(l-x)/l$　　$(a \leqslant x \leqslant l)$　　(2)

3)按方程作弯矩图。由式(1)和式(2)可知，弯矩都是 x 的一次方程，所以弯矩图是两段斜直线。且

$$x=0,\quad M(x)=0$$

$$x=a,\quad M(x)=Fab/l$$

$$x=l,\quad M(x)=0$$

由此三点可分别作出 AC 段和 CB 段的弯矩图，如图 2－11(b)所示。

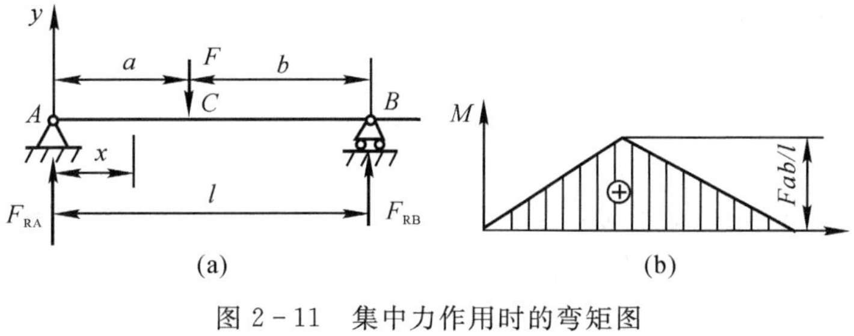

图 2－11　集中力作用时的弯矩图

弯矩正负的确定：对水平放置的梁，弯曲变形向下凸时，弯矩为正；反之为负。

(2)弯曲应力和强度条件对于图 2-12(a)所示的矩形梁,假设变形前为平面的梁的横截面,变形后仍保持为平面,且垂直于变形后的梁的轴线。这就是弯曲变形的平面假设。

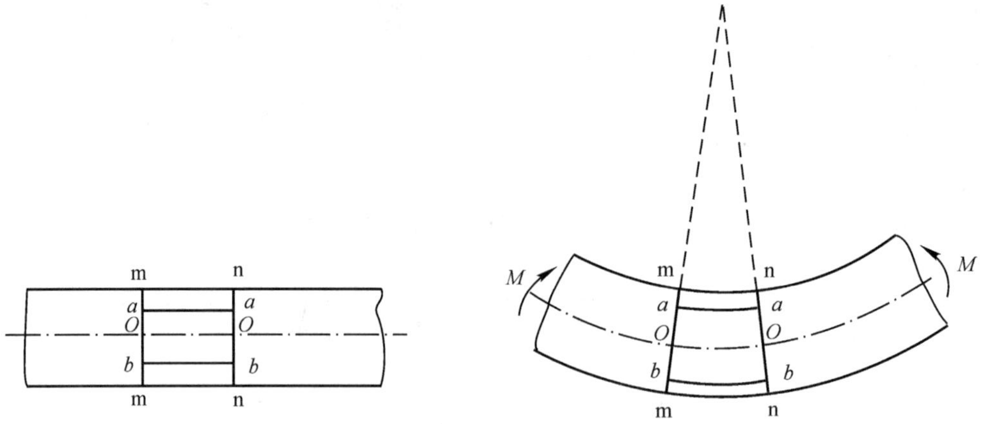

图 2-12 梁的变形

由图 2-12(b)可知,梁发生弯曲变形后,其下部伸长,上部缩短,则中间必有一层长度不变,该层称为中性层。由此也可以推断出其横截面上只存在正应力,且最大正应力发生在横截面的上下边缘处(此处变形量最大),如果我们把中性层与横截面的交线称为中性轴(必通过横截面的形心),则中性轴 z 上的正应力为零。横截面上正应力的分布规律如图 2-13 所示。

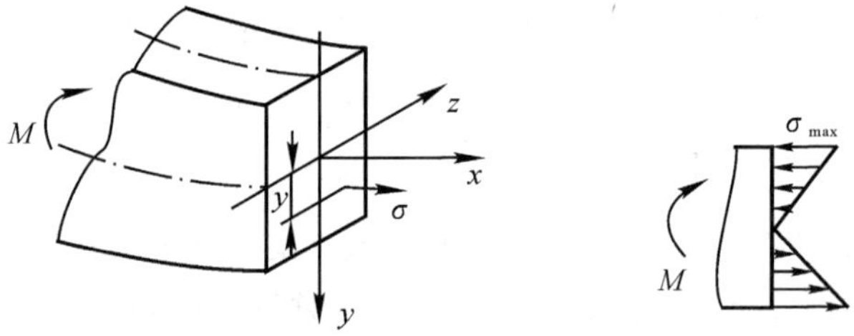

图 2-13 弯曲应力的分布

横截面上的最大正应力可由下式计算,即

$$\sigma_{\max}=M/W \tag{2-11}$$

式中,W 为抗弯截面因数,与截面形状及尺寸有关,可从有关设计手册中查得。对于圆形截面,其计算公式为

$$W=\pi d^3/32$$

梁的抗弯强度条件为

$$\sigma_{\max}=M_{\max}/W\leqslant[\sigma] \tag{2-12}$$

式中,$[\sigma]$为许用弯曲应力,其值可从有关设计手册中查得。

5. 弯扭合成强度条件

弯扭合成是机械零件中最常见的组合变形。对于用塑性材料制成的轴,有时需要按弯扭合成强度条件进行校核,其强度条件为

$$\sqrt{\sigma^2+4\tau_{\mathrm{T}}^2}\leqslant[\sigma] \tag{2-13}$$

或

$$\sqrt{M^2+T_{\mathrm{T}}^2}/W\leqslant[\sigma] \tag{2-14}$$

式中，σ 为最大弯曲正应力；τ_T 为最大扭转切应力；$[\sigma]$ 为许用弯曲应力。

2.2.2　机械零件设计的基本要求

机器是由机械零件组成的。因此，我们所设计的机器能否满足前述的基本要求，零件设计的好坏将起着决定性的作用。设计零件时应满足的要求是从设计机器的要求中引申出来的。一般应满足以下基本要求。

1. 工作能力要求

工作能力要求主要包含强度要求、刚度要求和寿命要求等。强度是指零件抵抗破坏的能力。零件强度不足，将导致过大的塑性变形甚至断裂破坏，使机器不能正常工作或发生严重事故。刚度是指零件抵抗弹性变形的能力。零件刚度不足，将导致过大的弹性变形，影响机器的工作性能。寿命是指零件正常工作的期限。材料的疲劳、腐蚀、相对运动零件接触表面的磨损等，是影响零件寿命的主要因素。

2. 工艺性要求

零件应具有良好的结构工艺性。即在一定的生产条件下，零件应能方便经济地被加工出来，并便于装配成机器。

3. 可靠性要求

机器的可靠性是由组成机器的零件的可靠性来保证的。要想设计出可靠度高的机器，就必须对零件的可靠度提出相应的要求。

4. 经济性要求

零件的经济性主要取决于零件的材料和加工成本。因此，提高零件的经济性应从材料的选择和结构工艺性两个方面考虑。

2.2.3　机械零件的主要失效形式

机械零件在规定的时间内和规定的条件下不能完成规定功能的现象，称为失效。机械零件的主要失效形式有以下几种：

1. 断裂

在载荷的作用下，当某一危险截面上的应力超过零件的强度极限时，零件就会发生过载断裂，零件在循环变应力的长期作用下会发生疲劳断裂。疲劳断裂是多数机械零件的主要失效形式。

断裂是零件的严重失效形式，它不仅使零件丧失工作能力，还可能造成严重的人身和设备事故，应设法避免。

2. 表面失效

表面失效发生在机械零件的工作表面上，它将破坏零件表面精度，改变零件表面尺寸和形状，使运动性能降低，摩擦增大，能耗增加，严重时会导致零件丧失工作能力。

表面失效的主要形式有磨损、疲劳点蚀和腐蚀。它们都是随工作时间的延续而逐渐发生的失效。作相对运动的零件接触表面都有可能发生磨损；在变接触应力作用下工作的零件表面都有可能发生点蚀；处于潮湿空气中或与水、汽以及其他腐蚀性介质相接触的金属零件，均有可能发生腐蚀现象。

3. 过量变形

机械零件受载工作时，必然会发生弹性变形。在允许范围内的微小弹性变形，对机器影响不大。但过量的弹性变形会使零件或机器不能正常工作，有时还会造成较大振动，使零件损坏。

当零件过载时，塑性材料还会发生塑性变形。这会造成零件的尺寸和形状改变，破坏零件间的相互位置和配合关系，使零件和机器不能正常工作。

4. 破坏正常工作条件而引起的失效

有些零件只有在一定的条件下才能正常工作，否则就会引起失效。如 V 带传动，当所需传递的圆周拉力大于最大有效圆周拉力时将发生打滑失效；液体润滑的滑动轴承，当润滑油膜被破坏时其将发生过热、胶合、磨损等，使轴承不能正常工作。

2.2.4 机械零件的设计准则

零件不发生失效时的安全工作限度称为零件的工作能力。为了保证所设计的机械零件能安全、可靠地工作，在进行设计工作之前，应确立相应的设计准则。设计准则的确定应该与零件的失效形式紧密地联系起来。同一种零件可能有好几种不同的失效形式，对应于各种失效形式就会有不同的工作能力。例如，轴的失效形式可能是疲劳断裂，也可能是过量的弹性变形。前者取决于轴的疲劳极限，后者则取决于轴的刚度，而起决定作用的将是工作能力的较小者。根据不同的失效形式建立起来的工作能力的判定条件，称为设计准则。一般来讲，机械零件的设计准则主要有：

1. 强度准则

强度是机械零件首先应满足的基本要求。为了保证零件具有足够的强度，计算时，应使零件在载荷作用下其危险截面或工作表面上的工作应力 σ 和 τ 不超过零件的许用应力 $[\sigma]$ 和 $[\tau]$，其表达式为

$$\sigma \leqslant [\sigma] \qquad \text{或} \qquad \tau \leqslant [\tau] \tag{2-15}$$

$$[\sigma] = \sigma_{\lim}/S, \quad [\tau] = \tau_{\lim}/S \tag{2-16}$$

式中，$\sigma_{\lim}$ 和 $\tau_{\lim}$ 分别为材料的极限正应力和极限切应力。

对于不同性质的材料，其极限应力的选取是不一样的。对于脆性材料，常取其强度极限；对于塑性材料，则取其屈服极限；在复杂应力条件下，应根据材料力学中的相关强度理论来确定。另外，同一种材料制成不同的零件或同一种零件的不同尺寸时，其极限应力也可能不同，具体可查阅相关的设计手册。

满足强度要求的另一种表达方式是使零件工作时的实际安全因数 S 不小于零件的许用安全因数 $[S]$，即

$$S \geqslant [S] \tag{2-17}$$

2. 刚度准则

为了保证零件具有足够的刚度，设计时应使零件在载荷作用下产生的弹性变形量 y（广义地代表任何形式的弹性变形量，如挠度、偏转角和扭转角等）小于或等于机器工作性能所允许的极限值，即许用变形量 $[y]$，其表达式为

$$y \leqslant [y] \tag{2-18}$$

弹性变形量可参考材料力学有关公式计算，或用实验方法确定，而许用变形量则应视不同的使用场合，按理论或经验来确定其合理的数值。

3. 耐磨性准则

耐磨性是指零件抵抗磨损的能力。零件过度磨损会改变其结构形状和尺寸，削弱其强度，降低精度和效率，以致零件失效报废。因此，设计时应使零件的磨损量不超过允许值。

关于磨损的计算，目前尚无简单可靠的理论公式，常采用条件性计算。即使接触表面上的正压力 p 与 pv 值小于或等于许用值[p]和[pv]。其表达式为

$$p \leqslant [p] \tag{2-19}$$

$$pv \leqslant [pv] \tag{2-20}$$

式中，v 为零件工作表面的相对滑动速度。

4. 散热性准则

在两零件发生剧烈摩擦处会产生大量的热。如果散热不良，就会使零件温度升高，从而改变两零件的结合性质，破坏正常润滑条件，使零件不能正常工作，甚至导致金属局部熔融而产生胶合或引起燃烧。要满足散热性准则，就应对发热较大的零部件（如蜗杆传动、滑动轴承等）进行热平衡计算。使工作温度 t 不超过许用工作温度[t]，其表达式为

$$t \leqslant [t] \tag{2-21}$$

5. 振动稳定性准则

机器在运转中一般都会有振动，轻微的振动并不妨碍机器的正常工作，但剧烈的振动将影响机器的正常运转，甚至会造成破坏性事故。机器中存在着很多周期性变化的激振源，如齿轮的啮合、滚动轴承中的振动、弹性轴的偏心转动等。如果某一零件本身的固有频率与激振源的频率重合或成整数倍关系，这些零件就会发生共振，其振幅将急剧增大，以致零件被破坏或整个机器工作失常。

振动稳定性准则就是防止高速运转的机器发生共振，从而使其转速避开共振区域。

6. 可靠性准则

一个零件的偶然失效或一个控制系统的偶然失灵，都有可能造成整台机器不能正常工作，这就使人们认识到了可靠性的重要意义。

衡量零件可靠性的指标是可靠度 R。在规定时间内（或作用次数、距离等）和规定的使用条件下，零件无故障地发挥规定功能的概率称为可靠度。其一般表达式为

$$R = \frac{N_s}{N_0} = 1 - \frac{N_f}{N_0} \tag{2-22}$$

式中，N_0 为在规定的工作条件下和规定时间（寿命）内试验零件总数；N_s 为正常工作零件数；N_f 为失效零件总数，$N_0 = N_s + N_f$。

提出可靠度要求时，要考虑到实际的技术水平、对零件的工作要求和经济性等，并非可靠度越高越好。

一个由多个零件组成的串联系统，只要其中之一失效，则整个系统即告失效。若组成系统的各零件的可靠度为 $R_1, R_2, \cdots, R_n$，则该串联系统的可靠度 R_s 为

$$R_s = R_1 R_2 \cdots R_n$$

可见，串联系统的可靠度一定低于最低可靠度零件的可靠度。

2.2.5　机械零件设计的一般步骤

机械零件是组成机器的基本要素。因此机械零件设计是机器设计中极其重要的设计环节。由于零件种类的不同，其具体的设计步骤也不一样，但一般可按下列步骤进行：

(1)类型选择。根据零件功能要求、使用条件及载荷性质等选择零件的类型。

(2)受力分析。分析零件的工作情况，计算作用在零件上的载荷。

(3)选择材料。根据零件的工作条件及对零件的特殊要求等，选择合适的材料及热处理方法。

(4)确定设计准则。根据工作情况分析零件的失效形式，从而确定其设计准则。

(5)理论设计计算。根据设计准则计算并确定零件的主要尺寸。

(6)结构设计。根据工艺性要求及标准化等进行零件的结构设计。

(7)精确校核。对重要的零件，结构设计完成后还应进行精确的校核计算，若不合适，应对结构设计进行修改。

(8)绘制零件工作图。零件设计的最终结果用零件工作图来表示。零件工作图上不仅要标注详细的尺寸，还要标注配合尺寸的尺寸公差、必要的形位公差、表面粗糙度及技术条件等。

(9)编写计算说明书。将设计计算的过程整理成设计计算说明书，作为技术文件备查。

2.2.6 机械零件的材料及选用原则

1. 机械零件的材料

制造机械零件最常用的材料是黑色金属(钢和铸铁)，其次是有色金属及其合金、非金属材料和复合材料。

(1)钢。钢是一种含碳量低于2%的铁碳合金。与铸铁相比，钢具有较高的强度、韧性和塑性。用它制造零件时，可用轧制、锻造、冲压及焊接等方法来获得零件的毛坯，并可通过热处理方法来改善其力学性能和加工性能，其应用极为广泛。

根据化学成分的不同，钢可分为碳素钢和合金钢。碳素钢的性能主要取决于含碳量的高低。含碳量越高，钢的强度越高，但塑性越低。为了改善性能而添加了某些合金元素的钢称为合金钢。例如，镍能提高钢的强度而不降低其韧性；铬能提高硬度、高温强度、耐腐蚀性和耐磨性；锰能提高钢的强度、耐磨性和韧性，等等。

按照用途的不同，钢可分为结构钢、工具钢和特殊钢。结构钢用于制造一般用途的机械零件；工具钢主要用于制造各种刃具、量具和模具；特殊钢(如不锈钢、耐热钢和耐酸钢等)用于制造在特殊环境下工作的机械零件。铸钢用于制造较大的零件，但其铸造性比灰铸铁差。常用钢的牌号及性能见表2-1。

表2-1 常用钢的牌号及性能

材料		机械性能			应用举例
名称	牌号	抗拉强度 σ_B / MPa	屈服点 σ_s / MPa	硬度(HBS)	
碳素结构钢	Q215 Q235 Q255	335～450 375～500 410～550	215 235 255		金属结构件、拉杆、铆钉、心轴、垫圈、焊接件、齿轮、螺钉、盖等
优质碳素结构钢	25	450	275	170	轴、辊子、联轴器、垫圈、螺钉等
	35	530	315	197	轴、销、连杆、螺栓(母)等
	45	600	355	229	齿轮、链轮、轴、键、销等
	50Mn	645	390	255	齿轮、凸轮等
合金结构钢	40Cr 35SiMn 30CrMo	980 885 930	785 735 785	207 229 229	重要的齿轮、连杆、螺栓、螺母、轴等
一般工程用铸钢	ZG270～500 ZG310～570 ZG340～640	500 570 640	270 310 340		机架、飞轮、联轴器、齿轮、轴承箱及轴承座等

(2)铸铁。含碳量高于 2% 的铁碳合金称为铸铁。铸铁是脆性材料，具有良好的铸造性、切削加工性、抗压性、耐磨性和减振性，且价格低廉，广泛用于各种形状复杂的大小零件的铸造。其不足之处是抗拉强度及塑性和韧性较差。常用的铸铁有灰铸铁、球墨铸铁、可锻铸铁和合金铸铁等，其中以灰铸铁应用最广。球墨铸铁的强度比灰铸铁高一倍，延伸性和耐磨性较好，可用来代替钢制造曲轴、凸轮轴等，常用铸铁的牌号及性能见表 2－2。

表 2－2　常用铸铁的牌号及其机械性能

材　料		机械性能		应用举例
名　称	牌　号	抗拉强度 σ_b / MPa	硬　度 (HBS)	
灰铸铁	$HT150$	145	163～229	底座、床身、手轮、工作台等
	$HT200$	195	170～241	气缸、齿轮、底座、机体等
	$HT250$	240	170～241	油(气)缸、齿轮、轴承座、机体等
球墨铸铁	$QT500-7$	500	170～230	油泵齿轮、车辆轴瓦、阀体等
	$QT600-3$	600	230～300	
	$QT700-2$	700	230～300	连杆、曲轴、凸轮轴等

(3)有色金属及其合金。有色金属及其合金种类繁多，由于各自所具有的某些特殊性能，其在一些特殊场合得到应用，尤以铜、铝及其合金应用最广。

纯铜由于其力学性能很低，故在机械工业中多采用铜合金。铜合金有一定的强度和硬度，导电性、导热性、减磨耐磨性和耐腐蚀性良好，是制造电工器件和耐磨蚀零件的重要材料。铜合金中的轴承合金(又称巴氏合金)是锡、铅、锑、铜等的合金，具有优良的减磨、耐磨及导热性，专门用于制造滑动轴承的轴承衬。

纯铝具有良好的塑性、耐蚀性、导电性、导热性和焊接性，但强度、硬度较低。在铝中加入合金元素硅、铜、镁、锰、锌等，可获得质量轻、强度高的铝合金材料。

(4)非金属材料。近几十年来，随着材料科学和材料工业的不断发展，非金属材料的品种不断增加，性能不断得到改善，其应用也越来越广泛。目前，在机械工业中广泛应用的非金属材料主要有橡胶、工程塑料、木材、皮革、工业陶瓷、纸板等。橡胶具有良好的弹性及耐磨性，常用于制造缓冲吸振元件和密封元件。工程塑料由于具有重量轻、绝缘、耐热、耐蚀、耐磨和易于制成形状复杂的零件等优点，其应用也日益广泛。

(5)复合材料。复合材料是由两种或两种以上具有明显不同的物理和力学性能的材料复合而成的。不同的材料可分别作为材料的基体相和增强相。增强相起着提高基体相的强度和刚度的作用，而基体相起着使增强相定型的作用，从而获得单一材料难以达到的优良性能。

复合材料的主要优点是有较高的强度和弹性模量，而质量又特别小。但由于其价格较贵，所以目前主要用于航空、航天等高科技领域。

以上仅就制造机械零件的材料做了一些概略的说明，各种材料详细的化学成分和机械性能等可查阅相关的国家标准和机械设计手册等资料。

另外，对钢进行热处理，可以在不改变所选材料牌号的前提下，使之得以强化，以充分发挥材料的内部潜力，是节约材料，提高机械产品质量，降低成本的一种重要手段。

2. 零件材料的选用原则

选择零件的材料一般应考虑以下几方面的因素：

(1)使用要求。满足使用要求是选择材料的最基本原则。在这方面需要考虑的因素有：

1)零件所受载荷、应力的大小和性质。例如以承受拉伸为主的零件，通常采用钢材；以受压为主的零件，可考虑选用铸铁；承受冲击载荷的零件，应选韧性较好的材料。

2)零件的工作条件。高温环境下工作的零件，应选择高温力学性能较好的材料；与腐蚀性介质相接触的零件，应选择抗蚀耐蚀材料；相对滑动速度较大的零件，应选择减磨耐磨材料。

3)零件尺寸及质量。如在飞机制造中，为了减轻零件的质量，常采用轻合金等。

4)零件的重要程度。对于重要的零件，可选用综合力学性能较好的材料。

(2)制造工艺要求。所选材料要保证零件能很方便地被制造出来。即零件的材料要与其结构和复杂程度、尺寸大小及毛坯的获取方法相适应。例如形状复杂、尺寸较大的零件，若考虑用铸造毛坯，则应选用铸造性能好的材料；若考虑用焊接毛坯，就应选焊接性能较好的材料(含碳量大于0.5%的钢就难以焊接)；尺寸小、形状简单、批量大的零件适于冲压和模锻，宜选用塑性好的金属材料。

(3)经济要求。在满足上述两项选材原则的基础上，还应力求使零件的成本最低。这就要求我们不仅要关心原材料的价格，同时还要考虑材料的利用率和加工成本。例如制造某些箱体类零件，虽然铸铁比钢板价廉，但在小批量生产时，选用钢板焊接可能更为经济(省去了铸造模型费用)。

总之，在选用材料时，应综合考虑零件的使用情况、各种材料的性能、毛坯的制造方法及成本等因素，分清主次，满足主要要求，兼顾次要要求。

2.2.7 机械零件的结构工艺性

零件的结构设计就是要确定零件各部分的形状、尺寸、配合要求和制造精度等。在一定的生产条件和生产规模下，花费最少的劳动量和最低的生产成本把零部件制造出来，这样的零部件就可以被认为具有良好的结构工艺性。因此，零件的结构形状除了要满足功能上的要求外，还应有利于零件在强度、刚度、加工、装配、调试和维护等方面的要求。零件的结构工艺性贯穿于生产过程的各个环节之中，如材料选择、毛坯制作、热处理、切削加工、装配及维修等。

在进行零件的结构设计时，应注意如下事项：

(1)零件形状简单合理。一般来说，零件的结构和形状越复杂，制造、装配和维修也就越困难，成本也就越高。所以，零件的结构形状应力求简单。

(2)铸件的结构工艺性。铸造毛坯的采用较为广泛，设计其结构时应注意壁厚均匀，过渡平缓，以防产生缩孔和裂纹；要有适当的结构斜度即拔模斜度，以便于起模；铸件各面的交界处要采用圆角过渡；为增强刚度，可设计必要的加强筋。图2-14(a)为不合理的设计，图2-14(b)为改进后的设计。

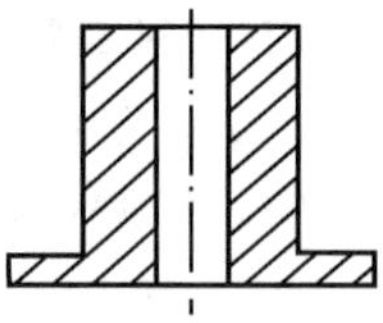

(a)

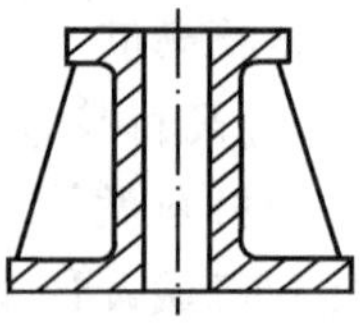

(b)

图2-14 铸件的结构工艺性

(a)不合理的设计；(b)改进后的设计

(3)切削加工工艺性。在机床上加工零件时,经常会由于其加工工艺性不好而出现难以加工、难以保证精度、加工效率低或加工成本大等问题,这就要求我们在进行结构设计时,给予加工工艺性以足够的重视。表 2-3 中列举了一些考虑加工工艺性时,零件结构设计中应注意的事项。

表 2-3　考虑机械加工工艺性时零件结构设计中应注意的一些事项

注意事项	不好的设计	改进后的设计
被加工面的尺寸和数量应尽可能少	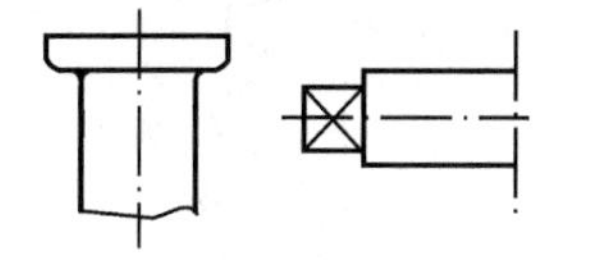	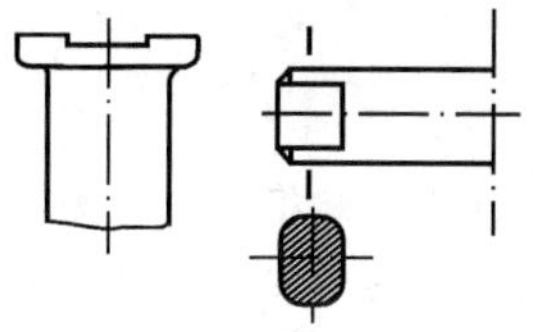
被加工面应力求布置在同一平面上,加工面和不加工面应明显分开	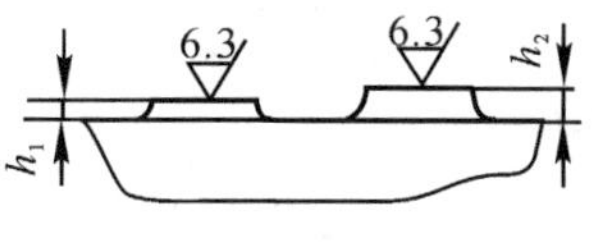	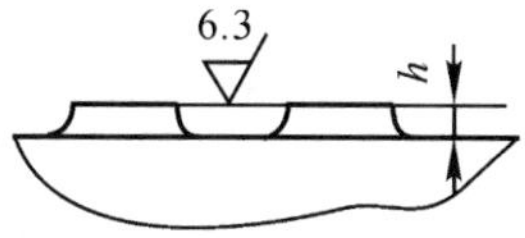
在可能的情况下,统一同一零件上的切槽、圆角、键槽等尺寸,以简化加工	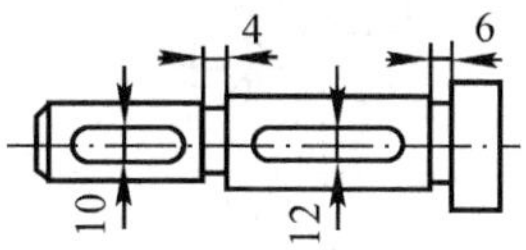	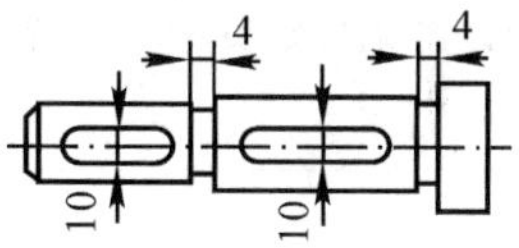
不通孔的孔底若无特殊需要应设计成与钻头锥顶角(120°)相同的圆锥面,以便加工	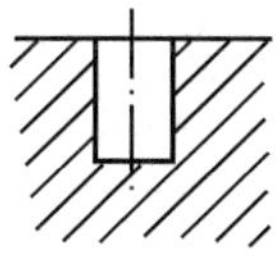	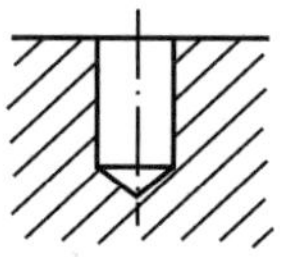
在斜面或曲面上加工孔时,应制出平面,以免钻头受力不均,使孔偏斜或折断钻头	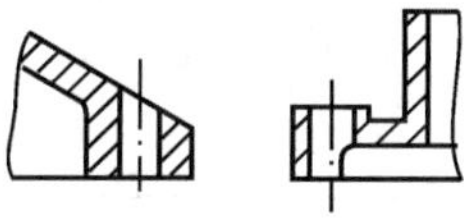	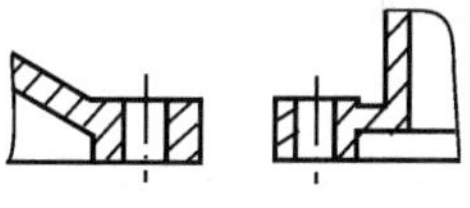
零件的结构要便于加工,保证有足够的加工空间,使刀具能顺利到达要加工的位置	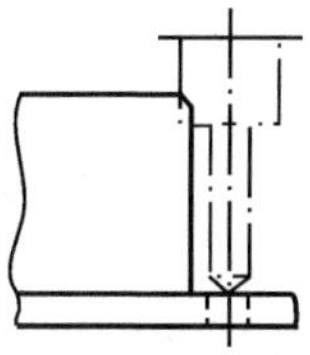	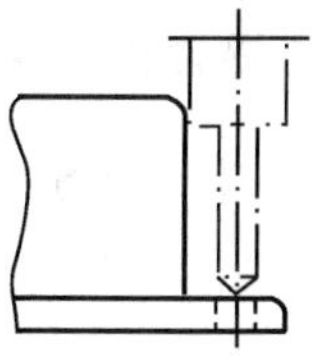
为了便于车制螺纹、磨削加工等,零件上应有退刀槽、砂轮越程槽等	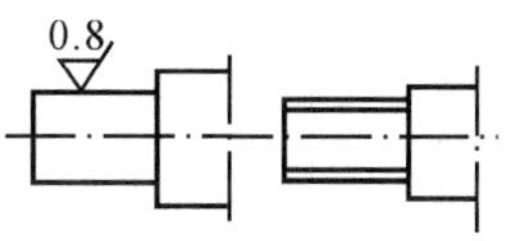	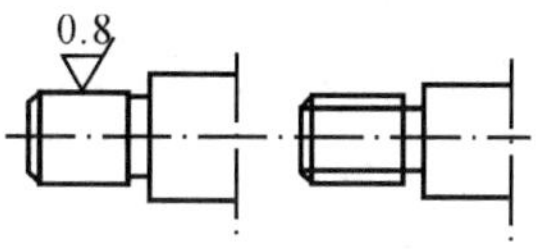

(4)零部件的装配工艺性。装配工艺性是指零件组装成部件或机器时，相互联接的零件能够顺利地装上或卸下，并满足技术要求。表 2-4 中列举了一些考虑装配工艺性时，零件结构设计中应注意的事项。

表 2-4　零件结构设计中有关装配工艺性的一些注意事项

注意事项	不好的设计	改进后的设计
零件要能装得上和卸得下，要有足够的安装空间，要有装卸工具活动的余地	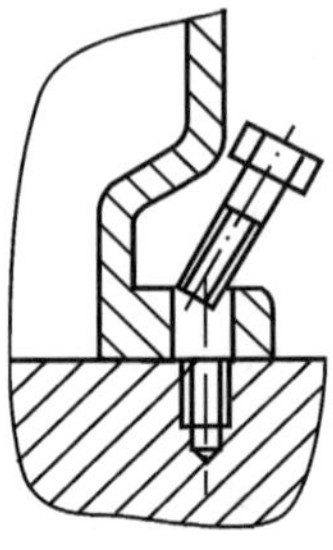	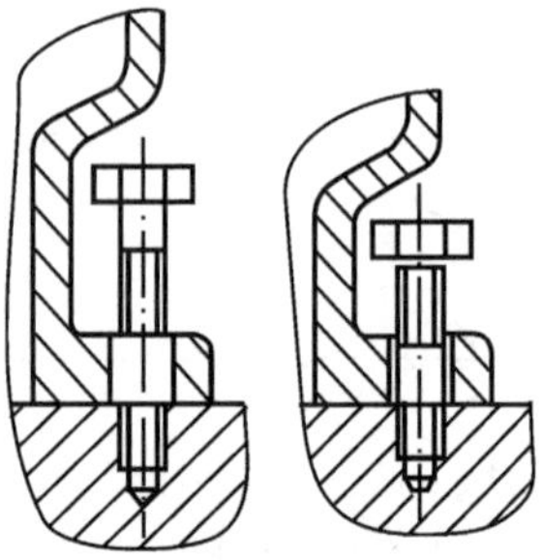
用普通螺栓联接时，零件安装要有可靠的定位面，否则难以准确确定其相互位置	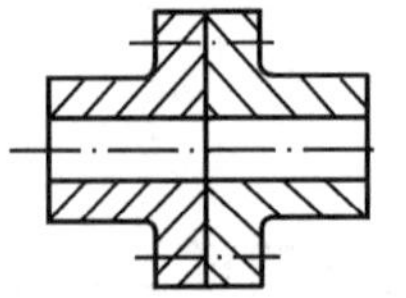	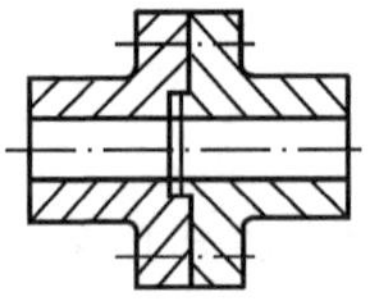
两零件的定位面不应过多(过定位)，否则会增加加工的难度，甚至使定位不可靠	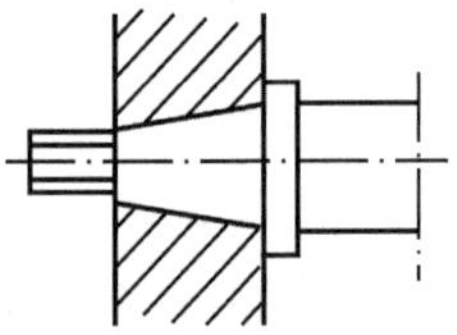	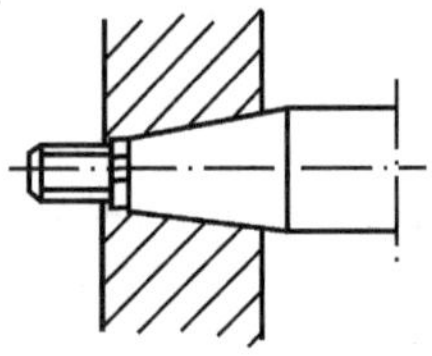
用于定位的销孔，尽可能钻透，以便于取定位销	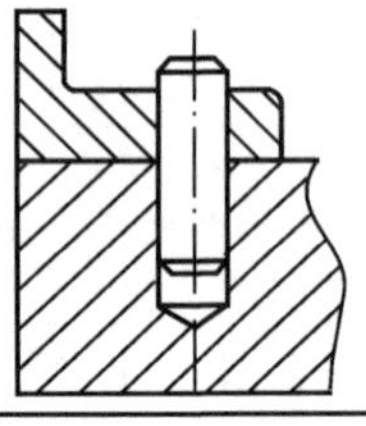	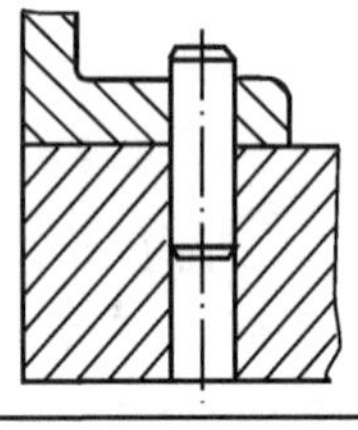

2.2.8　机械零件设计中的标准化

机械零件设计中的标准化工作十分重要。所谓零件的标准化，就是针对零件尺寸、规格、结构要素、材料性能、检验方法、设计方法、制图要求等，制定出各种大家共同遵守的标准。贯彻标准化是一项重要的技术经济政策和法规，同时也是进行现代化生产的重要手段。标准化程度的高低已成为评定设计水平及产品质量的重要指标之一。

标准化给机械设计和制造带来的好处有：

(1)保证了工程语言的统一。

(2)由专门化工厂大量生产标准件，能保证质量、节约材料、降低成本。

(3)可以简化设计工作，缩短产品的设计及制造周期。

(4)选用参数标准化的零件,可以在制造过程中减少量具和刀具的规格。

(5)具有互换性,从而简化机器的安装和维修。

(6)采用与国际标准相一致的国家标准,有利于产品走向国际市场。

标准化工作包含三个方面的内容,即标准化、系列化和通用化。同一产品,为了符合不同的使用条件要求,在同一基本结构或基本尺寸条件下,规定出若干个辅助尺寸不同的产品,称为产品的系列化。例如对于同一结构、同一内径的滚动轴承,设计出不同的外径及宽度,称为滚动轴承的直径系列和宽度系列。不同的产品中,可以有部分零件或部件是相同的,如几种汽车可以采用相同的内燃机;不同加工对象的组合机床,可以选用相同型号的液压滑台等,这称为零部件的通用化。标准化、系列化、通用化简称为机械产品的“三化”。

我国现已发布的与机械零件设计有关的标准,从应用范围上可以分为国家标准(GB)、行业标准和企业标准三个等级;从使用的强制性上可分为必须执行的标准(有关度、量、衡及涉及人身安全等的标准)和推荐使用的标准(如标准直径等)。国际上推行的是国际标准化组织(ISO)的标准,我国也正在逐步向 ISO 标准靠拢。

2.3　现代设计方法简介

机械设计的方法通常可分为两类:一类是过去长期采用的传统(或常规的)设计方法,另一类是近几十年发展起来的现代设计方法。

2.3.1　传统设计方法的局限性

传统设计方法是以人们长期的经验积累为基础,以人们运用力学、数学和实验等形成的经验公式、图表、设计手册等为设计依据,通过条件性计算或类比等方法进行设计。目前,传统设计在大多数情况下仍然是很有效的设计方法。但由于其过于偏重经验和类比,在现代机械产品的设计中已越来越明显地表现出很大的局限性。具体表现为:

(1)方案设计时凭借设计者有限的直接或间接经验,通过计算、类比分析等确定,缺乏创新性,也很难得出最优方案。

(2)零部件设计中,仅对重要的零部件根据简化的力学模型或经验公式进行静态的或近似的设计计算,其他零部件只作类比设计,有时与实际工况相差甚远,难免造成失误。

(3)传统设计偏重于考虑产品自身功能的实现,忽略了人、机、环境之间关系的重要性。

(4)传统设计采用手工计算、绘图,设计的准确性差,工作周期长,效率低。

2.3.2　现代设计方法简介

近 30 年来,科学技术迅猛发展,特别是计算机技术和信息技术的发展和应用,使机械产品的设计和制造发生了革命性的变化。同时,随着社会进步和人类文明的进一步发展,对现代机械产品的设计已不能仅仅考虑产品本身的功能,还要充分考虑人和环境的因素,将机械设计发展成为“人一机一环境”系统的设计。例如,汽车设计不仅要考虑其自身的技术问题,还要考虑使用者的安全、舒适、操作方便等问题,同时还不能忽视燃料供应、废气排放、车辆存放、道路发展、报废处理甚至地球有限能源的合理利用等问题。这就要求我们在继承和发展传统设计方法的基础上,将自然科学、社会科学等有关知识有机地融合在一起,形成一系列新的设计理论和方法。如优化设计、可靠性设计、计算机辅助设计、有限元法、工业造型设计、人一机工程设计等。下面简单介绍几种已在机械设计中应用较为成熟的现代设计方法。

1. 机械优化设计

机械优化设计是将最优化数学理论应用于机械设计领域而形成的一种设计方法。该方法先将设计问题的物理模型转化为数学模型，再选用适当的优化方法并借助计算机求解该数学模型，经过对优化方案的评价与决策，从而求得最佳设计方案。采用优化设计方法可以在多变量、多目标的条件下，获得高效率、高精度的设计结果，大大提高设计质量。

2. 机械可靠性设计

现代机械产品的可靠性已成为衡量其市场竞争力的关键指标之一。可靠性设计是综合概率论、数理统计、失效物理和机械学等学科知识而形成的一种设计方法。它包含三个方面的内容：①从规定的目标可靠度出发，设计零部件和整机的有关参数及相关尺寸，这是可靠性设计最基本的内容。②可靠性预测。即根据零部件和机器（或系统）目前的状况及失效数据，预测其实际可能达到的可靠度，预报它们在规定的条件下和规定的时间内完成规定功能的概率。③可靠度分配。即根据确定的机器（或系统）的可靠度，分配其组成零部件或子系统的可靠度。这对复杂产品和大型系统来说尤为重要。

3. 计算机辅助设计

计算机辅助设计（CAD）是把计算机技术引入设计过程，利用计算机完成选型、计算、绘图、模拟仿真等的现代设计方法。基于专家系统的智能 CAD 可以把专家的经验引入设计，使设计质量大大提高。CAD 与计算机辅助制造（CAM）、计算机辅助检测（CAT）、计算机管理自动化结合形成的计算机集成制造系统（CIMS）可完成市场预测、产品设计、生产计划、制造和销售等工作，实现人力、物力和时间等各种资源的有效利用，提高企业的效益。

4. 有限元法

有限元法是随着计算机的发展而出现的一种现代设计方法。它的基本思路是：把连续的介质（如零件）看做由在有限个节点处连接起来的有限个小块（称为元素）所组成，然后对每个元素通过取定的插值函数，将其内部每一点的位移（或应力）用元素节点的位移（或应力）来表示。再根据介质整体的协调关系，建立包括所有节点的未知量的联立方程组，最后用计算机进行求解。当元素足够"小"时，就可以获得十分精确的结果。

2.4 机械零件的强度

2.4.1 载荷和应力的分类

1. 载荷的分类

作用在机械零件上的载荷可分为静载荷和变载荷两类。不随时间变化或变化较缓慢的载荷称为静载荷；随时间变化的载荷称为变载荷。实际工作中，大多数机械零件是在变载荷的条件下工作的。

在机械设计与计算中，还常把载荷分为名义载荷与计算载荷。根据额定功率和转速，用力学公式计算出的作用在零件上的载荷称为名义载荷。名义载荷不反映载荷随时间作用的不均匀性、载荷在零件上分布的不均匀性及其他影响零件的受载情况等因素。为此，常引入载荷因

数 $K(\geqslant 1)$来大致估计这些因素的综合影响。载荷因数与名义载荷的乘积称为计算载荷。

2. 应力的分类

按应力随时间变化特性的不同，可将其分为静应力和变应力。不随时间变化或变化缓慢的应力称为静应力(见图 2-15(a))。随时间变化的应力称为变应力。变应力又可分为稳定循环变应力(见图 2-15(b))、不稳定循环变应力(见图 2-15(c))和随机变应力(见图 2-15(d))。

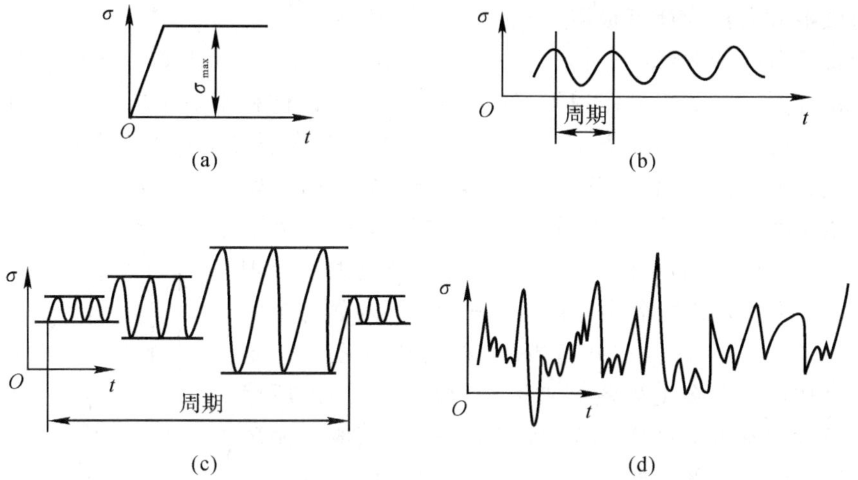

图 2-15 应力的种类

稳定循环变应力可分为三种基本类型：非对称循环变应力(见图 2-16(a))、脉动循环变应力(见图 2-16(b))和对称循环变应力(见图 2-16(c))。

表示稳定循环变应力的参数有 5 个：最大应力 σ_{max} 表示应力的最大值；最小应力 σ_{min} 表示应力的最小值；平均应力 $\sigma_m=(\sigma_{max}+\sigma_{min})/2$；应力幅 $\sigma_a=(\sigma_{max}-\sigma_{min})/2$；循环特性 $r=\sigma_{min}/\sigma_{max}=(\sigma_m-\sigma_a)/(\sigma_m+\sigma_a)$。

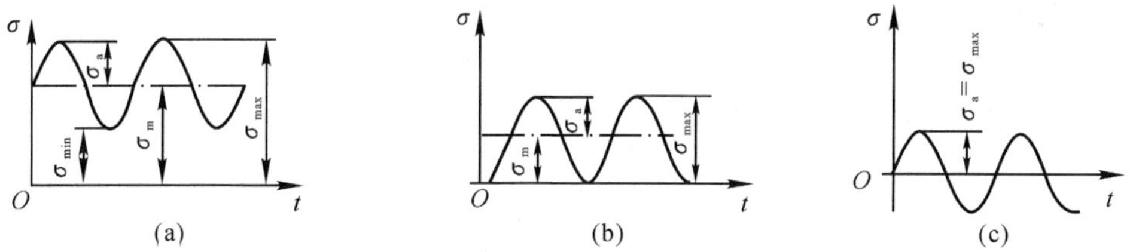

图 2-16　稳定循环变应力

用循环特性 r 的数值可判断应力的种类：$r=1$ 时为静应力；$r=-1$ 时为对称循环变应力；$r=0$ 时为脉动循环变应力；r 等于任意值(除 $+1$、-1 和 0 外)时为非对称循环变应力。

循环特性的变化范围为 $-1\leqslant r\leqslant 1$。

2.4.2　机械零件的疲劳强度概述

机械零件在静应力作用下的静强度计算条件见式(2-15)和式(2-16)。

机械零件在变应力作用下的损坏形式主要是疲劳断裂(疲劳破坏)。疲劳断裂产生的过程是：在变应力的反复作用下，零件表面首先产生初始裂纹，形成一个或数个疲劳源。之后，初始裂纹处的应力集中又促使裂纹扩展，使零件的实际承载面积逐渐减小，直至不能承受外载荷时，导致零件发生脆性断裂。疲劳断裂具有以下特点：

(1)疲劳断裂是损伤的积累，是在某种变应力多次作用后的突然断裂；

(2)疲劳断裂时变应力的最大值远小于材料的屈服极限；

(3)即使是塑性材料，断裂时也无明显的塑性变形。

可见，疲劳断裂不仅仅与应力的大小有关，同时还与应力的循环次数和循环特性有关。疲劳断裂时的极限应力称为疲劳极限。

1. 疲劳极限与疲劳曲线

在循环特性为 r 的变应力作用下，经过 N 次循环后，材料不发生疲劳破坏的最大应力称为该循环下的疲劳极限，用 σ_{rN} 表示。在给定循环特性的条件下，应力循环次数与疲劳极限之间的关系曲线($\sigma-N$ 曲线)称为疲劳曲线。典型的疲劳曲线如图 2-17 所示。

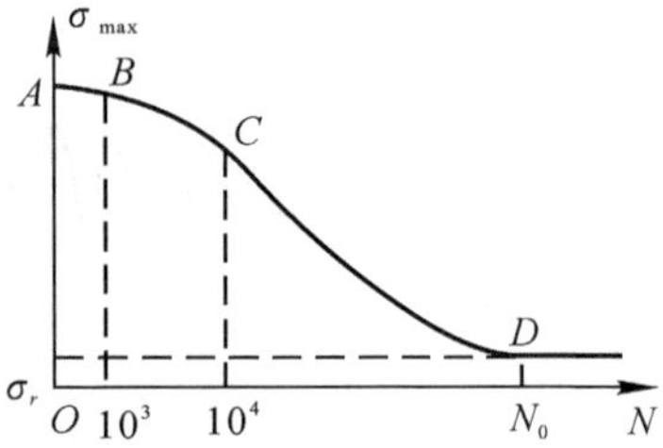

图 2-17 疲劳曲线

疲劳曲线主要分为三个区：静应力区、有限寿命区和无限寿命区。当变应力的作用次数小于 10^3 时，可按静应力来处理(AB 段)；BC 段的疲劳破坏常伴有材料的塑性变形，称为应变疲劳；CD 段为有限寿命区。在此范围内，材料试件经过一定次数的变应力作用后总会发生疲劳破坏，CD 段上任一点所代表的疲劳极限称为有限寿命疲劳极限，用 σ_{rN} 表示；当应力循环次数 N 大于某个值 N_0 时，曲线将趋于水平，只要应力不超过某一个值，不管变应力再作用多少次，材料试件都不会发生疲劳破坏，即进入无限寿命区。这个 N_0 称为循环基数，对应的疲劳极限称为材料的持久疲劳极限(简称疲劳极限)。用 σ_r 来表示。N_0 和 σ_r 的值可从有关设计手册中查出。

2. 不同循环次数下的疲劳极限计算

有限寿命区的疲劳曲线方程为

$$\sigma_{rN}^m = 常数 \tag{2-23}$$

由于 D 点的参数可查出，故有

$$\sigma_{rN}^m N = \sigma_r^m N_0 \tag{2-24}$$

即对应于循环次数 N 的疲劳极限为

$$\sigma_{rN} = \sigma_r \sqrt[m]{\frac{N_0}{N}} \tag{2-25}$$

式中，m 为与应力状态有关的指数，可查有关资料得出。

3. 影响疲劳强度的因素

前面讲到的疲劳极限均指材料标准试件的疲劳极限。由于零件的实际尺寸、形状和表面质量等因素的影响，零件的疲劳极限要低于材料试件的疲劳极限。这些影响因素常用相应的应力集中因数、尺寸因数和表面质量因数来计入，需要时可查阅相关设计手册。

2.4.3 机械零件的接触强度概述

在有些机构(如凸轮机构、齿轮机构等)中，理论上载荷是通过点接触或线接触来传递的。实际上，受载后接触处会发生局部弹性变形，形成极小的面接触。但由于接触面积很小，所以在接触处会产生很大的接触应力，这时零件的强度称为接触强度。

零件的接触应力通常是随时间变化的，所以表面的破坏多属于接触疲劳破坏。其破坏过程为：由于接触应力的反复作用，首先在厚度为 15～25μm 的表层产生疲劳裂纹，然后裂纹沿着与表面成锐角的方向发展。随着润滑油渗入裂纹并受到挤压，迫使裂纹加速扩展，最后呈小片状剥落下来，同时在零件表面上形成一个个小坑，这种现象称为疲劳点蚀。如图 2－18 所示。

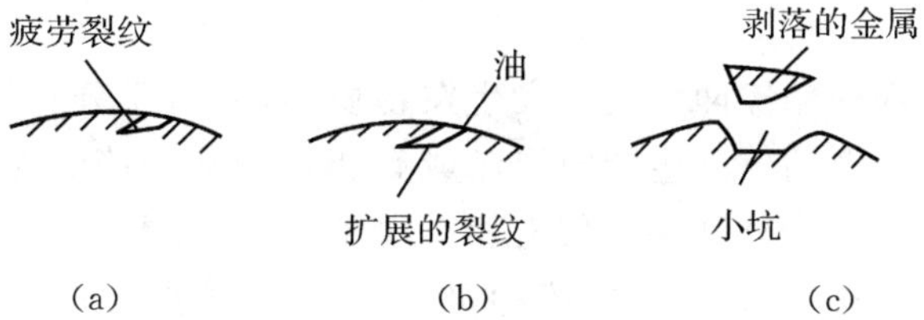

图 2－18　点蚀的形成过程

(a)疲劳裂纹；(b)扩展的裂纹；(c)疲劳点蚀现象

点蚀形成后，零件的有效接触面积减小，损坏了零件原有的光滑表面，使其传递载荷的能力降低，引起振动和噪声。疲劳点蚀是齿轮、滚动轴承等零件的主要失效形式。

影响疲劳点蚀的最主要因素是接触应力的大小，只要限制其不超过许用值，一般就不会发生疲劳点蚀破坏。

接触应力的计算较为复杂，下面以图 2－19 所示的两个轴线平行的圆柱体外接触为例，简单介绍一下接触应力的计算公式。

受力前，两圆柱体的接触线与轴线相平行；受力后，由于材料的弹性变形，接触线变成宽度为 $2a$ 的一个矩形面。此时接触面上的应力向量呈半圆柱形分布。初始接触线处的压应力最大，两边最小。以此最大压应力代表两零件的接触应力，用 σ_H 表示。对于线接触，弹性力学给出的接触应力计算公式为

$$\sigma_H = \sqrt{\frac{F_n\left(\frac{1}{\rho_1} \pm \frac{1}{\rho_2}\right)}{\pi b\left[\frac{1-\mu_1^2}{E_1} + \frac{1-\mu_2^2}{E_2}\right]}} \tag{2-26}$$

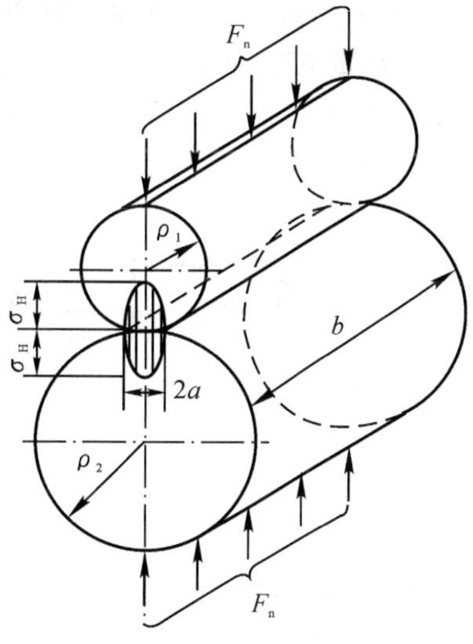

图 2－19　两个轴线平行的圆柱体外接触

式中，F_n 为两圆柱体上作用的法向力；b 为初始接触线长度；E_1，E_2 为两圆柱体材料的弹性模量；μ_1，μ_2 为两圆柱体材料的泊松比；ρ_1，ρ_2 为两圆柱体在接触处的曲率半径；“＋”用于外接触；“－”用于内接触。

因此，接触疲劳强度条件为

$$\sigma_H \leqslant [\sigma_H] \tag{2-27}$$

式中，$[\sigma_H]$为许用接触应力。

2.5　摩擦、磨损与润滑概述

摩擦是机器运转中不可避免的物理现象。摩擦不仅造成能量的损失，而且使零件发生磨

损，甚至导致零件的失效。据统计，世界上每年有1/3～2/3的能源消耗在各种形式的摩擦上，各种机械零件因磨损失效也占全部失效零件的一半以上。磨损是摩擦的必然结果，而润滑则是减少摩擦、降低磨损的有效手段。

2.5.1 摩擦概述

摩擦可分为内摩擦和外摩擦两大类。发生在物质内部，阻碍分子间相对运动的摩擦称为内摩擦。当相互接触的两个物体发生相对滑动或有相对滑动的趋势时，在其接触表面上产生的阻碍其相对滑动的摩擦称为外摩擦。仅有相对滑动趋势的摩擦称为静摩擦；相对滑动中的摩擦称为动摩擦。根据位移形式的不同，摩擦又可分为滑动摩擦和滚动摩擦。下面我们就来简单分析一下金属表面间的滑动摩擦。

根据摩擦面间润滑剂的情况，可将滑动摩擦分为以下几种(见图2-20)：

(1)干摩擦。干摩擦是指表面间无任何润滑剂或保护膜的纯金属接触时的摩擦(见图2-20(a))。

(2)边界摩擦。边界摩擦是指摩擦表面被吸附的边界膜隔开，摩擦性质取决于边界膜和吸附性能时的摩擦(见图2-20(b))。

(3)流体摩擦。流体摩擦是指摩擦表面被一层流体隔开，摩擦性质取决于流体内部分子间的黏性阻力的摩擦(见图2-20(c))。

(4)混合摩擦。混合摩擦是一种处于干摩擦、流体摩擦和边界摩擦的混合状态下的摩擦(见图2-20(d))。

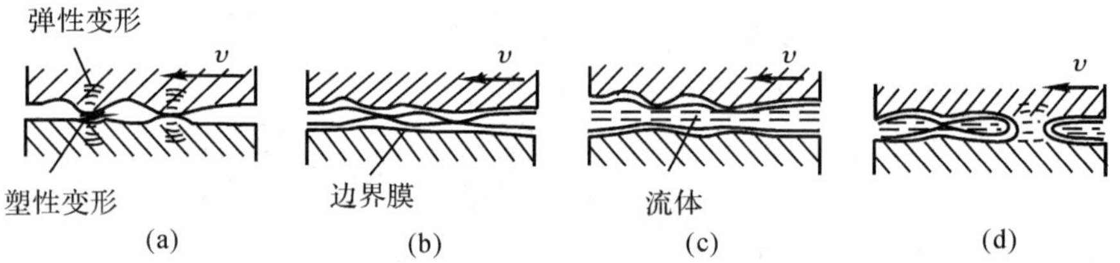

图2-20 摩擦状态

(a)干摩擦；(b)边界摩擦；(c)流体摩擦；(d)混合摩擦

2.5.2 磨损概述

表面物质在摩擦过程中不断损失的现象称为磨损。磨损的过程大致可分为以下三个阶段(见图2-21)：

(1)磨合阶段。这一阶段，磨损速度较快，是由于新零件表面较粗糙，只有很少的轮廓峰接触，接触面积小，接触应力大的缘故。

(2)稳定磨损阶段。这一阶段，零件在平稳而缓慢的速度下磨损，它的长短代表了零件的使用寿命。

(3)剧烈磨损阶段。经过稳定磨损阶段之后，零件的表面遭到破坏，运动副中的间隙增大，引起附加的动载荷，产生振动和噪声，磨损速度也将急剧增大，导致零件迅速失效、报废。

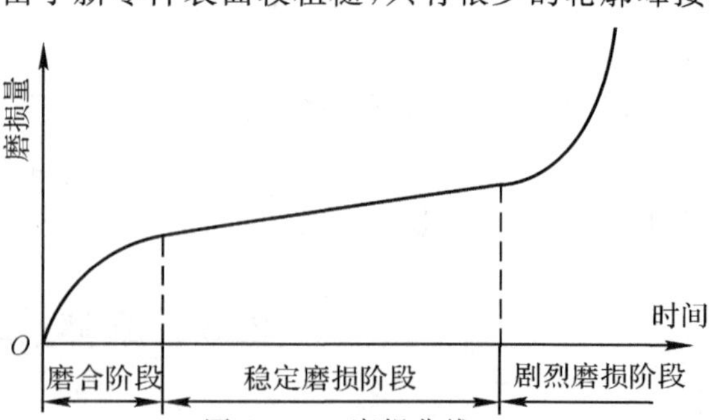

图2-21 磨损曲线

磨损是不可避免的，在设计和使用机器时，我们应力求缩短磨合期，延长稳定磨损期，推迟剧烈磨损期的到来。

2.5.3　润滑概述

在摩擦面间加入润滑剂，不仅可以降低摩擦、减轻磨损、提高效率、延长机器的使用寿命、保护零件不遭锈蚀，而且还可以起到散热降温、缓冲、吸振的作用。使用膏状的润滑脂，还可以起到密封的作用。

润滑剂有气体、液体、半固体和固体四种基本类型。

液体润滑剂是应用最广的润滑剂，包括矿物油、动植物油、合成油等；半固体润滑剂主要是指各种润滑脂（如钙基润滑脂、锂基润滑脂等）；固体润滑剂是任何可以形成固体膜以减小摩擦阻力的物质（如石墨、聚四氟乙烯等）；气体润滑剂中用得最多的是空气，主要用在气体轴承中。

一般机械中常用的润滑油和润滑脂的牌号、性能、适用的场合及加入的方法可参阅有关的设计资料。

习题与思考题

2-1　机械零件常见的失效形式有哪些？

2-2　试举例说明机械零件的基本变形形式。

2-3　机械零件设计的基本要求有哪些？

2-4　机械零件的设计准则有哪些？

2-5　在选择机械零件的材料时应考虑哪些因素？

2-6　磨损过程分为哪几个阶段？

2-7　什么是变应力的循环特性？对称循环变应力和脉动循环变应力的循环特性各为多少？

2-8　某材料的对称循环弯曲疲劳极限 $\sigma_{-1}=180$ MPa，取循环基数 $N_0=5\times10^6$，$m=9$，试求循环次数 N 分别为 7 000，25 000，620 000 时的有限寿命弯曲疲劳极限。

2-9　试绘出如图 2-22 所示轴的扭矩图。已知：$T_1=1.5$ kN·m，$T_2=2$ kN·m，$T_3=0.5$ kN·m。

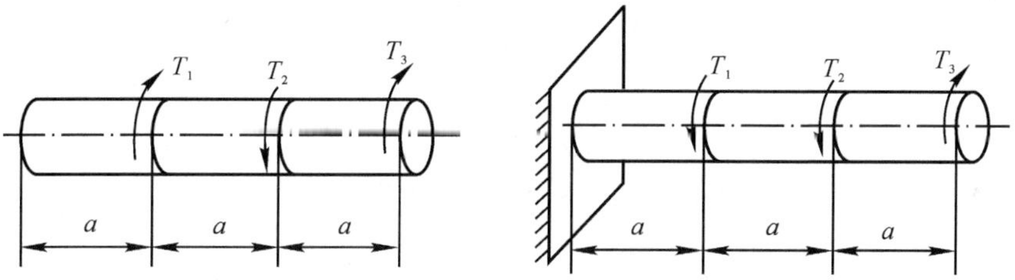

(a)　(b)

图　2-22

2-10　试绘出如图 2-23 所示梁的弯矩图。

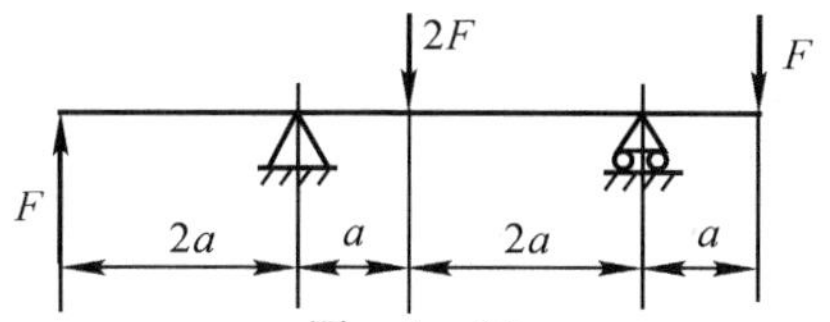

图　2-23

第3章　平面机构

3.1　机构的组成

3.1.1　运动副

机构是由许多构件组成的，每一个构件都以一定的方式与其他构件相互联接，在两个构件相互联接之后，构件仍需要保留某些相对运动，这种两个构件以一定的几何形状和尺寸的表面相互接触所形成的可动连接，称为运动副。两个构件上能构成运动副的接触表面称为运动副元素。构件通过运动副元素的接触实现动力和运动的传递。

在一般笛卡儿坐标系中，任意构件在与其他构件形成运动副之前都具有两个移动（S_x，S_y）及一个转动，共计三个独立运动（见图 3－1），这三个独立运动称为 3 个“自由度”。当两个构件形成运动副后，运动副元素间保持连续接触，限制了两个构件之间的相对自由度。运动副对构件间的相对运动自由度所施加的限制称为“约束”。两构件间的自由度由于约束的存在而减少，其减少的数目就等于该运动副所引入的约束的数目。又因为两构件构成运动副后，仍需保证能产生相对运动，故对于平面机构运动副引入的约束最多 2 个，最少 1 个。

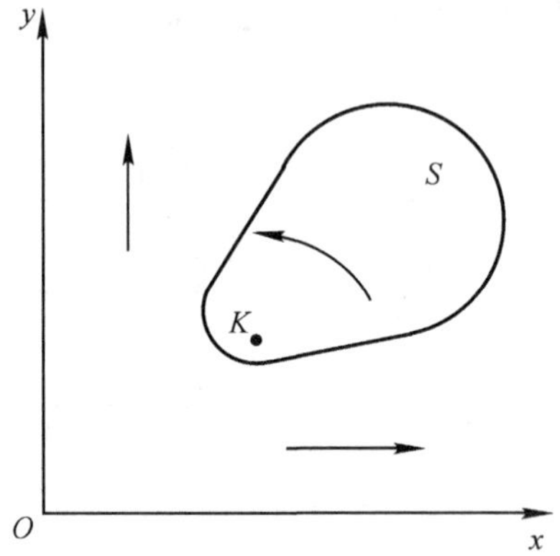

图 3－1　机构作平面运动的自由度

3.1.2　运动副的分类

按照引入约束的数目进行划分，可以把平面运动副分为两类，分别是引入一个约束的Ⅰ级副和引入两个约束的Ⅱ级副。

除可根据运动副引入的约束数目进行分类外，通常还可根据运动副元素的接触方式进行分类。凡是两个构件通过点或者线的接触而构成的运动副统称为高副(见图 3-2),两构件通过面接触而构成的运动副则统称为低副(见图 3-3 和图 3-4)。

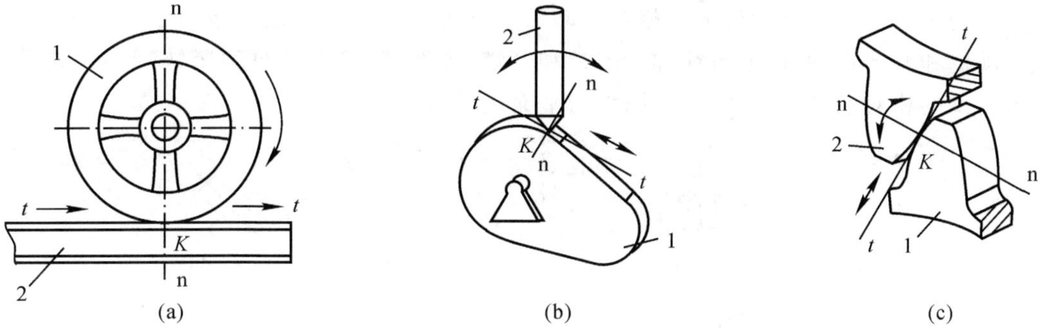

图 3-2　高副

(a)一般高副;(b)凸轮副;(c)齿轮副

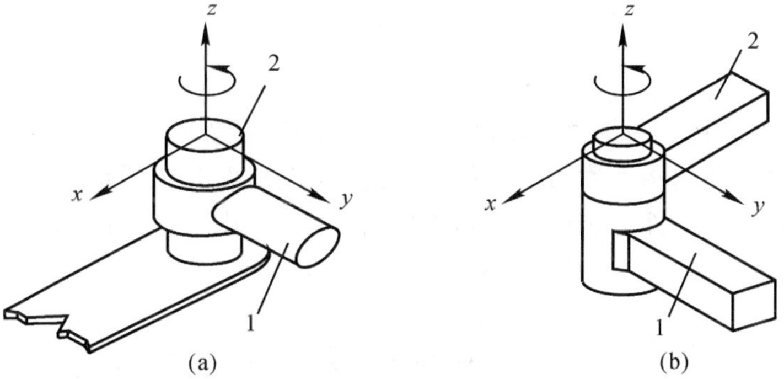

图 3-3　铰链

(a)固定铰链;(b)活动铰链

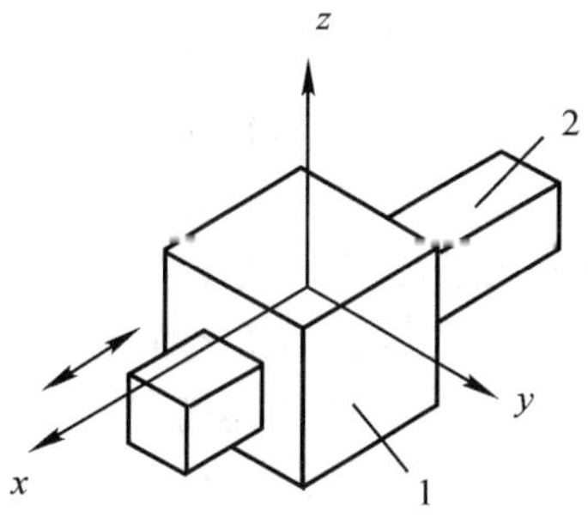

图 3-4　移动副

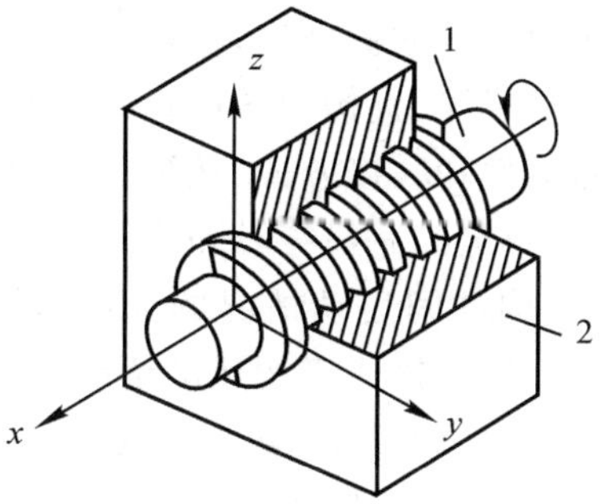

图 3-5　螺旋副

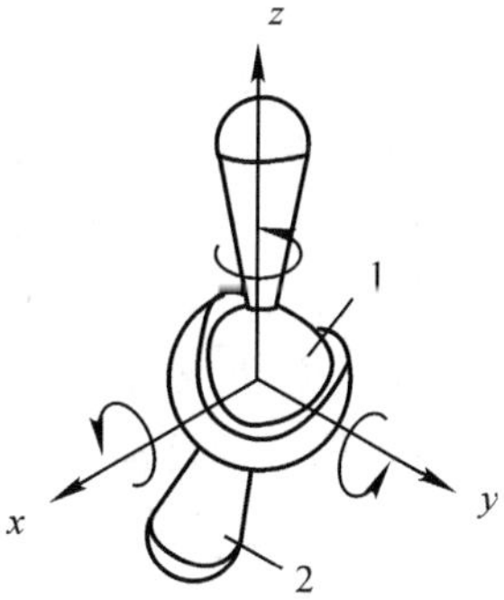

图 3-6　球面副

除以上两种分类方法外,运动副通常还可根据构成运动副两构件之间的相对运动进行分类。如把两构件之间的相对运动为转动的运动副称为转动副或者铰链(见图 3-3);相对运动为移动的运动副称为移动副(见图 3-4)。相对运动为螺旋运动的运动副称为螺旋副(见图 3-5);相对运动为球面的运动副称为球面副(见图 3-6)。

3.1.3 运动链

构件通过运动副联接而构成的相对可动系统称为运动链。运动链按照是否封闭，可分为闭式运动链和开式运动链，或者简称为闭链和开链，如图 3-7 所示称为闭链，此外，如果运动链中各构件的相对运动为平面运动，则称为平面运动链。

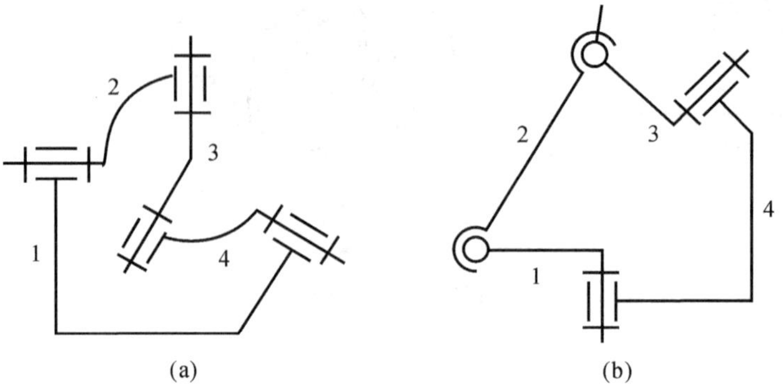

图 3-7 运动链

3.1.4 机构

在运动链中，如果将某一构件加以固定而形成机架，则这种运动链称为机构。机构中按照已知运动规律独立运动的构件称为原动件(又称主动件)，而其余活动构件称为从动件。从动件的运动规律决定于原动件的运动规律和机构的结构。如图 1-1 中所示的活塞就是原动件，连杆、曲轴等都是从动件。

3.2 平面机构的运动简图及自由度

3.2.1 平面机构的运动简图

对现有的机构进行分析或设计新的机械时，都需要从分析机构的运动入手。由于机构各部分的运动是由其原动件的运动规律、机构中各运动副的类型、数目和运动副的相对位置决定的，与构件的外形、组成构件的零件和联接方式、截面的形状和运动副的具体构造无关。所以只要根据构件的尺寸，用运动副规定的简单符号和代表构件的简单线条，按照一定比例定出各运动副的位置，画出表示构件与构件间运动情况的简图，就可以清晰描述实际机构的运动情况，对机构进行运动分析，我们把这种描述机构运动情况的简单图形称为机构运动简图。

在机构运动简图中，一般构件多用直线、小方块或任意多边形等简单图形表示，画有斜线则表示机架。图 3-8(a)所示为轴类、杆类构件的表示方法，图 3-8(b)所示为机架的表示方法，图 3-8(c)是同一构件的表示方法。

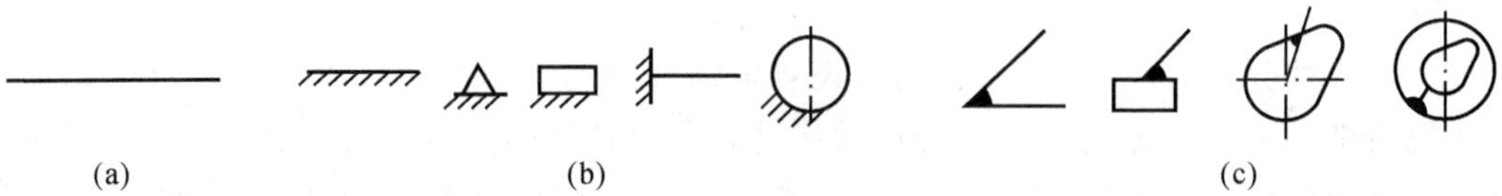

图 3-8 构件的表示符号

图 3－9 所示为带有运动副的构件的表示方法，其中图 3－9(a)表示带有两个运动副的构件，图 3－9(b)表示带有三个运动副的构件。

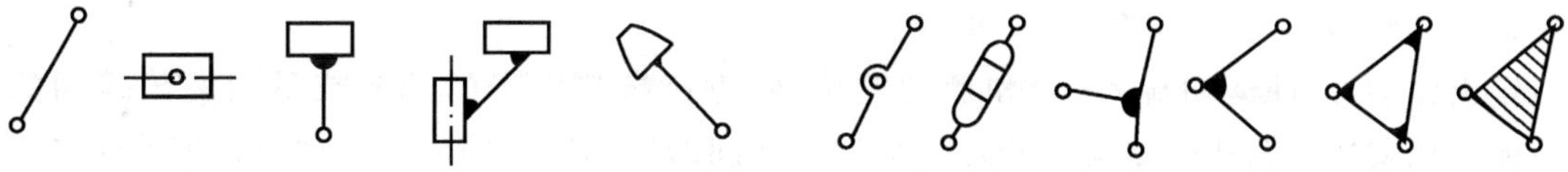

(a)　　　　(b)

图 3－9　带有运动副的构件表示符号

平面运动副、空间运动副及其他常用机构的表示方法见表 3－1。

表 3－1　常用运动副的符号

运动副名称		运动副符号	
		两运动构件构成的运动副	两构件之一为固定时的运动副
平面运动副	转动副	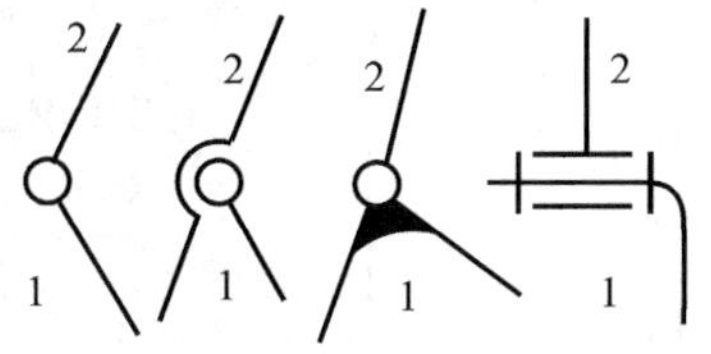	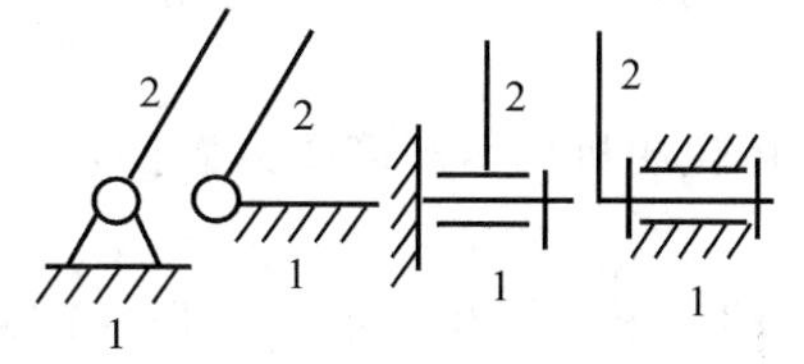
	移动副	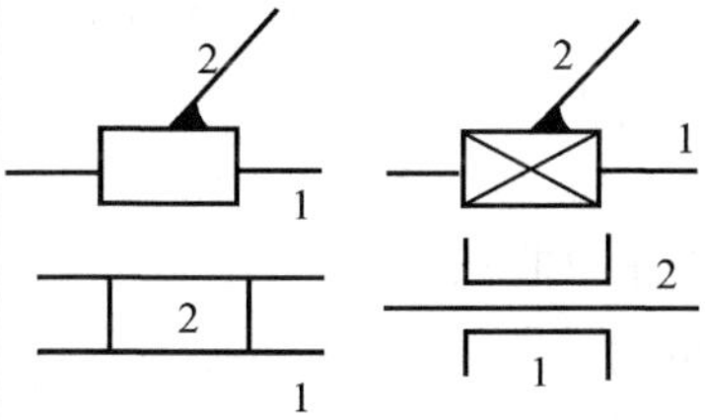	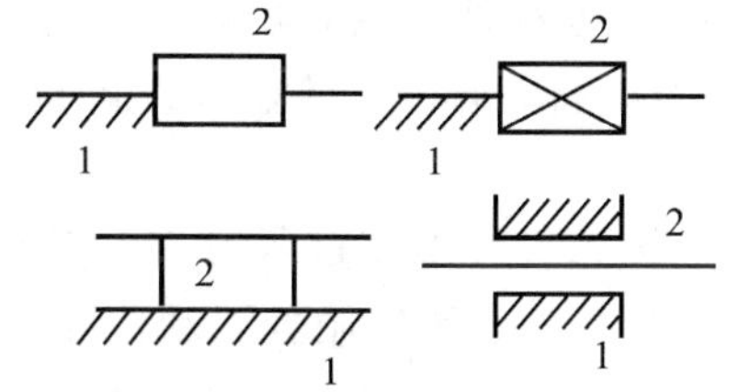
	平面高副	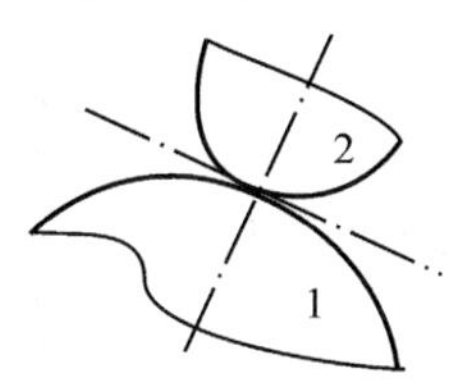	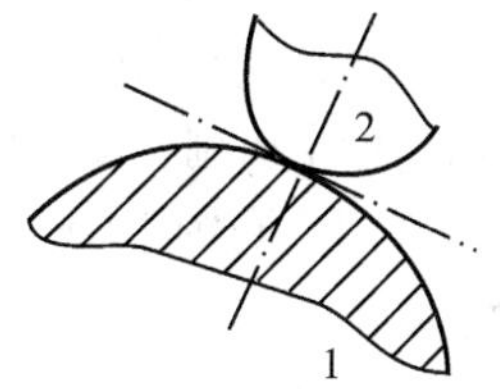
空间运动副	螺旋副	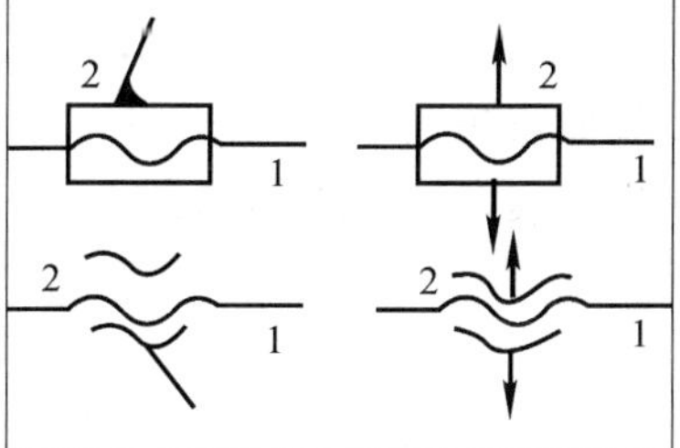	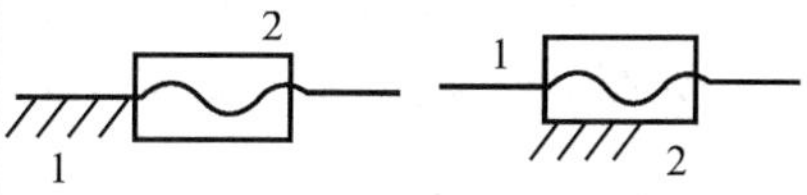
	球面副	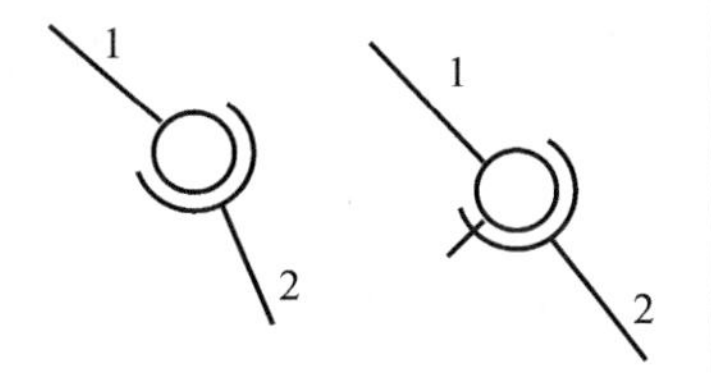	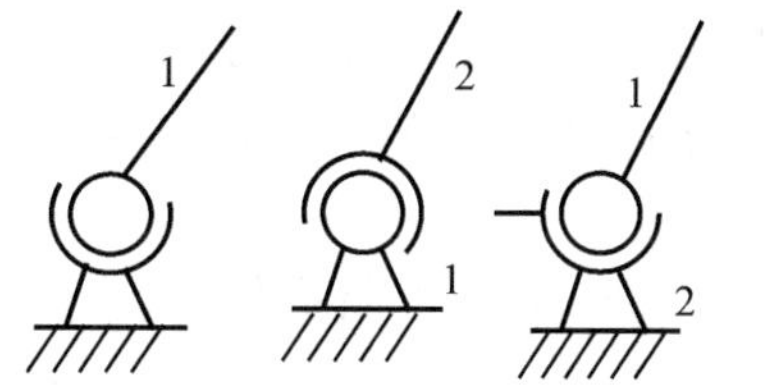

机构运动简图与原机械机构的运动特性完全相同，因此可以根据运动简图对机械机构进行运动分析和动力学分析。在绘制运动简图时，首先必须清楚该机械的实际构造和运动情况。因此机构运动简图的绘制遵循以下步骤：

定出原动件（即运动输入件）和运动输出件（直接参与生产的部分或最后输出运动的部分），循着运动传动路线把原动件和运动输出件之间的传动部分搞清楚。然后根据接触构件的对数，确定运动副的数目，判定运动副的性质，也就是搞清该机械是如何把运动从原动件经过哪些构件、以何种方式传递到运动输出件的。当机械的工作原理清楚后，为了能用运动简图清晰地表达，一般可以选择多数构件的运动面为投影面。允许把机械不同部分的不同视图展到同一视图面上，或为难于表示清楚的部分，另绘一局部简图。总之，以能简单清楚地把机械的结构及运动传递情况正确地表示出来为原则。

在选定视图平面后，便可选择适当的比例尺，定出各运动副之间的相对位置，就可以用各种运动副的代表符号和常用机构运动简图符号等将机构运动简图画出来。

为了具体说明机构运动简图的画法，下面我们举两个例子。

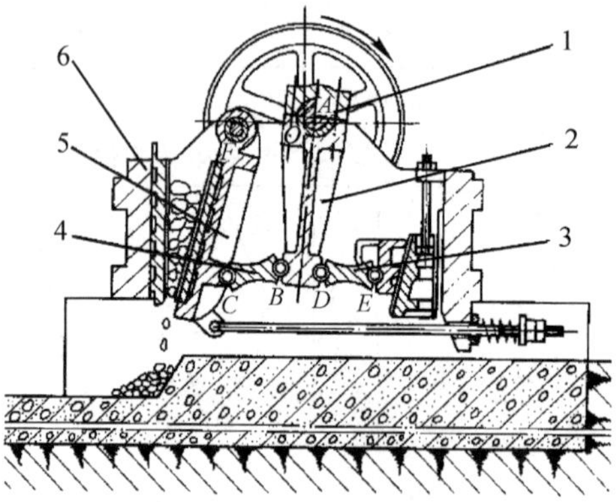

图 3-10　颚式破碎机

【例 3-1】 图 3-10 所示为一颚式破碎机。当曲轴 1 绕轴心 O 连续回转时，动颚板 5 绕轴心 F 往复摆动，从而将矿石轧碎。试绘制此破碎机的机构运动简图。

【解】 由破碎机的工作过程可知，其原动件为曲轴 1，执行部分为动颚板 5。然后循着运动传递的路线可以看出，此破碎机是由曲轴 1，构件 2，3，4 及动颚板 5 和机架 6 等六个构件组成的。其中曲轴 1 和机架 6 在 O 点构成转动副，曲轴 1 和构件 2 也构成转动副。其轴心在 A 点。而构件 2 还与构件 3，4 在 D，B 两点分别构成转动副。构件 3 还与机架 6 在 E 点构成转动副。动颚板 5 与构件 4 和机架 6 分别在 C 点和 F 点构成转动副。

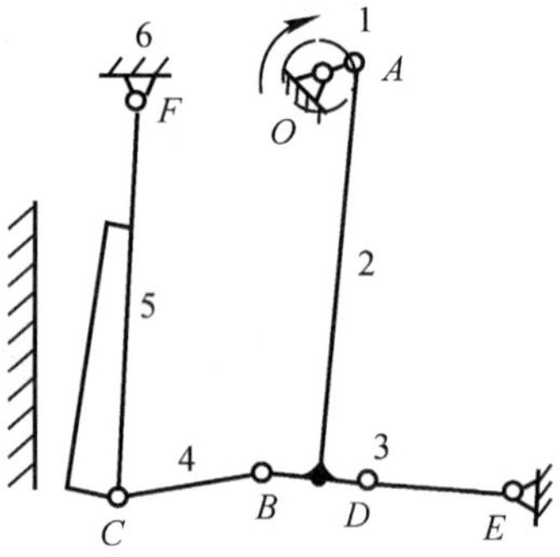

图 3-11　颚式破碎机运动简图

将破碎机的组成情况搞清楚后，再选顶视图平面和比例尺，并定出各转动副 O,A,B,C,D,E,F 的位置，即可绘出其机构运动简图，如图 3-11 所示。在原动件上标出表示运动方向的箭头。

3.2.2　平面机构自由度的计算

机构的自由度是指机构相对于机架所具有的独立运动数目。在平面机构中，各构件只作平面运动，所以每个自由构件具有 3 个自由度。而每个平面低副（转动副和移动副）各提供两个约束，每个平面高副只提供 1 个约束。设平面机构中共有 n 个活动构件（机架不是活动构件），共有 p_l 个低副和 p_h 个高副。在各构件尚未构成运动副时，他们共有 $3n$ 个自由度。而在各构件构成运动副后，它们将提供 $(2p_l+p_h)$ 个约束，故机构的自由度为

$$F=3n-2p_l-p_h \tag{3-1}$$

下面举一例说明。

【例 2－3】 试计算图 3－11 所示颚式破碎机的自由度。

【解】 由机构运动简图不难看出，此机构共有 6 个构件，其中 5 个活动构件（即构件 1，2，3，4，5），共有 7 个低副（即转动副 A,B,C,E,D,F），该机构中没有高副，故机构的自由度为

$$F=3n-(2p_l+p_h)=3\times5-(2\times7+0)=1$$

3.2.3　机构具有确定运动的条件

为了按一定的要求进行运动的传递及变换，首先需使机构具有运动的可能性，即计算得到的机构自由度不应小于等于 0。当自由度 $F\leqslant0$ 时，说明各个构件之间不可能存在任何相对运动。其次，还需保证运动具有确定性。一个机构在什么条件下才能实现确定的运动呢？为了说明这个问题，我们先来分析几个例子。

如图 3－12 所示为由四个构件组成的铰链四杆机构。在此机构中，如果给定一个独立的运动参数，例如构件 1 的角位移规律 θ_1，则不难看出，此时其余构件的运动便都完全确定。而图3－13所示为铰链五杆机构。在此机构中，如果也只给定一个独立的运动参数，如构件 1 的角位移规律 θ_1，此时构件 2，3，4 的运动并不能确定。例如当构件 1 占有位置 AB 时，构件 2，3，4 可以占有位置 B,C,D,E，也可以占有位置 B,C',D',E，或其他位置。但是，如果再给定另一个独立的运动参数，如构件 4 的角位移规律 θ_4，即同时给定两个独立的运动参数，则不难看出，此机构各构件的运动便完全确定了。

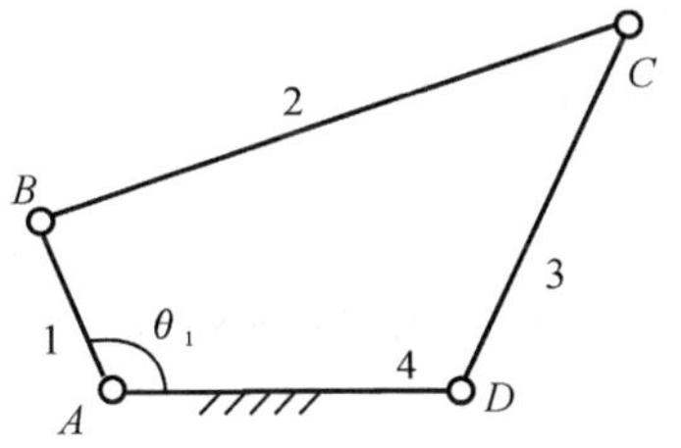

图 3－12　铰链四杆机构

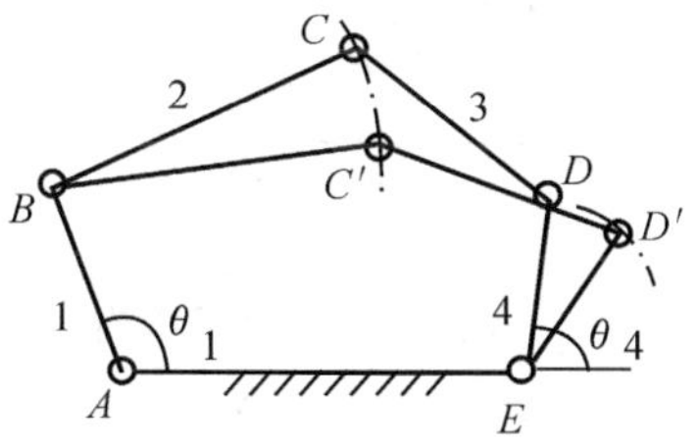

图 3－13　铰链五杆机构

上述铰链四杆机构的自由度为 1，而铰链五杆机构的自由度为 2。由于一般机构的原动件都是和机架相联的，对于这样的原动件，只能给定一个独立的运动参数。所以，在此情况下，为了使机构具有确定的运动，则机构的原动件的数目应等于机构的自由度数目。这就是机构具有确定运动的条件。当机构不满足这一条件时，如果机构的原动件数目小于机构的自由度，机构的运动将不确定。由以上描述可知，机构自由度计算的意义在于自由度数目就标志着机构需要的原动件的数目，只有当自由度 F 等于原动件个数时，机构的运动才是完全确定的。

3.2.4　自由度计算时的注意事项

在计算机构的自由度时，往往会遇到按公式计算的自由度数目与机构实际的自由度数目不相符的情况。这是因为在应用公式（3－1）计算机构的自由度时，还有某些应该注意的事项未能正确处理的缘故。现将应注意的主要事项简述如下：

1. 正确计算运动副的数目

在计算机构的运动副数目时，必须注意如下三种情况：

（1）两个以上的构件同在一处且以转动副相联接，构成所谓复合铰链。

如图 3-14(a)所示就是 3 个构件在一起以转动副相联接而构成的复合铰链。而由图 3-14(b)可以看出,此 3 个构件共构成 2 个转动副。同理,若 m 个构件以复合铰链相联接时,其构成的转动副数应等于($m-1$)个。在计算机构的自由度时,应注意是否存在复合铰链,以免把运动副数目搞错。

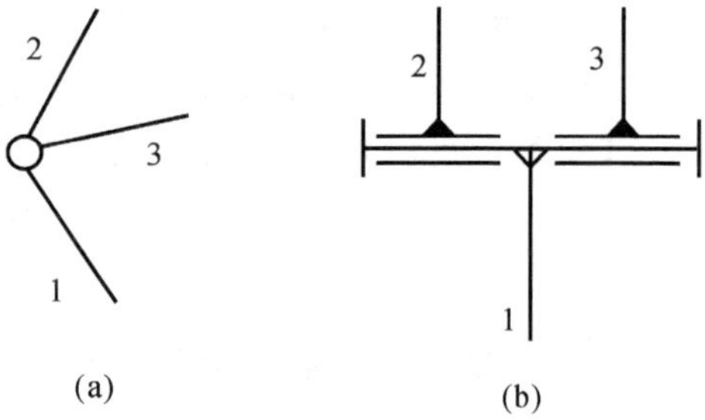

图 3-14 复合铰链

【例 2-5】 试计算如图 3-15 所示直线机构的自由度。

【解】 此机构 B,C,D,F 四处都是由 3 个构件组成的复合铰链,各具有 2 个转动副。因此其 $n=7$,$p_l=10$,$p_h=0$,故由式(3-1)得

$$F=3n-(2p_l+p_h)=3\times7-(2\times10+0)=1$$

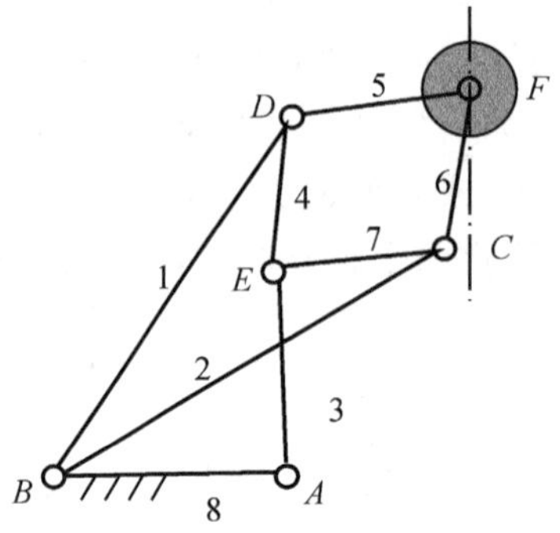

图 3-15 直线机构

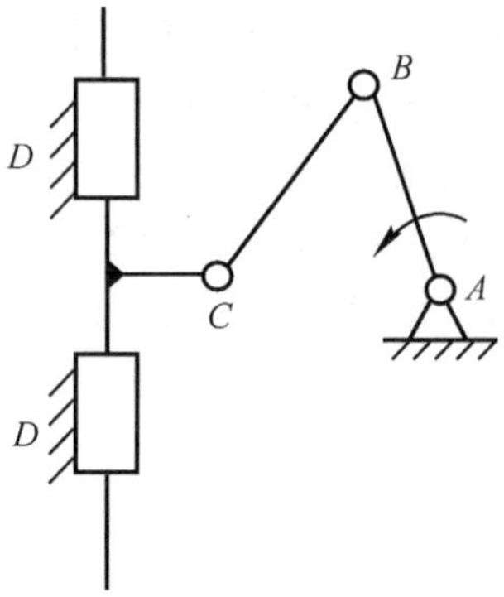

图 3-16 导路平行的移动副

(2)如果两构件在多处接触而构成移动副,且移动方向彼此平行(如图 3-16 所示 D,D'),或者两构件在多处相配合而构成转动副,且转动轴线重合(如图 3-17 所示 A,A'),则只能算一个运动副。而其余运动副只起支撑作用,在分析机构运动时不用考虑。

(3)如果两构件在多处相接触而构成平面高副,且各接触点处的公法线彼此重合(如图 3-18所示 B,B'),则只能算一个平面高副。

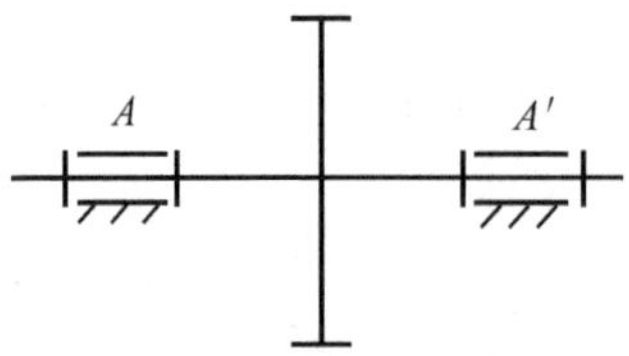

图 3-17 轴线重合的转动副

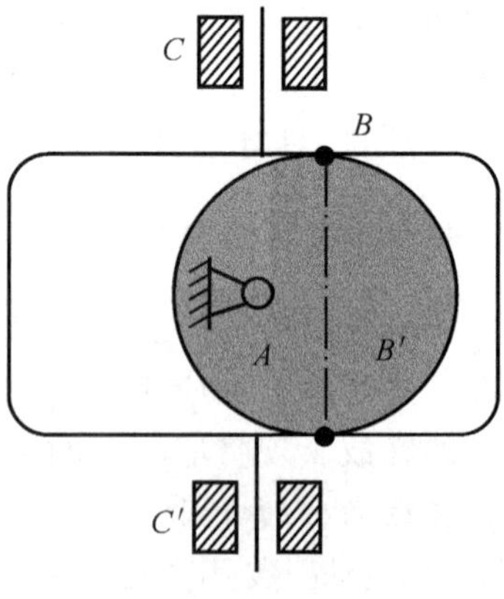

图 3-18 凸轮机构

如果两构件在多处接触而构成平面高副，但各接触点处的公法线方向并不彼此重合，则如图3－19所示的情况，将各提供 1 个约束，即各相当于 2 个平面高副或 1 个低副（图 3－19(a)相当于一个转动副，图 3－19(b)相当于一个移动副）。

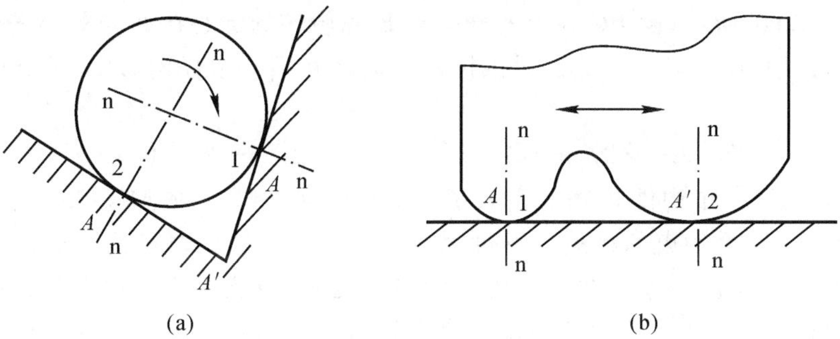

图 3－19　法线不重和的平面高副

2. 除去局部自由度

在有些机构中，某些构件所产生的局部运动并不影响其他构件的运动。我们把这些构件所产生的这种局部运动的自由度称为局部自由度。例如在图 3－20(a)所示的滚子推杆凸轮机构中，为了减少高副元素的磨损，在推杆 3 和凸轮 1 之间装了一个滚子 2。此时在机构中 $n=3$，$p_h=2$，$p_l=1$。其自由度为

$$F=3n-(2p_l+p_h)=3\times3-(2\times3+1)=2$$

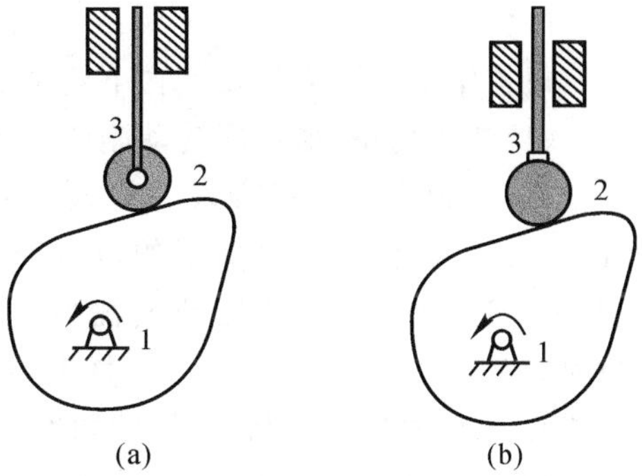

图 3－20　局部自由度

但是，滚子 2 绕其自身轴线的转动，并不影响其他构件的运动（如图 3－20(b)所示，如设想将滚子 2 和推杆 3 焊在一起，并不影响其他构件的运动），因而它只是一种局部自由度。在计算机构的自由度时，应从机构自由度的计算公式中将局部自由度减去。如：设机构的局部自由度数目为 F'，则机构的实际自由度为

$$F=3n-(2p_l+p_h)-F' \tag{3-2}$$

对于上述凸轮机构，其自由度应为

$$F=3n-(2p_l+p_h)-F'=3\times3-(2\times3+1)-1=1$$

3. 除去虚约束

在机构中，有些运动副带入的约束对机构的运动实际上不起约束作用，我们把这类约束称为虚约束。在计算机构的自由度时应将这类虚约束除去。

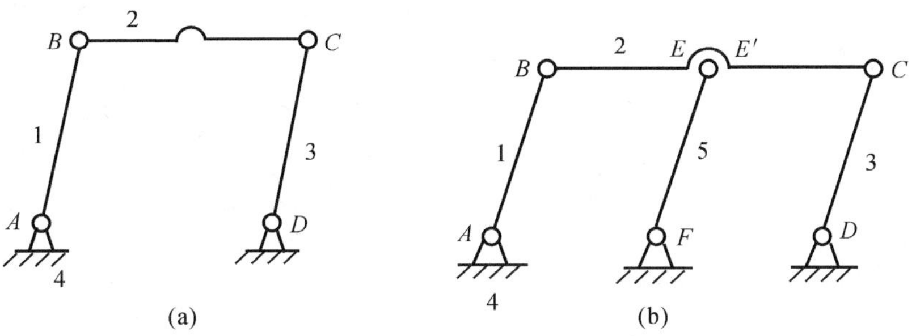

图 3－21　平行四边形机构

例如在图 3-21(a)所示的平行四边形机构中，连杆 3 作平移运动，BC 线上各点的轨迹均为圆心在 AD 线上而半径等于 AB 的圆。该机构的自由度为

$$F=3n-(2p_l+p_h)-F'=3\times3-(2\times4+0)-0=1$$

现如图 3-21(b)所示，设 BC 线上的任一点 E 点轨迹的圆心在 F 点处。若使构件 5 与构件 1，3 相互平行且长度相等。显然这对该机构的运动并不产生任何影响，但此时该机构的自由度变为

$$F=3n-(2p_l+p_h)-F'=3\times4-(2\times6+0)-0=0$$

这是因为加入了一个构件 5，虽然引入了 3 个自由度，但却因增加了 2 个转动副而引入了 4 个约束，即多引入一个约束的缘故。不过，如上所述，这个约束对机构的运动实际上不起约束作用，因而它是一个虚约束。在计算机构的自由度时，应从机构的约束数目中减去虚约束数，否则会得出错误的结果。设机构中虚约束数目为 p'，则机构的自由度应为

$$F=3n-(2p_l+p_h-p')-F' \tag{3-3}$$

对于图 3-21(b)所示的机构，其自由度应为

$$F=3\times4-(2\times6+0-1)-0=1$$

机构中的虚约束常发生在下列情况：

(1)在机构中，如果用转动副联接的是两构件上运动轨迹相重合的点，则该联接将带入一个虚约束。如上例所述就是这种情况。又如在图 3-22 所示的机构简图中，$\angle CAD=90^\circ$，$\overline{BC}=\overline{BD}=\overline{AB}$。在此机构的运动过程中，构件 CD 线上各点的轨迹均为椭圆，CD 杆上 B 点与 AB 杆上 B 点的轨迹相同，都是以 A 为圆心，AB 为半径的圆弧，故转动副 B 将带入一个虚约束。

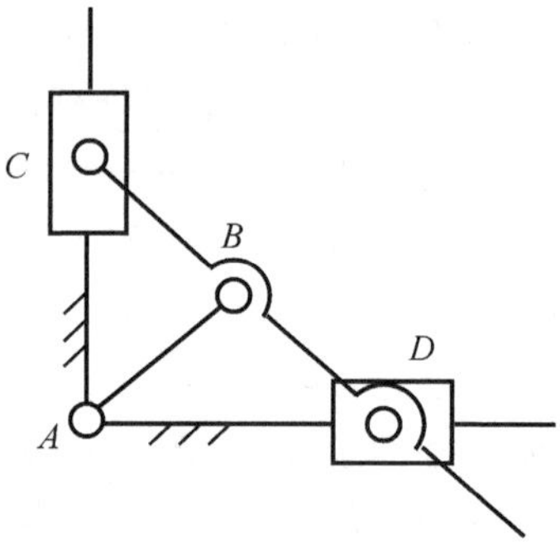

图 3-22　椭圆规

(2)在机构运动的过程中，若两构件上某两点之间的距离始终保持不变，则如用双转动副杆将此两点相联，也将带入一个虚约束。

图 3-21(b)所示的情况也可以说是属于此种情况。又如图3-23所示，在平行四边形机构 $ABCD$ 的运动过程中，E 点与 F 点之间的距离始终保持不变($\overline{EF}\mathrel{\underline{\mathbin{/\!/}}}\overline{AD}$)，故当用双转动副杆将 E，F 两点相联时也必将带入一个虚约束。

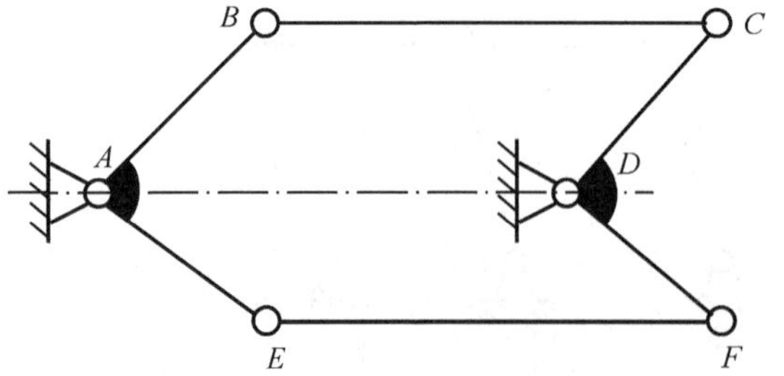

图 3-23　平行四边形机构

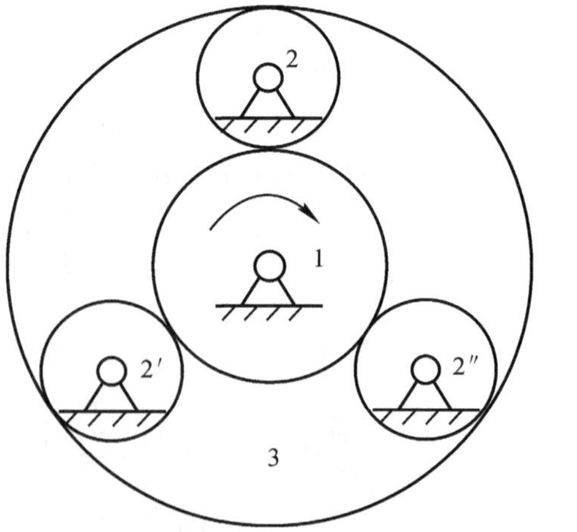

图 3-24　定轴轮系

(3)在机构中,某些不影响机构运动传递的重复部分所带入的约束亦为虚约束。

例如在图 3-24 所示的轮系中为了改善受力情况,在主动齿轮 1 和内齿轮 3 之间采用了三个完全相同的齿轮(轮 2,2′及 2″),而实际上从机构运动传递的角度来说仅有一个齿轮就可以了,其余两齿轮并不影响机构的运动传递,故其带入的约束为虚约束(至于其虚约束的数目 p' 可根据此重复部分中的构件数目、低副数目 p'_1 及高副数目 p'_h 来确定,即

$$p'=2p'_1+p'_h-3n'=2\times2+4-3\times2=2$$

从保证机构运动灵活和便于加工装配等方面来说,应尽量减少机构中的虚约束。但在各种实际机械中,为了达到改善机构的受力情况,增加机构的刚度,或保证机械运动的顺利等目的,虚约束却往往又是多处存在的。

【例 2-6】 试计算如图 3-25 所示某包装机送纸机构的自由度(图中:$ED\mathrel{\underline{\underline{/\!/}}}FI\mathrel{\underline{\underline{/\!/}}}GJ$),并判断该机构是否具有确定的相对运动。

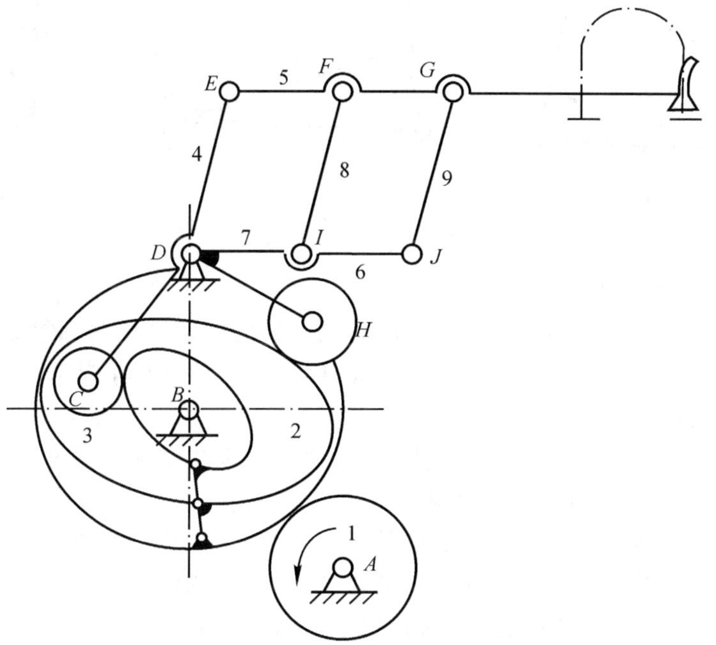

图 3-25　某包装机送纸机构

【解】 因在此机构中 $n=9$,$p_1=11$(复合铰链 D 包含两个转动副),$p_h=3$。又因 C,H 两处滚子的转动为局部自由度,即 $F'=2$,且不难分析机构在运动过程中,F,I 两点间的距离始终保持不变,因而用双转动副杆 8 联接此两点将引入一个虚约束,即 $p'=1$,故由式(3-3)得

$$F=3n-(2p_1+p_h-p')-F'=$$

$$3\times9-(2\times11+3-1)-2=1$$

由于机构的自由度与机构的原动件的数目相等,故该机构具有确定的相对运动。

3.3 平面连杆机构的基本形式及其演化

3.3.1 概述

连杆机构是一种应用十分广泛的机构，图 3-26(a)所示的铰链四杆机构，图 3-26(b)所示的曲柄滑块机构和图 3-26(c)所示的导杆机构是连杆机构最常见的形式。它们的共同特点是：原动件 1 的运动都要经过一个不直接与机架相联的中间构件 2 才能传动到传动件 3。中间构件 2 称为连杆。这些由若干构件通过低副联接而成的机构称为连杆机构。若构成连杆机构的各构件在相互平行的平面内运动，则称为平面连杆机构。

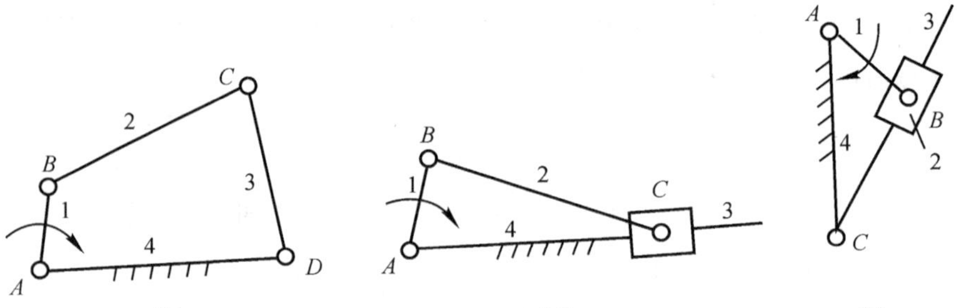

图 3-26　平面连杆机构

平面连杆机构具有以下一些传动特点：

(1)平面连杆机构中运动副一般为低副。构成低副的两运动副为面接触，压强较小，故可承受较大的载荷；而且有利于润滑，磨损较小；此外，运动副的几何形状较简单，便于加工制造。

(2)在平面连杆机构中，当原动件运动规律不变，可通过改变各构件的相对长度来使从动件得到不同的运动规律。

(3)在平面连杆机构中，连杆上各点的轨迹是各种不同形状的曲线(称为连杆曲线)，其形状还随着各构件的长度改变而改变，从而改变杆长可以得到形式多样的连杆曲线，我们可以利用这些曲线来满足不同轨迹的设计要求。

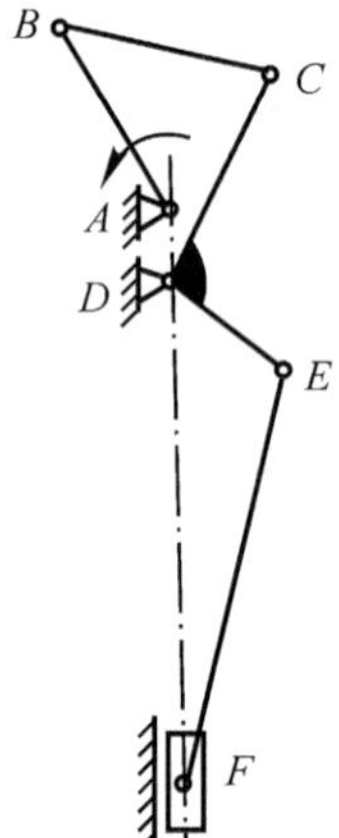

图 3-27　冲床机构

在平面连杆机构中，其构件多呈杆状，故构件简称为杆。平面连杆机构常根据其所含杆之数而命名，如四杆机构、六杆机构等。其中平面四杆机构不仅应用广泛，而且是常见多杆机构的基础(图 3-27 所示的六杆机构就可以看做是由 *ABCD* 和 *DEF* 两个四杆机构构成的)，所以本章着重讲述平面四杆机构的有关基本知识和设计问题。

3.3.2 平面四杆机构的类型和应用

如图 3-28 所示为一铰链四杆机构，在此机构中，*AD* 为机架，*AB*，*CD* 两构件与机架相连称为连架杆，*BC* 为连杆。而在连架杆中，能作整周回转者称为曲柄；只能在一定范围内摆动者称为摇杆。通常按照两连架杆是曲柄还是摇杆，将铰链四杆机构分为三种基本形式：曲柄摇杆机构、双曲柄机构和双摇杆机构。

1. 曲柄摇杆机构

铰链四杆机构的两个连架杆中，若其一为曲柄，另一为摇杆，则称其为曲柄摇杆机构。当以曲柄为原动件时，曲柄摇杆机构可将曲柄的连续转动变为摇杆的往复摆动。其应用甚广，图3-29所示的雷达天线俯仰机即为一例。当以摇杆为原动件时，可将摇杆的摆动转变为曲柄的整周转动，此种机构在农用、民用等以人力为动力的机械中应用较多，如图3-30所示的缝纫机踏板机构即为一例。当工人用脚踏动踏板1时，通过连杆，此机构可将踏板1的摆动转变为飞轮3的整周转动。

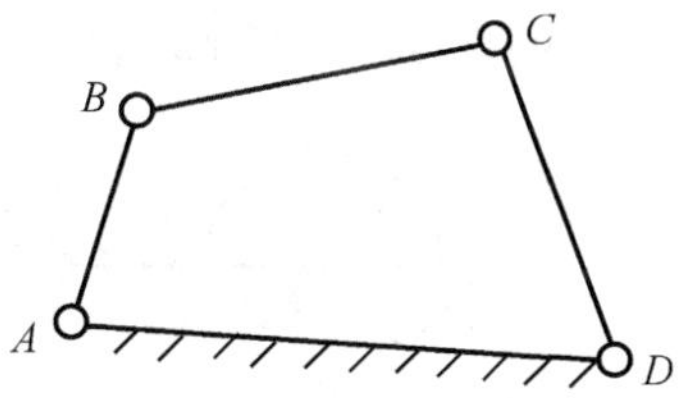

图3-28　铰链四杆机构

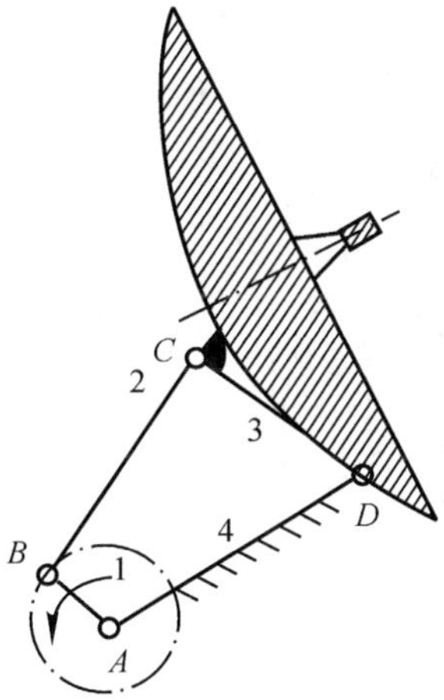

图3-29　雷达天线俯仰机

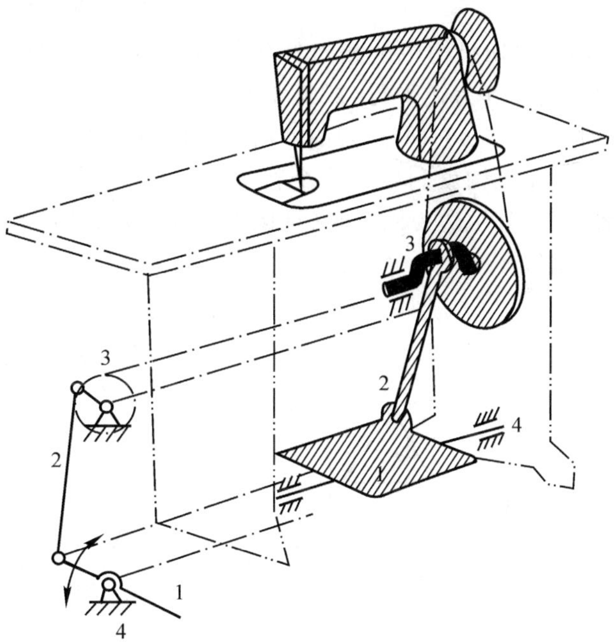

图3-30　缝纫机踏板机构

2. 双曲柄机构

若铰链四杆机构中的两个连架杆均为曲柄，则称其为双曲柄机构。在一般形式的双曲柄机构中(如图3-27所示冲床机构中的双曲柄机构 $ABCD$)，当主动曲柄 AB 作匀速转动时，从动曲柄 CD 作变速转动，从而可使滑块 F 在冲压行程时慢速前进，而在空回行程中快速返回，以利于冲压工作的进行。

在双曲柄机构中，若相对的两杆平行且长度相等则称其为平行四边形机构(见图3-31)。它有两个显著特征：一是两曲柄以相同速度同向转动；另一个是连杆作平动。此两特征在机械工程上均已获得广泛应用。如图3-32所示的机车车轮的联动机构就利用了其第一个特征，而图3-33

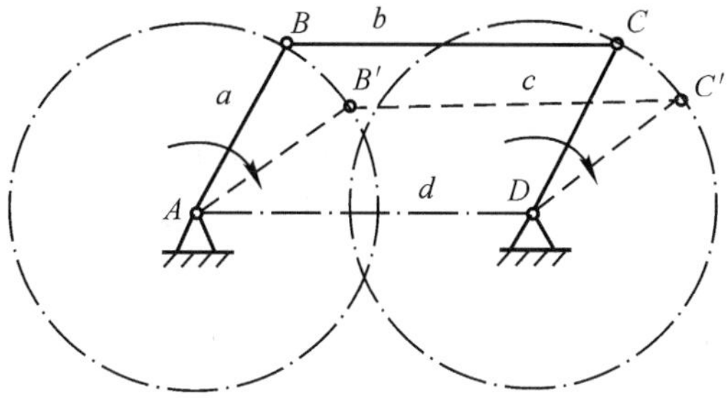

图3-31　平行四边形机构

所示的摄影平台升降机构则是利用了其第二个特征。

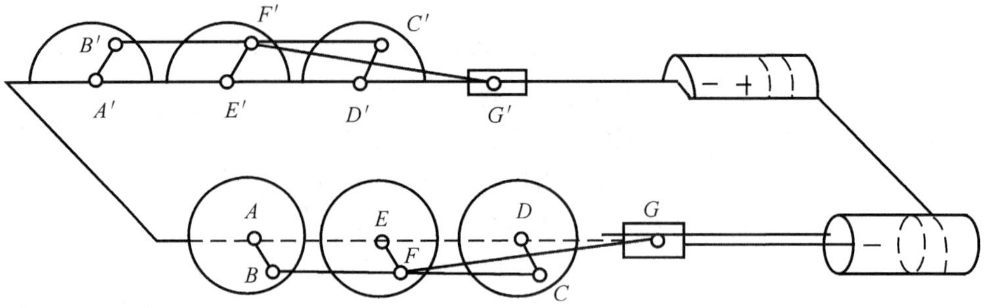

图 3-32　车轮联动机构

如双曲柄机构中两相对杆的长度分别相等，但不平行（见图 3-34），则称其为逆平行（或反平行）四边形机构。当以其长边为机架时（见图 3-34(a)），两曲柄沿相反的方向转动，图 3-35 所示的车门开闭机构就利用了这个特征，它可使两扇车门同时敞开或关闭。当以其短边为机架时（见图 3-34(b)），其性能和一般双曲柄机构相似。

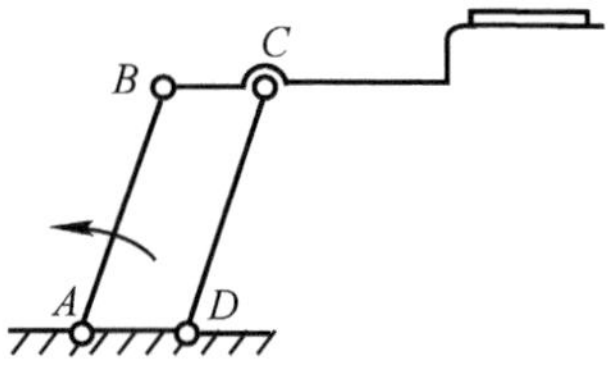

图 3-33　摄影工作台机构

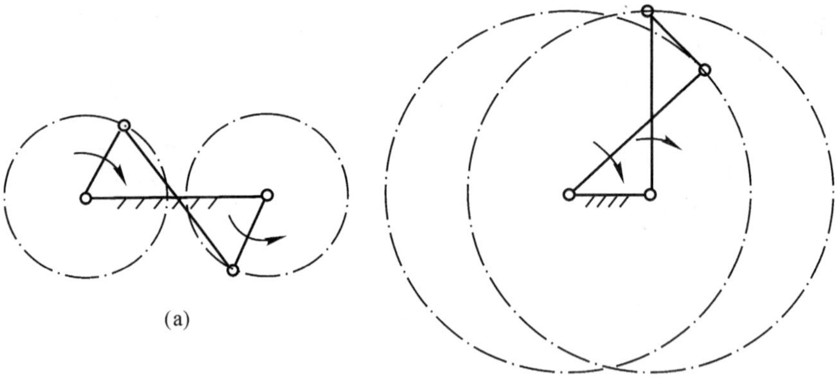

(a)

(b)

图 3-34　反平行四边形机构

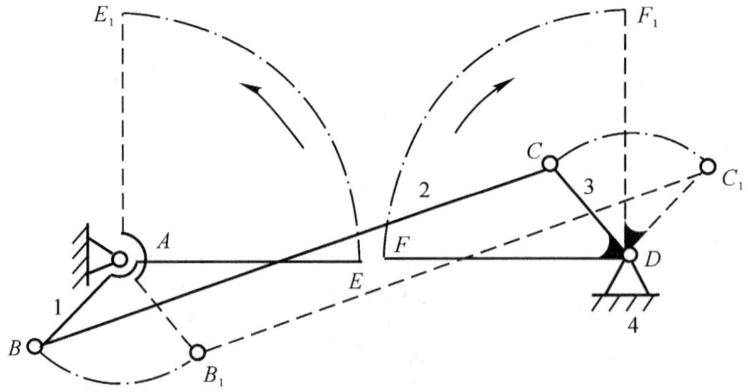

图 3-35　车门开闭机构

3. 双摇杆机构

若铰链四杆机构的两个连架杆都是摇杆，则称其为双摇杆机构。图 3－36 所示的铸造用大型造型机的翻箱机构，就应用了双摇杆机构 $ABCD$。它可将固定在连杆 BC 上的砂箱在 BC 位置进行造型震实后，翻转 180°，转到 $B'C'$ 位置，以便进行拔模。

在双摇杆机构中，若两摇杆长度相等，则形成等腰梯形机构。如图 3－37 所示的汽车、拖拉机前轮的转向机构，即为其应用实例。

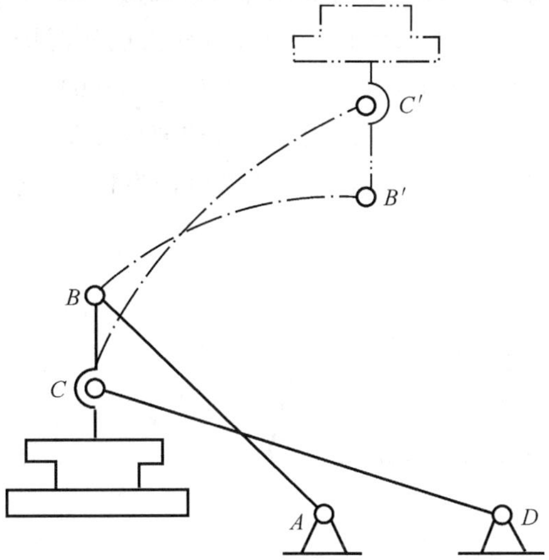

图 3－36　造型机的翻箱机构

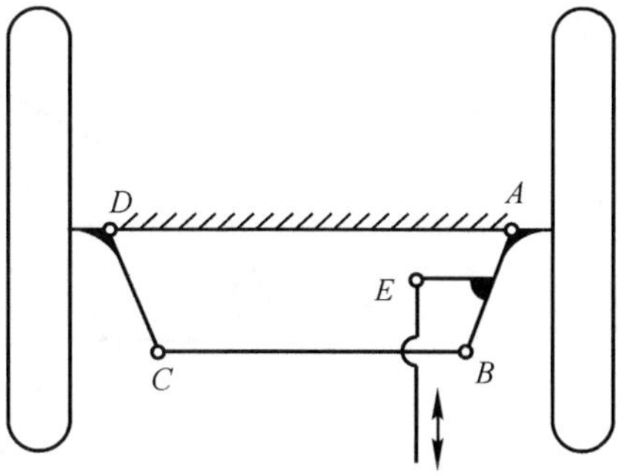

图 3－37　汽车转向机构

3.3.3　平面四杆机构有曲柄的条件

在铰链四杆机构中，各运动副都是转动副。如组成转动副的两构件能相对整周转动，则称其为周转副，不能作相对周转者，则称为摇转副。在图 3－38 所示的四杆机构中，要使杆 AB 成为曲柄，转动副 A 就成为周转副，故下面先来确定转动副成为周转副的条件。

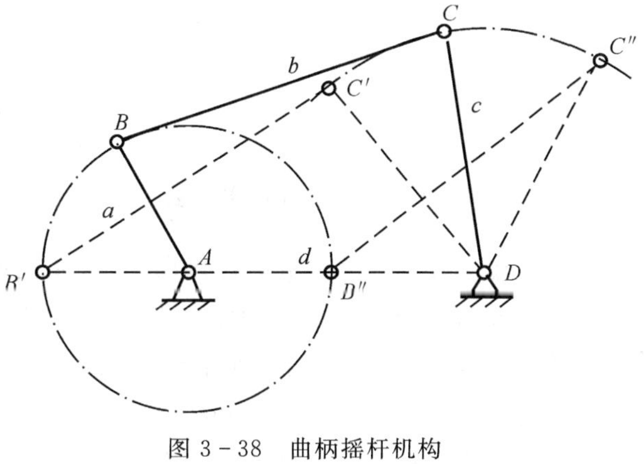

图 3－38　曲柄摇杆机构

设图 3－38 所示四杆机构各杆的长度分别为 a,b,c,d。要转动副 A 成为周转副，AB 杆应能在整周回转中的任何位置，由 AB 杆与 AD 杆两次共线的位置可分别得到 $\triangle DB'C'$ 和 $\triangle DB'C'$，由两三角形边长关系可得

$$a+d\leqslant b+c$$

$$b\leqslant(d-a)+c,\quad 即\ a+b\leqslant c+d$$

$$c\leqslant(d-a)+b,\quad 即\ a+c\leqslant b+d$$

将上述三式分别两两相加，则得　　$a\leqslant b,\ a\leqslant c,\ a\leqslant d$

即 AB 杆为最短杆。

分析上述各式，可得出转动副 A 为周转副的条件是：①最短杆长度＋最长杆长度≤其余两杆长度之和，此条件称为杆长条件；②组成该周转副的两杆中必有一杆为最短杆。

上述条件表明：当四杆机构各杆的长度满足杆长条件时，有最短杆参与构成的转动副都是周转副(如图 3－38 中的 A，B 副)，而其余的转动副(如 C，D 副)则是摆转副。

曲柄是连架杆，周转副处于机架上才能形成曲柄，于是，四杆机构有曲柄的条件是各杆的长度应满足杆长条件，且其最短杆为连架杆或机架。在满足杆长条件的四杆机构中，当最短杆为连架杆时，机构为曲柄摇杆机构(见图 3－39(a)和图 3－39(b))，当最短杆为机架时则为双曲柄机构(见图 3－39(c))。如以最短杆为连杆，则机构为双摇杆机构(见图 3－39(d))。但这时由于作为连杆的最短杆的两个转动副都是周转副，故该连杆能相对于两连架杆作整周回转。如果铰链四杆机构各杆的长度不满足杆长条件，则无周转副，此时不论以何杆为机架，均为双摇杆机构。

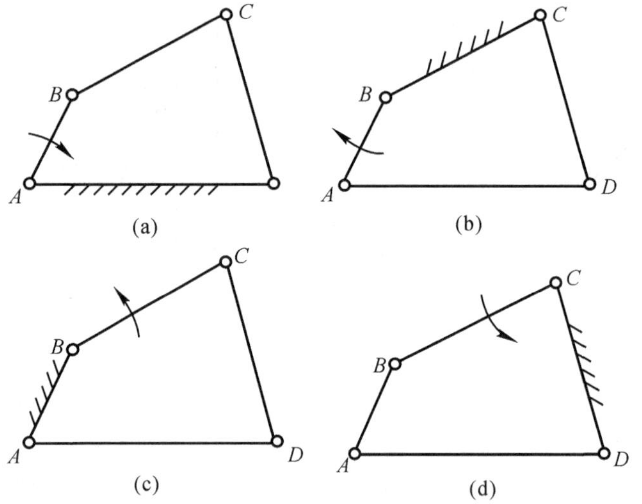

图 3－39　最短杆与机架的关系

3.3.4　平面四杆机构的演化型式

除上述三种型式的铰链四杆机构之外，在机械中还广泛地采用其他型式的四杆机构。不过这些型式的四杆机构，可认为是由四杆机构的基本型式演化而来的。四杆机构的演化，不但是为了满足运动方面的要求，而且是为了改善受力状况以及满足结构设计上的需要等。各种演化机构的外形虽然各不相同，但它们的性质以及分析和设计的方法却常常是相同的或类似的。这就为连杆机构的研究提供了方便。下面对各种演化方法及其应用举例加以介绍。

1.改变构件的形状和运动尺寸

如图 3－41(a)所示的曲柄摇杆机构中，当曲柄 1 绕轴 A 回转时，铰链 C 将沿圆弧 $\beta\beta$ 往复运动。现如图 3－41(b)所示，设将摇杆 3 做成滑块形式，使其沿圆弧导轨 $\beta\beta$ 往复滑动，显然其运动性质并未发生改变，但此时铰链四杆机构已演化为具有曲线导轨的曲柄滑块机构。

又若将图 3－41(a)中摇杆 3 的长度增至无穷大，则图 3－41(b)中的曲线导轨将变成直线导轨，于是铰链四杆机构就演化成为常见的曲柄滑块机构(见图 3－42)。图 3－42(a)为具有

偏距 e 的偏置曲柄滑块机构；图 3－42(b)则为无偏距的对心曲柄滑块机构。

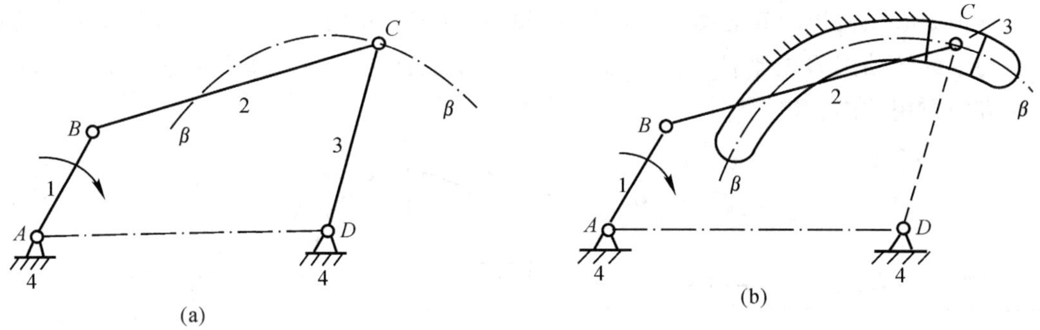

图 3－41　曲柄摇杆机构

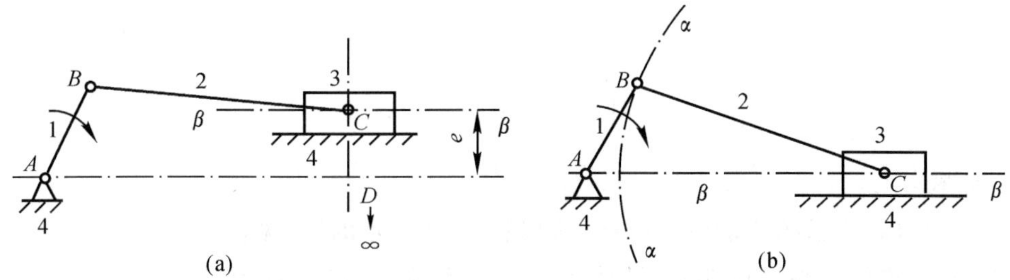

图 3－42　曲柄滑块机构

图 3－42(b)所示的曲柄滑块机构还可以进一步演化为图 3－43 所示的双块四杆机构。在图 3－43(b)所示机构中，从动件 3 的位移与原动件 1 的转角的正弦成正比($s=l_{AB}\sin\varphi$)，故称为正弦机构。

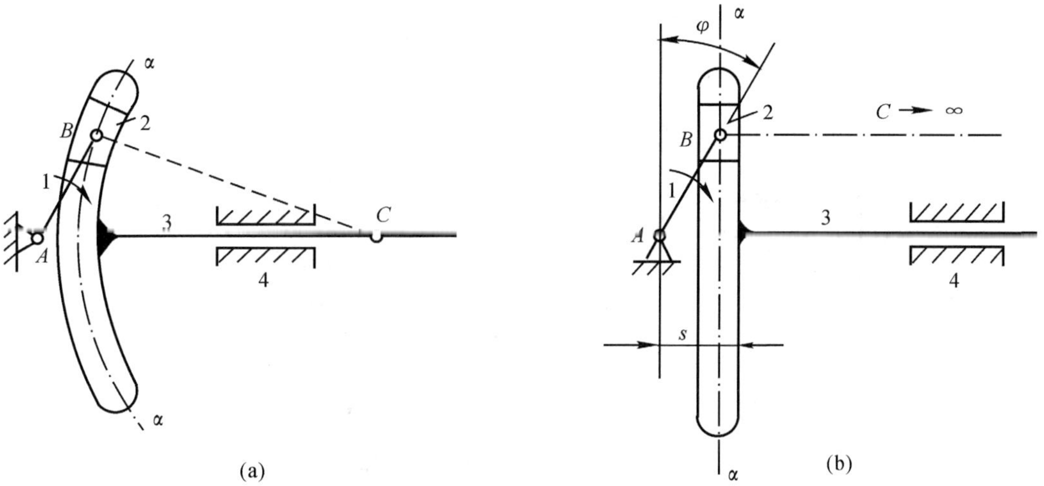

图 3－43　双块四杆机构

2. 改变运动副的尺寸

在图 3－44(a)所示的曲柄滑块机构中，当曲柄 AB 的尺寸较小时，由于机构的需要，常将曲柄改为如图 3-44(b)所示的偏心盘,其回转中心至几何中心的偏心距等于曲柄的长度,这种机构称为偏心轮机构。其运动特性与曲柄滑块机构完全相同。偏心轮机构可认为是将曲柄滑块机构中的转动副 B 的半径扩大,使之超过曲柄长度演化而成。偏心轮机构在锻压设备和柱塞泵等中应用较广。

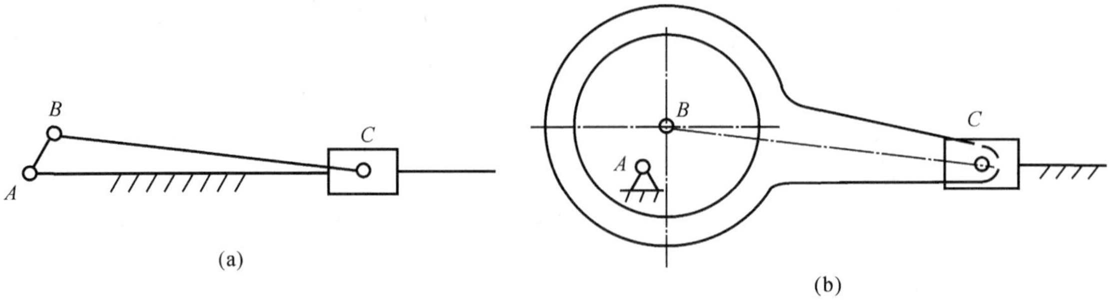

图 3-44　偏心轮机构

3. 选用不同的构件为机架

如图 3-45(a)所示的曲柄滑块机构,若以构件 AB 为机架(见图 3-45(b)),此时构件 4 绕轴 A 转动,而构件 3 则以构件 4 为导轨沿其相对移动,构件 4 称为导杆,该机构则称为转动导杆机构;若以构件 BC 为机架(见图 3-45(c)),则演化成为曲柄摇块机构。其中构件 3 仅能绕点 C 摇摆;又若以滑块 3 为机架(见图 3-45(d)),则曲柄滑块机构演化成为直动导杆机构。

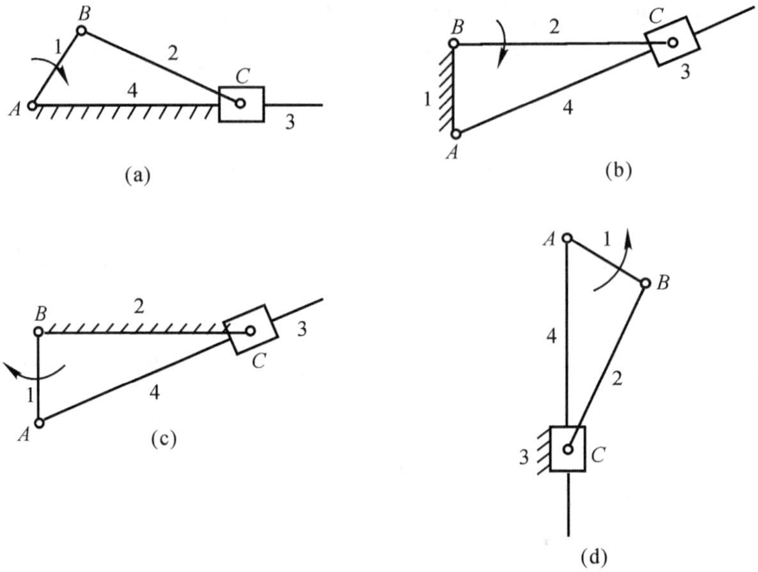

图 3-45　选择不同机架的演化方式

在转动导杆机构中,如果导杆能作整周转动,则称为回转导杆机构。图 3-46 所示的小型刨床中的 ABC 部分即为回转导杆机构。如果导杆仅能在某一角度范围内摆动,则称为摆动导杆机构。图 3-47 所示牛头刨床的导杆机构 ABC 即为一例。

选运动链中不同构件作为机架以获得不同机构的演化方法称为机构的倒置。铰链四杆机构、双滑块四杆机构等同样可以经过机构的倒置以获得不同型式的四杆机构。

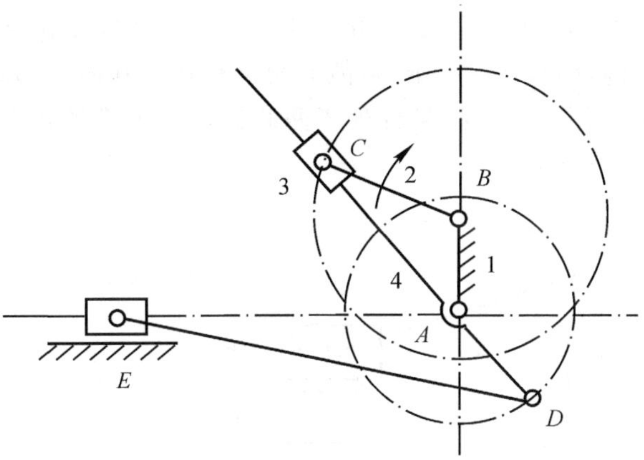

图3-46 小型刨床机构

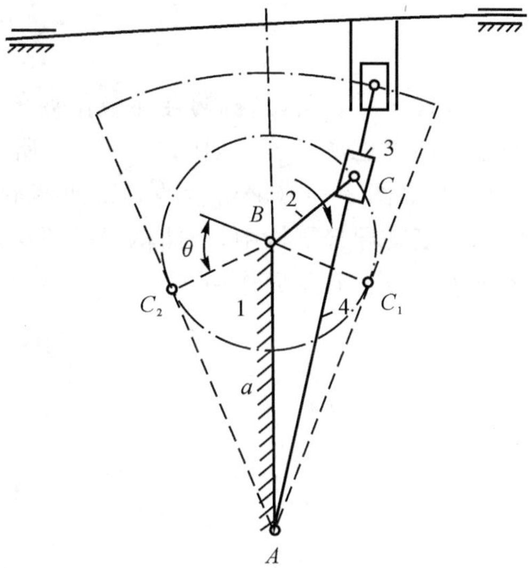

图3-47 牛头刨床机构

由上述可见,四杆机构的型式虽然多种多样,但根据演化的概念,可为我们归类研究这些四杆机构提供方便;反之,我们也可根据演化的概念,设计出型式各异的四杆机构。

3.4 平面四杆机构的基本特性

3.4.1 急回运动和行程速比因数

如图3-48所示为一曲柄摇杆机构,设曲柄 AB 为原动件,在其转动一周的过程中,有两次与连杆共线,这时摇杆 CD 分别处于两个极限位置 C_1D 和 C_2D。机构所处的这两个位置称为极位。机构在两个极位时,原动件 AB 所在两个位置之间所夹的角 θ 称为极位夹角。

如图3-48所示,当曲柄以等角速度 ω_1 顺时针转过 $\alpha_1=180°+\theta$ 时,摇杆将由位置 C_1D 摆到 C_2D,其摆角为 ψ,设所需时间为 t_1,C 点的平均速度为 v_1。当曲柄继续转过 $\alpha_1=180°-\theta$ 时,摇杆又从位置 C_2D 回到 C_1D,摆角仍然是 ψ,设所需时间为 t_2,C 点的平均速度为 v_2。由于曲柄为等速转动,而 $\alpha_1>\alpha_2$,所以有 $t_1>t_2$,$v_1<v_2$,摇杆的这种运动性质称为急回运动。为了表明急回运动的急回程度,可用反正行程速比因数(简称行程速比因数或行程速

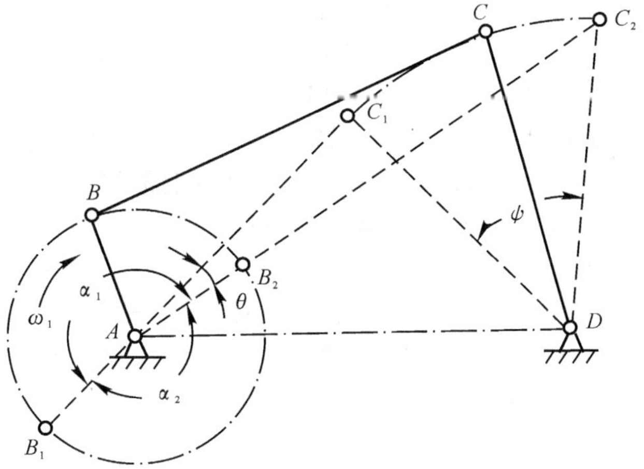

图3-48 曲柄摇杆机构中的极位夹角

度变化因数)K 来衡量,即

$$K=\frac{v_2}{v_1}=\frac{C_1C_2/t_2}{C_1C_2/t_1}=\frac{t_1}{t_2}=\frac{\alpha_1}{\alpha_2}=\frac{180°+\theta}{180°-\theta} \qquad (3-4)$$

式(3-4)表明,当机构存在极位夹角 θ 时,机构便具有急回运动特性。θ 角愈大,机构的急回运动性质也愈显著。如图 3-49(a)所示的对心曲柄滑块机构,由于其$\theta=0°$,$K=1$,故无急回作用;而图 3-49(b)所示的偏置曲柄滑块机构,因其 θ 不等于 0°,故有急回作用。在图3-50所示的摆动导杆机构中,当曲柄 AC 两次转到与导杆垂直时,导杆处于两侧极位。由于其 θ 不等于 0°,故也有急回作用。

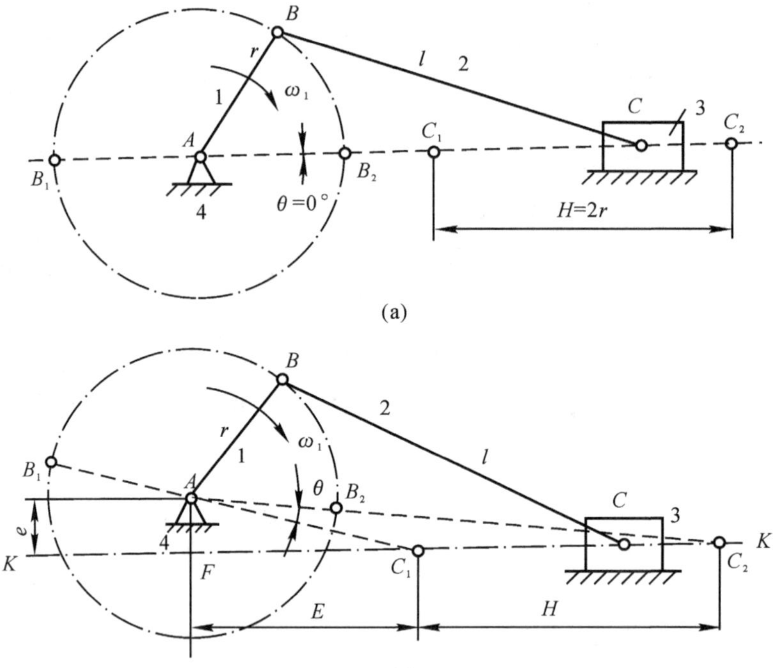

图 3-49 曲柄滑块机构中的极位夹角

机构的这种作用在机械中常被用来节省空回行程的时间,以提高劳动生产率。例如在牛头刨床中采用摆动导杆机构就有这种目的。但要注意,急回作用有方向性,当原动件的回转方向改变时,急回的行程也跟着改变。故在牛头刨床等设备上都用明显的标志标出了原动件的正确回转方向。

对于一些要求具有急回运动性质的机械,如牛头刨床、往复式运输机等,在设计时,要根据所需要的行程速比因数 K 来设计,这时应先利用下式求出 θ 角,然后再设计各方面尺寸。

$$\theta=180°\times(K-1)/(K+1) \qquad (3-5)$$

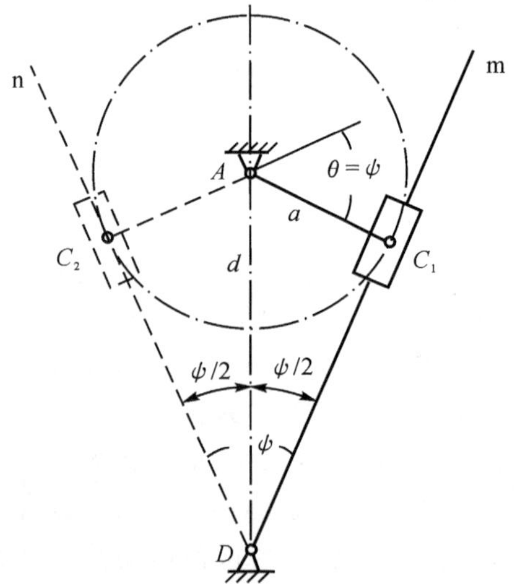

图 3-50 摆动导杆机构中的极位夹角

3.4.2 四杆机构的传动角和压力角

在图 3-51 所示的四杆机构中，若不考虑各运动副中的摩擦力及重力，构件 AB 经连杆 BC 传递到从动件 CD 上点 C 的力 F，将沿 BC 方向，力 F 与点 C 速度正向之间的夹角 α 称为机构在此位置时的压力角，而连杆 BC 和从动件 CD 之间所夹的锐角 $\angle BCD=\gamma$ 称为连杆机构在此位置时的传动角。γ 和 α 互为余角。传动角 γ 愈大对机构的传力愈有利，所以在连杆机构中常用传动角的大小及其变化情况来衡量机构传力性能的好坏。

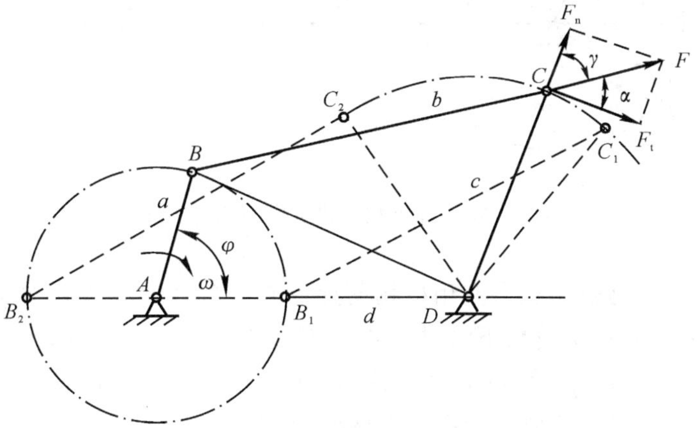

图 3-51 曲柄摇杆机构中的压力角和传动角

在机构运动过程中，传动角 γ 的大小是变化的，为了保证机构传力性能良好，应使 $\gamma_{\min}\geqslant 40^\circ\sim50^\circ$；对于一些受力很小或不常使用的操纵机构，则可允许传动角小些。

$$\left.\begin{aligned}&\gamma_1=\arccos\frac{b^2+c^2-(d-a)^2}{2bc}\\&\gamma_2=\angle B_2C_2D=\frac{b^2+c^2-(d+a)^2}{2bc}\quad(\angle B_2C_2D<90^\circ)\\&\text{或 }\gamma_2=180^\circ-\arccos\frac{b^2+c^2-(d+a)^2}{2bc}\quad(\angle B_2C_2D<90^\circ)\end{aligned}\right\}\qquad(3-6)$$

对于曲柄摇杆机构，由图 3-51 可知 $\gamma_{\min}$ 出现在主动曲柄与机架共线的两位置之一，这时由式(3-6)可见，传动角的大小与机构中各杆的长度有关，故可按给定的许用传动角来设计四杆机构。

3.4.3 四杆机构的死点

在图 3-52 所示的曲柄摇杆机构中，设摇杆 CD 为主动件，则当连杆与从动曲柄共线时(虚线位置)，机构的传动角 $\gamma=0^\circ$，这时主动件 CD 通过连杆作用于从动件 AB 上的力恰好通过其回转中心，所以出现了不能使构件 AB 转动的“顶死”现象，机构的这种位置称为死点。同样，对于曲柄滑块机构，滑块为主动件时，若连杆与从动曲柄共线，机构也处于死点位置。

为了使机构能顺利地通过死点而正常运转，必须采取适当的措施，如可采用将两组以上的同样机构组合使用，而使各组机构的死点相互错开排列的方法(如图 3-32 所示的机车车轮联动机构，其两侧的曲柄滑块机构的曲柄位置相互错开了 90°)；也可采用安装飞轮加大惯性的方法，借惯性作用使机构闯过死点(如图 3-30 所示的缝纫机踏板机构中的大带轮即兼有飞轮的作用)等。

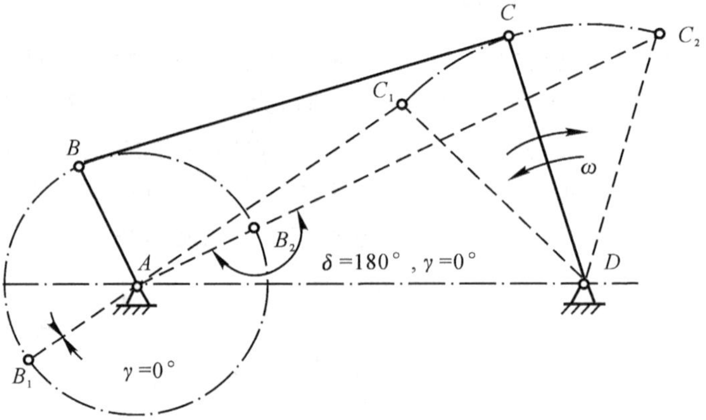

图 3-52　曲柄摇杆机构中的死点位置

另一方面，在工程实践中，也常利用机构的死点来实现特定的工作要求。例如，图 3-53 所示的飞机起落架机构，在机轮放下时，杆 BC 与 CD 成一直线，此时机轮上虽受到很大的力，但由于机构处于死点位置，起落架不会反转（折回），这可使飞机起落和停放更加可靠。图 3-54所示轮椅的制动装置，顺时针扳动小手柄使制动力压住车轮，可防止轮椅沿斜坡自动下滑。因机构处于自锁位置，不会在制动力的作用下自动松脱，可始终维持制动状态。

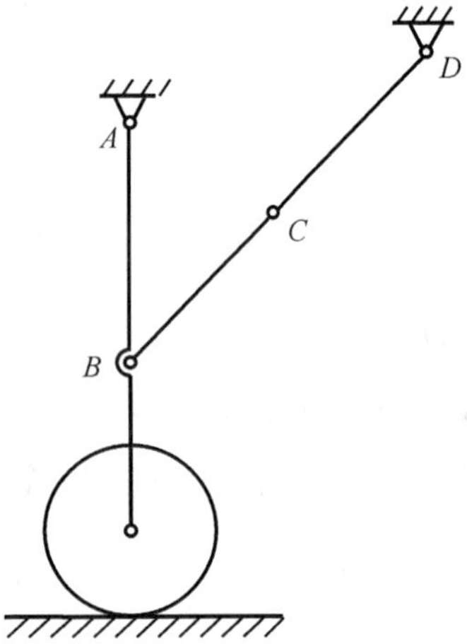

图 3-53　飞机起落架机构

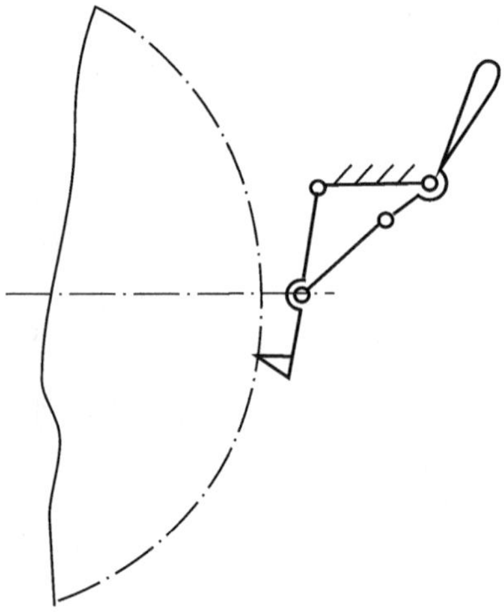

图 3-54　轮椅制动装置

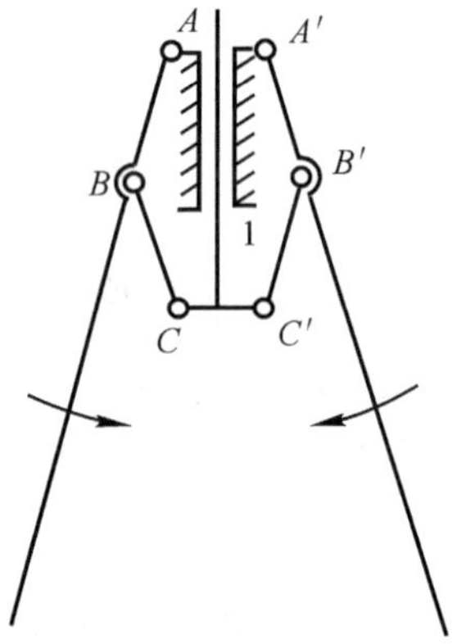

图 3-55　拉铆机机构

比较图 3-49 和图 3-52 不难看出，机构的极位和死点实际上是机构的同一位置，所不同的仅是机构的原动件不同。当原动件与连杆共线时为极位。在极位附近，由于从动件的速度接近于零，故可获得很大的增力效果。如图 3-55 所示的拉铆机，当把两手柄向内靠拢，使 ABC（和 $A'B'C'$）接近于直线时，可使芯杆 1 产生很大的向下的拉铆力。当从动件与连杆共线时为死点。机构在死点时本不能运动，但如因冲击、振动等原因使机构离开死点而继续运动时，这时从动件的运动方向是不确定的，既可能正转也可能反转，故机构的死点位置也是机构运动的转折点。

3.5　平面四杆机构的设计

3.5.1　平面四杆机构设计的基本问题

平面四杆机构的运动设计，主要是根据运动要求，在满足几何条件和动力条件（如是否存在曲柄、急回特性、最小传动角 $\gamma_{min} \geqslant [\gamma]$ 等）的情况下，确定与机构运动有关的各个尺寸参数及各个构件的相对位置。

由于生产实际中对四杆机构的要求是多种多样的，因此给定的条件也各不相同，但可将其归纳为以下两类问题：

（1）按照给定的运动规律进行设计。按其运动规律的不同要求，又可分为以下三种情况：①按照两连架杆的位置进行设计；②按给定的行程速比因数 K 进行设计；③按照连杆的预定位置进行设计。

（2）按给定的运动轨迹进行设计。即设计四杆机构，使其连杆上某一点再现给定的一个封闭曲线轨迹或再现某一段曲线轨迹。

针对以上两类平面四杆机构的设计问题，常用的设计方法有图解法、解析法、实验法等。图解法具有简单易行和几何关系清楚的特点，但是设计精度较差。解析法设计精度较高，可用 CAD 技术得出精确解。实验法是利用一些简单的工具，按照所给的运动要求来试找所需机构的运动尺寸。这种方法原理简单，具较强直观性，而且免去大量的作图工作量，但是精度较差。设计时应根据具体情况来选择使用哪种方法。

3.5.2　平面四杆机构设计简介

1. 按照连架杆的对应位置设计

这类设计方法很多，这里只介绍解析法。如图 3－56 所示的铰链四杆机构，两连架杆对应的角位置分别为 $(\varphi_0+\varphi)$，$(\psi_0+\psi)$；求各杆杆长 a,b,c,d 与两连架杆转角 φ 和 ψ 之间的关系。根据图示的坐标系和各杆矢量方向，可将各杆分别在 x,y 轴上投影得

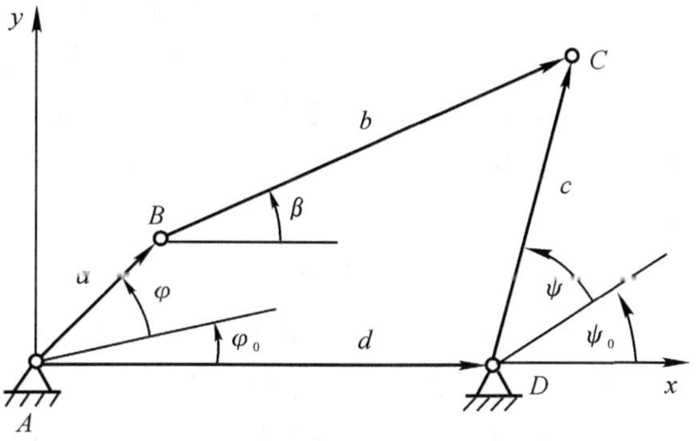

图 3－56　铰链四杆机构的解析设计

$$\left.\begin{aligned} a\cos(\varphi_0+\varphi)+b\cos\beta&=d+c\cos(\psi_0+\psi)\\ a\sin(\varphi_0+\varphi)b\sin\beta&=c\sin(\psi_0+\psi)\end{aligned}\right\} \tag{3-7}$$

将式（3－7）两式移项后分别平方相加，消去 β 并整理得

$$b^2=a^2+c^2+d^2+2cd\cos(\psi_0+\psi)-2ad\cos(\varphi_0+\varphi)-2ac\cos[(\varphi_0-\psi)+(\varphi_0-\psi_0)] \tag{3-8}$$

令

$$\left.\begin{aligned} R_1&=(a^2+c^2+d^2-b^2)/2ac\\ R_2&=d/c\\ R_3&=d/a\end{aligned}\right\} \tag{3-9}$$

将 R_1，R_2 和 R_3 代入式(3-8)得

$$R_1-R_2\cos(\varphi_0+\varphi)+R_3\cos(\psi_0+\psi)=\cos[(\varphi-\psi)+(\varphi_0-\psi_0)] \tag{3-10}$$

式(3-10)即为铰链四杆机构的位置方程式，式中共有5个特定的参数：R_1，R_2，R_3，φ_0 和 ψ_0，这说明它最多能满足的连架杆的5组对应角位置(φ，ψ_i，$i=1\sim5$)，若给3组对应角位置时，可令 φ_0 和 ψ_0 为常数(一般取 $\varphi_0=\psi_0=0$)，式(3-10)变为线性方程组，求得 R_1，R_2 和 R_3 后，再设定曲柄长度 a 或机架长度 d，就可以按式(3-9)求出机构的尺寸了。若给5组对应的位置，则式(3-10)为非线性方程组，一般情况下要给定初值才能求得结果，若初值给得不恰当，有可能不收敛而求不出机构尺寸。为求解方便，可先给定两连架杆的三组对应位置，用求得的机构作为初值，而后再进一步用优化设计的方法求出误差更小的解。

【例3-5】 已知铰链四杆机构，主动连架杆与从动连架杆的三组对应角位置为：$\varphi_{11}=45°$，$\varphi_{12}=90°$，$\varphi_{13}=135°$，$\psi_{11}=52°$，$\psi_{12}=80°$，$\psi_{13}=112°$，并设初始值 $\varphi_{01}=\psi_{01}=0°$，机架长度 $l_{AD}=500$ mm，试设计此铰链四杆机构。

【解】 将给定的主从动连架杆三组对应位置带入式(3-10)，得

$$R_1-R_2\cos 45°+R_3\cos 5°=\cos(45°-52°)$$

$$R_1-R_2\cos 90°+R_3\cos 82°=\cos(90°-82°)$$

$$R_1-R_2\cos 135°+R_3\cos 112°=\cos(135°-112°)$$

解此线形方程组得

$$R_1=0.738\,4\text{ mm},\quad R_2=1.216\,0\text{ mm},\quad R_3=1.809\,38\text{ mm}$$

将所求 R_1，R_2，R_3 的值和 $d=l_{AD}=500$ mm 代入式(3-9)，得四杆机构尺寸为

$$a=276.3\text{ mm},\quad b=572.4\text{ mm}$$

$$c=411.1\text{ mm},\quad d=500\text{ mm}$$

该机构可以准确实现题目给定的连架杆三组对应位置。

2.按给定的行程速比因数 K 进行设计

在工程实际中，为了提高机构的工作效率，在四杆机构的主动件等速转动的过程中，往往要求从动件作行程速比因数为 K 的不等速的往复摆动或移动，即按给定的行程速比因数 K 进行设计。

按给定的行程速比因数 K 进行设计的基本原理是：由极位夹角 θ 的计算公式(式(3-5))，按照行程速比因数 K 求得从动件的极位夹角 θ。根据 θ 和已知从动件(摇杆或滑块)的两极位端点距离 C_1C_2，过此二端点 C_1 和 C_2 作弦 C_1C_2 对应的圆弧角等于 θ 的圆，根据圆上同一侧相同圆弧对应的圆弧角相等的几何原理，求解主动连架杆的固定铰链所在的圆弧。然后在圆弧上任意选取一点作为主动联架杆的固定铰链，并验算传动角。下面通过一个例题具体说明按给定的行程速比因数 K 进行四杆机构设计的基本方法。

【例3-6】 已知：行程速比因数 $K=1.25$，摇杆长度 $l_{CD}\approx300$ mm，摇杆摆角 $\psi=45°$，机架长度 $l_{AD}=400$ mm，试确定曲柄摇杆机构尺寸。

【解】 (1)求出极位夹角

$$\theta=180°\times\frac{K-1}{K+1}=20°$$

（2）任选一点 D，由给定的摇杆长度 l_{CD} 和摆角 ψ，按一定比例尺作出 DC_1 和 DC_2 位置（见图3－57）。

（3）过 C_1 点作直线 C_1P 与 C_1C_2 线的夹角 $\angle C_2C_1P=90^\circ-\theta$，再过 C_2 点作 C_1C_2 线的垂线 C_2P 与 C_1P 交于 P 点，则 $\angle C_1PC_2=\theta$；过 C_1，C_2 和 P 三点作圆，则圆弧 $\overset{\frown}{C_1PC_2}$ 上任一点 A 与 C_1 和 C_2 点连线的夹角 $\angle C_1AC_2$ 等于极位夹角 θ。

（4）以 D 点为中心，以机架 l_{AD} 长度为半径画圆弧交于 A 点，A 点即为所求机构的曲柄中心。则曲柄长度 a 和连杆长度 b 为

$$a=(\overline{AC_1}-\overline{AC_2})/2$$

$$b=(\overline{AC_1}+\overline{AC_2})/2$$

若不给定机架尺寸，只要选定该圆的 C_1PC_2 弧上的任一点作为曲柄中心 A，均可以满足行程速比因数 K 的要求。但考虑到运动的连续性，曲柄中心 A 不能选在 $\overset{\frown}{EF}$ 内。对于给定行程速比因数 K 和滑块行程 H 的情况，可以用同样的方法求出曲柄滑块机构。

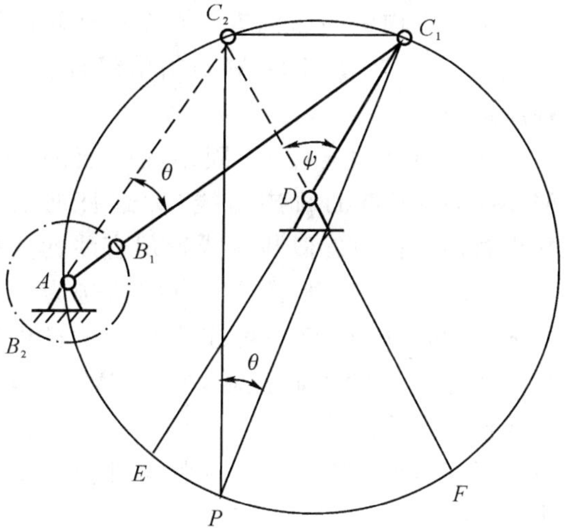

图 3－57　按行程速比因数设计四杆机构

3. 按照连杆的预定位置进行设计

对于实现连杆两个位置或三个位置的问题，应用图解法是比较简单方便的，以下以图解法为例说明按照连杆的预定位置进行设计的方法。连杆的位置可以用连杆平面上的任意两个点表示，如图 3－58 所示，对于实现 B_1C_1 和 B_2C_2 两个位置，当用 B，C 两点作连杆铰链中心时，其作图方法如下：分别作 B_1B_2 和 C_1C_2 线的中垂线 n_{b12} 和 n_{c12}，则以 n_{b12} 上任意点 A_1 和 n_{c12} 上任意一点 D_1 作为固定铰链中心，机构 $A_1B_1C_1D_1$ 即可实现要求的连杆的两个位置。很显然有无穷多个解。

可用与上述同样的方法设计一个四杆机构，实现连杆的三个位置，设计方法如下：分别作 B_1B_2，B_2B_3 的中垂线 n_{b12}，n_{b23} 交于一点 A_1，再作 C_1C_2，C_2C_3 的中垂线 n_{c12}，n_{c23} 交于一点 D_1，则由 $A_1B_1C_1D_1$ 组成的四杆机构是实现连杆三个位置的模量四杆机构。

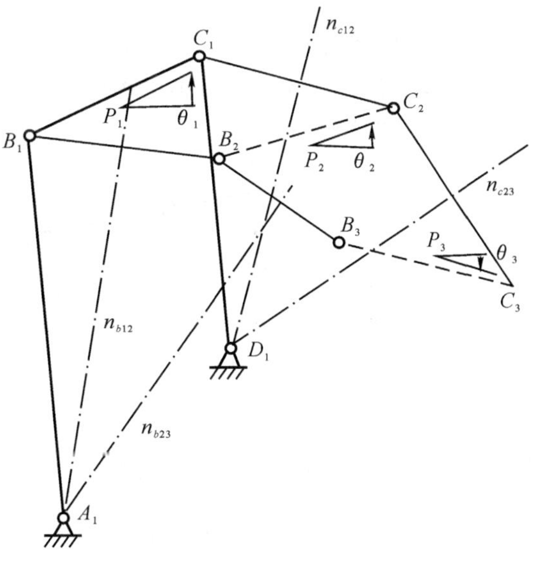

图 3－58　按连杆预定位置作图设计

4. 按给定运动轨迹设计

按给定运动轨迹设计，即设计四杆机构，使其连杆上某一点再现给定的一个封闭曲线轨迹或再现某一段曲线轨迹。其设计方法有多种，如实验法、解析法和图谱法等。下面以实验法为例说明轨迹机构设计的基本方法。实验法按如下步骤进行（见图 3－59）：在给定轨迹 t—t 附近选取曲柄中心 A，根据 A 点至轨迹 t—t 的最近点和最远点的距离，决定二自由度辅助机构

ABM 的曲柄 R_1 和浮动连杆 R_2 的长度。在二自由度机构中的曲柄 R_1 绕 A 点回转的同时，在浮动连杆 R_2 上的 M 点沿给定轨迹 t—t 顺序运动。

作出与浮动连杆 R_2 固结在一起的 M_1，M_2，M_3，… 等点的轨迹曲线（即连杆曲线）。找出轨迹全长为近似圆弧或近似直线的连杆曲线，如图 3-59 所示，M_2 点的轨迹为近似圆弧，该圆弧中心 D 即可作为所求四杆机构另一固定铰链的中心位置，则 ABM_2D 即为所求机构。若浮动连杆 R_2 上有一点 M_i 的轨迹为近似直线，则可用曲柄滑块机构实现要求轨迹。

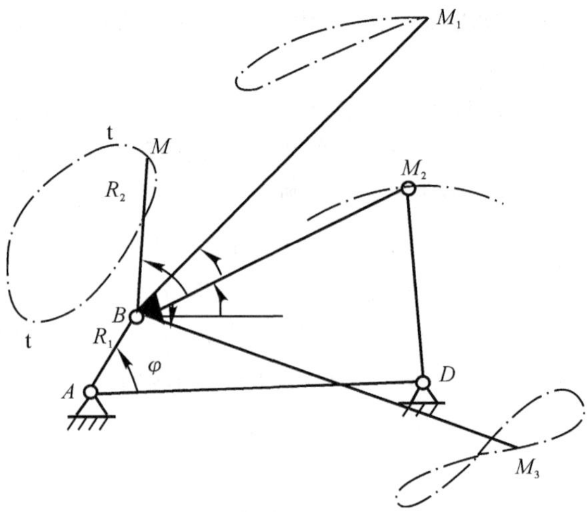

图 3-59　按预定轨迹实验设计

习题与思考题

3-1　解释下列概念：

(1)运动副；

(2)机构自由度；

(3)机构运动简图。

3-2　验算图 3-60 所示机构能否运动，如果能运动，看运动是否具有确定性，并给出具有确定运动的修改办法。

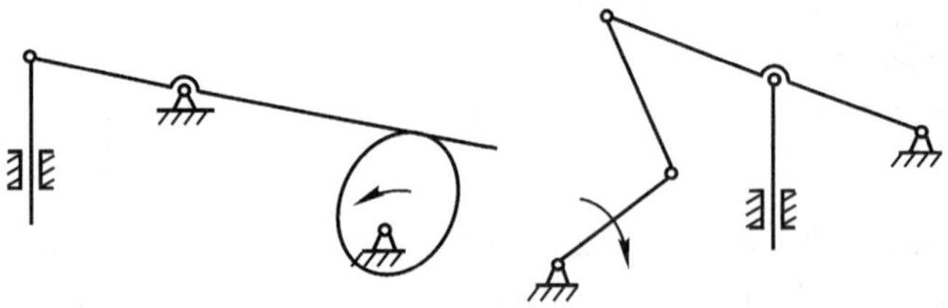
(a)　　(b)

图　3-60

3-3　绘出图 3-61 所示机构的运动简图，并计算其自由度(其中机构 1 均为机架)。

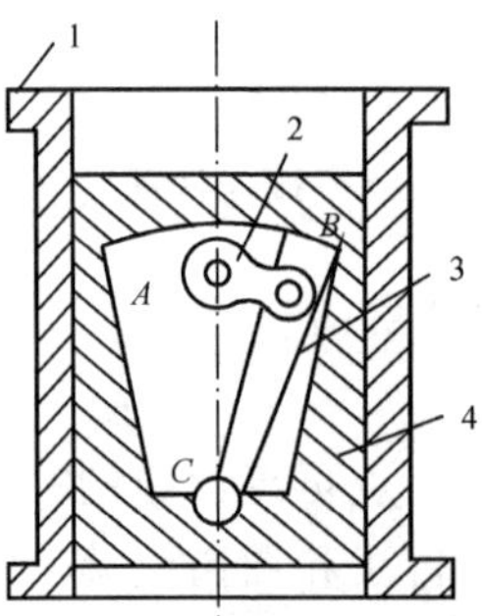

(a)

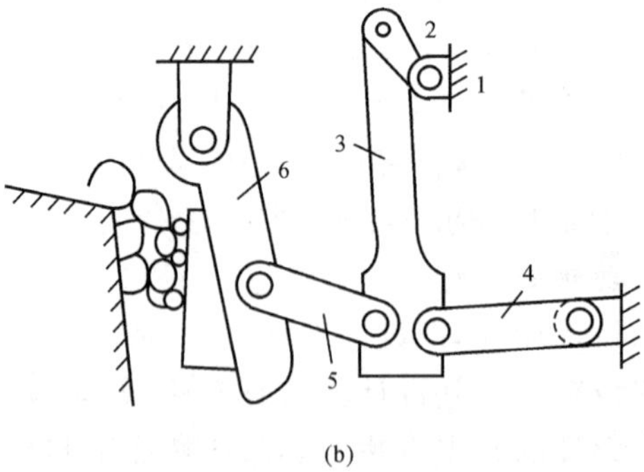

(b)

图　3-61

3-4　计算图 3-62 所示机构的自由度，并说明注意事项。

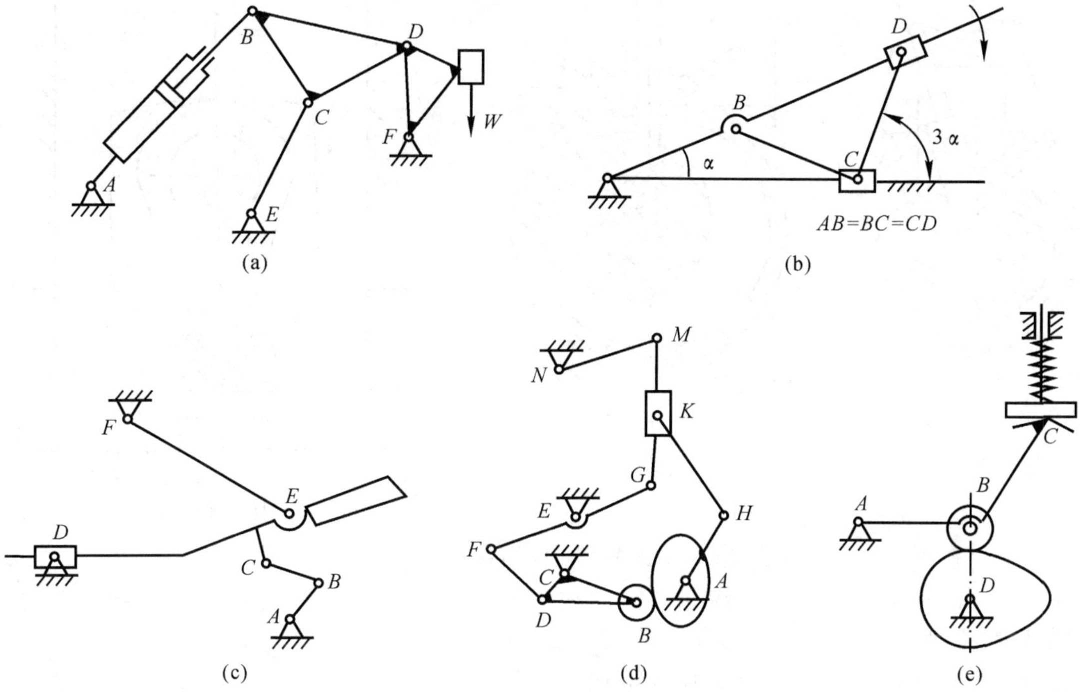

图　3-62

3-5　计算图 3-63 所示机构的自由度（图 3-63(a)所示机构分别以构件 2，4，8 为原动件）。

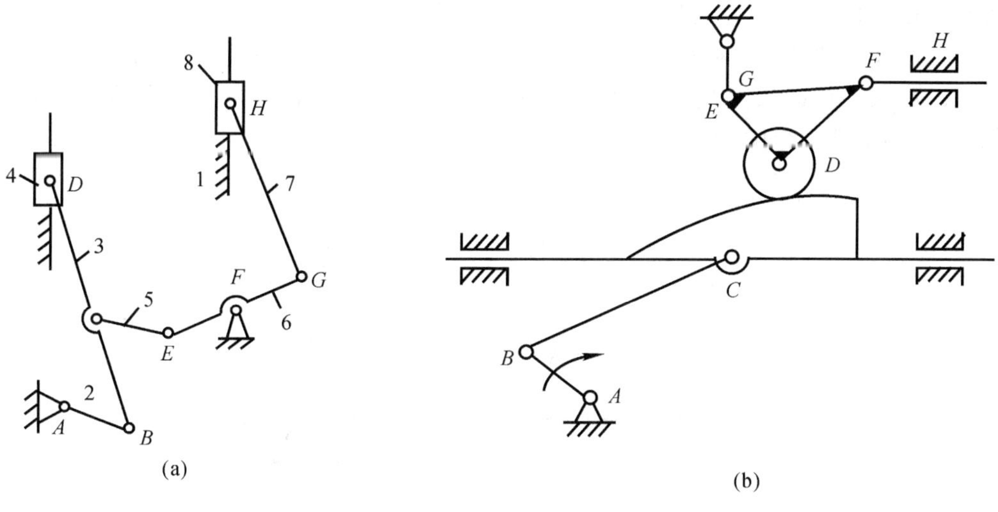

图　3-63

3－6　试从图 3－64 所示二液压泵机构的运动来分析它们属于何种机构？

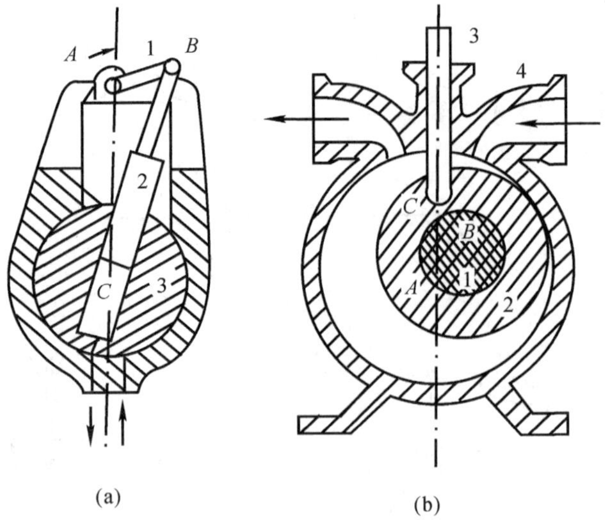

图　3－64

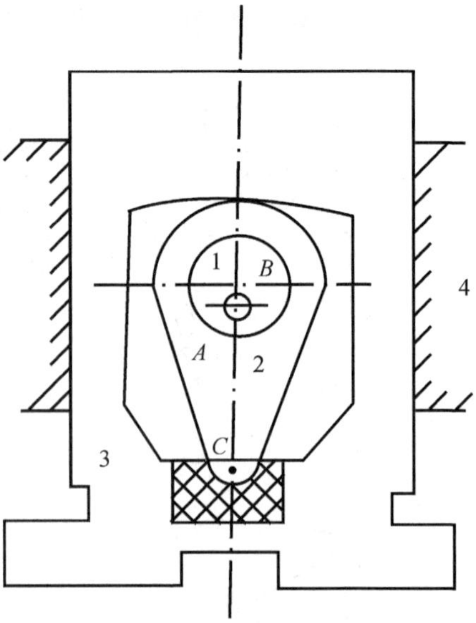

图　3－65

3－7　在图 3－65 所示的冲床冲头装置中，当偏心轮 1 绕固定中心 A 转动时，构件 2 绕活动中心 C 摆动，同时推动后者带着冲头 3 上下移动。点 B 为偏心轮的几何中心。问该装置是何种机构？它是如何演化而来的？

3－8　在图 3－66 所示铰链四杆机构中，已知：$l_{BC}=50$ mm，$l_{CD}=35$ mm，$l_{AD}=30$ mm，AD 为机架。若此机构为曲柄摇杆机构，且 AB 为曲柄，求 l_{AB} 的最大值；若此机构为双曲柄摇杆机构，求 l_{AB} 的最小值；若此机构为双摇杆机构，求 l_{AB} 的数值。

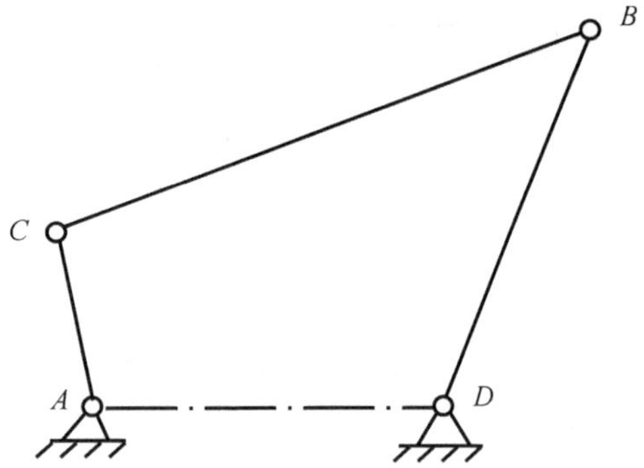

图　3－66

3－9　设计一铰链四杆机构（见图 3－67），已知其摇杆 CD 长度 $l_{CD}=75$ mm，行程速比因数 $K=1.5$，机架 AD 的长度 $l_{AD}=100$ mm，摇杆的一个极限位置与机架的夹角 $\varphi_3'=45°$，求曲柄的长度 l_{AB} 和连杆的长度 l_{BC}。

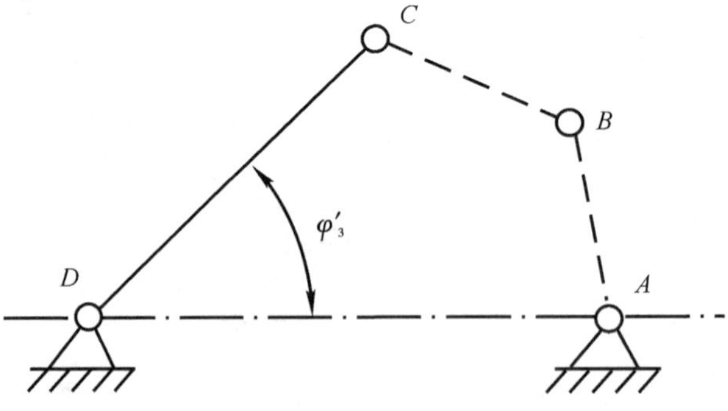

图　3－67

3-10　设计一曲柄摇杆机构(见图 3-68),已知其摇杆 CD 的长度 $l_{CD}=290$ mm,摇杆两极限位置间的夹角 $\psi=32°$,行程速比因数 $K=1.25$,若曲柄长度 $l_{AB}=75$ mm。求连杆的长度 l_{BC} 和机架的长度 l_{AD},并校验最小传动角 γ_{min} 是否在允许值范围内。

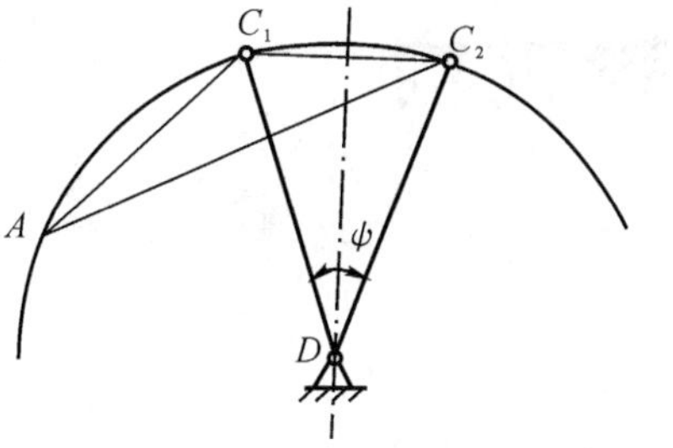

图　3-68

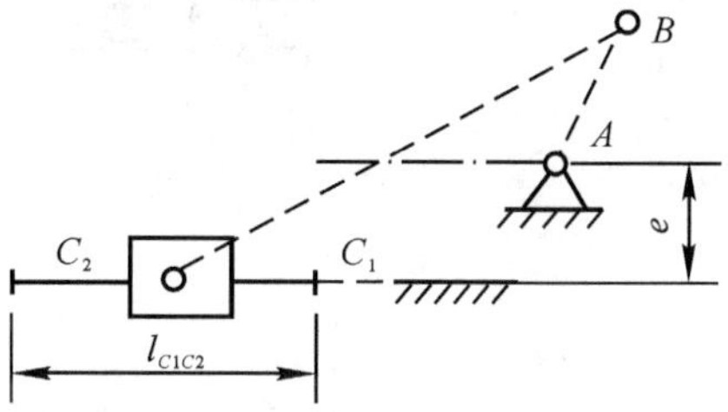

图　3-69

3-11　设计一偏置曲柄滑块机构(见图 3-69),已知滑块的行程速比因数 $K=1.5$,滑块的冲程 $l_{C_1C_2}=50$ mm,导路的偏距 $e=20$ mm。求曲柄长度 l_{AB} 和连杆长度 l_{BC}。

3-12　已知两连杆的三组对应位置为 $\varphi_1=60°$,$\psi_1=30°$,$\varphi_2=90°$,$\psi_2=50°$,$\varphi_3=120°$,$\psi_3=80°$,若取机架 AD 长度 $l_{AD}=100$ mm。试用解析法计算此铰链四杆机构各杆长度(见图 3-70)。

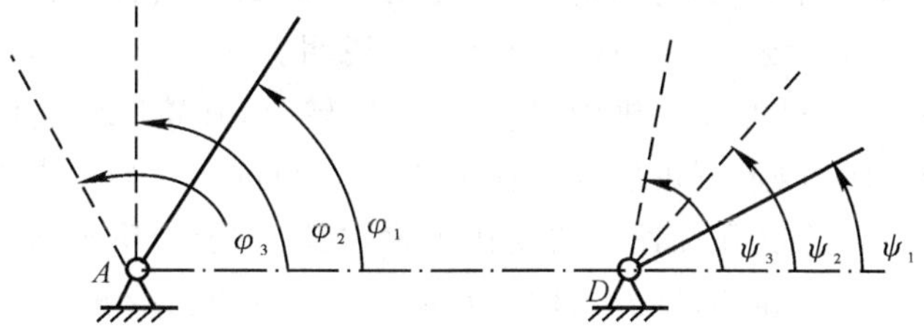

图　3-70

3-13　已知如图 3-71 所示颚式破碎机的行程速比因数 $K=1.2$,颚板长度 $L_{CD}=350$ mm,其摆角 $\varphi=35°$,曲柄长度 $L_{AB}=80$ mm。试确定该机构的连杆 BC 和机架 AD 的长度,并验算其最小传动角 γ_{min} 是否在允许范围内。

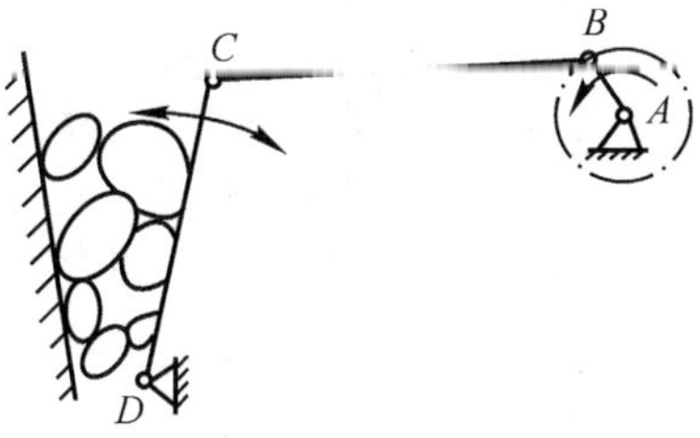

图　3-71

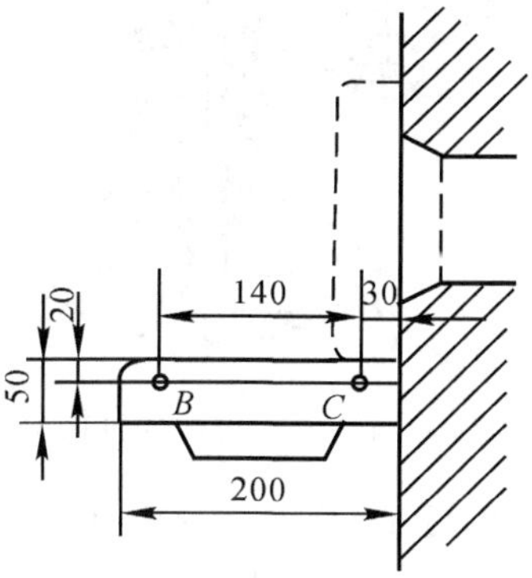

图　3-72

3-14　用铰链四杆机构作电炉炉门的启闭机构,若已知其两活动铰链中心 B,C 的位置及炉门的两个位置尺寸如图 3-72 所示,试确定固定铰链中心 A,D 的位置及 AB,BC,CD 各杆长。

第4章　凸轮机构

4.1　凸轮机构的组成和分类

4.1.1　凸轮机构的组成

凸轮机构主要由凸轮、从动件和机架组成。它是一种结构简单且容易实现任意复杂运动的高副机构，在自动机床、内燃机、纺织机械、农业机械、印刷机械、矿山机械及电气控制开关中作为自动控制装置已获得广泛应用。现举两例加以说明。

图 4-1 所示为一内燃机的配气机构，当凸轮 1 回转时，其轮廓将迫使推杆 2 作往复摆动，从而使气阀 3 开启或关闭，以控制可燃物质在适当的时间进入气缸或排出废气。至于气阀开启和关闭时间的长短及其速度和加速度的变化规律，则取决于凸轮轮廓曲线的形状。

图 4-2 所示为一自动机床的进刀机构，当具有凹槽的圆柱凸轮 1 回转时，其凹槽的侧面通过嵌入凹槽中的滚子 3 迫使推杆 2 绕轴 O 作往复摆动，从而控制刀架的进刀和退刀运动。至于进刀和退刀的运动规律如何，则取决于凹槽曲线的形状。

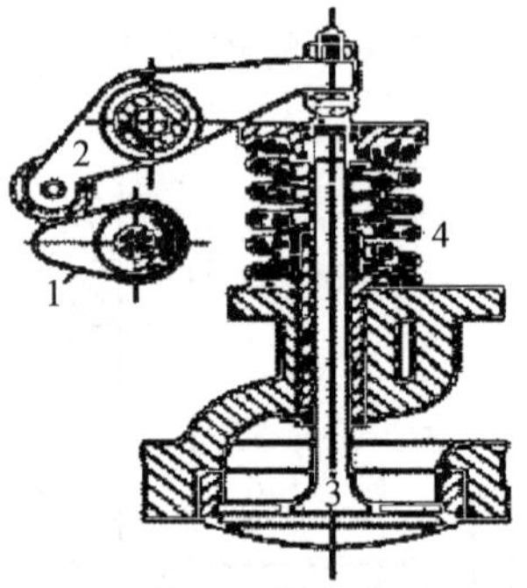

图 4-1　内燃机配气机构

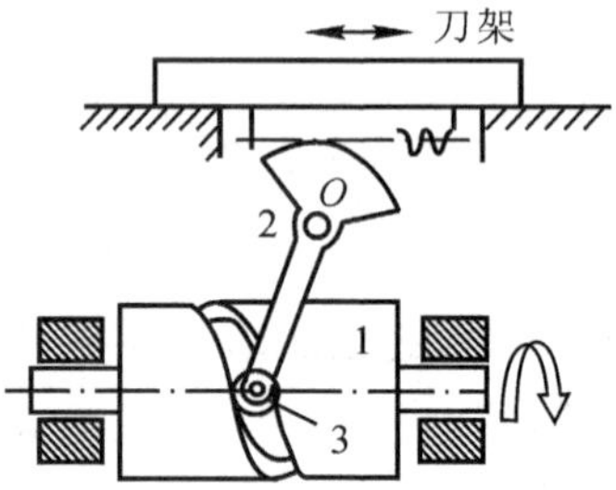

图 4-2　自动机床进刀机构

由以上两例可见，凸轮是一个具有曲线轮廓或凹槽的构件。凸轮通常作等速转动，但也有作往复摆动或移动的。被凸轮直接推动的构件称为推杆(因为在凸轮机构中推杆多是从动件，故又常称其为从动件)。凸轮机构就是由凸轮、推杆和机架三个主要构件所组成的高副机构。凸轮机构的最大优点是：只要适当地设计出凸轮的轮廓曲线，就可以使推杆得到各种预期的运动规律，而且机构简单紧凑。

凸轮机构的缺点是凸轮廓线与推杆之间为点、线接触，易磨损，所以凸轮机构多用在传力不大的场合。

4.1.2　凸轮机构的分类

凸轮机构的类型很多，通常以凸轮和推杆的形状及其运动形式的不同对其进行分类。

1. 按凸轮的形状分类

(1)盘形凸轮。这种凸轮是一个绕固定轴线回转，具有变化向径的盘形构件(见图 4-3(a))。这是凸轮机构最基本的形式。盘形凸轮机构的结构比较简单，应用也最广泛，但其推杆的行程不能太长，否则将使凸轮的尺寸过大。

(2)移动凸轮。图 4-3(b)所示的凸轮，可看做是转轴在无穷远处的盘形凸轮的一部分，因它作往复直线移动，故称为移动凸轮。

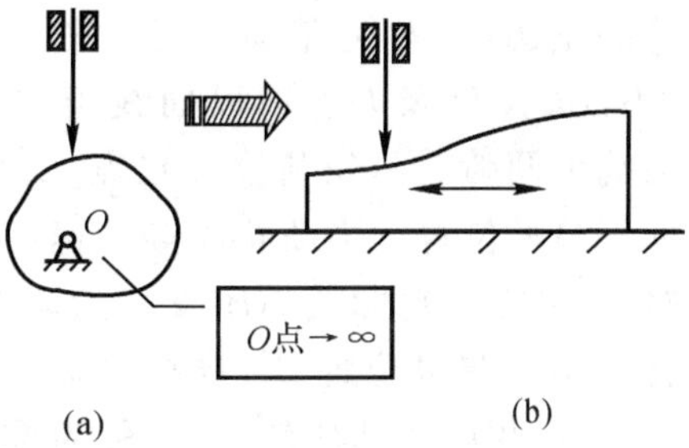

图 4-3　盘形凸轮和移动凸轮

(3)圆柱凸轮。这种凸轮是一个在圆柱面上开有曲线凹槽(见图 4-2)，或是在圆柱端面上作出曲线轮廓的构件。由于凸轮与推杆的运动不在同一平面内，所以是一种空间凸轮机构。圆柱凸轮可看做是将移动凸轮卷于圆柱体上形成的。

2. 按推杆的形状分类

(1)尖顶推杆。如图 4-4(a)和图 4-4(b)所示，这种推杆的构造最简单，但易磨损，所以只适用于作用力不大和速度较慢的场合，常用于仪表等机构中。

(2)滚子推杆。如图 4-4(c)和图 4-4(d)所示，这种推杆由于滚子与凸轮轮廓之间为滚动摩擦，所以磨损较小，故可用来传递较大的动力，因而应用较广。

(3)平底推杆。如图 4-4(e)和图 4-4(f)所示，这种推杆的优点是凸轮与平底的接触面间易形成油膜，润滑较好，所以常用于高速凸轮机构中。

3. 根据推杆的运动形式分类

(1)直动推杆。这类凸轮机构的推杆相对于机架作往复直线移动，如图 4-4(a)、图 4-4(c)和图 4-4(e)所示。在直动推杆中，若推杆轴线通过凸轮的回转轴心，则称其为对心直动推杆，否则称其为偏置直动推杆。

(2)摆动推杆。推杆相对于机架作往复摆动的推杆称为摆动推杆。如图 4-4(b)、图 4-4(d)和图 4-4(f)所示。

综合上述分类方法，就可得到各种不同类型的凸轮机构，例如图 4-1 所示为摆动滚子推杆盘形凸轮机构。

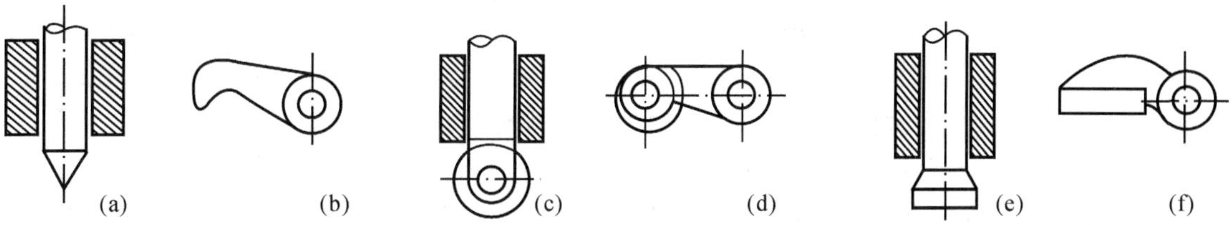

图 4-4　推杆的类型

4.2　推杆的运动规律

设计凸轮机构时，首先应根据工作要求确定推杆的运动规律，然后根据这一运动规律设计凸轮的轮廓曲线。下面以对心直动尖顶推杆盘形凸轮机构为例，说明推杆运动规律与凸轮轮廓曲线之间的规律。

如图 4-5(a)所示，以凸轮的回转轴心 O 为圆心，以凸轮的最小半径 r_0 为半径所作的圆称为凸轮的基圆，r_0 称为基圆半径。图示凸轮的轮廓由 AB，BC，CD 及 DA 四段曲线组成，而且 BC，DA 两端为圆弧。凸轮与推杆在点 A 处接触时，推杆处于最低位置。当凸轮以等角速度 ω 逆时针转动时，推杆在凸轮廓线 AB 段的推动下，将由最低位置 A 到达最高位置 B'，推杆运动的这一过程称为推程，而相应的凸轮转角 δ_0 称为推程运动角。凸轮继续转动，推杆与凸轮廓线的 BC 段接触，由于 BC 段为以凸轮轴心 O 为圆心的圆弧，所以推杆将处于最高位置而静止不动，此一过程称为远休，与之相应的凸轮转角 δ_{01} 称为远休止角。而后，当推杆与轮廓线的 CD 段接触时，它又由最高位置回到最低位置，推杆运动的这一过程称为回程，相应的凸轮转角 δ_0' 称为回程运动角。最后，当推杆与凸轮轮廓线 DA 段接触时，由于 DA 段为以凸轮轴心 O 为圆心的圆弧，所以推杆将在最低位置静止不动，此一过程称为近休，相应的凸轮转角 δ_{02} 称为近休止角。凸轮再继续转动时，推杆又重复上述过程。推杆在推程或回程中移动的距离 h 称为推杆的行程。

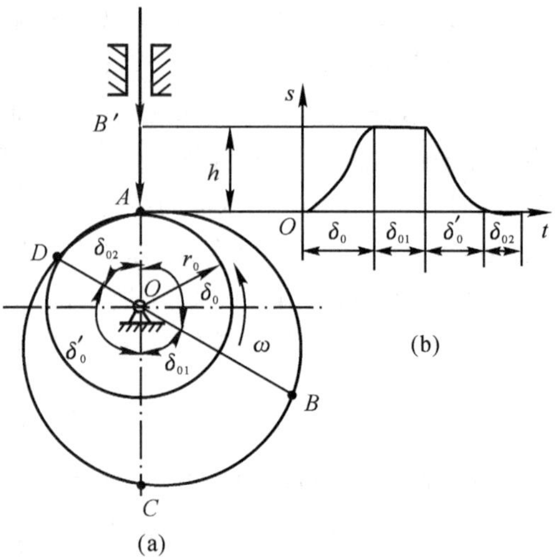

图 4-5　对心直动尖顶推杆盘形凸轮机构

所谓推杆的运动规律，是指推杆在运动时，其位移 s、速度 v 和加速度 a 随时间 t 变化的规律。又因凸轮一般为等速运动，即其转角 δ 与时间 t 成正比，所以推杆的运动规律常表示为推杆的运动参数随凸轮转角 δ 变化的规律。如图 4-5(b)所示就是推杆随凸轮转角变化的运动线图。

以下介绍几种常用的推杆运动规律。

1. 等速运动规律

设凸轮以等角速度 ω 回转，当凸轮转过推程运动角 δ_0 时，推杆等速上升 h，其推杆推程的运动方程为

$$\left.\begin{aligned} s&=h\delta/\delta_0 \\ v&=h\omega/\delta_0 \\ a&=0 \end{aligned}\right\} \tag{4-1}$$

由上述可知，推杆此时作等速运动，故这种运动规律称为等速运动规律。图 4-6 所示为其推程段的运动线图。由图可见，其推杆在运动开始和终止的瞬时，因速度有突变，所以这时推杆在理论上将出现瞬时的无穷大加速度，致使推杆突然产生非常大的惯性力，因而会使凸轮机构受到极大的冲击，这种冲击称为刚性冲击。因此，等速运动规律只适用于低速、轻载的场合。

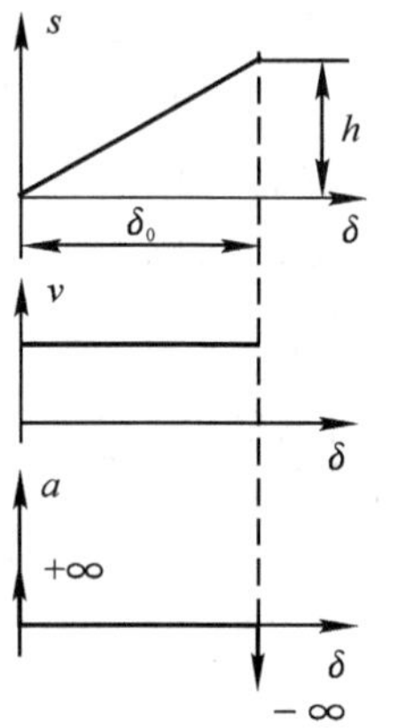

图 4-6　等速运动规律

2. 等加速等减速运动规律

这种运动规律通常取前半行程作等加速运动，后半行程作等减速运动，前半行程和后半行

程加速度绝对值相等(根据工作需要,也可以不等)。推杆等加速推程段的运动方程为

$$\left.\begin{aligned} s&=2h\delta^2/\delta_0^2 \\ v&=4h\omega\delta/\delta_0^2 \\ a&=4h\omega^2/\delta_0^2 \end{aligned}\right\} \quad (4-2a)$$

式中,δ 的变化范围为 $0\sim\delta_0/2$。由式(4-2a)可见,在此阶段中,推杆的位移 s 与凸轮转角 δ 的平方成正比,故其位移曲线为一段向上弯曲的抛物线,如图 4-7 所示。

推杆等减速推程段的运动方程为

$$\left.\begin{aligned} s&=h-2h(\delta_0-\delta)^2/\delta_0^2 \\ v&=4h\omega(\delta_0-\delta)/\delta_0^2 \\ a&=-4h\omega^2/\delta_0^2 \end{aligned}\right\} \quad (4-2b)$$

式中,δ 的变化范围为 $\delta_0/2\sim\delta_0$。这时推杆的位移曲线,如图 4-7(b)所示为一段向下弯曲的抛物线。

上述两种运动规律的结合,构成推杆的等加速度等减速度运动规律。由图 4-7(c)可知,其在 A,B,C 三点推杆的加速度有突变,不过这一突变为有限值,因而引起的冲击较小,故称这种冲击为柔性冲击。因此,这种运动规律只适用于中、低速的场合。

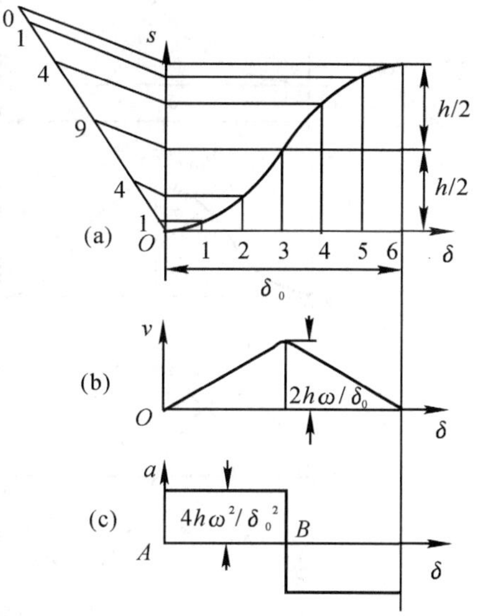

图 4-7　等加速等减速运动规律

3. 余弦加速度运动规律(又称简谐运动规律)

加速度按余弦规律变化时,其推程时的运动方程为

$$\left.\begin{aligned} s&=h[1-\cos(\pi\delta/\delta_0)]/2 \\ v&=\pi h\omega\sin(\pi\delta/\delta_0)/2\delta_0 \\ \alpha&=\pi^2h\omega^2\cos(\pi\delta/\delta)/2\delta_0^2 \end{aligned}\right\} \quad (4-3)$$

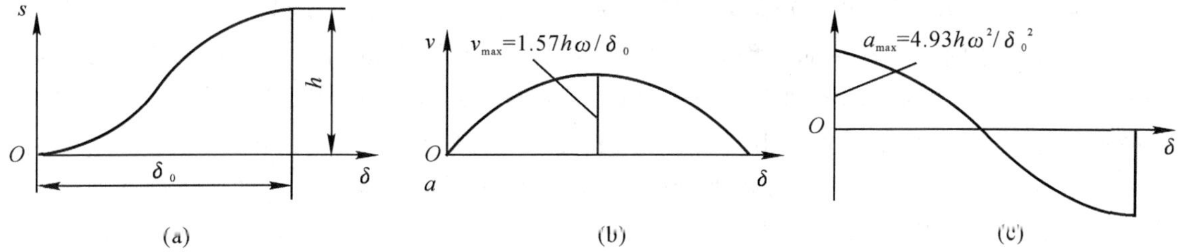

图 4-8　余弦加速度运动规律

其推程时的运动线图如图 4-8 所示。由图可见,在首、末两点推杆的加速度有突变,故也有柔性冲击,一般只适用于中速场合。

4. 正弦加速度运动规律(又称摆线运动规律)

当推杆的加速度按正弦规律变化时,其推程时的运动方程为

$$\left.\begin{aligned} s&=h[\delta/\delta_0-\sin(2\pi\delta/\delta_0)/2\pi] \\ v&=h\omega[1-\cos(2\pi\delta/\delta_0)/\delta_0] \\ a&=2\pi h\omega^2\sin(2\pi\delta/\delta_0)/\delta_0^2 \end{aligned}\right\} \quad (4-4)$$

其推程时的运动线图如图 4－9 所示。由图可见，其加速度没有突变，既无刚性冲击也无柔性冲击，故适用于高速传动的场合。

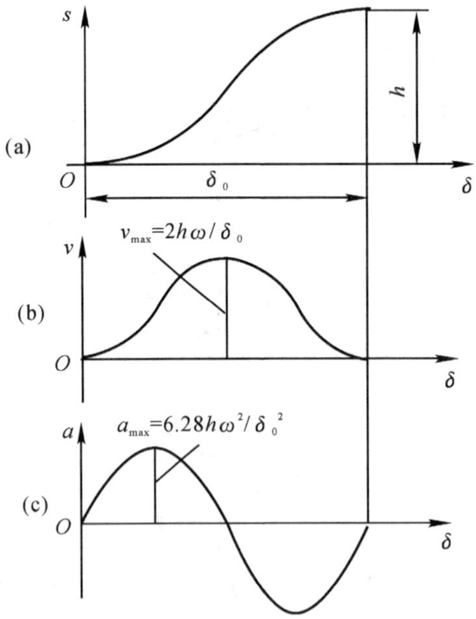

图 4－9　正弦加速度运动规律

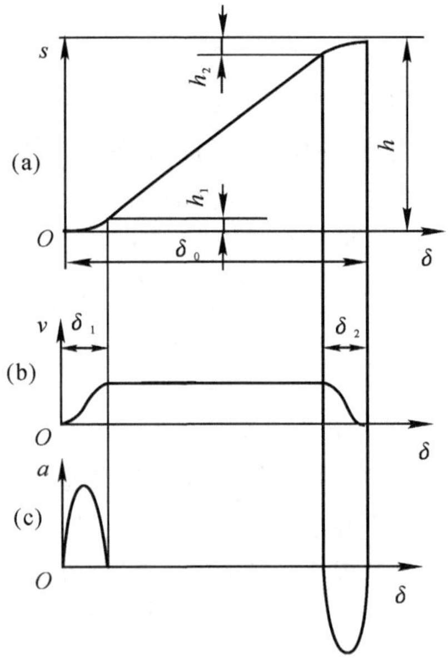

图 4－10　改进等速运动规律

式(4－1)至式(4－4)为推程时的运动方程，对于回程时的运动方程可由

$$\left.\begin{aligned} s_{回} &= h - s_{推} \\ v_{回} &= -v_{推} \\ a_{回} &= -a_{推} \end{aligned}\right\} \tag{4-5}$$

得出。式(4－5)中 $s_{推}$，$v_{推}$，$a_{推}$ 由按相同运动规律时的方程式(4－1)至式(4－4)确定，但其中 δ_0 用回程运动角 δ_0' 代替，凸轮转角 δ 应从回程运动规律的起始位置算起。

除上面介绍的推杆常用的几种运动规律外，根据工作需要，还可以选择其他类型的运动规律，或者将上述常用的运动规律组合使用，以改善推杆的运动特性，满足生产上的要求。例如，在高速凸轮机构中，为了避免冲击，推杆不宜采用加速度有突变的运动规律。可是如果工作过程又要求推杆必须采用等速运动规律，则在此情况下，为了同时满足推杆等速运动及加速度不产生突变的要求，可将等速运动规律适当地加以修正。如把推杆的等速运动规律在其行程两端与正弦加速度运动规律组合起来(见图 4－10)，以使其动力特性得到改善，等等。现以图 4－10所示的组合运动规律为例，进行简单说明。

在图 4－10 中，第一段为正弦加速度区段，第二段为等速运动区段，第三段为正弦加速度减速区段。它既可满足工作中等速运动的要求，又克服了其始末两点存在的刚性冲击，这种组合运动既无刚性冲击，也无柔性冲击。

4.3　凸轮轮廓线的设计

如果已经根据工作要求和结构条件选定了凸轮机构的形式、基本尺寸、推杆的运动规律和凸轮的转向，就可进行凸轮轮廓曲线的设计了。

4.3.1　凸轮轮廓线设计方法的基本原理

凸轮轮廓线的设计方法有图解法和解析法两种。图解法比较直观，概念清晰，但作图误差较大，适用于设计精度要求较低的凸轮和一些圆弧直线凸轮。掌握图解法有助于理解凸轮廓线设计原理及一些基本概念。解析法是列出凸轮轮廓线方程，通过计算求得廓线上一系列点的坐标值，这种方法适宜在计算机上计算，并在数控机床上加工凸轮轮廓。无论是采用做图法还是解析法设计凸轮轮廓曲线，其所依据的基本原理都是反转法原理。下面就对此原理加以介绍。

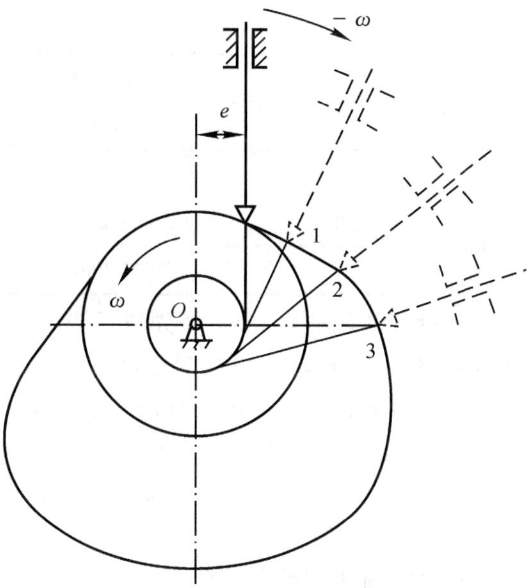

图 4－11　凸轮轮廓线设计的反转法原理

反转法的依据是相对运动不变原理。相对运动不变原理的基本思想是：在给定机构中，使整个机构按照某一运动规律运动，则机构中各个构件之间的相对运动关系不变。如图 4－11 所示为一偏置直动尖顶推杆盘形凸轮机构。其推杆的轴线与凸轮回转轴心 O 之间有一偏距 e。当凸轮以角速度 ω 绕轴 O 转动时，推杆在凸轮的推动下实现预期的运动。现设想给整个凸轮机构加上一个公共角速度 $-\omega$，使其绕轴心 O 转动。这时凸轮与推杆之间的相对运动并未改变，但此时凸轮将静止不动，而推杆则一方面随其导轨与角速度 $-\omega$ 绕轴心 O 转动，另一方面又在导轨之内作预期的往复运动。这时，推杆尖顶的运动轨迹即为凸轮轮廓曲线。

根据上述分析可知，在设计凸轮轮廓线时，可假设凸轮静止不动，而使推杆相对于凸轮作反转运动；同时又在其轨道内作往复运动，作出推杆在这种复合运动中的一系列位置，则其尖顶的轨迹就是所要求的凸轮轮廓线，这种设计凸轮轮廓线的方法称为反转法。

4.3.2　用作图法设计凸轮轮廓线

1. 直动尖顶推杆盘型凸轮机构

图 4－12 所示为一偏置直动尖顶推杆盘形凸轮机构。已知凸轮的基圆半径 $r_0=15$ mm，偏距 $e=7.5$ mm，凸轮以等角速度 ω 沿逆时针方向回转，推杆的运动规律如表 4－1 所示。

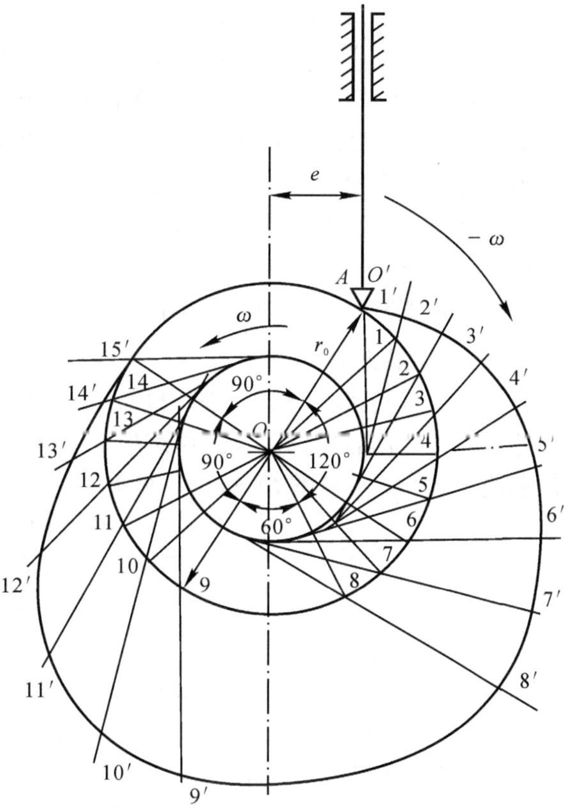

图 4－12　偏置直动尖顶推杆盘形凸轮机构

表 4-1 推杆的运动规律

序　号	凸轮运动角 δ	推杆的运动规律
1	0°～120°	等速上升 h=16 mm
2	120°～180°	推杆远休
3	180°～270°	正弦加速度下降 h=16 mm
4	270°～360°	推杆近休

在设计凸轮的轮廓时,需先取适当的比例尺,根据已知的基圆半径 r_0 和偏距 e 作出基圆和偏距圆(以凸轮轴心 O 为圆心,以偏距 e 为半径所作的圆),然后才能运用上述反转法进行作图。下面就来讨论凸轮轮廓线的作法。

(1)确定推杆在反转运动中占据的各个位置。为此使推杆由起始位置沿 $-\omega$ 方向反转,将推程运动角(120°)按选定的分度值(通常在 1°～15°之间选取,当凸轮精度要求高时,取小值,现取 15°)进行等分,在基圆上得各等分点 1,2,…,8,过各等分点作偏距圆的切线,即为推杆在反转运动中所占据的各个位置。

(2)计算推杆在反转运动中的预期位移。因推杆在推程时作等速运动,故可根据式(4-1)计算得出推杆的位移(见表 4-2)。

表 4-2 按式(4-1)计算推杆的位移

δ/(°)	0	15	30	45	60	75	90	105	120
s/mm	0	2	4	6	8	10	12	14	16

(3)确定推杆在复合运动中依次占据的位置。为此,将推杆位移表中所计算出的位移值 s,按比例尺 μ_1 直接在偏距圆切线 11′,22′,33′,…上由基圆开始向外量取,得 1′,2′,3′,…,此即为推杆尖顶在复合运动中占据的位置。

(4)将起点 A 及点 1′,2′,3′,…等连成一光滑曲线,此即为与推程相对应的一段凸轮轮廓曲线。

当凸轮再转过 60°角时,推杆作远休,故凸轮与之对应的轮廓曲线为以凸轮的轴心 O 为圆心,以凸轮的最大半径 $\overline{O8'}$ 为半径的一段圆弧 $\overset{\frown}{8'9'}$。

当凸轮再转过 90°角时,推杆以正弦加速度运动回到最低位置,其对应的一段廓线,可仿上述推程段的凸轮轮廓曲线的作法作出,如图中 9′15′所示。因推杆按正弦加速度回程,故其位移应按式(4-5)计算,所得位移见表 4-3。

表 4-3 按式(4-5)计算推杆的位移

δ/(°)	0	15	30	45	60	75	90
s/mm	16	15.539	12.872	8	3.128	0.461	0

当凸轮转过其余 90°时,因推杆作近休,故凸轮与之对应的轮廓曲线为与基圆重合的一段圆弧 15′A。至此,该凸轮的轮廓曲线的作图设计完成。

对于对心直动尖顶推杆盘形凸轮机构,可以认为是 e=0 时的偏置凸轮机构,其设计方法与上述方法基本相同,只需将过基圆上各分点作偏距圆的切线改为过基圆上各分点作过凸轮回转中心 O 的径向线即可。

其他类型凸轮结构的轮廓曲线的设计，同样可根据反转法进行，下面将着重讨论其各自的特点。

2. 直动滚子推杆盘形凸轮机构

如图 4-13 所示，在设计这种凸轮机构的凸轮廓线时，可首先将滚子中心 A 视为尖顶推杆的尖顶，按前述方法定出滚子中心 A 在推杆复合运动中的轨迹（称此轨迹为凸轮的理论廓线），然后以理论廓线上一系列点为圆心，以滚子半径 r_r 为半径，作一系列的圆，再作此圆族的包络线，即为凸轮的工作廓线（又称实际廓线）。值得注意的是：凸轮的基圆半径系指理论廓线的最小半径。如图 4-13 中 r_0。

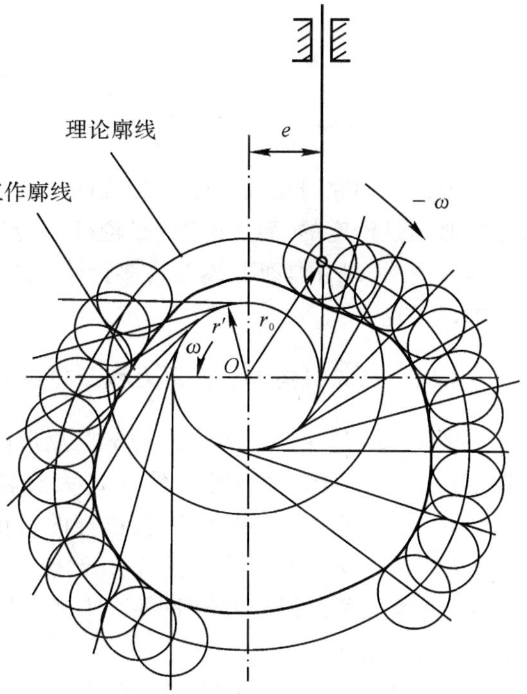

图 4-13 直动滚子推杆盘形凸轮机构的作图方法

3. 直动平底推杆盘形凸轮机构

如图 4-14 所示，在设计这种凸轮轮廓线时，可将推杆导路的中心线与推杆平底的交点 A 视为尖顶推杆的尖顶，按前述作图步骤确定出 A 在推杆复合运动中依次占据的各位置 1′，2′，3′，…，然后再过点 1′，2′，3′，…作一系列代表推杆平底的直线，而此直线族的包络线 β，即为凸轮的工作轮廓曲线。

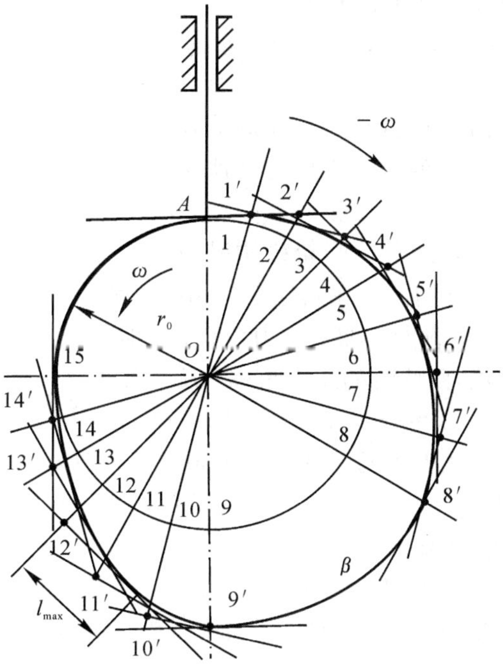

图 4-14 直动平底推杆盘形凸轮机构的作图方法

4.4 凸轮机构设计应注意的问题

前面我们在讨论凸轮轮廓曲线的设计时，凸轮的基圆半径、推杆的滚子半径和平底尺寸等都假设是给定的，而实际上，凸轮机构的基本尺寸是要考虑到机构的受力情况是否良好、动作是否灵活、尺寸是否紧凑等许多因素，这些是由设计者确定的。下面将就这些尺寸的确定问题加以讨论。

4.4.1 凸轮机构中的作用力和凸轮机构的压力角

图 4－15 所示为一尖顶直动推杆盘形凸轮机构在推程中任一位置的受力情况。图中 F 为凸轮对推杆的作用力；G 为推杆所受的载荷(包括推杆的自重和弹簧压力等)；F_{R_1}，F_{R_2} 分别为导轨两侧作用于推杆上的总反力；φ_1，φ_2 为摩擦角。根据力的平衡条件，分别由 $\sum F_x$，$\sum F_y$ 和 $\sum M_a=0$ 可得

$$-F\sin(\alpha+\varphi_1)+(F_{R_1}-F_{R_2})=\cos\varphi_2=0$$

$$-G+F\cos(\alpha+\varphi_1)-(F_{R_1+F_{R_2}})\sin\varphi_2=0$$

$$F_{R_2}\cos\varphi_2(l+b)-F\cos\varphi_2 b=0$$

由以上三式消去 F_{R_1}，F_{R_2} 后，经过整理后得

$$F=G/[\cos(\alpha+\varphi_1)-(1+2b/l)\sin(\alpha+\varphi_1)\tan\varphi_2] \tag{4-6}$$

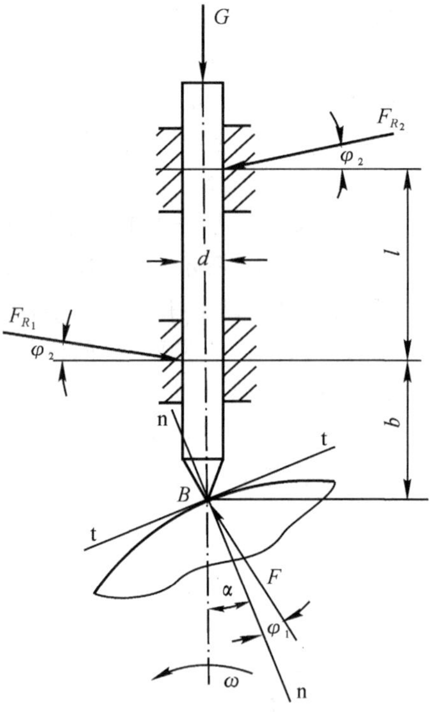

图 4－15 凸轮机构的受力分析

式中，α 为推杆所受正压力的方向(沿凸轮轮廓线在接触点的法线方向)与推杆上点 B 的速度方向之间所夹的锐角，称为凸轮机构在图示位置的压力角。

在凸轮机构中，压力角 α 是影响凸轮机构受力的一个重要参数。由式(4－6)可以看出，在其他条件相同的情况下，压力角 α 愈大，则分母愈小，因而凸轮机构中的作用力 F 将愈大。如果压力角 α 大到使式中分母为零，则作用力 F 将增至无穷大，此时机构将发生自锁，而此时的压力角称为临界压力角 α_c，其值可通过

$$\alpha_c=\arctan\{1/[(1+2b/l)\tan\varphi_2]\}-\varphi_1 \tag{4-7}$$

求得。一般说来，凸轮轮廓线上不同点处的压力角是不同的，为保证凸轮机构能正常运转，应使其最大压力角 α_{max} 小于临界压力角 α_c。由上式可以看出，增大导轨长度 l，减小悬臂尺寸 b，可以使临界压力角 α_c 的数值增大。

在生产实际中，为了提高机构的效率，改善其受力情况，通常规定凸轮机构的最大压力角 α_{max} 应小于某一许用压力角 $[\alpha]$，即 $\alpha_{max}<[\alpha]$，而 $[\alpha]$ 之值远小于临界压力角 α_c。根据实践经验可知，在推程时许用压力角 $[\alpha]$ 的值一般是：对直动推杆取 $[\alpha]=30°$，对摆动推杆取 $[\alpha]=35°\sim45°$。在回程时，通常取 $[\alpha]'=70°\sim80°$。

4.4.2　凸轮基圆半径的确定

对于一定形式的凸轮机构，在推杆的运动规律选定后，该凸轮机构的压力角与凸轮基圆半径的大小直接相关，现说明如下。

在图 4－16 所示的凸轮机构中，由理论力学分析可知 $v_p=v=\omega\overline{OP}$，则

$$\overline{OP}=v/\omega=\mathrm{d}s/\mathrm{d}\delta$$

又由△BCP 可得

$$\tan\alpha=(\overline{OP}-e)/(s_0+s)=[(\mathrm{d}s/\mathrm{d}\delta)-e]/[(r_0^2-e^2]^{1/2} \tag{4-8}$$

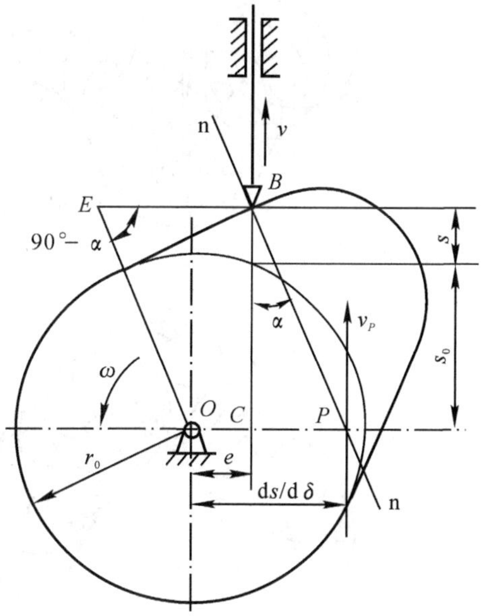

图 4－16　凸轮机构压力角与基圆半径的关系

由此可知，在偏距一定、推杆的运动规律已知的条件下，加大基圆半径 r_0，可减小压力角 α，从而改善机构的传力特性。但此时机构的尺寸将会增大。故应在满足 $\alpha_{\max}<[\alpha]$的条件下，合理地确定凸轮的基圆半径，使凸轮机构的尺寸不致过大。

对于直动推杆盘形凸轮机构，如果限定推程的压力角 $\alpha\leqslant[\alpha]$，则可由式(4－8)导出基圆半径的计算公式，即

$$r_0\geqslant\sqrt{[\mathrm{d}s/\mathrm{d}\delta-e)/\tan[\alpha]-s^2]+e^2} \tag{4-9}$$

用上式计算的基圆半径会随凸轮轮廓线上各点的 $\mathrm{d}s/\mathrm{d}\delta$ 值的不同而不同。故需确定基圆半径的极值，这就给应用带来不便。

在实际设计工作中，凸轮的基圆半径 r_0 的确定，不仅要受到 $\alpha_{\max}\leqslant[\alpha]$的限制，还要考虑到凸轮的结构及强度的要求等。这是因为根据 $\alpha_{\max}\leqslant[\alpha]$的条件所确定的凸圆半径 r_0 一般都比较小。所以，在实际设计工作中，凸轮的基圆半径常常是根据具体结构条件来选择的。必要时再检查所设计的凸轮是否满足 $\alpha_{\max}\leqslant[\alpha]$的要求。例如，当凸轮与轴做成一体时，凸轮上要做出轮毂，此时凸轮工作廓线的最小直径应略大于轮毂的外径。此时可取凸轮工作廓线的最小直径等于或大于轴径的 1.6～2 倍。

4.4.3　滚子推杆滚子半径的选择

采用滚子推杆时，滚子半径的选择要考虑滚子的结构、强度及凸轮轮廓曲线的形状等多方面的因素。下面主要分析凸轮轮廓曲线与滚子半径的关系。

图 4－17(a)所示为内凹的凸轮轮廓曲线，图 4－17(a)为工作廓线，图 4－17(b)为理论廓线。工作廓线的曲率半径 ρ_a 等于理论廓线的曲率半径 ρ 与滚子半径 r_r 之和，即 $\rho_a=\rho+r_r$。这样，不论滚子半径大小如何，凸轮的工作廓线总是可以平滑地作出来。图 4－17(b)所示为外凸的凸轮轮廓曲线，其工作廓线的曲率半径等于理论廓线的曲率半径与滚子半径之差，即 $\rho_a=\rho-r_r$。所以，如果 $\rho=r_r$，则工作廓线的曲率半径为零，于是工作廓线将出现尖点(见图 4－17(c))，这种现象称为变尖现象。凸轮轮廓在尖点处很容易磨损。又如图 4－17(d)所

示，当 $\rho<r_r$ 时，则工作廓线的曲率半径 ρ_a 为负值。这时，工作廓线出现交叉，图中阴影部分在制造中将被切去，致使推杆不能按预期的运动规律运动，这种现象称为失真现象。

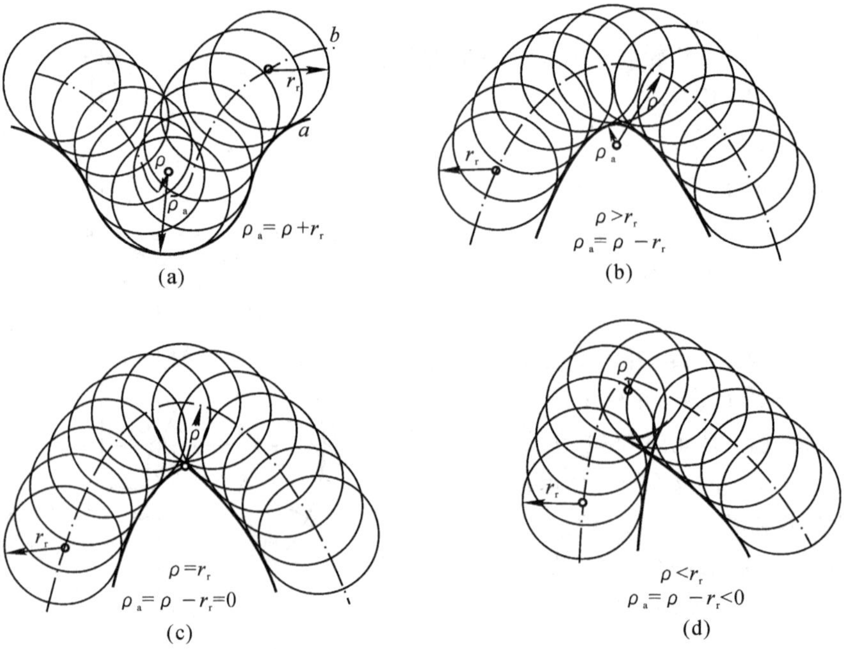

图 4-17　滚子半径与实际廓线的关系

通过上述分析，对于外凸的凸轮轮廓曲线，应使滚子 r_r 小于理论廓线的最小曲率半径 ρ_{min}。在用解析法求凸轮轮廓曲线时，可根据数学知识求得理论廓线上任一点的曲率半径 ρ，从而确定 ρ_{min} 的值。在用作图法设计凸轮轮廓曲线时，可以很容易地从图上发现凸轮轮廓曲线是否产生变尖或失真现象，从而恰当地确定滚子半径。

凸轮工作廓线的最小曲率半径 ρ_{amin} 一般不应小于 1～5 mm。如果不能满足此要求，就增大基圆半径或适当减小滚子半径；有时则必须修改推杆的运动规律，在凸轮工作廓线上出现尖点的地方代以合适的曲线。

另一方面，滚子的尺寸还受其强度、结构的限制，因而也不能做得太小，通常取滚子半径 $r_r=(0.1\sim0.5)r_0$，其中 r_0 为凸轮的基圆半径。

根据以上的讨论，在进行凸轮廓线设计之前，需先选定凸轮的基圆半径，而凸轮基圆半径的选择需考虑到实际的结构条件、压力角以及凸轮工作廓线是否会出现变尖和失真等因素。除此之外，当为直动推杆时，应在结构许可的条件下，尽可能取较大的导轨长度和较小的悬臂尺寸；当为滚子推杆时，应恰当地选取滚子半径等等。当然，上述这些尺寸的确定，还必须考虑到强度和工艺等方面的要求。合理选择这些尺寸是保证凸轮机构具有良好的工作性能的重要前提。

习题与思考题

4－1　图 4－18 所示为从动件在推程的部分运动曲线，其 $\delta_{01}\neq 0°$，$\delta_{02}\neq 0°$，试根据 s，v 和 a 之间的关系定性地补全该运动曲线；并指出该凸轮机构工作时，何处有刚性冲击？何处有柔性冲击？

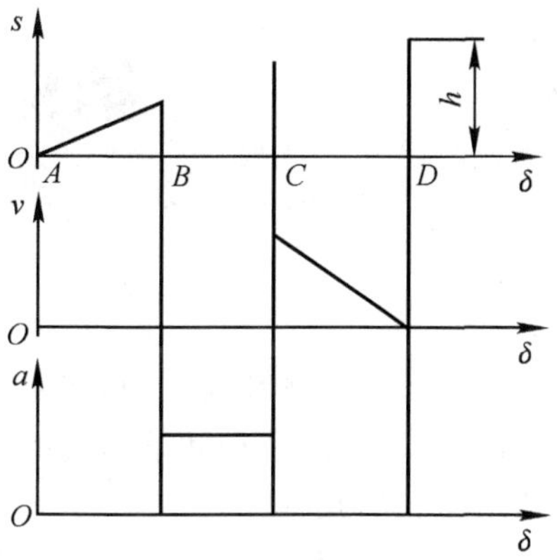

图　4－18

4－2　在图 4－19 所示偏置滚子直动从动件盘形凸轮机构中，凸轮 1 的工作轮廓为圆，其圆心和半径分别为 C 和 R，凸轮 1 沿逆时针方向转动，推动从动件往复移动。已知：$R=100$ mm，$OC=20$ mm，偏距 $e=10$ mm，滚子半径 $r_r=10$ mm，试绘出凸轮的理论轮廓。

问：(1)凸轮基圆半径 $r_0=$？ 从动件行程 $h=$？

(2)推程运动角 $\delta_0=$？ 回程运动角 $\delta'_0=$？ 远休止角 $\delta_{01}=$？近休止角 $\delta_{02}=$？

(3)凸轮机构的最大压力角 α_{max}是多少？ 最小压力角 α_{min}是多少？ 又分别在工作轮廓上哪个点出现？

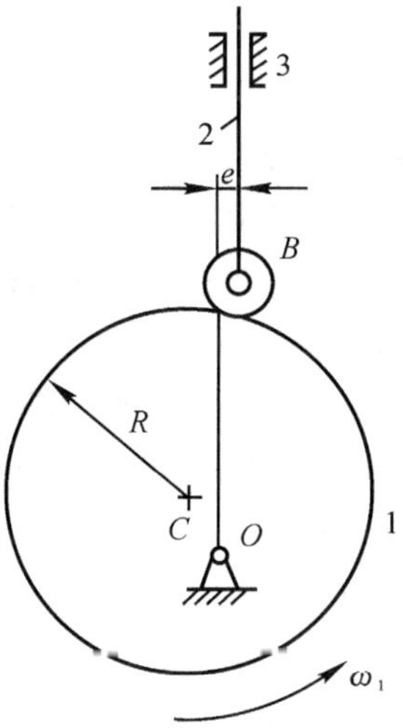

图　4－19

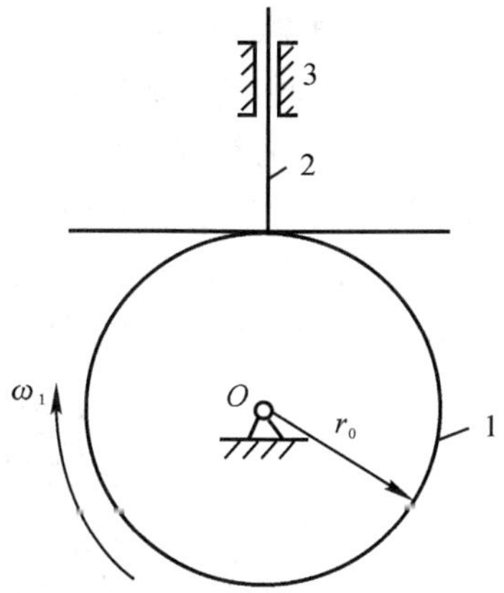

图　4－20

4－3　设计平底直动从动件盘形凸轮(见图 4－20)。已知：凸轮 1 沿顺时针方向等速转动，凸轮基圆半径 $r_0=40$ mm，从动件平底与导路夹角 $\beta=90°$，从动件行程 $h=20$ mm，$\delta_0=120°$，$\delta_{01}=30°$，$\delta'_0=90°$，从动件推程、回程运动规律自选，试校核是否满足凸轮轮廓全部外凸条件并绘出凸轮轮廓。

第5章　其他常用机构

在各种机械和仪表中，在原动件作连续运动时，常常需要从动件产生周期性的时动时停的间歇运动，实现这种间歇运动的机构称为间歇运动机构。间歇运动机构的类型很多，本章仅介绍最常见的几种。

对于比较复杂的运动变换，某种基本机构如连杆机构、凸轮机构、齿轮机构等单独使用很难满足实际生产过程的需要，因此，把若干种基本机构用一定的方式联接起来组成组合机构，以便得到单个基本机构无法实现的运动性能。本章最后将介绍几种组合机构。

5.1　棘轮机构

5.1.1　棘轮机构的基本组成及工作原理

图5-1所示为一种典型的外啮合棘轮机构，它主要由摆杆1、棘爪2、棘轮3、止动爪4和机架组成。弹簧5可使止动爪4和棘轮3保持接触。摆杆1空套在传动轴上。棘轮3通过键来联接在机构的传动轴上。当摆杆1逆时针方向摆动时，棘爪2便插入棘轮3的齿槽中，推动棘轮3逆时针方向转过一定的角度；当摆杆1顺时针方向摆动时，止动爪4阻止棘轮3顺时针转动，棘轮3静止不动，同时棘爪2在棘轮3的齿背上滑过。这样，当摆杆1往复摆动时，棘轮3便得到单向的时动时停的间歇运动。可见，棘轮机构是一种将摆杆的往复摆动转换为棘轮的单向间歇运动的机构。

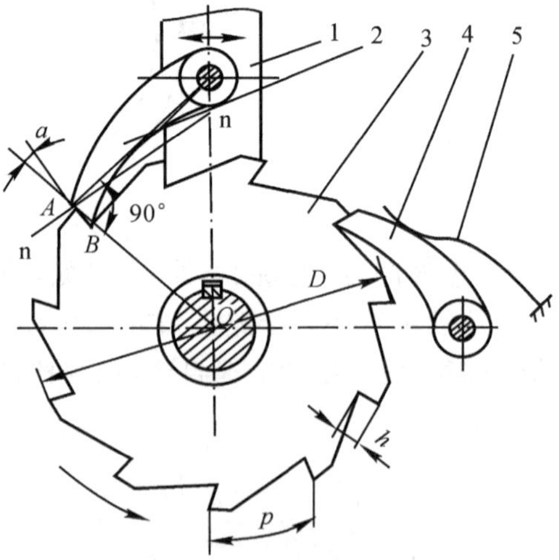

图5-1　外啮合棘轮机构

5.1.2　棘轮机构的常见类型

根据棘轮机构的结构和工作原理，棘轮机构可分为齿式棘轮机构和摩擦式棘轮机构两种类型。齿式棘轮机构中棘轮是具有齿形的轮子，由棘爪推动作间歇运动；摩擦式棘轮机构中棘轮是具有摩擦表面的轮子，由棘爪靠摩擦力推动作间歇运动。根据啮合情况，这两种棘轮机构又可分为内啮合和外啮合两种形式。

通过改变摆杆的形状、棘爪的形状和数目、棘轮的齿形形状及相对运动关系，可得到各式各样的棘轮机构，几种常见的棘轮机构如下：

1. 双动式棘轮机构

图 5－2 所示为两种双动式棘轮机构。这种棘轮机构有大小两个棘爪，如图 5－2(a)所示，当摆杆 1 顺时针方向摆动时，小棘爪将插入棘轮 3 的齿槽推动棘轮逆时针方向转动，此时大棘爪在齿背上滑过；当摆杆 1 逆时针方向摆动时，大棘爪将插入棘轮 3 的齿槽推动棘轮也逆时针方向转动，而小棘爪则在棘轮的齿背上滑过，这样，双动式棘轮机构能将摆杆的往复摆动转换为棘轮的单向连续转动。驱动棘爪可制成直边的（见图 5－2(a)）也可制成带钩头的（见图 5－2(b)），棘轮齿形为锯齿形。

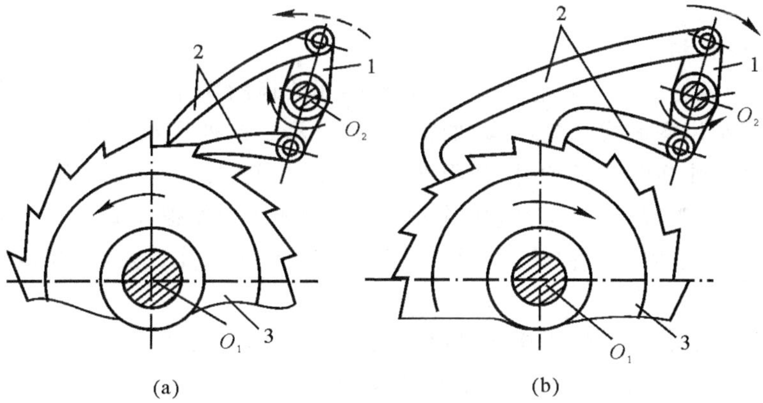

图 5－2　双动式棘轮机构

2. 双向棘轮机构

图 5－3 所示为两种双向棘轮机构，棘轮的齿形为矩形。在图 5－3(a)中，棘爪 2 可绕 A 转到摆杆的另一边。当棘爪处于图示实线位置 B 时，棘轮可获得逆时针方向单向间歇运动；当棘爪处于图示双点划线位置 B' 时，棘轮可获得顺时针方向单向间歇运动。在图 5－3(b)中，当棘爪 2 按图示位置放置时，棘爪的直边与棘轮 3 轮齿的右侧齿廓相接触，棘轮 3 将获得逆时针单向间歇运动；若把棘爪提起，同时绕其本身轴线转 180°后再放下，通过定位销可实现定位，使得棘爪的直边与棘轮轮齿的左侧齿廓相接触，从而可使棘轮获得顺时针单向间歇运动。若将棘爪提起并绕本身轴线转 90°后放下，棘爪被销子抬起与棘轮脱开，当摆杆往复摆动时，

棘轮静止不动。这种棘轮机构常应用在牛头刨床工作台的自动进给装置中。

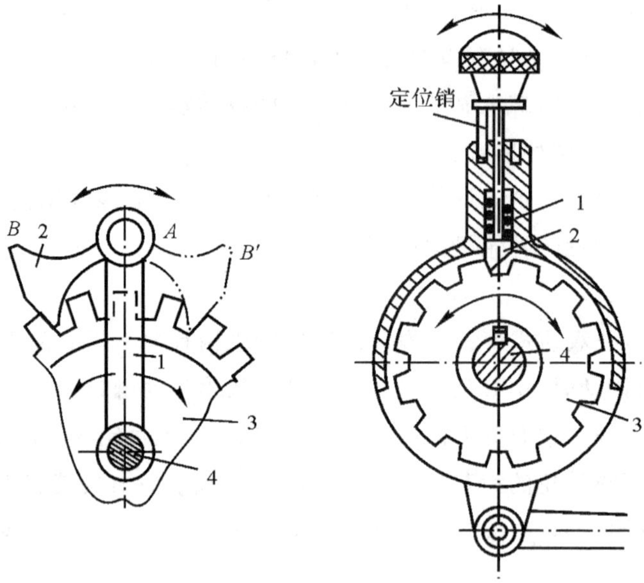

(a)　　(b)

图 5-3　双向棘轮机构

3. 摩擦式棘轮机构

齿式棘轮机构棘轮的转角是有级的，一般是相邻两齿所夹中心角的整数倍。若要实现转角的无级化，则可采用摩擦式棘轮机构，如图 5-4 所示。这种机构与外啮合式棘轮机构传动过程相似，当摆杆 1 作逆时针摆动时，利用楔块 1 与摩擦轮 2 之间的摩擦力产生自锁，从而带动摩擦轮 2 和摆杆一起转动；当摆杆顺时针摆动时，楔块 1 与摩擦轮 2 之间产生滑动。这是由于楔块 3 的自锁作用能阻止摩擦轮 2 反转。这样，在摆杆不断作往复运动时，摩擦轮 2 便作单向的间歇运动。

除外啮合棘轮机构外，棘轮机构还可以做成内啮合形式（见图 5-5）或移动棘轮（即棘条）形式（见图 5-6），其工作原理和外啮合棘轮机构类似。

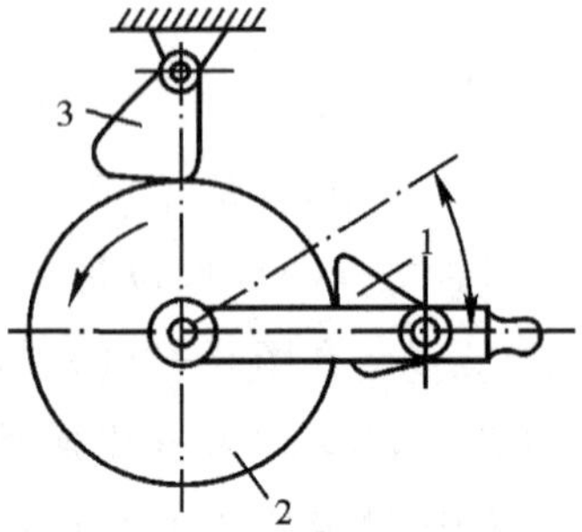

图 5-4　摩擦式棘轮机构

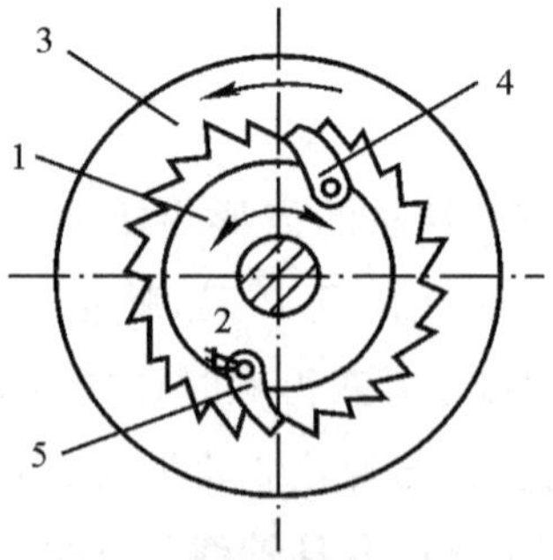

图 5-5　内啮合棘轮机构图

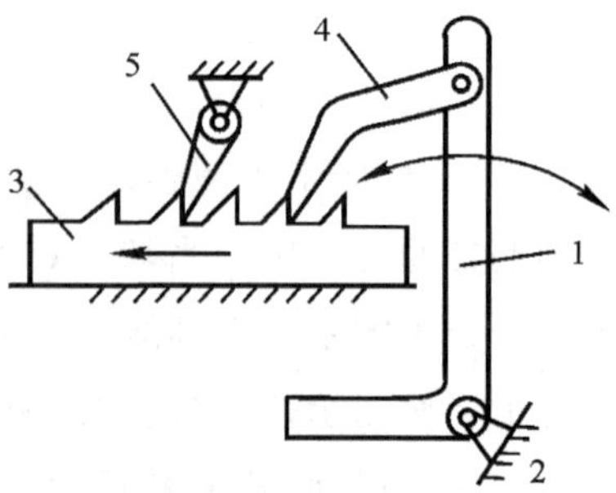

图 5-6　棘条机构

5.1.3　棘爪机构的设计

1. 棘轮齿面偏角的设计

如图 5－7 所示，棘轮与棘爪在 A 点接触，即将进入齿槽，为保证棘爪能顺利地落入棘轮轮齿的根部，要求棘齿工作面相对棘轮半径方向 O_1A 偏斜一角度 α，该偏斜角 α 被称为棘轮齿面偏角。为了使棘爪受力最小，应使棘轮齿顶 A 和棘爪的转动中心 O_2 的连线垂直于棘轮半径 O_1A。轮齿对棘爪的作用力有正压力 F_n 与摩擦力 $F=fF_n$。将 F_n 分解为圆周力 F_t 和径向力 F_r，为了使棘爪顺利进入齿槽，必须保证径向力 F_r 大于摩擦力的径向分力，则应有

$$F_r > fF_n\cos\alpha$$

又因为 $F_r=F_n\sin\alpha$，代入上式并整理后得

$$\tan\alpha > f$$

或

$$\tan\alpha > \tan\varphi$$

故

$$\alpha > \varphi$$

式中，φ 为棘爪与棘齿之间的摩擦角，$\varphi=\arctan f$。当摩擦因数 $f=0.2$ 时，$\varphi=11°30'$。为安全起见，通常取 $\alpha=20°$。

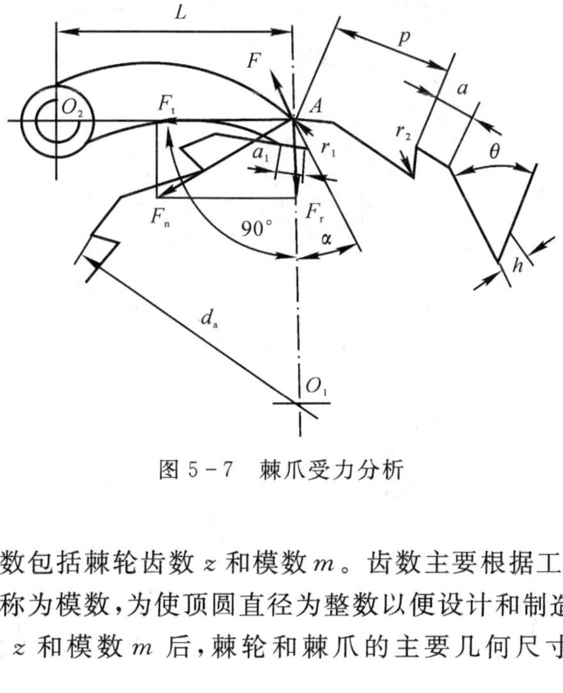

图 5－7　棘爪受力分析

2. 棘轮机构的尺寸

棘轮机构的主要参数包括棘轮齿数 z 和模数 m。齿数主要根据工作要求的转角选定。棘轮顶圆直径与齿数之比称为模数，为使顶圆直径为整数以便设计和制造，模数应按照强度要求选用标准值。确定齿数 z 和模数 m 后，棘轮和棘爪的主要几何尺寸可按以下经验公式计算，即

顶圆直径 d_a	$d_a=mz$
齿高 h	$h=0.75\,m$
齿顶厚 a	$a=m$
齿槽夹角 θ	$\theta=60°$或 $75°$
棘轮齿距 p	$p=\pi m$
棘爪长度 L	$L=2p=2\pi m$

其他结构尺寸可参阅机械零件设计手册。

5.1.4 棘轮机构的特点和应用

棘轮机构具有结构简单、制造方便、运动可靠等优点，但缺点是工作时有较大的冲击和噪音，而且传动精度也较差，一般用于机床及自动机械的进给机构，棘轮机构可实现机械的步进、转位、制动和超越。

在图 5-8 所示的牛头刨床中，工作台的的横向进给机构由齿轮机构、曲柄摇杆机构、棘轮机构、螺旋机构等串联组成，刨床工作台横向进给过程为：运动通过齿轮 1 和 2，传递到主动曲柄 AB，当主动曲柄 AB 作匀速转动时，摇杆 CD 摆动，通过棘爪带动棘轮作单向间歇运动，棘轮与丝杠固联，故通过丝杠带动工作台作横向进给运动，进给量的大小可通过改变曲柄长度的方法来改变摇杆的摆角，从而改变棘轮转角的大小，也可通过在棘轮外加装可调节遮板来实现，如图 5-9 所示，遮板在棘爪的行程范围内遮住一部分齿，使得棘爪与这部分棘齿不接触，从而改变棘轮转角的大小。

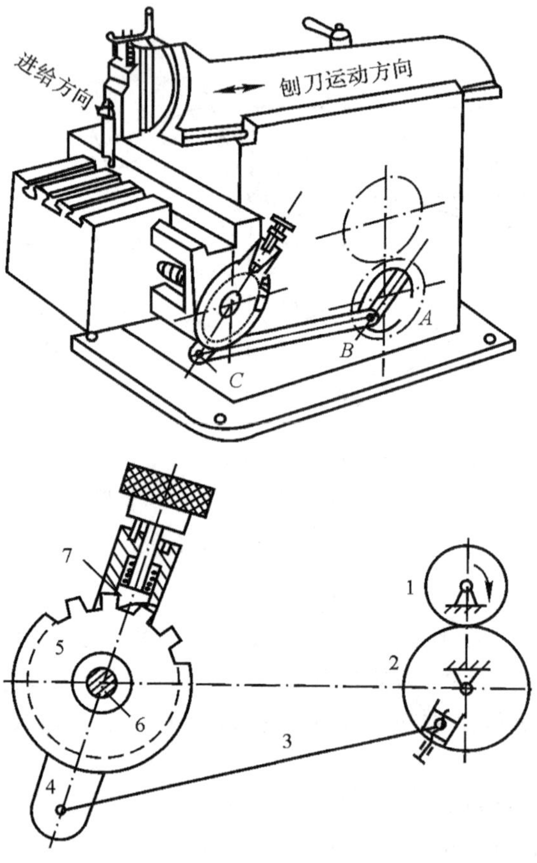

图 5-8　牛头刨床工作台送进机构

棘轮机构也常用于防止机构逆转的制动器。如图 5-10 所示为提升机的棘轮制动器，在提升重物时，棘爪会在棘齿背上滑过，当需停在某一位置时，棘爪将及时插入棘齿槽内实现制动，防止棘轮倒转，起到保证安全的作用。

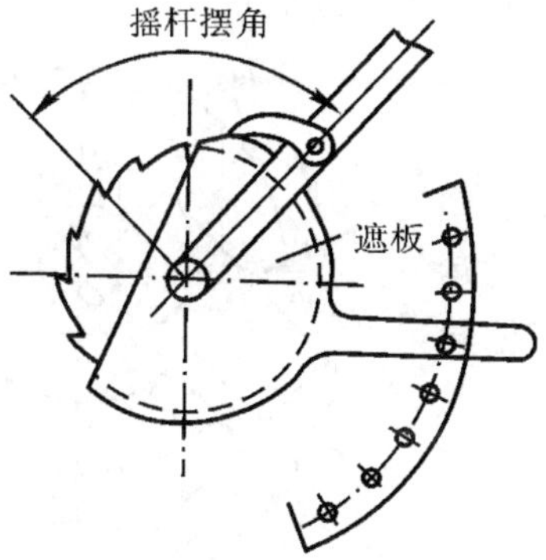

图 5-9　带遮板的棘轮机构

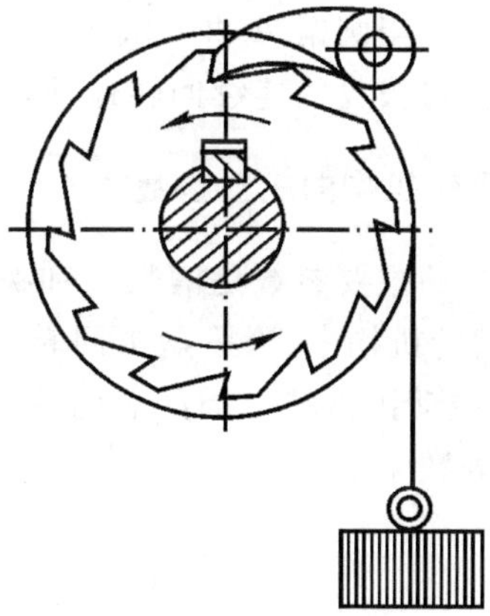

图 5-10　棘轮制动器

棘轮机构具有快速超越运动特性，如图 5-11 所示为自行车后轴上的飞轮机构，当脚踩动脚踏板时，链条带动内圈上有棘轮的链轮 1 顺时针转动，再通过棘爪 4 带动后轮轴 2 一起在后轴 3 上转动，自行车前进。在前进过程中，如果脚踏板不动，链轮也就停止转动。这时，由于惯性作用，后轮轴带动棘爪从链轮内缘的齿背上滑过，继续顺时针转动，即实现后轮轴的超越运动，这就是不蹬踏板自行车仍能自由滑行的原理。该机构中的棘轮机构就是一种内啮合棘轮机构。

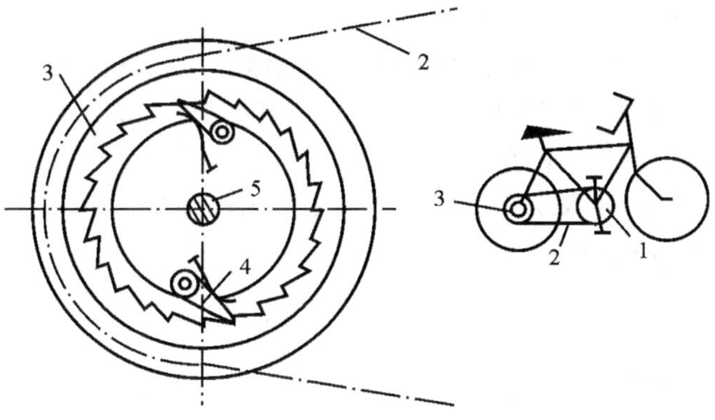

图 5-11　超越式棘轮机构

5.2　槽轮机构

5.2.1　槽轮机构的组成及工作原理

槽轮机构是一种常见的间歇运动机构。其典型结构如图 5-12 所示，它是由带有圆销 A 的主动拨盘 1、带有径向槽的从动槽轮 2 和机架组成。当拨盘 1 匀速回转时，槽轮 2 作间歇转动。当圆销 A 未进入槽轮径向槽时，由于槽轮的内凹锁止弧 nn 被拨盘 1 的外凸圆弧 mm 锁住，故这时槽轮静止不动。当圆销 A 进入槽轮径向槽时，图示为圆销 A 从槽轮 2 的左边刚开始进入槽轮径向槽时的位置。这时槽轮的锁止弧 nn 也刚开始被拨盘 1 松开。于是，槽轮 2 受

圆销 A 的拨动而转动。当圆销 A 从槽轮的右边离开径向槽时，锁止弧 nn 又被拨盘 1 锁住，槽轮又静止不动。当圆销 A 再一次进入槽轮的下一个径向槽时，又重复上述的运动。可见，槽轮机构是一种将拨盘的连续回转运动转换为槽轮的单向间歇运动的机构。

5.2.2 槽轮机构的主要参数

槽轮机构的主要参数是槽数 z 和拨盘圆销数目 n。图 5－12 所示槽轮机构中，当拨盘 1 回转一周时，槽轮 2 的运动时间 t_d 与主动拨盘转一周的总时间 t 之比，称为该槽轮机构的运动因数 k，则

$$k=\frac{t_d}{t}$$

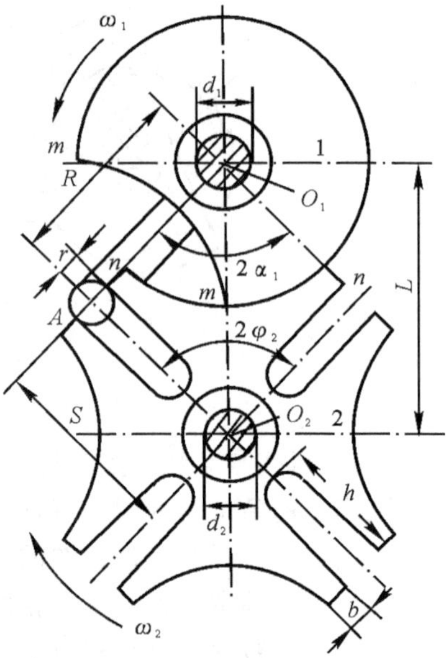

图 5－12 槽轮机构

因拨盘 1 一般作等速回转运动，所以时间的比值可以用转角的比值来表示。时间 t_d 与 t 所对应的拨盘的转角分别为 $2\alpha_1$ 与 2π。为了避免圆销 A 和槽轮的径向槽发生冲击，圆销开始进入径向槽和脱离径向槽时，径向槽的中线应当与圆销中心轨迹圆相切。因此由图可知，$2\alpha_1=\pi-2\varphi_2$。则槽轮两径向槽之间所夹的角 $2\varphi_2=2\pi/z$，则

$$k=\frac{t_d}{t}=\frac{2\alpha_1}{2\pi}=\frac{\pi-2\varphi_2}{2\pi}=\frac{\pi-\frac{2\pi}{z}}{2\pi}=\frac{1}{2}-\frac{1}{z} \qquad (5-1)$$

因槽轮机构是运动的，而不是静止的，故其运动因数 k 必定大于零，由式(5－1)可知，槽轮的槽数 z 应当等于或大于 3，还可看出运动因数 k 总是小于 0.5 的。这也说明，在这种槽轮机构中，槽轮的运动时间总是小于其静止的时间。

若要 $k>0.5$，可在拨盘上装 n 个圆销。这 n 个圆销在拨盘上均匀分布，拨盘转动一周时，槽轮将被拨动 n 次，故其运动因数 k 为

$$k=n\left(\frac{1}{2}-\frac{1}{z}\right)$$

因槽轮作间歇运动，故 k 应小于 1，故

$$n\left(\frac{1}{2}-\frac{1}{z}\right)<1$$

由此得

$$n<\frac{2z}{z-2} \qquad (5-2)$$

从式(5－2)中可以看出，槽数 z 与圆销数 n 之间的关系为：当 $z=3$ 时，$n=1\sim5$；当 $z=4$ 或 5 时，$n=1\sim3$；当 $z\geqslant6$ 时，$n=1\sim2$。常取 $n=4\sim8$。

5.2.3 槽轮机构的特点和应用

槽轮机构的特点是结构简单、工作可靠、机械效率较高。由于槽轮每次转过的槽间角 $2\varphi_2$ 是固定不变的，要想改变转角的大小，必须更换具有相应槽数的槽轮，因此槽轮机构多用来实现不需经常改变转角的转位运动。槽轮机构常在自动或半自动机械和轻工机械中作为转位机构。

图 5-13 所示为六角车床刀架的转位机构，与槽轮固联的刀架的 6 个孔中装有 6 种刀具，故槽轮 2 具有 6 个径向槽，当具有一个圆销的拨盘 1 回转一周时，驱动槽轮转过 1/6 周，即刀架转过 60°，而将下一道工序的刀具转换到工作位置。

图 5-14 所示为电影放映机中的槽轮机构，槽轮 2 有 4 个径向槽，当槽轮 2 作间歇运动时，胶片上的画面依次在方框中停留，通过视觉暂留而获得连续的画面。

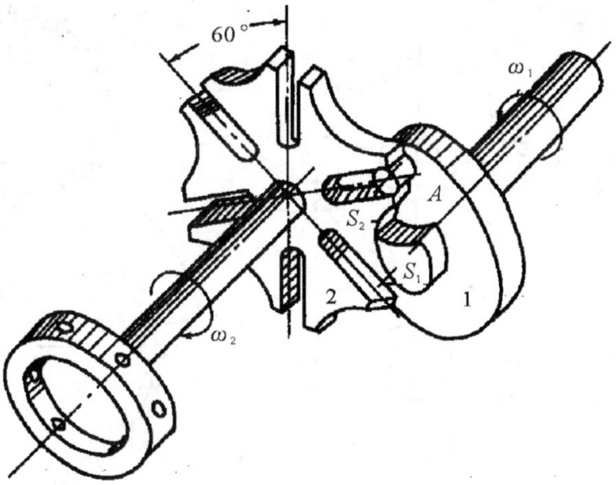

图 5-13 六角车床刀架的转位机构

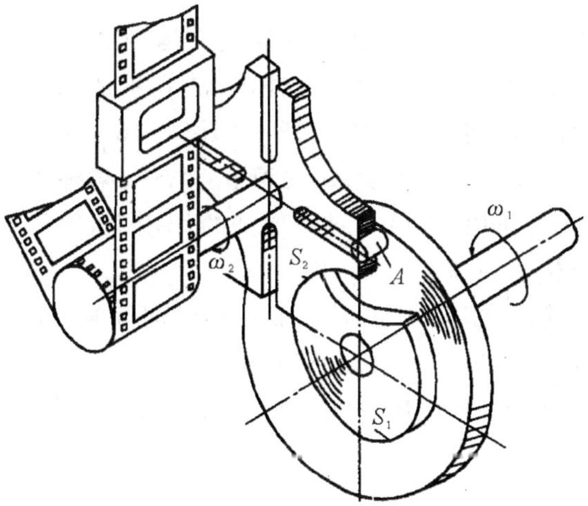

图 5-14 电影放映机的槽轮机构

5.3 不完全齿轮机构

不完全齿轮机构是由齿轮机构演变而得的一种间歇传动机构。它能将主动轮的等速连续转动转换为从动轮的间歇运动。不完全齿轮机构的主动轮为只有一个齿或几个齿的不完全齿轮，根据运动时间与停歇时间的要求，从动轮由与主动轮轮齿相啮合的正常轮齿和带锁止弧的厚齿彼此相间地组成。当主动轮的轮齿部分作用在从动轮上的正常齿上时，从动轮就转动；当主动轮的无齿圆弧部分作用在从动轮上的带锁止弧的厚齿时，从动轮停止不动。因而当主动轮连续转动时，从动轮获得时动时停的间歇运动。从动轮停歇期间，两轮轮缘上的锁止弧防止从动轮的游动，起定位作用。从图 5-15 所示的两种不完全齿轮机构中不难看出，图 5-15(a)中主动轮 1 有 1 个轮齿，从动轮 2 有 8 个轮齿。故当主动轮转 1 转时，从动轮只转 1/8 转。图 5-15(b)中主动轮 1 有 4 个轮齿，从动轮 2 的圆周上有 4 个运动段和 4 个停歇段。而每段有齿圆弧上有 4 个齿与主动轮轮齿啮合。主动轮 1 转过 1 转，从动轮 2 转过 1/4 转。

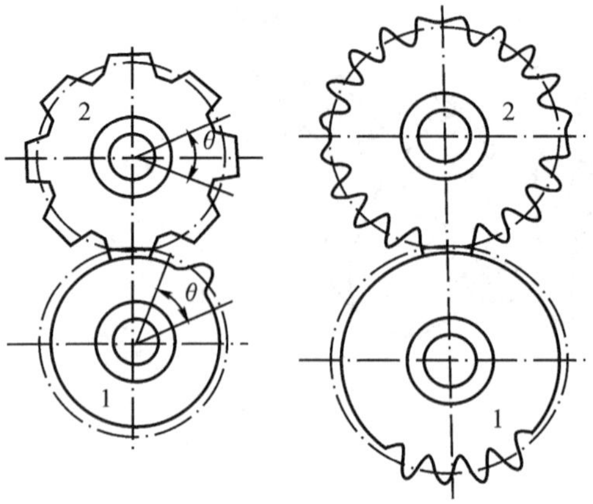

图 5-15　不完全齿轮机构

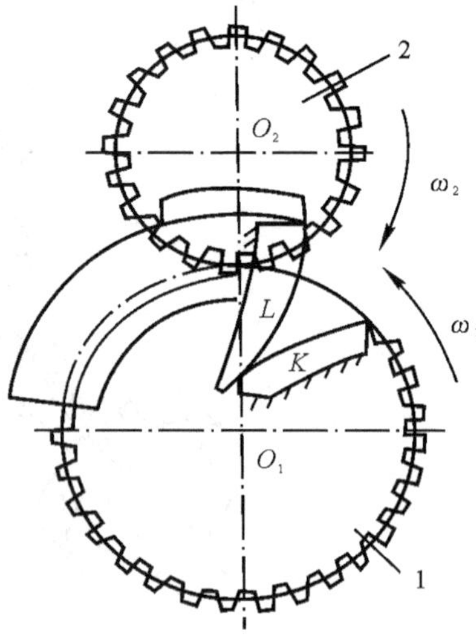

图　5-16

当主动轮匀速转动时，不完全齿轮机构的从动轮在运动期间也保持匀速转动，但是在从动轮开始运动阶段和终止运动阶段都会产生刚性冲击，故它不适用于高速传动。为了改善这一情况，可以在两轮端面上分别加装瞬心线附加杆，如图 5-16 中所示的瞬心线附加杆 L 和 K，此附加杆的作用是使从动轮在开始运动阶段，由静止状态按某种预定的运动规律逐渐加速到正常运动速度，而在终止运动阶段，在另一对附加杆的作用下，使从动轮由正常的运动速度按某种预定的运动规律逐渐减速到静止。

不完全齿轮机构结构简单、制造方便，从动轮的运动时间和停歇时间的比例不受机构结构的限制，但是从动轮在每次间歇运动的始、末有剧烈冲击，故一般只用于低速、轻载及机构冲击不影响正常工作的场合，如计数器、电影放映机和自动机和半自动机工作台的间歇转位及某些间歇进给机构中。

5.4　组合机构

在现代化的机械制造业中，为了生产各种复杂零件及满足各种运动和性能要求，对机构运动形式、运动规律和机械性能等方面提出了更多更复杂的要求。连杆机构、凸轮机构、齿轮机构、间歇运动机构等基本机构的运动和动力性能等具有一定的局限性，采用其中某一种基本机构往往不能满足设计要求，因而常需把几种基本机构联合起来，组成一种组合机构来使用。利用组合机构不仅能满足生产上的多种要求，而且能综合应用和发挥各种基本机构的特性。

但是，所谓组合机构并不是几个基本机构的简单串联，而是一种封闭式的传动机构，或者是几个基本机构相互协调配合的传动系统。所谓封闭式传动机构，是利用一个机构去约束或封闭另一个多自由度机构，使其不仅具有确定的运动，而且其从动件能够满足所需的运动形式或运动规律的要求。组合机构可以是同一类型的基本机构的组合，也可以是不同类型的基本机构的组合。前者如联动凸轮机构，后者如凸轮-齿轮组合机构、凸轮-连杆组合机构、齿轮-连杆组合机构等。组合机构的类型很多，下面各举一例进行简要介绍。

5.4.1　连杆-连杆组合机构

如图 5－17 所示的手动冲床是一个六杆机构。它可以看成是由两个四杆机构组成的。第一个是由原动件(手柄)1、连杆 2、从动摇杆 3 和机架 4 组成的双摇杆机构；第二个是由摇杆 3、小连杆 5、冲杆 6 和机架组成的摇杆滑块机构。前一个四杆机构的输出件被当做第二个四杆机构的输入件。扳动手柄 1、冲杆就上下运动。采用六杆机构，使扳动手柄的力获得两次放大，从而增大了冲杆的作用力。这种增力作用在连杆机构中经常用到。

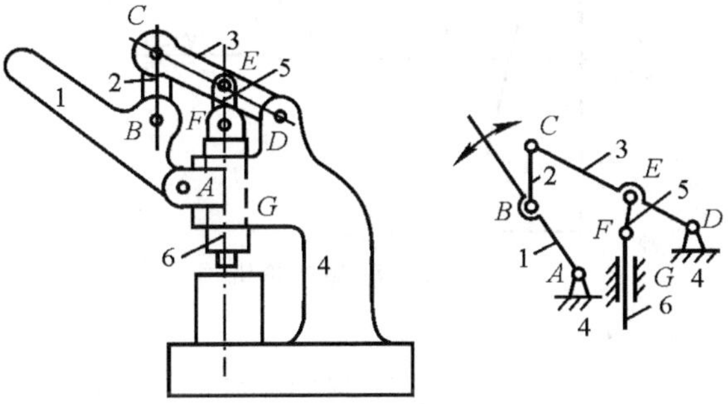

图 5－17　手动冲床中的复合连杆

5.4.2　凸轮-连杆组合机构

凸轮连杆机构的形式很多，这种组合机构通常用于实现从动件预定的运动轨迹和规律。图 5－18 所示为巧克力包装机托包用的凸轮连杆机构。主动曲柄 OA 回转时，B 点强制在凸轮凹槽中运动，从而使托杆达到图示运动规律，托包时慢进，不托包时快退，以提高生产效率。因此，只要凸轮轮廓线设计得当，就可以使托杆达到上述要求。

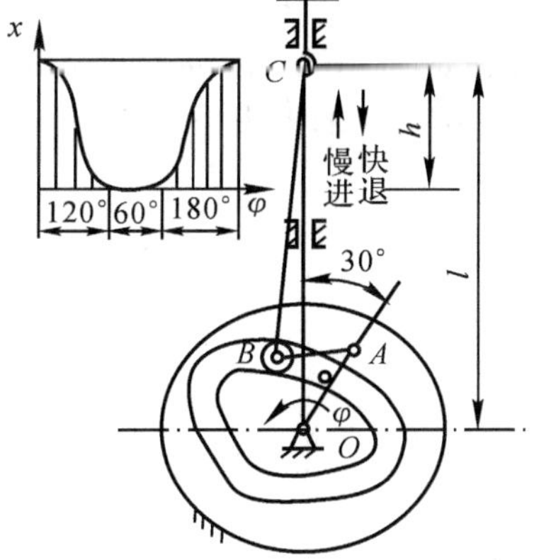

图 5－18　巧克力包装机托包用的连杆-凸轮机构

5.4.3 联动凸轮组合机构

图 5－19 所示的联动凸轮机构用于圆珠笔装配线上的自动送进机构中，主动轴上的盘状凸轮 2 控制托架 3 上下运动，从而将圆珠笔 5 抬起和放下，而端面凸轮 1 及推杆 6 控制托架 3 左右往复移动，从而使圆珠笔 5 沿轨迹 K 运动，将笔杆步进向前送进。

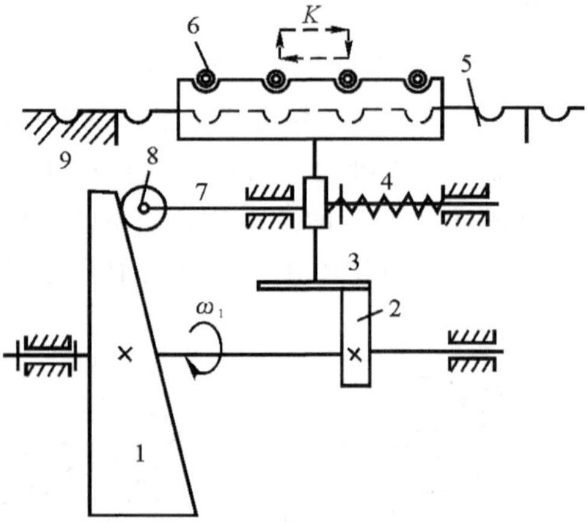

图 5－19 联动凸轮机构

习题与思考题

5－1 棘轮机构的运动设计主要包括哪些内容？

5－2 为什么棘爪与棘轮轮齿接触处的公法线要位于棘轮与棘爪的转动中心之间？

5－3 已知一棘轮机构的棘轮模数 $m=5$ mm，齿数 $z=12$，试确定机构的几何尺寸并画出棘轮的齿形。

5－4 槽轮机构有什么特点？何谓运动因数 τ，为什么 τ 必须大于零而小于 1？

5－5 槽轮机构的槽数 z 和圆销数 n 的关系如何？

5－6 如何避免不完全齿轮机构在啮合开始和终止时产生的冲击？在动轮停歇期间，如何防止其运动？

5－7 已知一槽轮机构的槽数 $z=6$，圆销数 $n=1$，若主动转臂的转速为 $n_1=60$ r/min，求槽轮的运动时间和静止时间及运动因数 τ 的大小。

第6章　齿轮传动

6.1　齿轮传动的特点和类型

6.1.1　齿轮传动的特点

在现代机器中，齿轮传动是应用最广的一种机械传动，它也是历史上应用最早的传动形式之一。其主要优点有：①适用的圆周速度和功率范围广；②传动效率高；③传动比准确；④工作寿命较长；⑤工作可靠性较高；⑥可实现平行轴、任意角相交轴或交错轴之间的传动等。其主要缺点有：①要求较高的制造和安装精度，成本较高；②需要专用的齿轮加工设备；③不适宜远距离两轴之间的传动等。

6.1.2　齿轮传动的分类

如图 6－1 所示。齿轮传动的类型很多，按照齿轮两轴线的相对位置和齿向的不同，齿轮传动可分类如下：

- 齿轮传动
  - 两轴平行的齿轮传动（平面齿轮传动）——圆柱齿轮传动
    - 直齿
      - 外啮合
      - 内啮合
      - 齿轮与齿条啮合
    - 斜齿
      - 外啮合
      - 内啮合
      - 齿轮与齿条啮合
    - 人字齿
  - 两轴不平行的齿轮传动（空间齿轮传动）
    - 两轮相交的齿轮传动（圆锥齿轮传动）
      - 直齿
      - 曲齿
    - 两轴交错的齿轮传动
      - 交错轴斜齿轮
      - 蜗轮蜗杆

按照工作条件的不同，齿轮传动可分为闭式和开式齿轮传动。闭式齿轮传动的齿轮完全封闭在有润滑油的箱体内，因而能保证良好的啮合精度、润滑和密封，故应用广泛。开式齿轮传动的齿轮完全是外露的，不能保证良好的润滑和防止灰尘等的侵入，因此齿轮易被磨损，多用于低速传动和不重要的场合。

按齿面硬度的不同，齿轮可分为软齿面齿轮和硬齿面齿轮。软齿面齿轮的齿面硬度小于等于 350HBS,热处理简单,加工容易,但承载能力较低;硬齿面齿轮的齿面硬度大于 350HBS,热处理复杂,需磨齿,但承载能力较高。

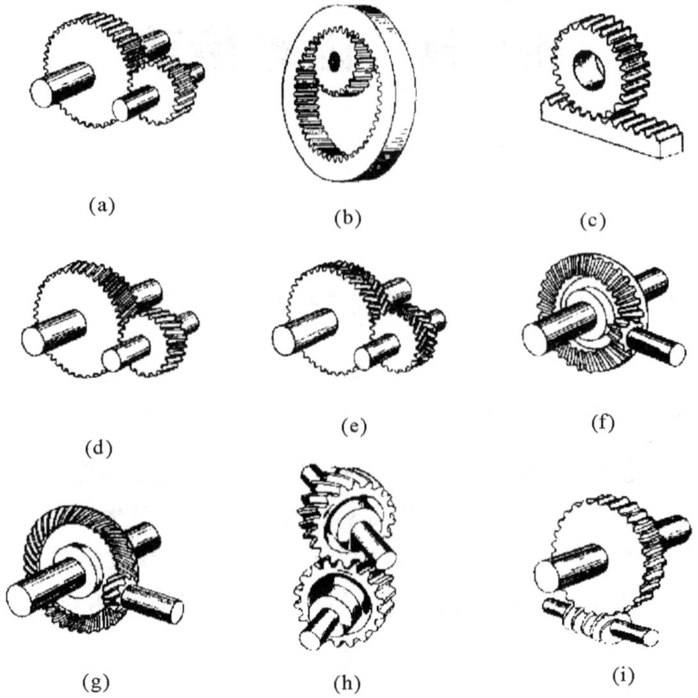

图 6-1 齿轮传动的类型

(a)直齿外啮合;(b)直齿内啮合;(c)直齿齿轮与齿条啮合;(d)斜齿外啮合;(e)斜齿内啮合;(f)直齿圆锥齿轮啮合;(g)曲齿圆锥齿轮啮合;(h)交错轴斜齿轮啮合;(i)蜗杆蜗轮啮合

6.1.3 基本要求

齿轮传动在传递运动和动力过程中,应满足的两个基本要求如下:

(1)传动准确、平稳。即要求齿轮传动在工作过程中瞬时传动比恒定,且冲击、振动要小。

(2)强度高、承载能力强。即要求齿轮传动能传递较大的动力,具有足够的承载能力和使用寿命。为满足基本要求,需要对齿轮齿廓曲线、啮合原理和轮齿强度等问题进行研究。

6.2 齿廓啮合基本定律

6.2.1 齿廓啮合基本定律

齿轮传动的基本要求之一就是要保证传动平稳。所谓传动平稳,是指齿轮在啮合过程中的瞬时传动比 $i_{12}=\omega_1/\omega_2$ 保持恒定。否则,当主动轮以等角速度回转时,从动轮的角速度为变数,齿轮承受附加动载荷。这不仅会使机器产生振动和噪声,影响工作精度,还会降低齿轮传动的寿命。

齿廓形状符合什么条件时才能使瞬时传动比保持恒定呢?这就是齿廓啮合基本定律所要研究的内容。

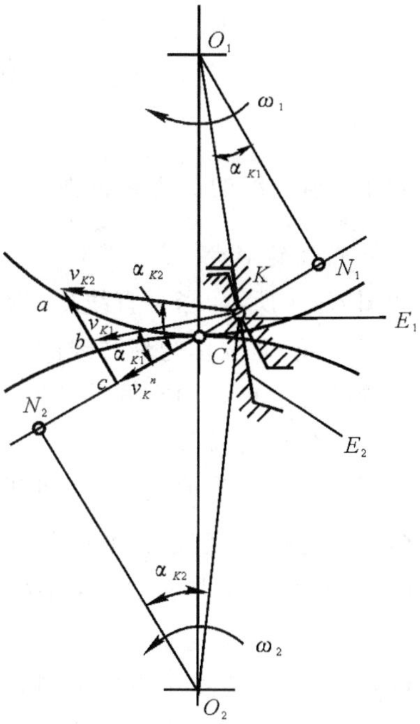

图 6-2　齿廓啮合

图 6-2 表示两互相啮合的齿廓 E_1,E_2 在任一瞬时于 K 点接触,两轮的角速度分别为 ω_1 和 ω_2,过 K 点作两齿廓的公法线 N_1N_2,于连心线 O_1O_2 交于 C 点。两轮齿廓上 K 点的线速度分别为:$v_{K1}=\omega_1\overline{O_1K}$,$v_{K2}=\omega_2\overline{O_2K}$,其方向分别垂直于回转半径 $\overline{O_1K}$ 和 $\overline{O_2K}$。由图可见,v_{K1},v_{K2} 的大小、方向均不相同。显然,v_{K1},v_{K2} 在 N_1N_2 上的分速度相等,否则两齿廓啮合时将互相嵌入或分离。即

$$v_{K1}\cos\alpha_{K1}=v_{K2}\cos\alpha_{K2}$$

$$\frac{\omega_1}{\omega_2}=\frac{\overline{O_2K}\cos\alpha_{K2}}{\overline{O_1K}\cos\alpha_{K1}}$$

过 O_1,O_2 分别作 N_1N_2 的垂线 O_1N_1 和 O_2N_2,得 $\angle KO_1N_1=\alpha_{K1}$,$\angle KO_2N_2=\alpha_{K2}$,故

$$\frac{\omega_1}{\omega_2}=\frac{\overline{O_2K}\cos\alpha_{K2}}{\overline{O_1K}\cos\alpha_{K1}}=\frac{\overline{O_2N_2}}{\overline{O_1N_1}}$$

又因 $\triangle CO_1N_1\backsim\triangle CO_2N_2$,则

$$\frac{\omega_1}{\omega_2}=\frac{\overline{O_2N_2}}{\overline{O_1N_1}}=\frac{\overline{O_2C}}{\overline{O_1C}}\qquad(6-1)$$

式(6-1)表明,一对传动齿轮的瞬时角速度之比与其连心线 O_1O_2 被齿廓接触点的公法线所分割的两线段长度成反比,这个规律称为齿廓啮合基本定律。

由此可以推论,欲使两齿轮瞬时角速度比恒定不变,就必须使 C 点为连心线 O_1O_2 上的固定点。也就是说,一对齿廓不论在哪个位置接触,过接触点的齿廓公法线都必须与连心线 O_1O_2 交于一定点。

6.2.2　共轭齿廓

能满足齿廓啮合基本定律的一对齿廓均称为共轭齿廓。理论上共轭齿廓是很多的。但考虑到制造、安装等要求,机械传动中通常采用的齿廓曲线为渐开线齿廓、摆线齿廓和圆弧齿廓等,其中以渐开线齿廓应用最广。

6.2.3　节点和节圆

过齿廓接触点的公法线 nn 与连心线 O_1O_2 的交点 C 称为节点。过节点 C 所作的两个相切的圆称为节圆。两齿廓在节点啮合时,速度大小、方向均相等,相当于两节圆之间作纯滚动;在其他点啮合时,速度大小、方向均不等,相对运动既有滚动,又有滑动。由图6-2可知,一对外啮合齿轮的中心距恒等于其两节圆的半径和。

6.3 渐开线齿廓

6.3.1 渐开线的形成和特性

1. 渐开线的形成

如图 6-3 所示，当一直线$\overline{BK}$沿一圆周作纯滚动时，该直线上任一点 K 的轨迹 AK，称为该圆的渐开线，此圆称为渐开线的基圆，其半径用 r_b 表示，直线$\overline{BK}$称为渐开线的发生线。渐开线齿轮的齿廓就是由在同一基圆上产生的两条反向且对称的渐开线构成。

2. 渐开线的的特性

根据渐开线的形成过程，可知其有如下特性：

(1)发生线沿基圆滚过的线段长度等于基圆上被滚过的弧长，即$\overline{BK}=\widehat{AB}$。

(2)渐开线任意点 K 的法线$\overline{BK}$必切于基圆，且$\overline{BK}$为 K 点的曲率半径，B 点为 K 点的曲率中心。

(3)渐开线上各点压力角不同。渐开线齿廓上一点的法线(压力方向)与齿廓上该点的速度方向所夹锐角 α_K 称为该点的压力角。由图 6-3 可知

$$\cos\alpha_K=\frac{\overline{OB}}{\overline{OK}}=\frac{r_b}{r_K} \tag{6-2}$$

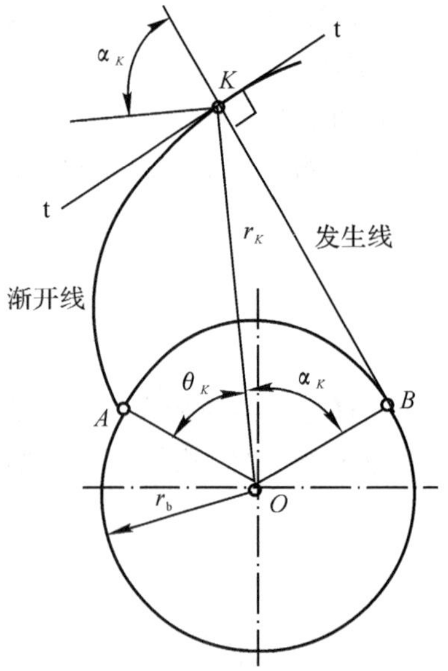

图 6-3 渐开线的形成

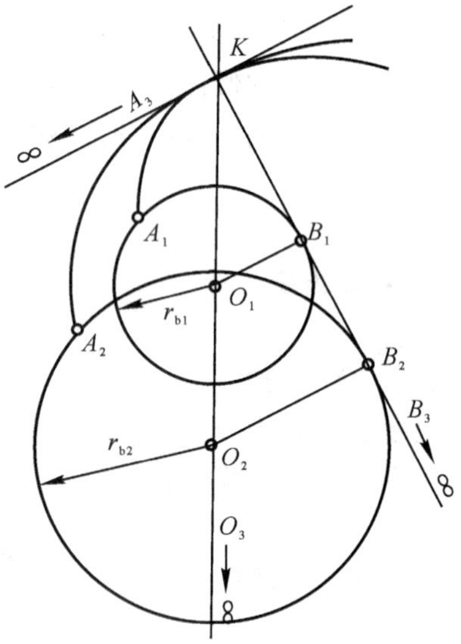

图 6-4 基圆大小对渐开线的影响

上式表明，距基圆愈远，即 r_K 愈大，压力角愈大。基圆上的压力角为 0。

(4)渐开线的形状取决于基圆大小。基圆半径相等，则渐开线形状相同；基圆半径愈小，渐开线愈弯曲；基圆半径愈大，渐开线愈平缓，基圆半径趋于无穷大时，渐开线就变成一条与发生线垂直的直线(见图 6-4)。

(5)由于渐开线是以基圆为起点向外展开的，故基圆以内无渐开线。

6.3.2　渐开线齿廓的啮合特点

渐开线齿廓的啮合特点如下：

(1)渐开线齿廓满足齿廓啮合基本定律，能够实现定传动比要求。

如图 6-5 所示，两渐开线齿廓在任意点 K 接触。过 K 点作 C_1 和 C_2 的公法线 N_1N_2，根据渐开线的特性 2 可知，此公法线必然同时与两基圆相切，即为两基圆的内公切线 N_1N_2。由于基圆为定圆，在一侧只能有一条内公切线，所以，无论两齿廓在何处接触，过其接触点所作两齿廓的公法线均与 N_1N_2 重合，即 N_1N_2 为一定线，因此，它与连心线 O_1O_2 的交点 C 必为定点，满足齿廓啮合基本定律。即

$$i=\frac{\omega_1}{\omega_2}=\frac{\overline{O_2C}}{\overline{O_1C}}=\frac{r_2'}{r_1'}=\frac{r_{b2}}{r_{b1}} \tag{6-3}$$

式中，$r_1'=\overline{O_1C}$，$r_2'=\overline{O_2C}$，分别表示两轮的基圆半径。

式(6-3)表明，两渐开线齿轮啮合时，其传动比与两基圆半径成反比，故一对渐开线齿轮的瞬时传动比为常数。

(2)渐开线齿轮具有可分性。由式(6-3)可知，渐开线齿轮的传动比与两基圆半径成反比。在齿轮加工完成后，其基圆大小已确定，所以即使由于制造、安装、受力变形和轴承磨损等原因使两齿轮的实际中心距与设计中心距有偏差，也不会影响两齿轮的传动比。这种中心距变化、传动比保持不变的性质，称为渐开线齿轮传动的可分性。可分性是渐开线齿轮传动的独特优点，也是其得到广泛应用的原因之一。此外，根据渐开线齿轮的可分性还可以设计变位齿轮。

(3)传力方向不变，如图 6-5 所示，两轮基圆的内公切线 N_1N_2 是过所有啮合接触点的公法线。即不同瞬时的所有啮合点都在 N_1N_2 线上，齿廓间作用力的方向线也与公法线 N_1N_2 重合，因此，渐开线齿轮的传力方向始终不变。这一特性有利于保持传动平稳，减小冲击。

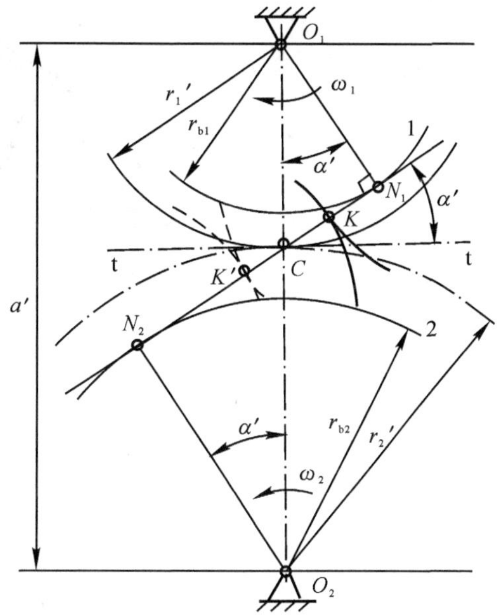

图 6-5　渐开线齿廓的啮合传动

不同瞬时啮合点的轨迹，称为啮合线。理论上，渐开线齿轮的啮合线为线段 N_1N_2，称其为理论啮合线。理论啮合线 N_1N_2 与两节圆公切线t—t之间所加的锐角 α'，称为啮合角。渐开线齿轮在啮合过程中，啮合角大小不变，其值等于两齿廓在节圆上的压力角。

6.4　渐开线标准齿轮各部分的名称和几何尺寸计算

6.4.1　直齿圆柱齿轮各部分名称

图 6-6 所示为直齿圆柱齿轮的一部分，各部分名称如下：

(1)齿宽。齿轮的轴向尺寸称为齿宽,用 b 表示。

(2)齿顶圆和齿根圆。齿顶所确定的圆称为齿顶圆,其直径用 d_a表示,半径用 r_a表示;由齿槽底部所确定的圆称为齿根圆,其直径用 d_f表示,半径用 r_f表示。

(3)齿槽宽、齿厚和齿距。相邻两齿之间的空间称为齿槽,在任意直径为 d_K的圆周上,齿槽两侧齿廓间的弧长称为该圆上的齿槽宽,用 e_K表示;轮齿两侧齿廓之间的弧长称为该圆的齿厚,用 s_K表示;相邻两齿同侧齿廓间的弧长称为该圆的齿距,用 p_K表示。所以 $p_K=s_K+e_K$。

(4)法向齿距。相邻两齿同侧齿廓之间在公法线方向上的距离称为法向齿距,用 p_n表示。由渐开线性质可知:$p_n=p_b$(p_b为基圆齿距)。

(5)分度圆。标准齿轮上齿厚和齿槽宽相等的圆称为齿轮的分度圆,用 d 表示其直径。分度圆上的齿厚用 s 表示,齿槽宽用 e 表示,齿距用 p 表示。

(6)齿顶高、齿根高和全齿高。齿顶圆与分度圆之间的径向距离称为齿顶高,用 h_a表示;齿根圆与分度圆之间的径向距离称为齿根高,用 h_f表示;齿根圆与齿顶圆之间的径向距离称为全齿高,用 h 表示,$h=h_a+h_f$。

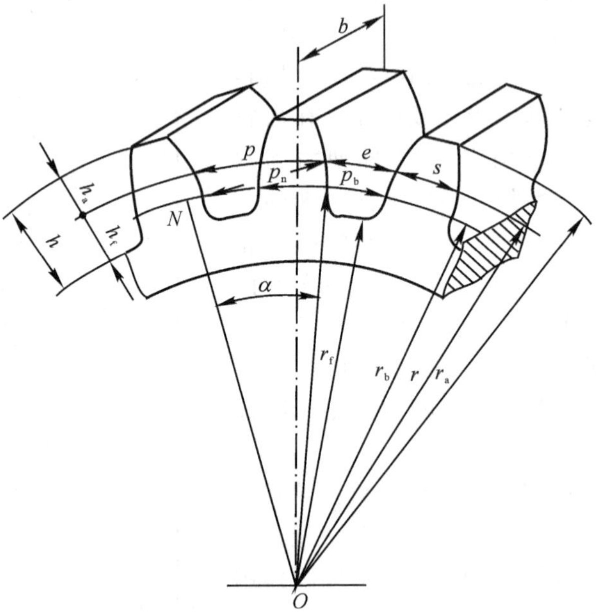

图 6-6　齿轮各部分名称

6.4.2　直齿圆柱齿轮的基本参数

决定齿轮尺寸和齿形的基本参数有 5 个,即齿数 z,模数 m,压力角 α,齿顶高因数 h_a^* 和顶隙因数 c^*。

1.模数 m

在任意直径 d_K的圆周上,其齿距 p_K及齿数 z 与 d_K之间的关系为

$$\pi d_K=zp_K$$

故

$$d_K=\frac{p_K}{\pi}z \tag{6-4}$$

由上式可知,在不同直径的圆周上,比值$\frac{p_K}{\pi}$不同,且为无理数,尽管齿数 z 为整数,其 d_K也为无

理数。为了便于设计制造和检验，人为地将齿轮上某一特定圆（即分度圆）上的$\frac{p}{\pi}$定为标准值（为一有理数列），用 m 表示，m 称为模数（单位为 mm）。即

$$m=\frac{p}{\pi}$$

于是分度圆直径为

$$d=mz \tag{6-5}$$

模数是齿轮几何尺寸计算的重要基本参数。显然，m 越大，p 越大，s 越大，轮齿的抗弯能力也越强，所以模数 m 又是轮齿抗弯能力的重要标志。我国已制定了标准模数系列，如表 6－1 所示。

表 6－1　标准模数系列（GB/T 1357—1987）　（单位：mm）

第一系列	0.1	0.12	0.15	0.2	0.25	0.3	0.4	0.5	0.6	0.8	1
	1.25	1.5	2	2.5	3	4	5	6	8	10	12
	16	20	25	32	40	50					
第二系列	0.35	0.7	0.9	1.75	2.25	2.75	(3.25)	3.5	(3.75)	4.5	5.5
	(6.5)	7	9	(11)	14	18	22	28	(30)	36	45

2. 压力角 α

渐开线上各点的压力角不等，分度圆上的压力角简称为压力角，用 α 表示。我国国家标准规定，标准压力角 $\alpha=20°$。

3. 齿顶高因数 h_a^*

齿轮的齿顶高规定为 $h_a=h_a^* m$，式中，h_a^* 为齿顶高因数。

4. 顶隙因数 c^*

齿轮的齿根高规定为 $h_f=(h_a^*+c^*)m$，式中，c^* 为顶隙因数。我国规定齿顶高因数和顶隙因数的值为，正常齿制：$h_a^*=1$，$c^*=0.25$；短齿制：$h_a^*=0.8$，$c^*=0.3$。

6.4.3　渐开线标准直齿圆柱齿轮的几何尺寸计算

若一齿轮的模数、分度圆压力角、齿顶高因数、顶隙因数均为标准值，且其分度圆上齿厚与齿槽宽相等，则称为标准齿轮。对于标准齿轮，有

$$s=e=\frac{p}{2}=\frac{\pi m}{2} \tag{6-6}$$

渐开线标准直齿圆柱齿轮的几何尺寸计算公式见表 6－2。

表 6－2　外啮合标准直齿圆柱齿轮的几何尺寸计算

名　称	符　号	计算公式
模　数	m	由轮齿的承载能力确定，并按表 6－1 取标准值
压力角	α	$\alpha=20°$
分度圆直径	d	$d=mz$
齿顶高	h_a	$h_a=h_a^* m$
齿根高	h_f	$h_f=(h_a^*+c^*)m$
全齿高	h	$h=h_a+h_f$

续 表

名 称	符 号	计算公式
顶 隙	c	$c=c^* m$
齿顶圆直径	d_a	$d_a=d+2h_a=m(z+2h_a^*)$
齿根圆直径	d_f	$d_f=d-2h_f=m(z-2h_a^*-2c^*)$
基圆直径	d_b	$d_b=d\cos\alpha=mz\cos\alpha$
齿 距	p	$p=\pi m$
齿 厚	s	$s=\dfrac{\pi}{2}m$
齿槽宽	e	$e=\dfrac{\pi}{2}m$
中心距	a	$a=\dfrac{1}{2}(d_1+d_2)=\dfrac{1}{2}(z_1+z_2)m$
基圆齿距	p_b	$p_b=p\cos\alpha$

6.5 渐开线标准齿轮的啮合传动

6.5.1 正确啮合条件

齿轮传动时，它的每一对齿仅啮合一段时间便要分离，而由后一对齿接替。由前述可知，一对渐开线齿轮传动时，其齿廓啮合点都应在啮合线 N_1N_2 上。如图 6－7 所示，当前一对齿在啮合线上的 K 点接触时，其后一对齿应在啮合线上另一点 K' 接触。这样当前一对齿分离时，后一对齿才能不中断地交替传动。令 K_1 和 K'_1 表示轮 1 齿廓上的啮合点，K_2 和 K'_2 表示轮 2 齿廓上的啮合点，为了保证前后两对齿有可能同时在啮合线上接触，轮 1 相邻两齿同侧齿廓沿法线的距离 $\overline{K_1K'_1}$ 应与轮 2 相邻两齿同侧齿廓沿法线的距离 $\overline{K_2K'_2}$ 相等。即

$$\overline{K_1K'_1}=\overline{K_2K'_2}$$

根据渐开线的性质，对轮 2 有

$$\overline{K_2K'_2}=\overline{N_2K'}-\overline{N_2K}=\overline{N_2i}-\overline{N_2j}=\overline{ij}=p_{b2}=p_2\cos\alpha_2=\pi m_2\cos\alpha_2$$

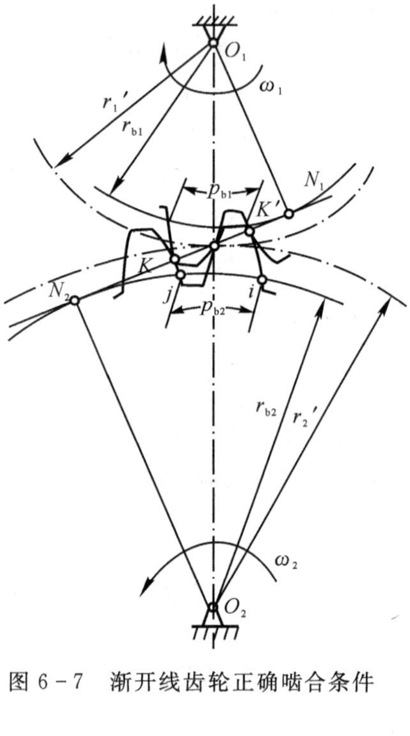

图 6－7 渐开线齿轮正确啮合条件

同理，对轮 1 有

$$\overline{K_1K'_1}=p_1\cos\alpha_1=\pi m_1\cos\alpha_1$$

由此可得

$$m_1\cos\alpha_1=m_2\cos\alpha_2$$

由于模数和压力角已经标准化，为满足上式，应使

$$\left.\begin{aligned}m_1=m_2=m\\ \alpha_1=\alpha_2=\alpha\end{aligned}\right\} \qquad (6-7)$$

上式表明，渐开线齿轮的正确啮合条件是两轮的模数和压力角必须分别相等。

这样，一对齿轮的传动比可表示为

$$i=\frac{\omega_1}{\omega_2}=\frac{d'_2}{d'_1}=\frac{d_{b2}}{d_{b1}}=\frac{d_2}{d_1}=\frac{z_2}{z_1} \tag{6-8}$$

6.5.2　齿轮传动的标准中心距

一对齿轮传动时，一轮节圆上的齿槽宽与另一轮节圆上的齿厚之差称为齿侧间隙。在齿轮加工时，刀具轮齿与工件轮齿之间是没有齿侧间隙的；在齿轮传动中，为了消除反向传动空程和减少撞击，也要求齿侧间隙等于零。

由于标准齿轮分度圆上的齿厚和齿槽宽相等，且正确啮合的一对渐开线齿轮的模数和压力角相等，所以若使分度圆与节圆重合（即两轮分度圆相切），则齿侧间隙为零。一对标准齿轮分度圆相切时的中心距称为标准中心距，以 a 表示，即

$$a=r'_1+r'_2=r_1+r_2=\frac{m}{2}(z_1+z_2) \tag{6-9}$$

应当指出，分度圆和压力角是单个齿轮所固有的，而节圆和啮合角是两个齿轮相互啮合时才出现的。标准齿轮传动只有在分度圆与节圆重合时，压力角与啮合角才相等；否则，压力角与啮合角不相等。

6.5.3　连续传动条件

设图 6－8 中轮 1 为主动轮，轮 2 为从动轮，它们的转动方向如图所示。一对齿廓开始啮合时，应是主动轮的齿根部分与从动轮的齿顶部分接触，所以起始啮合点是从动轮 2 的齿顶圆与啮合线 N_1N_2 的交点 B_2。当两轮继续转动时，啮合点的位置沿啮合线 N_1N_2 向下移动，轮 2 齿廓上的接触点由齿顶向齿根移动，而轮 1 齿廓上的接触点由齿根向齿顶移动。终止啮合点是主动轮 1 的齿顶圆与啮合线 N_1N_2 的交点 B_1。线段 B_1B_2 为啮合点的实际轨迹，称为实际啮合线段。

当两轮齿顶圆加大时，点 B_2 和 B_1 趋近于点 N_1 和 N_2，但因基圆以内无渐开线，故线段 N_1N_2 为理论上可能的最大啮合线段，称为理论啮合线段。

要保证连续传动，必须在前一对轮齿尚未脱离啮合时，后一对轮齿就进入啮合。即：满足 $\overline{B_1B_2}\geqslant p_b$。将 $\overline{B_1B_2}$ 与基圆齿距 p_b 的比值定义为重合度，用 ε 表示，即

$$\varepsilon=\frac{\overline{B_1B_2}}{p_b} \tag{6-10}$$

则齿轮连续传动的条件是 $\varepsilon\geqslant1$。

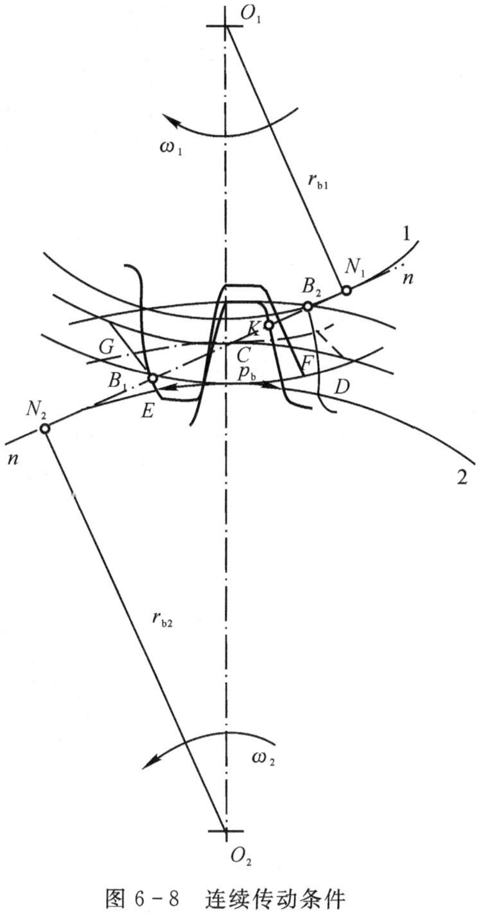

图 6－8　连续传动条件

重合度 ε 越大，表示同时参与啮合的轮齿的对数越多，传动就越平稳，每对轮齿承担的载荷也越小，从而提高了齿轮的承载能力。标准齿轮的重合度恒大于 1，故不必验算。重合度的详细计算公式可参阅有关机械设计手册。

6.6 渐开线齿廓的加工原理及变位齿轮的概念

渐开线齿廓的切齿方法，按其原理可分为成形法和范成法两类。

6.6.1 成形法

成形法是用与齿轮齿槽形状相同的圆盘铣刀或指状铣刀在铣床上进行加工，如图 6－9 所示。加工时铣刀绕本身的轴线旋转，同时轮坯沿齿轮轴线方向直线移动。铣出一个齿槽以后，将轮坯转过 $2\pi/z$，再铣第二个齿槽。这种加工方法简单，不需要专用机床，但生产率低，精度差，只适用于单件生产及精度要求不高的齿轮加工。

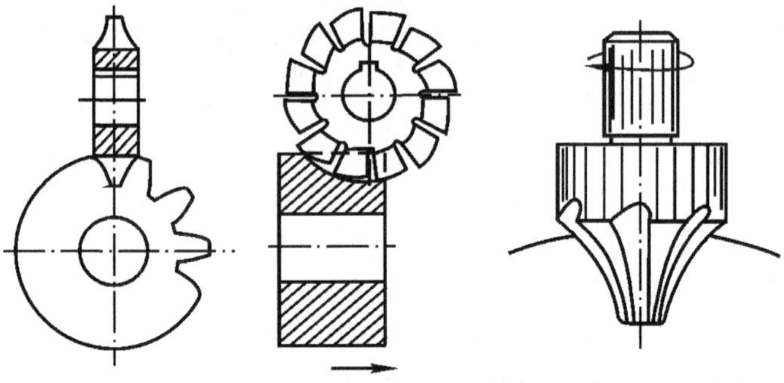

(a) (b)

图 6－9 成形法加工齿轮

6.6.2 范成法

范成法是利用一对齿轮（或齿轮与齿条）互相啮合时其共轭齿廓互为包络线的原理来切齿的。如图 6－10 所示，如果把其中一个齿轮（或齿条）做成刀具，就可以切出与它共轭的渐开线齿廓。

图 6－10 范成法加工齿轮

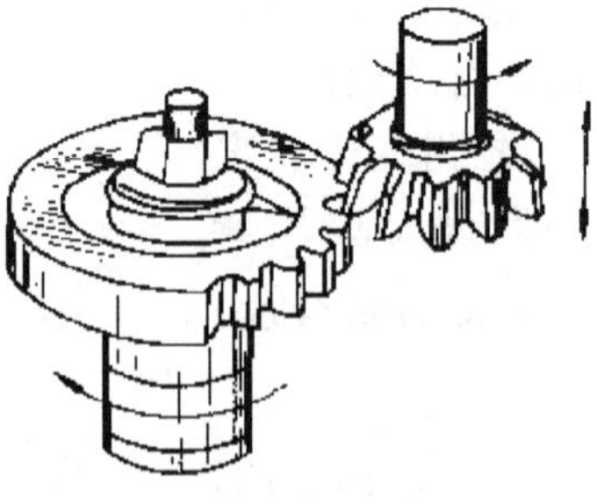

图 6－11 齿轮插刀切齿

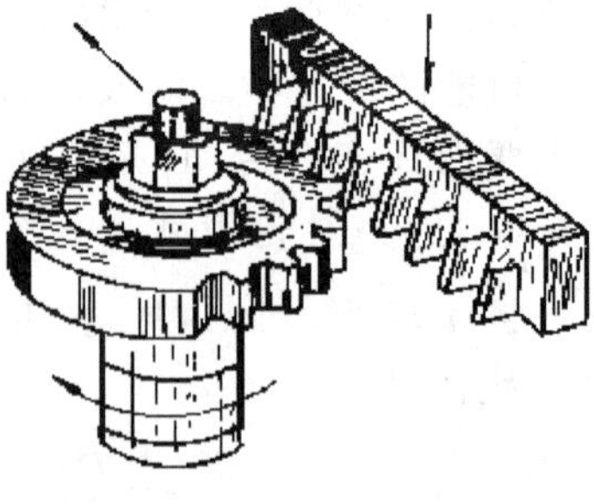

图 6－12 齿条插刀切齿

用范成法原理加工齿轮的方法很多，有插齿、滚齿、剃齿、磨齿等，其中最常用的是插齿和滚齿，剃齿和磨齿用于精度和粗糙度要求较高的场合。

1. 插齿

图 6－11 所示为用齿轮插刀加工齿轮时的情形。齿轮插刀的形状和齿轮相似，其模数和压力角与被加工齿轮相同。加工时，插齿刀沿轮坯轴线方向作上下往复的切削运动，同时，机床的传动系统严格地保证插齿刀与轮坯之间的范成运动。齿轮插刀刀具顶部比正常齿高出 $c^{*}m$，以便切出顶隙部分。

当齿轮插刀的齿数增加到无穷时，其基圆半径变为无穷大，插刀的齿廓变成直线齿廓，齿轮插刀就变成齿条插刀，如图 6－12 所示为齿条插刀加工轮齿的情形。

2. 滚齿

齿轮插刀和齿条插刀都只能间断地切削，生产率低。目前广泛采用齿轮滚刀在滚齿机上进行轮齿的加工。

滚齿加工方法基于齿轮与齿条相啮合的原理。如图 6－13 所示为滚刀加工轮齿的情形。滚刀的外形类似纵向开了沟槽的螺旋，其轴向剖面齿形与齿条相同。当滚刀转动时，相当于这个假想的齿条连续地向一个方向移动，轮坯又相当于与齿条相啮合的齿轮，从而滚刀能按照范成原理在轮坯上加工出渐开线齿廓。滚刀除旋转外，还沿轮坯的轴向逐渐移动，以便切出整个齿宽。

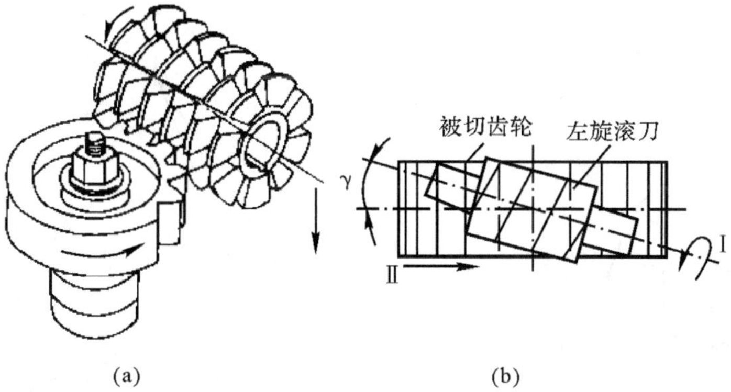

图 6－13　齿轮滚刀切齿

6.6.3　根切现象和最少齿数

1. 根切现象

当传动比和模数一定时，为了减少齿轮传动的尺寸和重量，可选用齿数 z_1 较少的小齿轮，从而使大齿轮的齿数 z_2 随之减少。但是，当用范成法加工渐开线齿轮时，若齿数过少，刀刃将会把轮齿根部的渐开线齿廓切去一部分，如图 6－14 所示，这种现象称为齿轮的根切现象。产生根切现象的原因是此时刀具齿顶线超过 N_1 点。根切使齿轮的齿根弯曲强度降低，实际啮合线变短，重合度降低，影响了传动的平稳性，故应设法避免。

2. 标准齿轮无根切的最少齿数

标准齿轮不产生根切的最少齿数 $z_{min}=17$。若允许略有根切，正常齿标准齿轮的实际最少齿数可取 14。

标准齿轮是否发生根切，取决于啮合线与被加工齿轮基圆的切点 N_1（见图 6－15）的位置是否在齿条顶线之内。由图可知，N_1 点的位置与轮坯基圆半径 r_b 有关，由于 $r_b=r\cos\alpha=\frac{mz}{2}\cos\alpha$，而被切齿轮的模数 m 及压力角 α 均与刀具相同，所以 N_1 的位置将取决于被切齿轮的齿数 z。由图可知，要避免根切，应使

$$\overline{CN_1}\geqslant\overline{CB_1}$$

由 $\triangle CN_1O$ 可知

$$\overline{CN_1}=r\sin\alpha=\frac{mz}{2}\sin\alpha$$

由 $\triangle CB'B_1$ 可知

$$\overline{CB_1}=\frac{h_a^* m}{\sin\alpha}$$

则

$$z\geqslant\frac{2h_a^*}{\sin^2\alpha}$$

对于标准直齿圆柱齿轮，其 $h_a^*=1$，$\alpha=20°$，不产生根切的最少齿数为

$$z_{\min}=\frac{2h_a^*}{\sin^2\alpha}=\frac{2\times1}{\sin^2 20°}\approx17$$

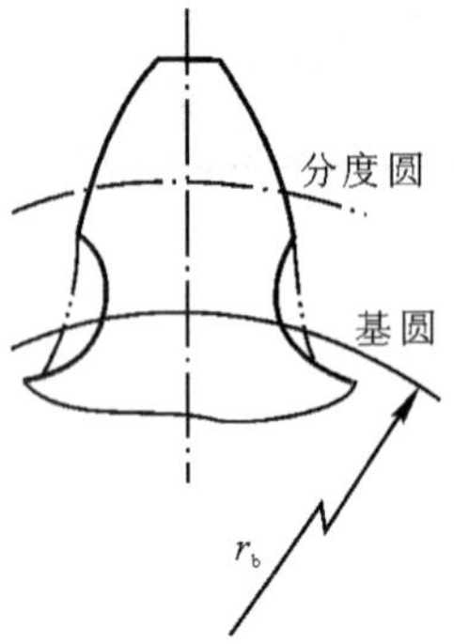

图 6－14　齿轮根切

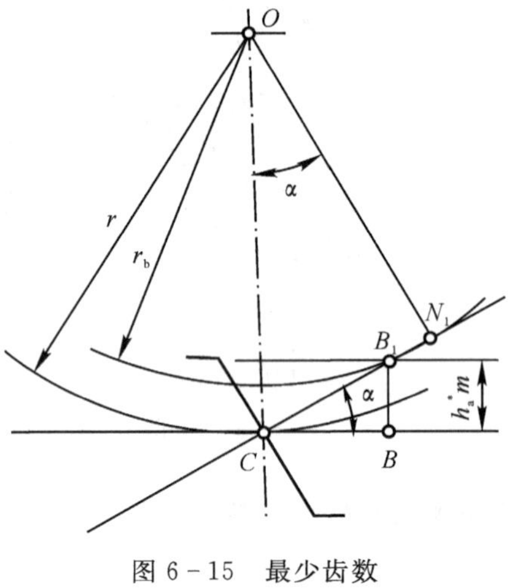

图 6－15　最少齿数

6.6.4　变位齿轮简介

标准齿轮存在的主要缺点是：①为了避免加工时发生根切，标准齿轮的齿数必须大于或等于最少齿数 $z_{\min}$；②标准齿轮不适用于实际中心距不等于标准中心距的场合；③一对互相啮合的标准齿轮，小齿轮的抗弯能力比大齿轮低。而变位齿轮可以弥补这些缺点。图 6－16 所示为齿条刀具。齿条刀具与刀具顶线平行而其齿厚等于齿槽宽的直线 n—n，称为刀具的中线。中线以及与中线平行的任意直线，称为分度线。除中线外，其他分度线上的齿厚与齿槽宽不相等。

加工齿轮时，若齿条刀具的中线与轮坯的分度圆相切并作纯滚动，由于刀具中线上的齿厚

与齿槽宽相等，则被加工齿轮分度圆上的齿厚与齿槽宽相等，其值为$\frac{\pi m}{2}$，因此被加工出来的齿轮为标准齿轮，如图 6－17(a)所示。

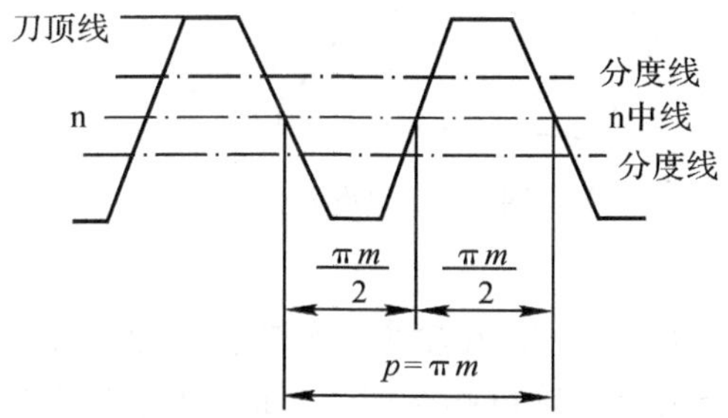

图 6－16　齿条刀具

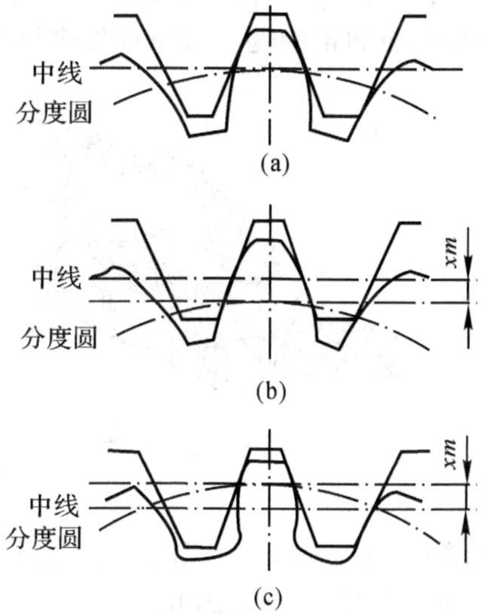

图 6－17　变位齿轮的切削原理

若刀具与轮坯的相对运动关系不变，但刀具相对轮坯中心离开或靠近一段距离 xm，如图 6－17(b)和图 6－17(c)所示，则轮坯的分度圆不再与刀具中线相切，而是与中线以上或中线以下的某一分度线相切，这使与轮坯分度圆相切并作纯滚动的刀具分度线上的齿厚与齿槽宽不相等，因此被加工的齿轮在分度圆上的齿厚与齿槽宽也不相等。当刀具远离轮坯中心而移动时，被加工齿轮的分度圆齿厚增大。当刀具向轮坯中心靠近时，被加工齿轮的分度圆齿厚减小。这种由于刀具相对于轮坯位置发生变化而加工的齿轮，称为变位齿轮。齿条刀具中线相对于被加工齿轮分度圆所移动的距离，称为变位量，用 xm 表示，m 为模数，x 为变位因数。刀具中心远离轮坯中心称为正变位，这时的变位因数为正数，所切出的齿轮为正变位齿轮。刀具靠近轮坯中心称为负变位，这时的变位因数为负数，所切出的齿轮为负变位齿轮。

采用变位齿轮可以制成齿数少于 z_{min} 而不发生根切的齿轮，实现非标准中心距的无侧隙传动，使大小齿轮的抗弯能力接近相等。

6.7　齿轮的失效形式和齿轮材料

6.7.1　齿轮的失效形式

齿轮的失效主要是指轮齿的失效。至于齿轮的其他部分(如齿圈、轮辐、轮毂等)，其强度和刚度都较富裕，很少发生破坏，通常只按经验设计。轮齿的失效形式主要有以下 5 种：

1. 轮齿折断

轮齿折断一般发生在齿根部分(见图 6－18)，因为轮齿受力时齿根弯曲应力最大，而且有应力集中。

轮齿因短时过载或冲击载荷引起的突然折断，称为过载折断。用淬火钢或铸铁制成的齿轮容易发生这种折断。

在载荷的多次重复作用下，弯曲应力超过弯曲疲劳强度时，齿根部分将产生疲劳裂纹，随着裂纹的逐渐扩展，最终将引起轮齿折断，这种折断称为疲劳折断。

采用正变位等方法增加齿根圆角半径可减小齿根处的应力集中，能提高轮齿的抗折断能力，降低齿面的粗糙度。对齿根处进行喷丸、滚压等强化处理工艺，均可提高轮齿的抗疲劳折断能力。

图 6-18　轮齿折断

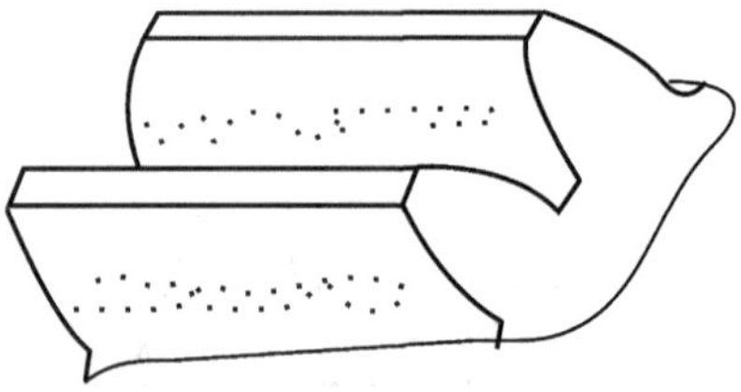

图 6-19　齿面点蚀

2. 齿面点蚀

在润滑良好的闭式齿轮传动中，齿轮工作了一段时间后，在轮齿工作表面上会产生一些细小的凹坑，称为点蚀(见图 6-19)。疲劳点蚀主要是由于轮齿啮合时，齿面的接触应力按脉动循环变化，在这种脉动循环变化的接触应力的多次重复作用下，在轮齿表面层会产生疲劳裂纹，裂纹的扩展使金属微粒剥落下来而形成。实践表明，疲劳点蚀首先出现在齿根表面靠近节线处。点蚀使齿面有效承载面积减小，点蚀的扩展将会严重损坏齿廓表面，引起冲击和噪音，造成传动的不平稳。齿面抗点蚀能力主要与齿面硬度有关，齿面硬度越高，抗点蚀能力越强。

闭式软齿面齿轮传动常因齿面点蚀而失效。在开式传动中，由于磨损较快，点蚀还来不及出现或扩展即被磨掉，所以一般看不到点蚀现象。

3. 齿面胶合

胶合是比较严重的黏着磨损。在高速重载传动时，因滑动速度高而产生的瞬时高温会使油膜破裂，造成齿面间的黏焊现象，黏焊处被撕脱后，轮齿表面沿滑动方向形成沟痕，这种胶合称为热胶合(见图 6-20)。在低速重载传动中，不易形成油膜，摩擦热虽不大，但也可能因重载而出现冷焊黏着，这种胶合称为冷胶合。热胶合是高速、重载齿轮传动的主要失效形式。

提高齿面硬度和减小粗糙度值能增强抗胶合能力，对于低速传动采用黏度较大的润滑油；对于高速传动，采用含抗胶合添加剂的润滑油也很有效。

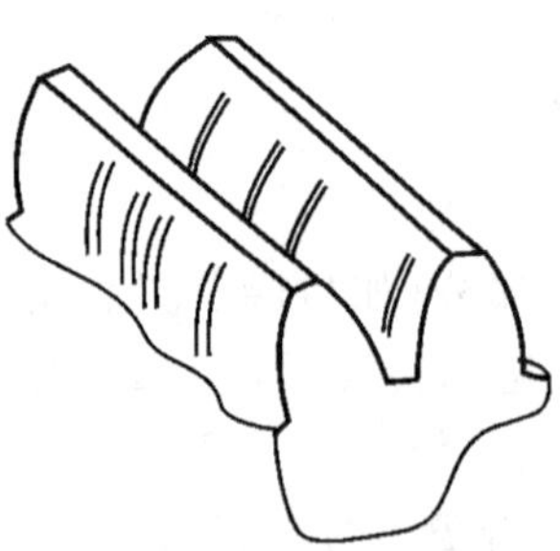

图 6-20　齿面胶合

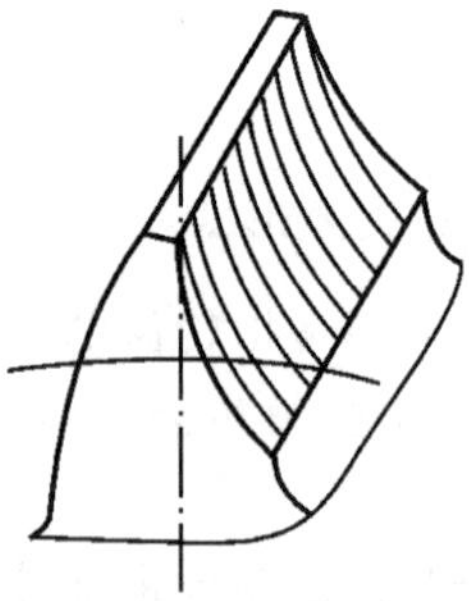

图 6-21　齿面磨损

4. 齿面磨损

齿面磨损有磨粒磨损和跑合磨损两种。由于灰尘、硬屑粒等进入齿面间而引起的磨粒磨损，在开式传动中是难以避免的。齿面过度磨损后（见图 6－21），齿廓显著变形，常产生严重噪声和振动，最终使传动失效。采用闭式传动、减小齿面粗糙度值和保持良好的润滑可以防止或减轻这种磨损。

新的齿轮副，由于加工后齿面具有一定的粗糙度，受载时实际上只有部分峰顶接触。接触处压强很高，因而在开始运转期间，磨损速度和磨损量都较大。磨损到一定程度后，摩擦面逐渐光洁，压强减小、磨损速度缓慢，这种磨损称为跑合。人们有意地使新齿轮副在轻载下进行跑合，可为随后的正常磨损创造有利条件。但应注意，跑合结束后，必须清洗和更换润滑油。

5. *齿面塑性变形*

在重载条件下，较软的齿面上表层金属可能沿滑动方向滑移，出现局部金属流动现象，使齿面产生塑性变形，齿廓失去正确的齿形。在启动和过载频繁的传动中较易产生这种失效形式。

适当提高齿面硬度，采用黏度较大的润滑油，可以减轻或防止齿面塑性流动。

6.7.2 齿轮材料

对齿轮材料的要求：齿面有足够的硬度和耐磨性，轮齿芯部有较好的韧性，以承受冲击载荷和变载荷。常用的齿轮材料是各种牌号的优质碳素钢、合金结构钢、铸钢和铸铁等。当齿轮直径在 400～600 mm 范围内时，可采用铸钢；低速齿轮可采用灰铸铁。表 6－3 列出了常用齿轮材料及其热处理后的硬度。

齿轮常用的热处理方法有以下几种：

1. *表面淬火*

承受中等冲击载荷的齿轮需进行表面淬火处理。热处理后由于齿轮芯部未淬硬，故具有一定的冲击韧性，且齿面接触强度高，耐磨性好。淬火后齿形变化不大，一般可不磨齿。表面淬火常用材料有 45 钢和 40Cr，齿面硬度可达 50～55HRC。

2. *渗碳淬火*

冲击载荷很大时，需采用渗碳淬火齿轮。其材料为低碳钢或低碳合金钢。渗碳淬火后的轮齿变形相对较大，一般都要磨齿，但其齿面接触强度高，耐磨性好，轮芯具有较高的冲击韧性。齿面硬度可达 56～62HRC。

3. *调质*

调质处理一般用于处理中碳钢或中碳合金钢。调质处理后齿面硬度可达 220～260HBS。

表 6－3 常用齿轮材料及其力学性能

材料	热处理方法	力学性能/MPa		硬度		特性及应用
		σ_b	σ_s	HBS	HRC（表面淬火）	
45	正火	580	290	162～217	40～50	用于不宜调质和淬火的大齿轮
	调质	650	380	217～255		齿轮调质后强度及韧性均较好，是用于中、低速中载的一般齿轮传动（如一般减速器），调质后表面淬火的硬齿面可以大大提高齿面承载能力，适用于中速、中载的主传动齿轮，如机床主传动箱齿轮等
35SiMn	调质	750	450	217～269		
42SiMn	调质	785	510	229～286		
40MnB	调质	750	500	241～286	45～55	
35CrMo	调质	700	500	207～269	45～55	
40Cr	调质	700	500	241～286	48～55	

续 表

材 料	热处理方法	力学性能/MPa		硬 度		特性及应用
		σ_b	σ_s	HBS	HRC（表面淬火）	
20Cr	渗碳淬火	637	392		56～62	渗碳淬火后齿面硬度高，耐冲击性能好，适用于汽车、拖拉机等有冲击载荷的主传动
20CrMnTi	渗碳淬火	1 080	834		56～62	
38CrMoAlA	调质、渗氮	1 000	850	229	渗氮＞850HV	齿面硬度高，变形小，但不耐冲击，适用于平稳载荷及内齿轮传动
ZG310－570	正火	570	310	163～197		适用于尺寸大、形状复杂、不易锻造的齿轮
ZG35SiMn	正火	568	343	163～217		
	调质	637	412	197～248		
HT300		300		187～255		铸铁易成形，成本低，适用于低速轻载、载荷平稳的齿轮
HT350		350		197～269		
QT500－7	正火	500	320	170～230		在某些场合可替代铸钢使用
QT600－3	正火	600	370	190～270		

4. 正火

正火能消除内应力，细化晶粒，改善力学性能和切削性能。中碳钢正火处理可用于机械强度要求不高的齿轮传动中。

经热处理后齿面硬度小于等于350HBS的齿轮称为软齿面齿轮，多用于中、低速机械。当大小齿轮都是软齿面时，考虑小齿轮齿根较薄，弯曲强度较低，且受载次数较多，因此应使小齿轮齿面硬度比大齿轮高20～50HBS。

齿面硬度大于350HBS的齿轮称为硬齿面齿轮，其最终热处理在轮齿精切后进行。因热处理后轮齿会产生变形，故对于精度要求高的齿轮须进行磨齿。当大小齿轮都是硬齿面时，小齿轮的硬度应略高，也可和大齿轮相等。

6.8 齿轮传动的精度

制造和安装齿轮传动装置时，不可避免地会产生误差（如齿轮加工中的齿形误差、齿向误差、齿轮安装中的轴线不平行等）。这些误差对齿轮传动的影响主要表现在以下三个方面：

（1）传递运动的准确性。由于相啮合齿轮传动时，实际转角与理论转角不一致，就会造成从动轮的转速变化，即瞬时传动比的变化。

（2）传动的平稳性。由于瞬时传动比不能保持恒定不变，齿轮在一转范围内会出现多次重复的转速波动，特别在高速传动中会引起振动、冲击和噪声，影响传动的平稳性。

（3）载荷分布不均匀。由于齿形、齿向误差，能使齿轮上的载荷分布不均匀，当传递较大转矩时，易引起轮齿的折断，降低齿轮的使用寿命。

国家标准GB/T 10095－1998对圆柱齿轮及齿轮副规定了12个精度等级，其中1级精度最高，12级精度最低。常用的齿轮是6～9级精度。按照误差的特性及它们对传动性能的影响，将齿轮各项误差分为三个组，分别反映传递运动的准确性、传动的平稳性和载荷分布上的均匀性。

此外,考虑到齿轮制造误差、轮齿受力变形和受热变形、润滑等因素,齿轮副间应有一定的齿侧间隙,为此标准中还规定了 14 种齿厚偏差。表 6-4 列出了精度等级的使用范围,供设计时参考。

表 6-4 齿轮传动精度等级的选择及应用

精度等级	圆周速度/($m \cdot s^{-1}$)			应 用
	直齿圆柱齿轮	斜齿圆柱齿轮	直齿圆锥齿轮	
6 级	≤15	≤25	≤9	高速重载的齿轮传动,如飞机、汽车和机床中的重要齿轮传动;分度机构中的齿轮传动
7 级	≤10	≤17	≤6	高速中载或中速重载的齿轮传动,如标准系列减速器中的齿轮,汽车和机床中的齿轮
8 级	≤5	≤10	≤3	机械制造中对精度无特殊要求的齿轮
9 级	≤3	≤3.5	≤2.5	低速及对精度要求低的传动

6.9 直齿圆柱齿轮的强度计算

直齿圆柱齿轮传动的强度计算是其他各类齿轮传动强度计算的基础。其他类型的齿轮传动(如斜齿圆柱齿轮、圆锥齿轮传动等)的强度计算,都可以通过折合成当量直齿圆柱齿轮传动的方法来进行。

6.9.1 齿轮传动的设计准则

齿轮的失效形式虽多种多样,但在某一具体使用场合这些失效形式并不同时发生。轮齿究竟产生哪种失效,主要取决于齿轮材料的齿面硬度和具体工作条件。因此,齿轮传动的设计准则取决于轮齿可能出现的失效形式。在一般闭式齿轮传动中,轮齿的主要失效形式是齿面疲劳点蚀和齿根弯曲疲劳折断,所以目前应用最普遍也是最成熟的设计准则是,针对齿面点蚀和齿根弯曲折断进行的齿面接触疲劳强度和齿根弯曲疲劳强度计算。开式齿轮传动的主要失效形式是齿面的磨损和轮齿的弯曲疲劳折断,鉴于目前对磨损尚无成熟的计算方法,故对开式齿轮传动通常只进行齿根弯曲疲劳强度计算,考虑到磨损对齿厚的影响,应适当降低开式齿轮传动的许用弯曲应力(如给闭式传动的许用弯曲应力乘以 0.7～0.8),以便使计算的模数值适当增大。

6.9.2 轮齿上的作用力与计算载荷

1.轮齿上的作用力

为了计算轮齿的强度,设计轴和轴承,需首先分析轮齿上的作用力。

图 6-22 所示为一对直齿圆柱齿轮啮合传动时的受力情况。若忽略齿面间的摩擦力,则轮齿之间的总作用力 F_n 将沿着轮齿啮合点的公法线 N_1N_2 方向,故也称法向力。法向力 F_n 可分解为两个分力:圆周力 F_t 和径向力 F_r。

$$\left.\begin{aligned}&\text{圆周力}\quad F_t=\frac{2T_1}{d_1}\\&\text{径向力}\quad F_r=F_t\tan\alpha\\&\text{法向力}\quad F_n=\frac{F_t}{\cos\alpha}\end{aligned}\right\}\qquad(6-11)$$

式中,T_1 为小齿轮传递的转矩,$T_1=9.55\times10^6\dfrac{P_1}{n_1}$(N·m);$P_1$ 为小齿轮传递的功率(kW);n_1 为小齿轮的转速(r/min);d_1 为小齿轮的分度圆直径(mm);α 为分度圆上的压力角,对标准齿轮,$\alpha=20°$。

圆周力 F_t 的方向:主动轮 F_{t1} 的方向与其运动方向相反;在从动轮上,F_{t2} 的方向与其运动方向相同。径向力 F_r 的方向都是通过啮合点指向各自的轮心。

2. 计算载荷

根据名义功率求得的法向力 F_n 称为名义载荷。设计齿轮传动时,还应考虑到由于原动机和工作机载荷变化产生的外部附加动载荷。由于齿轮制造误差并在啮合过程中产生的内部附加动载荷,以及由于齿轮、轴、轴承和支座等的制造、安装误差和弹性变形,使载荷沿齿宽分布不均匀而产生的偏载荷对齿轮强度的影响,因此设计中应按计算载荷 F_{ca} 进行计算。即 $F_{ca}=KF_n$,式中 K 为载荷因数,其值由表 6-5 查取。

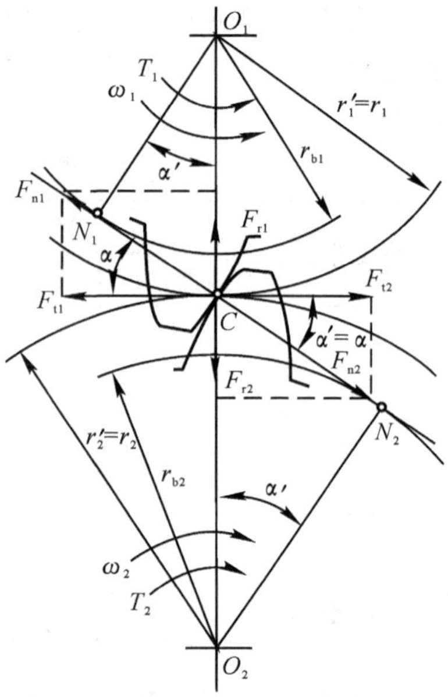

图 6-22　直齿圆柱齿轮的作用力

表 6-5　载荷因数 K

原动机	工作机特性		
	工作平稳	中等冲击	较大冲击
电动机、透平机	1~1.2	1.2~1.5	1.5~1.8
多缸内燃机	1.2~1.5	1.5~1.8	1.8~2.1
单缸内燃机	1.6~1.8	1.8~2.0	2.1~2.4

注:斜齿圆柱齿轮、圆周速度低、精度高、齿宽因数小时取小值;直齿圆柱齿轮、圆周速度高、精度低、齿宽因数大时取大值。齿轮在两轴承之间对称布置时取小值,不对称布置及悬臂布置时取较大值。

6.9.3　齿根弯曲强度计算

齿根弯曲疲劳强度针对轮齿折断失效计算。

1. 弯曲强度计算依据

假设只有一对齿啮合,当载荷作用于齿顶时,可将轮齿看做宽度为 B 的悬臂梁。按悬臂梁理论,在齿根危险截面产生的弯曲应力最大。若最大弯曲应力用 σ_F 表示,许用弯曲应力用 $[\sigma_F]$ 表示,则在预期寿命内保证齿根弯曲疲劳强度的强度条件为

$$\sigma_F\leqslant[\sigma_F]\quad(\text{MPa})\qquad(6-12)$$

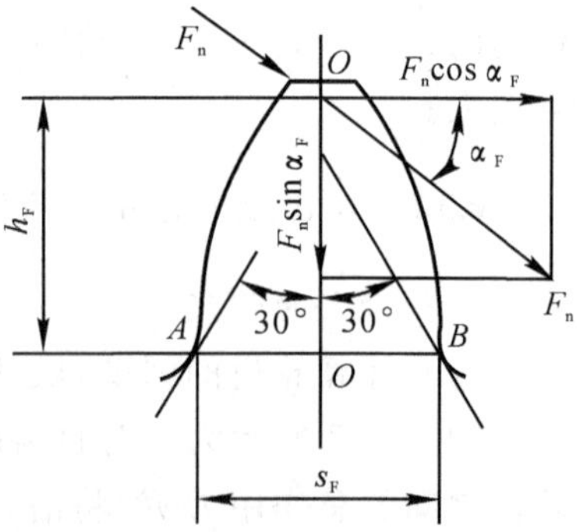

图 6-23　齿根危险截面

齿根危险截面的位置用 30°切线法确定。如图 6-23 所

示，作与轮齿对称中线成 30°夹角的两直线与齿根圆角过渡曲线相切，连接两切点的齿厚即为齿根危险截面的齿厚，用 s_F 表示。

2. 齿根弯曲疲劳强度计算

如图 6－23 所示为轮齿的受力情况。F_n 与轮齿对称中线垂线的夹角为 α_F，将 F_n 移至轮齿的对称线，并分解为两个分力，$F_n\cos\alpha_F$ 使齿根产生弯曲应力，$F_n\sin\alpha_F$ 使齿根产生受压应力。因压应力数值较小，为简化计算，在计算轮齿弯曲强度时只考虑弯曲应力。危险截面的弯曲应力为

$$\sigma_F=\frac{M}{W}=\frac{KF_n\cos\alpha_F h_F}{\dfrac{bs_F^2}{6}}=\frac{6KF_t h_F\cos\alpha_F}{bs_F^2\cos\alpha}=\frac{KF_t\times 6\left(\dfrac{h_F}{m}\right)\cos\alpha_F}{bm\left(\dfrac{s_F}{m}\right)^2\cos\alpha}\qquad(6-13)$$

令

$$Y_F=\frac{6\dfrac{h_F}{m}\cos\alpha_F}{\left(\dfrac{s_F}{m}\right)^2\cos\alpha}$$

Y_F 称为齿形因数，它是考虑法向力作用于齿顶时，齿廓形状对弯曲应力影响的因数。由齿轮尺寸关系知，h_F 和 s_F 都和模数成正比，因此 Y_F 之值仅与齿廓形状有关，而与模数无关。对正常齿制的标准齿轮，Y_F 只与齿数有关。正常齿制标准齿轮的 Y_F 值可参考图 6－24。

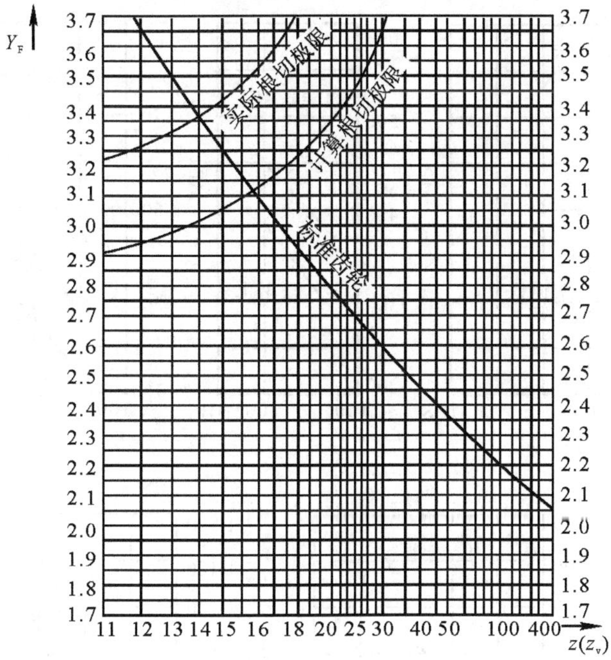

图 6－24　齿形因数 Y_F

把 $F_t=\dfrac{2T_1}{d_1}$ 和 $d_1=mz_1$ 代入式(6－13)，可得轮齿弯曲强度的校核公式为

$$\sigma_F=\frac{2KT_1Y_F}{bm^2z_1}\leqslant[\sigma_F]\qquad(6-14)$$

式中，z_1 为小齿轮齿数；T_1 的单位为 N·mm；b 和 m 的单位为 mm；σ_F 和 $[\sigma_F]$ 的单位为 MPa。

通常两齿轮的齿形因数 Y_{F1} 和 Y_{F2} 并不相同，而且两轮的材料和热处理方法不同，硬度也

不相同，则$[\sigma_{F1}]\neq[\sigma_{F2}]$，因此，应分别验算两个齿轮的弯曲强度。

引入齿宽因数$\psi_a=\dfrac{b}{a}$，可得轮齿弯曲强度设计公式为

$$m\geqslant\sqrt[3]{\frac{4KT_1Y_F}{\psi_a(u\pm1)z_1^2[\sigma_F]}} \tag{6-15}$$

式中，“－”用于内啮合传动。内齿轮的齿形因数可参阅有关资料。

式(6－15)中的$\dfrac{Y_F}{[\sigma_F]}$应代入$\dfrac{Y_{F1}}{[\sigma_{F1}]}$和$\dfrac{Y_{F2}}{[\sigma_{F2}]}$中的较大者，算得的模数应按表6－1圆整为标准值。传递动力的齿轮，其模数应大于1.5 mm，以防止意外断齿。

在满足弯曲强度的条件下可适当地选取较多的齿数，因齿数增多可使传动平稳。在中心距a一定时，齿数增加则模数减小，齿顶高和齿根高都随之减小，有利于节省材料和加工工时。

闭式齿轮传动一般转速较高，为了提高传动的平稳性，小齿轮的齿数宜选多一些，可取$z_1=20\sim40$。开式齿轮传动一般转速较低，齿面磨损会使轮齿的抗弯能力降低。为使轮齿不至过小，故小齿轮不宜选用过多的齿数，一般可取$z_1=17\sim20$。

许用弯曲应力$[\sigma_F]$的计算式为

$$[\sigma_F]=\frac{\sigma_{Flim}}{S_F} \tag{6-16}$$

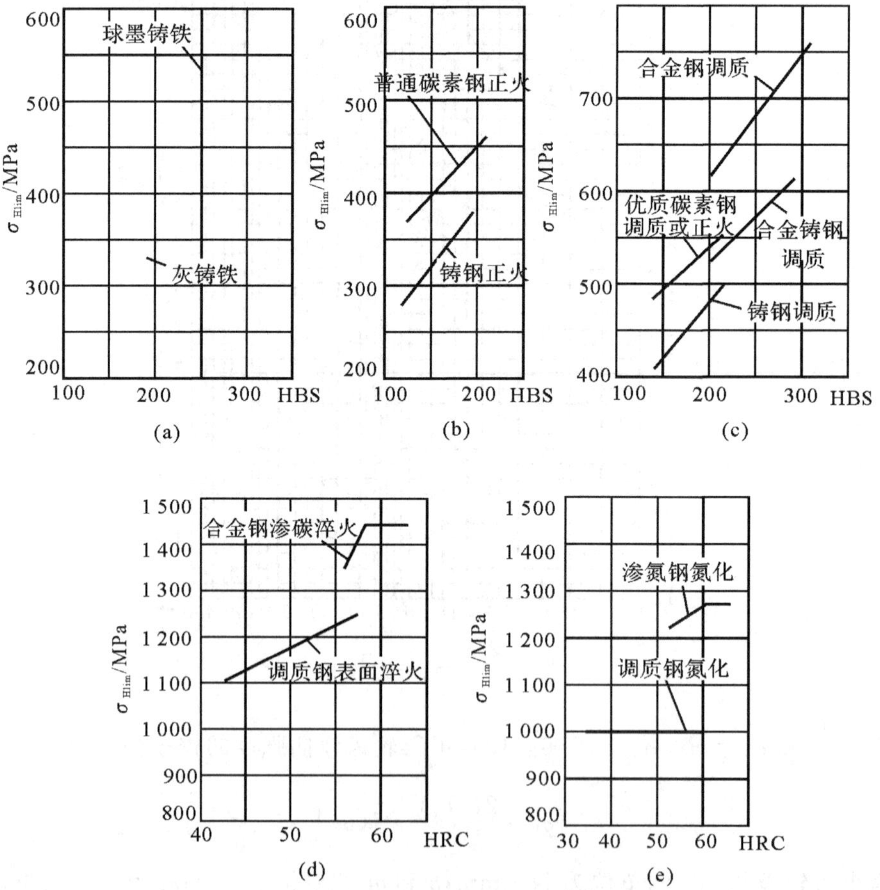

图6－25 齿轮的弯曲疲劳极限σ_{Flim}

式中，σ_{Flim} 为试验齿轮的齿根弯曲疲劳极限，由图 6－25 查取。该图是用各种材料的齿轮在单侧工作时测得的，对于长期双侧工作的齿轮传动，因齿根弯曲应力为对称循环变应力，故应将图中数据乘以 0.7。S_F 为轮齿弯曲疲劳安全因数，由表 6－6 查取。

表 6－6　安全因数 S_F 和 S_H

安全因数	软齿面	硬齿面	重要的传动、渗碳淬火齿轮或铸造齿轮
S_F	1.3～1.4	1.4～1.6	1.6～2.2
S_H	1.0～1.1	1.1～1.2	1.3

6.9.4　齿面接触疲劳强度计算

1. 接触强度计算的依据

接触应力计算见公式(2－26)，其接触疲劳强度条件见公式(2－27)。

2. 齿面接触疲劳强度计算

齿面疲劳点蚀与齿面接触应力的大小有关，而齿面最大接触应力可通过近似地将齿面法向力代入式(2－26)计算求得。

实验表明，齿根部分靠近节线处最易发生点蚀，故常以节点处的接触应力为计算依据。对于标准齿轮传动，由图 6－22 可知，节点处的齿廓曲率半径为

$$\rho_1 = N_1C = \frac{d_1}{2}\sin\alpha,\quad \rho_2 = N_2C = \frac{d_2}{2}\sin\alpha \tag{6-17}$$

令 $\frac{d_2}{d_1} = \frac{z_2}{z_1} = u$，则中心距 $a = \frac{1}{2}(d_2 \pm d_1) = \frac{d_1}{2}(u \pm 1)$，或表示为 $d_1 = \frac{2a}{u \pm 1}$。式中 u 为大轮与小轮的齿数比。由此可得

$$\frac{1}{\rho} = \frac{\rho_2 \pm \rho_1}{\rho_1\rho_2} = \frac{2(d_2 \pm d_1)}{d_1 d_2 \sin\alpha} = \frac{u \pm 1}{u} \cdot \frac{2}{d_1 \sin\alpha} \tag{6-18}$$

在节点处一般仅有一对齿啮合，即载荷由一对齿承担，由式(6－11)可知

$$F_n = \frac{F_t}{\cos\alpha} = \frac{2T_1}{d_1\cos\alpha} \tag{6-19}$$

一对钢制齿轮，$E_1 = E_2 = 2.06 \times 10^6$ MPa，$\mu_1 = \mu_2 = 0.3$，标准压力角 $\alpha = 20°$。将式(6－18)和式(6－19)及上述参数代入式(2－26)，并引入载荷因数 K，可得一对钢制标准齿轮传动的齿面接触强度校核公式为

$$\sigma_H = 335\sqrt{\frac{(u \pm 1)^3 KT_1}{uba^2}} \leqslant [\sigma_H] \tag{6-20}$$

式中，$[\sigma_H]$ 为许用接触应力，单位为 MPa。

如取齿宽因数 $\psi_a = \frac{b}{a}$，则式(6－20)可变为

$$a \geqslant (u \pm 1)\sqrt[3]{\left(\frac{335}{[\sigma_H]}\right)^2 \frac{KT_1}{\psi_a u}} \tag{6-21}$$

式(6－20)和式(6－21)中：T_1 的单位为 N·mm；b 和 a 的单位为 mm；σ_H 和 $[\sigma_H]$ 的单位为 MPa。

由式(6－20)或式(6－21)可知，当一对齿轮的材料、传动比及齿宽因数一定时，由齿面接触强度所决定的承载能力仅与中心距 a 或齿轮分度圆直径有关。分度圆直径 d_1，d_2 分别相等的两对齿轮，不论其模数是否相等，均具有相同的由接触强度所决定的承载能力，模数 m 不能作为衡量齿轮接触强度的依据。

由式(6-21)还可以看出，齿宽因数 ψ_a 值越大，则中心距越小，但齿宽过大时，容易发生偏载或载荷集中现象，使轮齿折断，所以这就限制了齿宽的增加。一般来说，轻型减速器可取 $\psi_a=0.2\sim0.4$；中型减速器可取 $\psi_a=0.4\sim0.6$；重型减速器可取 $\psi_a=0.8$；特殊情况下可取 $\psi_a=1\sim1.2$(例如人字齿轮)。当 $\psi_a>0.4$ 时，通常采用斜齿或人字齿。

求出中心距 a 后，便可确定大小齿轮的齿宽。由 $b=\psi_a a$ 得到的齿宽应加以圆整。为了便于装配，通常取小齿轮宽度比大齿轮宽度稍宽一些。即取大齿轮齿宽 $b_2=b$，小齿轮齿宽 $b_1=b_2+(2\sim10)$ mm。

式(6-20)和式(6-21)仅适用于一对钢制齿轮。若配对齿轮材料为钢对铸铁或铸铁对铸铁，则应将公式中的因数 335 分别改为 285 和 250。两轮啮合时，其接触应力相等，但许用接触应力不一定相等，计算时应将两轮中许用接触应力的较小值代入。

许用接触应力 $[\sigma_H]$ 的计算式为

$$[\sigma_H]=\frac{\sigma_{Hlim}}{S_H} \tag{6-22}$$

式中，σ_{Hlim} 为试验齿轮的接触疲劳极限，用各种材料的齿轮试验测得，可按图 6-26 查取；S_H 为齿面接触疲劳安全因数，按表 6-6 查取。

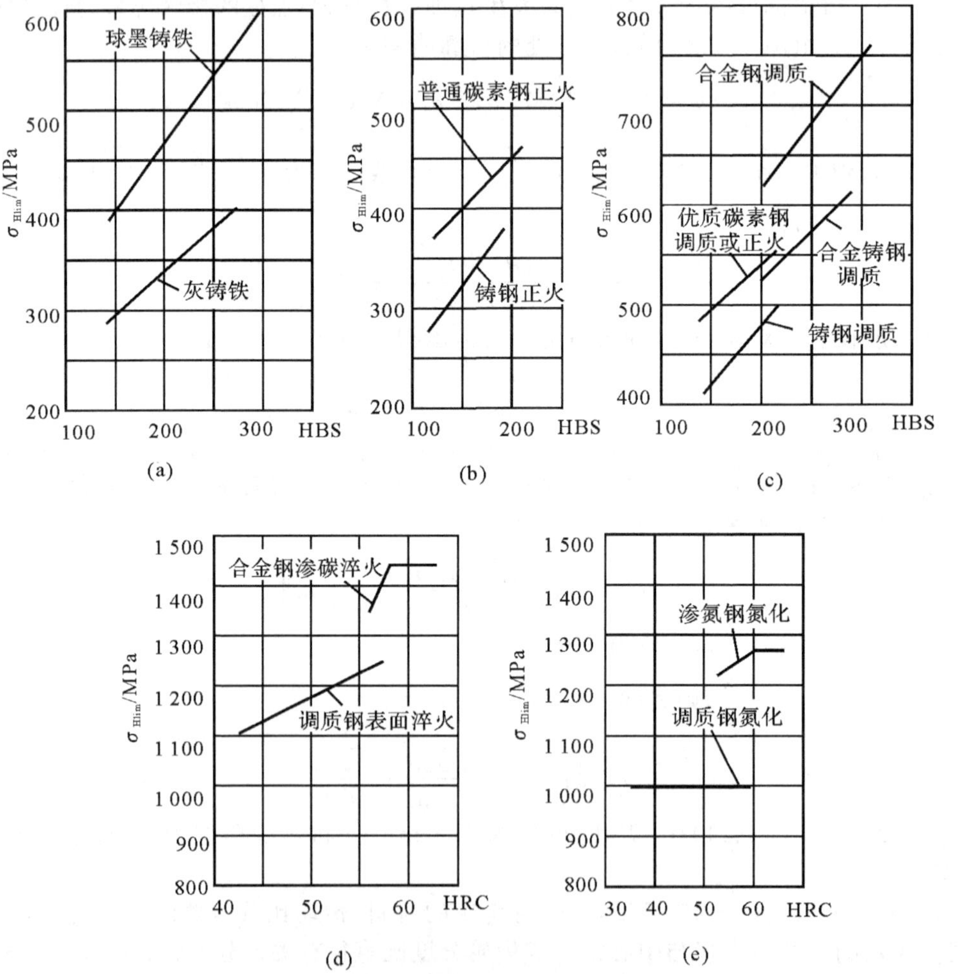

图 6-26 齿轮的接触疲劳极限 σ_{Hlim}

【例 6－1】 某单级直齿圆柱齿轮减速器用电机驱动，单向运转，载荷有中等冲击。传动比$i=3.7$，输入转速 $n_1=745$ r/min，传动功率 $P=17$ kW，采用软齿面，试设计此齿轮传动。

【解】 (1)选择齿轮材料及确定许用应力。小齿轮用 40Cr 调质，硬度取 260HBS(见表 6－3)；大齿轮用 ZG35SiMn 调质，硬度取 225HBS(见表 6－3)，小齿轮硬度与大齿轮硬度差为 35HBS 较合适。因 $\sigma_{\mathrm{Hlim1}}=700$ MPa，$\sigma_{\mathrm{Hlim2}}=540$ MPa(见图 6－26)，$S_{\mathrm{H}}=1.1$(见表 6－6)，故

$$[\sigma_{\mathrm{H1}}]=\frac{\sigma_{\mathrm{Hlim1}}}{S_{\mathrm{H}}}=\frac{700}{1.1}=636\ \mathrm{MPa}$$

$$[\sigma_{\mathrm{H2}}]=\frac{\sigma_{\mathrm{Hlim2}}}{S_{\mathrm{H}}}=\frac{540}{1.1}=491\ \mathrm{MPa}$$

因 $\sigma_{\mathrm{Flim1}}=240$ MPa，$\sigma_{\mathrm{Flim2}}=180$ MPa(见图 6－25)，$S_{\mathrm{F}}=1.3$(见表 6－6)，故

$$[\sigma_{\mathrm{F1}}]=\frac{\sigma_{\mathrm{Hlim1}}}{S_{\mathrm{F}}}=\frac{240}{1.3}=185\ \mathrm{MPa}$$

$$[\sigma_{\mathrm{F2}}]=\frac{\sigma_{\mathrm{Hlim2}}}{S_{\mathrm{F}}}=\frac{180}{1.3}=138\ \mathrm{MPa}$$

(2)按齿面接触强度设计。设齿轮按 8 级精度制造。取载荷因数 $K=1.5$(见表 6－5)，齿宽因数 $\psi_{\mathrm{a}}=0.4$。

小齿轮上转矩

$$T_1=9.55\times10^6\times\frac{P}{n_1}=9.55\times10^6\times\frac{17}{745}=2.18\times10^5\ \mathrm{N\cdot mm}$$

按式(6－21)计算中心距，其中 $u=i=3.7$，则

$$a\geqslant(u+1)\sqrt[3]{\left(\frac{335}{[\sigma_{\mathrm{H}}]}\right)^2\frac{KT_1}{\psi_{\mathrm{a}}u}}=(3.7+1)\times\sqrt[3]{\left(\frac{335}{491}\right)^2\times\frac{1.5\times2.18\times10^5}{0.4\times3.7}}=220.2\ \mathrm{mm}$$

取齿数 $z_1=32$，则 $z_2=iz_1=3.7\times32\approx118$，取 $z_2=118$，故实际传动比 $i=\frac{118}{32}=3.69$，模数 $m=\frac{2a}{z_1+z_2}=\frac{2\times220.2}{32+118}=2.94$ mm。

按表 6－1 取 $m=3$ mm。

确定中心距　　$a=\frac{m}{2}(z_1+z_2)=\frac{3}{2}(32+118)=225$ mm

齿宽　　$b=\psi_{\mathrm{a}}a=0.4\times225=90$ mm

取 $b_2=90$ mm，$b_1=95$ mm。

(3)验算轮齿弯曲强度。由图 6－24 查得齿形因数 $Y_{\mathrm{F1}}=2.57$，$Y_{\mathrm{F2}}=2.18$。按式(6－14)验算轮齿弯曲强度(按最小齿宽 $b=90$ mm 计算)，得

$$\sigma_{\mathrm{F1}}=\frac{2KT_1Y_{\mathrm{F1}}}{bm^2z_1}=\frac{2\times1.5\times2.18\times10^5\times2.57}{90\times3^2\times32}=64.9\ \mathrm{MPa}\leqslant[\sigma_{\mathrm{F1}}]$$

$\sigma_{\mathrm{F2}}=\sigma_{\mathrm{F1}}\frac{Y_{\mathrm{F2}}}{Y_{\mathrm{F1}}}=64.9\times\frac{2.18}{2.57}=55.1\ \mathrm{MPa}\leqslant[\sigma_{\mathrm{F2}}]$，安全。

(4)齿轮的圆周速度为

$$v=\frac{\pi d_1n_1}{60\times1\,000}=\frac{\pi\times3\times32\times745}{60\times1\,000}=3.74\ \mathrm{m/s}$$

对照表 6-4 可知选用 8 级精度是合适的。

(5)确定齿轮的结构、尺寸,并绘制零件工作图(略)。

6.10 斜齿圆柱齿轮的强度计算

6.10.1 斜齿圆柱齿轮齿面的形成

斜齿圆柱齿轮齿廓曲面的形成与渐开线直齿圆柱齿轮相似。当一发生面 S 在基圆柱上作纯滚动时,发生面上一条与基圆柱母线平行的直线 KK 在空间所形成的渐开面是直齿圆柱齿轮的齿廓曲面,如图 6-27(a)所示。而斜齿圆柱齿轮的齿廓曲面是发生面上一条与基圆柱母线成角度 β_b 的直线 KK 在空间形成的曲面,如图 6-27(b)所示。这样的曲面又称为渐开线螺旋面,渐开线螺旋面在齿顶圆内的部分就是斜齿圆柱齿轮的齿廓曲面。该齿廓曲面在其垂直于轴线的平面(端面)内为渐开线,这些渐开线的初始点均在基圆柱的螺旋线 AA 上。该齿廓曲面与大于基圆柱直径的任意圆柱面上的交线都是螺旋线。各螺旋线上任一点的切线与过该点的圆柱母线的夹角称为该圆柱上的螺旋角。各圆柱上的螺旋角是不相等的(见图 6-28),因此定义其分度圆柱上的螺旋角为斜齿轮的螺旋角,用 β 表示。根据螺旋角旋向的不同,又分为右旋斜齿轮和左旋斜齿轮,如图 6-29 所示。斜齿圆柱齿轮由于轮齿相对其轴线倾斜,所以当一对斜齿圆柱齿轮啮合时,两轮齿廓曲面的瞬时接触线是与轴线倾斜的直线,如图 6-27(d)所示。

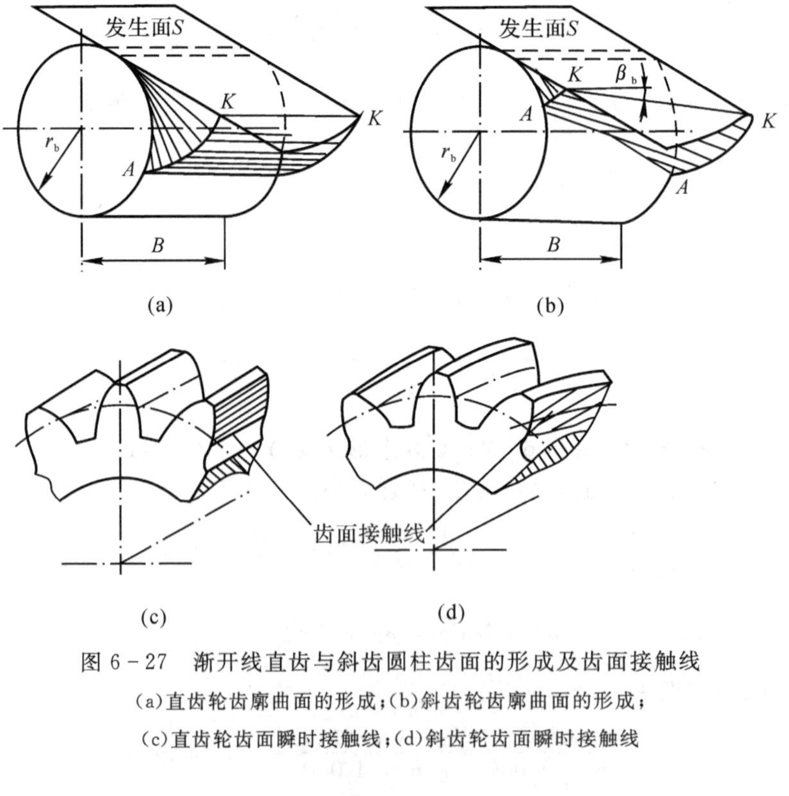

图 6-27 渐开线直齿与斜齿圆柱齿面的形成及齿面接触线

(a)直齿轮齿廓曲面的形成;(b)斜齿轮齿廓曲面的形成;

(c)直齿轮齿面瞬时接触线;(d)斜齿轮齿面瞬时接触线

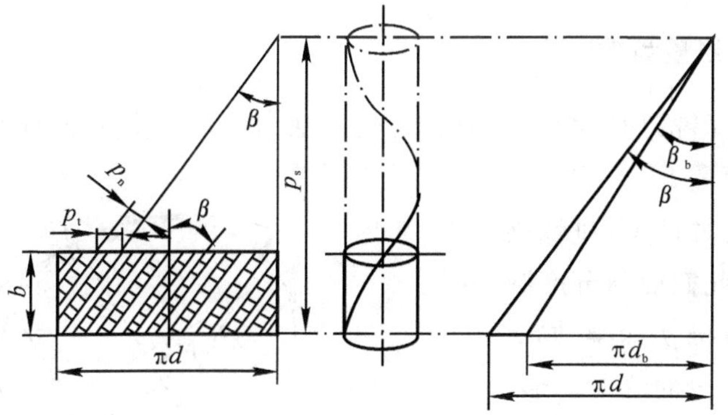

图 6-28　斜齿轮展开图

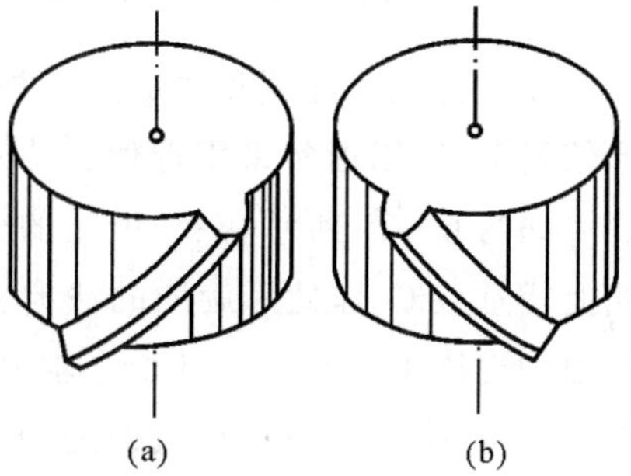

图 6-29　斜齿圆柱齿轮的旋向
(a)齿轮右旋；(b)齿轮左旋

6.10.2　斜齿圆柱齿轮的基本参数和几何尺寸计算

1. 斜齿圆柱齿轮的基本参数

斜齿轮由于齿的倾斜，其几何参数有端面参数与法面参数之分。垂直于齿轮轴线的截面称为端面，而垂直于轮齿方向的截面称法面。斜齿轮的端面与法面上的齿形不同，故用下标 t 和 n 分别表示其端面和法面的参数。

斜齿轮加工时因齿轮刀具沿螺旋齿槽方向进行切削，故其端面齿轮参数和法面齿轮参数之间的换算关系如下：

模数 m　　$m_n = m_t \cos\beta$　　(6-23)

齿高 h_a　　$h_{an} = h_{at}$（可直接按法面 h_{an} 计算）　　(6-24)

压力角 α　　$\tan\alpha_a = \tan\alpha_t \cos\beta$　　(6-25)

2. 斜齿圆柱齿轮的几何尺寸计算

一对斜齿轮传动在端面上相当于一对直齿轮传动，所以可将直齿轮的几何尺寸计算公式用于斜齿轮的端面参数的计算。计算公式如表 6-7 所示。

表 6-7　外啮合斜齿圆柱齿轮的几何尺寸计算

名　称	代　号	计 算 公 式
端面模数	m_t	$m_t = \frac{m_n}{\cos\beta}$（$m_n$ 为法面模数并为标准值，见表 6-1）
端面压力角	α_t	$\alpha_t = \arctan\frac{\tan\alpha_n}{\cos\beta}$（$\alpha_n$ 为标准值 20°）
螺旋角	β	一般取 $\beta = 8° \sim 25°$
分度圆直径	d_1, d_2	$d_1 = m_t z_1 = \frac{m_n z_1}{\cos\beta}, d_2 = m_t z_2 = \frac{m_n z_2}{\cos\beta}$
齿顶高	h_a	$h_a = h_{an}^* m_n$（h_{an}^* 为标准值 1）
齿根高	h_f	$h_f = (h_{an}^* + c_n^*) m_n = 1.25 m_n$（$c_n^*$ 为标准值 0.25）
全齿高	h	$h = h_a + h_f = 2.25 m_n$
顶隙	c	$c = h_f - h_a = 0.25 m_n$
齿顶圆直径	d_{a1}, d_{a2}	$d_{a1} = d_1 + 2m_n, d_{a2} = d_2 + 2m_n$
齿根圆直径	d_{f1}, d_{f2}	$d_{f1} = d_1 - 2.5m_n, d_{f2} = d_2 - 2.5m_n$
中心距	a	$a = \frac{d_1 + d_2}{2} = \frac{m_t}{2}(z_1 + z_2) = \frac{m_n(z_1 + z_2)}{2\cos\beta}$

6.10.3　斜齿圆柱齿轮的当量齿轮和当量齿数

在进行强度计算和用成形法加工选择铣刀时，必须知道斜齿轮的法向齿形。由于法向齿形较复杂，所以通常采用近似方法进行研究。

如图 6－30 所示，在斜齿轮的分度圆柱面上，过螺旋线上任意点 C，作此螺旋线的法向截面，此截面与分度圆柱面的交线为一椭圆。其长半轴 $a=d/2\cos\beta$，短半轴 $b=d/2$。C 点附近的齿形可近似地当做斜齿轮的法向齿形，椭圆在 C 点的曲率半径为

$$\rho=\frac{a^2}{b}=\frac{d}{2\cos^2\beta} \tag{6-26}$$

以 ρ 为分度圆半径，以斜齿轮的法向模数 m_n 为模数，取标准压力角 α 作一虚拟的直齿轮，其齿形与该斜齿轮的法向齿形相当，称这一虚拟的直齿轮为该斜齿轮的当量齿轮，其齿数称为当量齿数，用 z_v 表示，即

$$z_v=\frac{2\rho}{m_n}=\frac{d}{m_n\cos^2\beta}=\frac{m_n z}{m_n\cos^3\beta}=\frac{z}{\cos^3\beta} \tag{6-27}$$

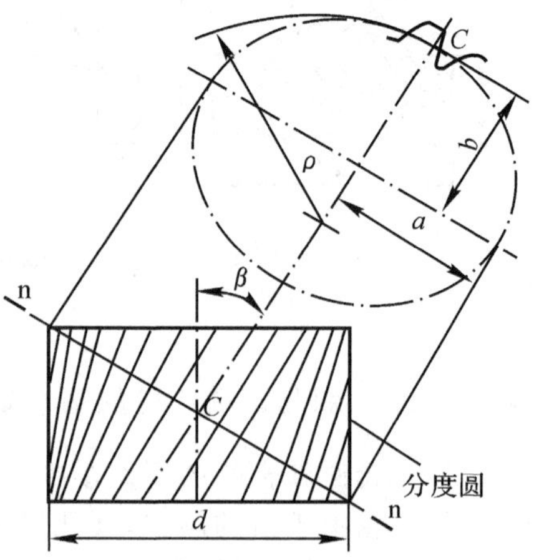

图 6－30　斜齿轮的当量齿轮

式中，z 为斜齿轮的实际齿数。正常齿标准斜齿圆柱齿轮不发生根切的最少齿数 z_{min} 可由当量齿轮的最少齿数 z_{vmin} 计算出来，即

$$z_{min}=z_{vmin}\cos^3\beta \tag{6-28}$$

式中，$z_{vmin}=17$。

6.10.4　斜齿圆柱齿轮啮合传动

1. 正确啮合条件

$$m_{n1}=m_{n2}=m$$

$$\alpha_{n1}=\alpha_{n2}=\alpha$$

$$\beta_1=\pm\beta_2$$

式中，“＋”表示内啮合，两轮旋向相同；“－”表示外啮合，两轮旋向相反；m，α 分别为标准模数，标准压力角（$\alpha=20°$）。

2. 连续传动条件

如图 6－31 所示分别表示端面尺寸相同的直齿圆柱齿轮和斜齿圆柱齿轮在分度圆柱上啮合面的展开图。斜齿轮轮齿的方向与齿轮的轴线成一螺旋角 β，因此斜齿轮传动的啮合线段增长 $\Delta L=b\tan\beta$。若相应的直齿圆柱齿轮传动的重合度为 ε_α，则斜齿轮传动的重合度 ε_γ 为

$$\varepsilon_\gamma=\varepsilon_\alpha+\varepsilon_\beta=\varepsilon_\alpha+\frac{b\tan\beta}{p_t}=\varepsilon_\alpha+\frac{b\tan\beta}{p_n} \tag{6-29}$$

式中，ε_α 为端面重合度，其值等于斜齿轮端面齿廓及尺寸相同的直齿圆柱齿轮传动的重合度；ε_β 为纵向重合度，由轮齿倾斜而产生的附加重合度，其值随齿宽 b 和螺旋角 β 的增大而增大。

因此，斜齿圆柱齿轮比直齿圆柱齿轮更适合于高速大功率传动。

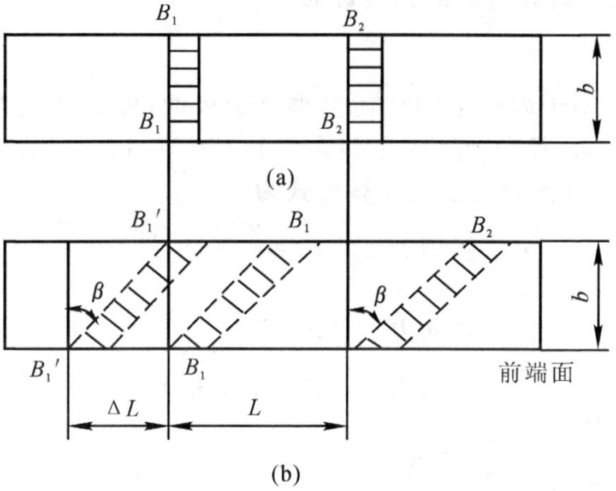

图 6－31　斜齿轮传动的重合度

(a)直齿轮分度圆柱展开图；(b)斜齿轮分度圆柱展开图

6.10.5　斜齿圆柱齿轮传动的特点

与直齿圆柱齿轮传动相比，斜齿轮传动的优点是：

(1)沿齿宽的齿廓接触线是斜线，一对轮齿逐渐进入啮合和逐渐脱离啮合，故传动平稳、噪声小。

(2)重合度大，承载能力高，运转平稳，适用于高速传动。

(3)不发生根切的最少齿数小于直齿轮，故可获得更为紧凑的齿轮机构。

斜齿轮传动的主要缺点是：由于轮齿倾斜，受力后会产生轴向分力 F_a(见图 6－32(a))。

为了克服这一缺点，可采用人字齿轮(见图 6－32(b))使轴向力互相抵消。但人字齿轮制造比较复杂，成本较高，主要用于重型机械中。

由上述可知，螺旋角 β 的大小对斜齿轮传动性能影响很大，若 β 太小，则斜齿轮的优点不能充分体现；若 β 太大，则会产生很大的轴向力。设计时一般取 $\beta=8°\sim20°$。

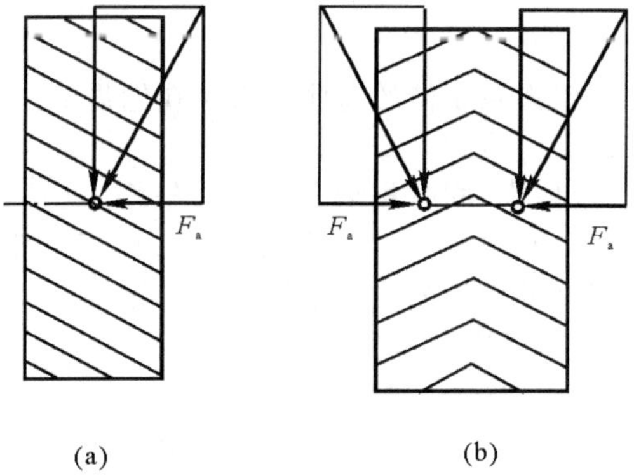

图 6－32　斜齿轮的轴向作用力

6.10.6 标准斜齿圆柱齿轮传动的强度计算

1. 轮齿上的作用力

在斜齿轮传动中，作用于齿面上的载荷仍垂直于齿面，即为法向载荷 F_n。如图 6－33 所示，法向力可沿齿轮的周向、径向及轴向分解为三个相互垂直的力，即圆周力 F_t、径向力 F_r 和轴向力 F_a，由图 6－33 可得各力大小的计算公式为

$$\left.\begin{aligned}&\text{圆周力}\quad F_t=\frac{2T_1}{d_1}\\&\text{径向力}\quad F_r=\frac{F_t\tan\alpha_n}{\cos\beta}\\&\text{轴向力}\quad F_a=F_t\tan\beta\end{aligned}\right\}\tag{6-30}$$

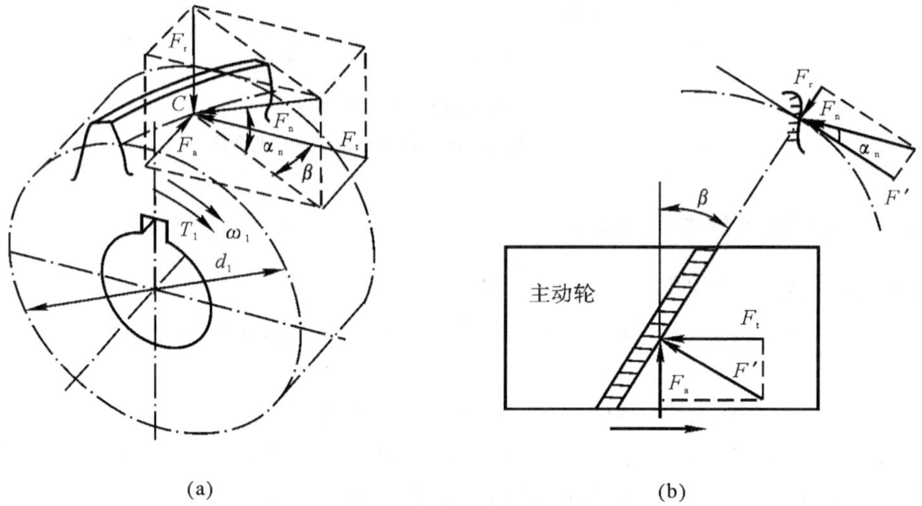

图 6－33 斜齿轮的轮齿受力分析

各分力的方向如下：圆周力 F_t 的方向在主动轮上与运动方向相反，在从动轮上与运动方向相同。径向力 F_r 的方向对两轮都是指向各自的轴心。轴向力 F_a 的方向取决于轮齿螺旋线的方向和齿轮的转动方向，可以用“主动轮左、右手定则”来判断：主动轮是右旋时，握紧右手，四指表示主动轮的回转方向，则拇指指向即为主动轮所受轴向力的方向；主动轮为左旋时，则换用左手。

2. 强度计算

(1)轮齿弯曲强度计算。斜齿轮轮齿的弯曲应力是在轮齿的法面内进行分析的，其基本原理与直齿圆柱齿轮传动相似。

因为斜齿轮啮合时重合度较大，同时相啮合的轮齿较多，而且轮齿的接触线是倾斜的，有利于降低斜齿轮的弯曲应力，因此斜齿轮轮齿的抗弯能力比直齿轮高。考虑到斜齿轮的上述特点，可得斜齿轮轮齿弯曲强度的校核公式和设计公式分别为

$$\sigma_F=\frac{1.6KT_1Y_F}{bm_nd_1}=\frac{1.6KT_1Y_F\cos\beta}{bm_n^2z_1}\leqslant[\sigma_F]\tag{6-31}$$

$$m_n\geqslant\sqrt[3]{\frac{3.2KT_1Y_F\cos^2\beta}{\psi_a(u\pm1)z_1^2[\sigma_F]}}\tag{6-32}$$

式(6－31)和式(6－32)中，m_n 为斜齿轮的法面模数，计算出的数值应按表 6－1 圆整为标准值(mm)；Y_F 为齿形因数，应根据当量齿数由图 6－24 中查得。

(2)齿面接触强度计算。斜齿轮传动除了重合度较大外，还因为在法面内斜齿轮当量齿轮的分度圆半径增大，齿廓的曲率半径增大，而使斜齿轮的齿面接触应力也较直齿轮有所降低。因此斜齿轮的抗点蚀能力也较直齿轮高。基于上述特点，可得一对钢制标准斜齿轮传动的齿面接触强度的校核公式和设计公式分别为

$$\sigma_H = 305\sqrt{\frac{(u\pm1)^3 KT_1}{uba^2}} \leqslant [\sigma_H] \tag{6-33}$$

$$a \geqslant (u\pm1)\sqrt[3]{\left(\frac{305}{[\sigma_H]}\right)^2 \frac{KT_1}{\psi_a u}} \tag{6-34}$$

若配对齿轮材料改变时，以上两式中因数 305 应加以修正。钢对铸铁应给 305 乘以$\frac{285}{335}$；铸铁对铸铁应给 305 乘以$\frac{250}{335}$。

按式(6-34)求出中心距后，可先选定齿数 z_1，z_2 和螺旋角 β(或模数 m_n)，再按下式计算模数 m_n(或螺旋角 β)，即

$$m_n = \frac{2a\cos\beta}{z_1 + z_2}$$

$$\beta = \arccos\frac{m_n(z_1+z_2)}{2a}$$

求得的模数应按表 6-1 圆整为标准值。

【例 6-2】 某一斜齿圆柱齿轮减速器传递的功率 $P=35$ kW，传动比 $i=3.2$，转速 $n=1\,460$ r/min，用电动机驱动，长期工作，载荷有中等冲击，要求结构紧凑，试设计此齿轮传动。

【解】 (1)选择齿轮材料及确定许用应力。因要求结构紧凑故采用硬齿面齿轮传动。小齿轮用 20CrMnTi 渗碳淬火，齿面硬度为 59HRC(见表 6-3)；大齿轮用 20Cr 渗碳淬火，齿面硬度为 59HRC(见表 6-3)。

因 $\sigma_{Flim1}=\sigma_{Flim2}=370$ MPa(见图 6-25)，$S_F=1.5$(见表 6-6)，则

$$[\sigma_{F1}]=[\sigma_{F2}]=\frac{\sigma_{Flim1}}{S_F}=\frac{370}{1.5}=247\ \text{MPa}$$

因 $\sigma_{Hlim1}=\sigma_{Hlim2}=1\,440$ MPa(见图 6-26)，$S_H=1.2$(见表 6-6)，则

$$[\sigma_{H1}]=[\sigma_{H2}]=\frac{\sigma_{Hlim1}}{S_H}=\frac{1\,440}{1.2}=1\,200\ \text{MPa}$$

(2)按轮齿弯曲强度设计计算。齿轮按 8 级精度制造。取载荷因数 $K=1.3$(见表 6-5)，齿宽因数 $\psi_a=0.4$。

小齿轮上的转矩 $T_1=9.55\times10^6\times\frac{P}{n_1}=9.55\times10^6\times\frac{35}{1\,460}=2.29\times10^5$ N·mm

初步选择螺旋角 $\beta=15°$。齿数取 $z_1=20$，则 $z_2=3.2\times20=64$。

齿形因数根据 $z_{v1}=\frac{20}{\cos^3 15°}=22.2$，$z_{v2}=\frac{64}{\cos^3 15°}=71.01$。

由图 6-24 查得　$Y_{F1}=2.78$，$Y_{F2}=2.25$。

因为　$\frac{Y_{F1}}{\sigma_{F1}}=\frac{2.78}{247}=0.011\,26$，$\frac{Y_{F2}}{\sigma_{F2}}=\frac{2.25}{247}=0.009\,11$

且　$$\frac{Y_{F1}}{[\sigma_{F1}]} > \frac{Y_{F2}}{[\sigma_{F2}]}$$

故应将$\frac{Y_{F1}}{[\sigma_{F1}]}$代入式(6-32)计算。

法向模数 $m_n \geqslant \sqrt[3]{\dfrac{3.2KT_1Y_{F1}\cos^2\beta}{\psi_a(u+1)z_1^2[\sigma_{F1}]}} = \sqrt[3]{\dfrac{3.2\times1.3\times2.29\times10^5\times2.78\times\cos^2 15^\circ}{0.4\times(3.2+1)\times20^2\times247}} = 2.46\ \text{mm}$

查表 6-1，取 $m_n=2.5$ mm。

中心距 $$a=\frac{m_n(z_1+z_2)}{2\cos\beta}=\frac{2.5\times(20+64)}{2\times\cos 15^\circ}=108.7\ \text{mm}$$

取 $a=110$ mm，确定螺旋角为

$$\beta=\arccos\frac{m_n(z_1+z_2)}{2a}=\arccos\frac{2.5\times(20+64)}{2\times110}=17^\circ20'29''$$

齿宽 $$b=\psi_a a=0.4\times110=44\ \text{mm}$$

故取 $b_2=44$ mm，$b_1=48$ mm。

(3)验算齿面接触强度。将各参数代入式(6-33)可得

$$\sigma_H=305\sqrt{\frac{(u+1)^3KT_1}{uba^2}}=305\times\sqrt{\frac{(3.2+1)^3\times1.3\times2.29\times10^5}{3.2\times4.4\times110^2}}=1\ 097\ \text{MPa}\leqslant[\sigma_H]$$，安全。

(4)齿轮的圆周速度为

$$v=\frac{\pi d_1 n_1}{60\times1\ 000}=\frac{\pi\times2.5\times20\times1\ 460}{60\times1\ 000\times\cos 17^\circ20'29''}=4\ \text{m/s}$$

对照表 6-4 可知，选 8 级精度是合适的。

6.11 直齿圆锥齿轮传动的强度计算

6.11.1 圆锥齿轮概述

圆锥齿轮用于传递两相交轴之间的运动。一对圆锥齿轮的啮合传动相当于一对节圆作纯滚动，其轮齿分布在圆锥体上。锥齿轮的齿廓从大端到小端逐渐收缩，如图 6-34 所示。由于这一特点，对应于圆柱齿轮中的各有关圆柱在此处均变为圆锥，如分度圆锥、齿顶圆锥、齿根圆锥、基圆锥等。锥齿轮的大小端参数不同，国家标准规定大端参数为标准值，即大端模数为标准模数，如表 6-8 所示，大端压力角为标准压力角，$\alpha=20^\circ$。

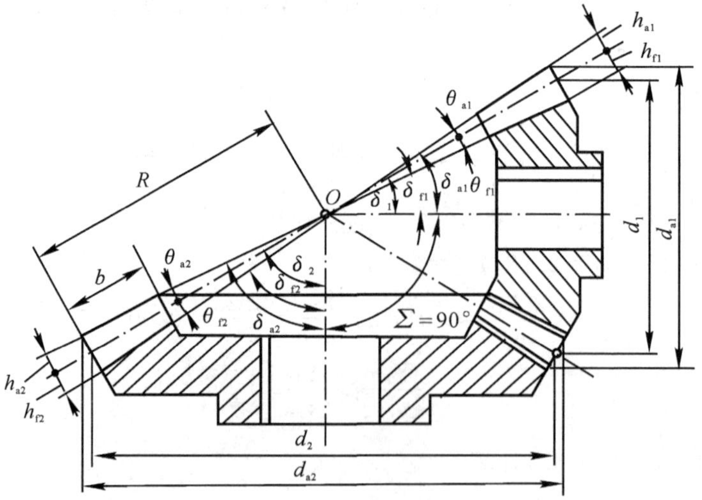

图 6-34 直齿锥齿轮传动

一对锥齿轮两轴线的夹角 Σ 称为轴角，其值可根据传动要求任取，最常用的是取 $\Sigma=90°$。

锥齿轮的轮齿有多种形式，如直齿、斜齿、曲齿等，本书仅介绍最常用的 $\Sigma=90°$的直齿锥齿轮传动。

表　6-8　　（单位：mm）

0.1	0.35	0.9	1.75	3.25	5.5	10	20	36
0.12	0.4	1.0	2	3.5	6	11	22	40
0.15	0.5	1.125	2.25	3.75	6.5	12	25	45
0.2	0.6	1.25	2.5	4	7	14	28	50
0.25	0.7	1.375	2.75	4.5	8	16	30	
0.3	0.8	1.5	3	5	9	18	32	

注：表中值适用于直齿、斜齿及曲线齿锥齿轮。

6.11.2　直齿锥齿轮齿廓的形成

直齿锥齿轮齿廓曲面的形成如图 6-35 所示。一个圆平面 S 与一个基圆锥切于直线 OC。设圆平面的半径 R'与基圆锥的锥距 R 相等，且圆心 O 与锥顶重合。当该平面 S 绕基圆锥作纯滚动时，该平面上的任意一点 B 将在空间展出一条球面渐开线 AB。直齿锥齿轮齿廓曲面就是由以锥顶 O 为球心、半径不同的球面渐开线组成。

由于球面渐开线不能展开成平面曲线，这就给设计、制造带来不便。为此，人们采用一种近似的方法来处理这一问题。

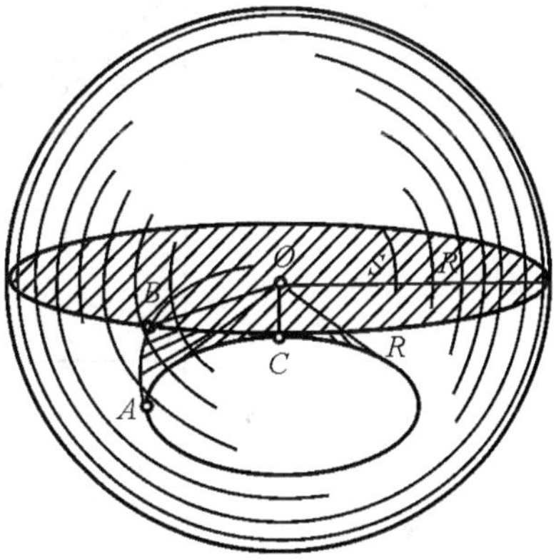

图 6-35　直齿锥齿轮齿廓的形成

6.11.3　背锥与当量齿数

图 6-36 所示为一标准直齿锥齿轮的轴向半剖视图。OAB 为分度圆锥，$\overline{eA}$和$\overline{fA}$为轮齿在球面上的齿顶高和齿根高。过 A 点作直线 $AO_1 \perp AO$，以 AO_1 为母线，OO_1 为轴线作一圆锥 O_1AB，该圆锥称为直齿锥齿轮的背锥。背锥与球面相切于锥齿轮大端分度圆上。锥齿轮大端的齿形（球面渐开线）fAe 与在背锥上的投影齿形 $f'Ae'$差别不大，因此，可以用背锥上的齿形近似地代替锥齿轮的大端齿形。背锥可展开成平面，使设计、制造更为简便。

如图 6-36 所示，将两锥齿轮的背锥展开，得到两个扇形平面齿轮，其齿廓与锥齿轮大端齿廓近似。以 $r_{v1}(=\overline{O_1A})$ 和 $r_{v2}(=\overline{O_2B})$ 为分度圆半径，并取锥齿轮大端的模数为标准模数，大端压力角为标准压力角（$\alpha=20°$），按直齿圆柱齿轮的作图方法，可画出扇形齿轮的轮齿廓，该齿廓即为锥齿轮大端的近似齿廓。两扇形齿轮的齿数为锥齿轮的实际齿数 z_1 和 z_2。将两扇形齿轮补足成完整的直齿圆柱齿轮，则齿数由 z_1 和 z_2 增加为 z_{v1} 和 z_{v2}，我们把这两个虚拟的直齿圆柱齿轮称为这对锥齿轮的当量齿轮，其齿数 z_{v1} 和 z_{v2} 称为锥齿轮的当量齿数。由图6－36可知

$$\left.\begin{aligned} z_{v1} &= z_1/\cos\delta \\ z_{v2} &= z_2/\cos\delta_2 \end{aligned}\right\} \qquad (6-35)$$

式中，δ_1，δ_2 为两锥齿轮分度圆锥角，通常轴交角 $\Sigma=\delta_1+\delta_2=90°$；$z_{v1}$，$z_{v2}$ 两锥齿轮的当量齿数，其值无需圆整。

不产生根切时，$z_v\geqslant17$，所以直齿锥齿轮不产生根切的最小齿数为 $z_{min}=z_{vmin}\cos\delta=17\cos\delta$。

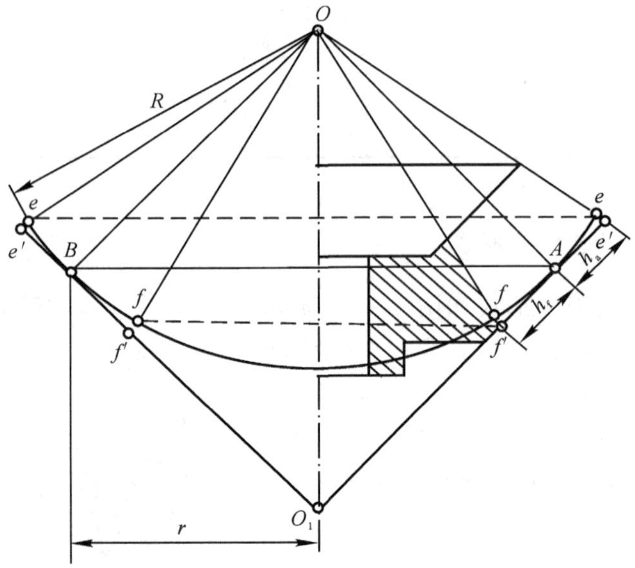

图 6－36　直齿锥齿轮的轴向半剖图

6.11.4　直齿锥齿轮的啮合传动

1. 正确啮合条件

一对直齿锥齿轮的啮合相当于一对当量齿轮啮合，由此可知其正确啮合条件为两齿轮的大端模数及压力角分别相等。即

$$m_1=m_2=m$$

$$\alpha_1=\alpha_2=\alpha$$

式中，m 和 α 分别表示标准模数和标准压力角。

另外，两齿轮锥顶应重合，锥距应相等。

2. 连续传动条件

直齿锥齿轮连续传动条件为重合度大于1。重合度按其当量直齿圆柱齿轮传动的重合度计算。

3. 传动比

如图 6-37 所示，$r_1(=\overline{OC}\sin\delta_1)$和 $r_2(=\overline{OC}\sin\delta_2)$分别为两齿轮大端分度圆半径，则两齿轮的传动比为

$$i=\frac{\omega_1}{\omega_2}=\frac{z_2}{z_1}=\frac{r_2}{r_1}=\frac{\sin\delta_2}{\sin\delta_1} \tag{6-36}$$

当轴交错角 $\Sigma=\delta_1+\delta_2=90°$时，有

$$i=\frac{\omega_1}{\omega_2}=\frac{z_2}{z_1}=\cot\delta_1=\tan\delta_2 \tag{6-37}$$

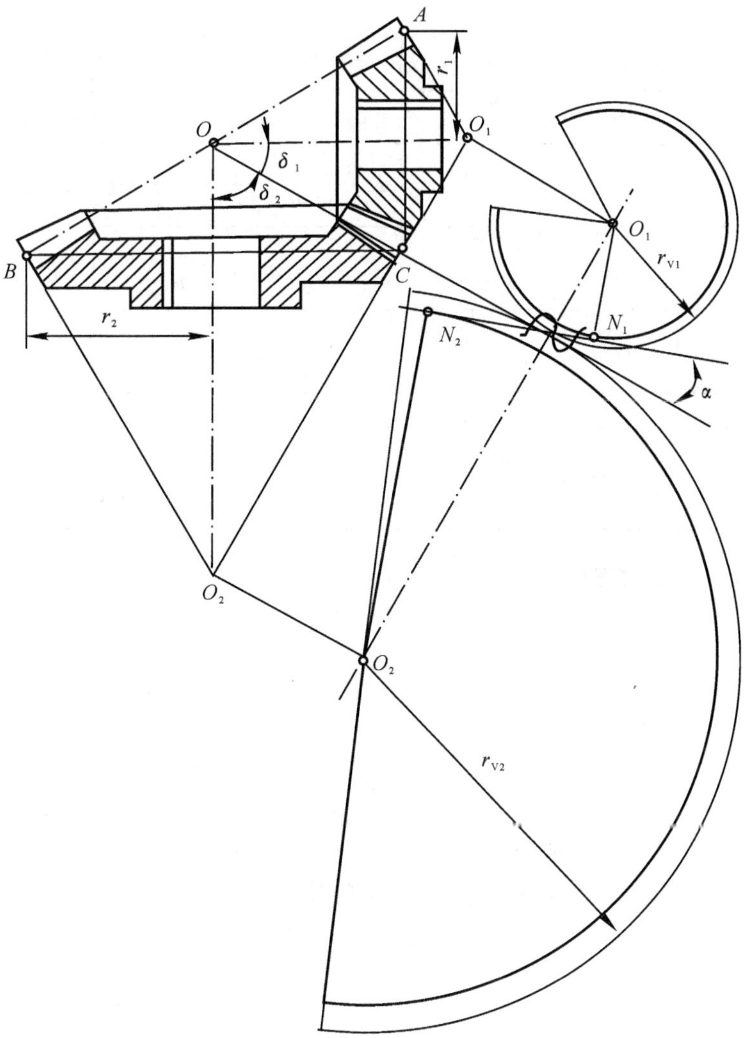

图 6-37　锥齿轮的背锥与当量齿数

6.11.5　直齿锥齿轮的几何尺寸计算

一对标准直齿锥齿轮传动(Σ=90°)的各部分名称及几何尺寸计算公式见表 6-9。

表 6-9 标准直齿锥齿轮的几何尺寸计算

名 称	代 号	计算公式
模 数	m	以大端模数为标准，按强度条件确定
分度圆锥角	δ	$\delta_1=\arctan\frac{z_1}{z_2}$，$\delta_2=90°-\delta_1$
齿顶高	h_a	$h_a=h_a^* m(h_a^*=1)$
齿根高	h_f	$h_f=(h_a^*+c^*)m\quad(c^*=0.2)$
分度圆直径	d	$d_1=mz_1$，$d_2=mz_2$
齿顶圆直径	d_a	$d_{a1}=d_1+2h_a\cos\delta_1$，$d_{a2}=d_2+2h_a\cos\delta_2$
齿根圆直径	d_f	$d_{f1}=d_1+2h_f\cos\delta_1$，$d_{f2}=d_2+2h_f\cos\delta_2$
锥 距	R	$R=\frac{d_1}{\sin\delta_1}=\frac{d_2}{\sin\delta_2}=\frac{m}{2}\sqrt{z_1^2+z_2^2}$
齿顶角	θ_a	$\tan\theta_a=\frac{h_a}{R}$
齿根角	θ_f	$\tan\theta_f=\frac{h_f}{R}$
分度圆齿厚	s	$s=\frac{\pi m}{2}$
齿 宽	b	$b=\psi_R R$，$\psi_R=0.25\sim0.3$

6.11.6 直齿锥齿轮的强度计算

1. 轮齿上的作用力

图 6-38 表示直齿圆锥齿轮轮齿的受力情况。法向力 F_n 可分解为三个分力，即

$$\left.\begin{aligned}&\text{圆周力}\quad F_t=\frac{2T_1}{d_{m1}}\\&\text{径向力}\quad F_r=F_t\tan\alpha\cos\delta\\&\text{轴向力}\quad F_a=F_t\tan\alpha\cos\delta\end{aligned}\right\}\tag{6-38}$$

式中，d_{m1} 为小齿轮齿宽中点的分度圆直径，可根据分度圆直径 d_1、锥距 R 和齿宽 b 确定，即

$$\frac{R-0.5b}{R}=\frac{0.5d_{m1}}{0.5d_1}$$

则

$$d_{m1}=\frac{R-0.5b}{R}d_1=(1-0.5\psi_R)d_1\tag{6-39}$$

圆周力 F_t 的方向在主动轮上与运动方向相反，在从动轮上与运动方向相同。径向力 F_r 的方向对于两轮来说都是垂直指向齿轮轴线。轴向力 F_a 的方向都是通过啮合点指向各自的大端。

因 $\Sigma=\delta_1+\delta_2=90°$，所以 $\sin\delta_1=\cos\delta_2$，$\cos\delta_1=\sin\delta_2$，故两齿轮所受的各力的相互关系

为 $F_{r1}=-F_{a2}$，$F_{a1}=-F_{r2}$，$F_{t1}=-F_{t2}$。

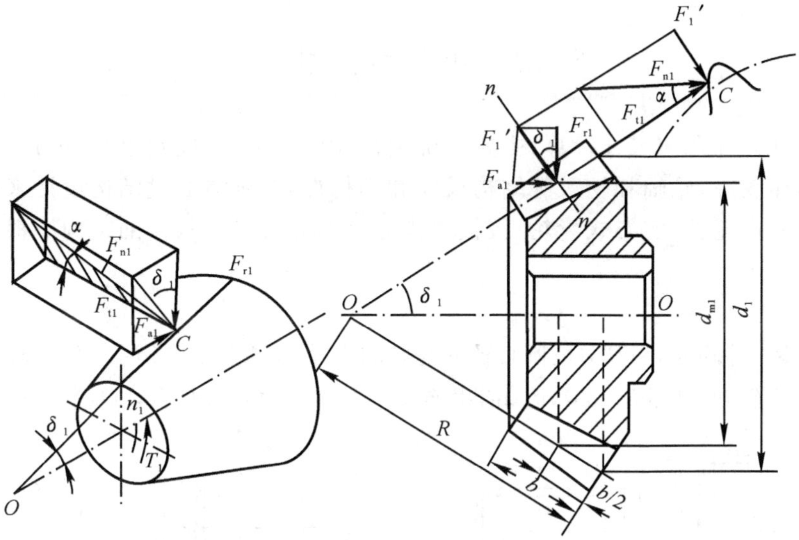

图 6－38　直齿锥齿轮传动的受力分析

2. 强度计算

直齿圆锥齿轮的失效形式及强度计算与直齿圆柱齿轮基本相同，可以近似认为，一对直齿圆锥齿轮传动和位于齿宽中点的一对当量圆柱齿轮传动的强度相等。由此可得轴交角为 90°的一对钢制直齿圆锥齿轮传动的强度计算公式。

(1)齿面接触疲劳强度计算。其校核公式和设计公式分别为

$$\sigma_H=\frac{335}{R-0.5b}\sqrt{\frac{\sqrt{(u^2+1)^3}KT_1}{ub}}\leqslant[\sigma_H] \tag{6-40}$$

$$R\geqslant\sqrt{u^2+1}\sqrt[3]{\left[\frac{335}{(1-0.5\psi_R)[\sigma_H]}\right]^2\frac{KT_1}{\psi_R u}} \tag{6-41}$$

式中，K 为载荷因数，见表 6－5；u 为齿数比，对于单级直齿圆锥齿轮传动，一般取 $u=1\sim5$。

若配对齿轮材料改变时，以上两式中因数 335 应加以修正，修正方法参见 6.9 节。

按式(6－41)求出锥距后，可选择齿数 z_1 和 z_2，再按下列几何关系确定大端模数，即

$$R=\frac{m}{2}\sqrt{z_1^2+z_2^2}=\frac{mz_1}{2}\sqrt{u^2+1}$$

求出的大端端面模数，应按表 6－8 圆整为标准值。

(2)齿根弯曲疲劳强度计算。其校核公式和设计公式分别为

$$\sigma_F=\frac{2KT_1Y_F}{bd_{m1}m_m}=\frac{2KT_1Y_F}{bm_m^2z_1}\leqslant[\sigma_F] \tag{6-42}$$

$$m_m\geqslant\sqrt[3]{\frac{4KT_1Y_F(1-0.5\psi_R)}{\sqrt{u^2+1}\,\psi_R z_1^2[\sigma_F]}} \tag{6-43}$$

式中，m_m 为平均模数(mm)；Y_F 为齿形因数，按当量齿数由图 6－24 查取。其余符号的意义和单位同前。

由式(6－41)可知
$$\frac{d_1}{d_{m1}}=\frac{1}{1-0.5\psi_R}=\frac{m}{m_m}$$

故
$$m=\frac{m_m}{1-0.5\psi_R} \tag{6-44}$$

由式(6－43)求出平均模数 m_m 后，可按式(6－44)求得大端模数 m，并圆整为标准值。

6.12 齿轮的结构设计

齿轮强度计算和几何尺寸计算，主要是确定齿轮的模数、分度圆直径、齿顶圆直径、齿根圆直径、齿宽等，而轮缘、轮辐和轮毂等结构尺寸和结构形式，则需通过结构设计来确定。齿轮的结构形式主要有齿轮轴、实心式齿轮、腹板式齿轮、轮辐式齿轮，具体的结构应根据工艺要求及经验公式确定。

1. 齿轮轴

对于齿数少的小齿轮，当其分度圆直径 d 与轴的直径 d_s 相差很小($d<1.8d_s$)时，可将齿轮和轴做成一体，称为齿轮轴(见图 6－39)，但如果齿轮直径比轴的直径大得多，则应把齿轮和轴分开。

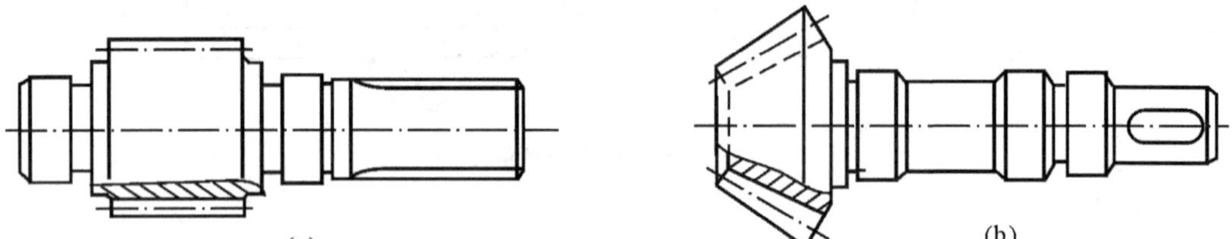

(a)　　(b)

图 6－39　齿轮轴

(a)圆柱齿轮轴；(b)锥齿轮轴

2. 实心式齿轮

对于齿顶圆直径 $d_a \leqslant 200$ mm，可靠性有特殊要求的齿轮，可做成实心式齿轮。实心式齿轮结构简单、制造方便，为了便于装配和减少边缘的应力集中，孔边、齿顶边缘应切制倒角，如图6－40所示。

3. 腹板式齿轮

当齿顶圆直径 $d_a>200\sim500$ mm 时，可将齿轮制成腹板式结构，以节省材料，减轻重量。考虑到制造、搬运等的需要，腹板上常对称开出多个孔，如图 6－41 所示。

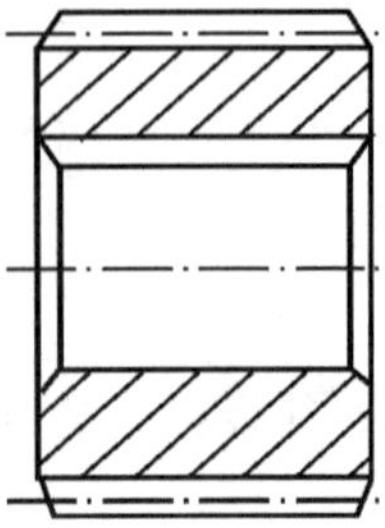

图 6－40　实心式齿轮

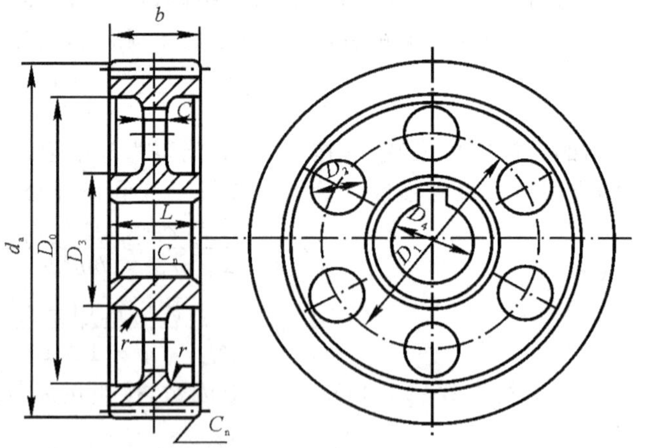

图 6－41　腹板式齿轮($d_a \leqslant 500$ mm)

$D_1=0.5(D_3+D_0)$；$D_2=(0.25\sim0.35)(D_0-D_3)$；$D_0 \approx d_a-10m_n$；

$D_3=1.6D_4$；$C=(0.2\sim0.3)b$；$L=(1.2\sim1.5)D_4 \geqslant b$；$n=0.5m_n$

4. 轮辐式齿轮

当齿顶圆直径 $d_a>400\sim1\ 000$ mm 时，为了减轻重量，可将齿轮制成轮辐式结构，轮辐式截面常为十字形，如图 6-42 所示。

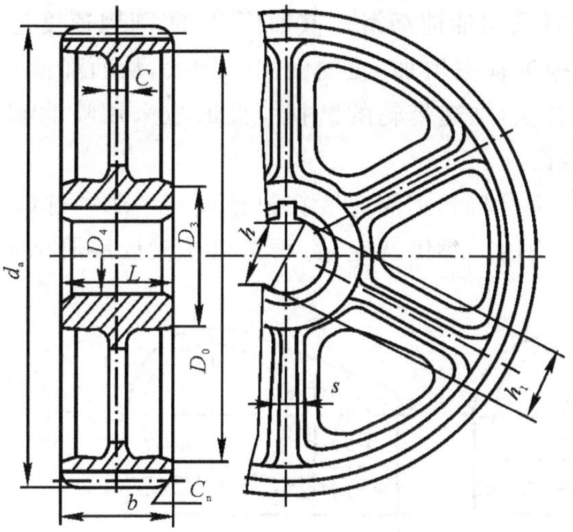

图 6-42　轮辐式齿轮

$d_a=400\sim1\ 000$ mm；$D_3=(1.6\sim1.8)D_4$；$D_0=\frac{2i}{i+1}a$；

$h=0.8D_4$；$h_1=0.8h$；$C=0.2h$；$n=0.5m_n$；

$s=h/6$（不小于 10 mm）；$L=(1.2\sim1.5)D_4\geqslant b$

对于尺寸很大的齿轮，为了节约贵重钢材，常采用齿圈套装于轮芯上的组合结构。齿圈采用较好的钢，轮芯采用铸铁或铸钢，两者用过盈联接，并在配合缝上加装 4～8 个紧定螺钉，如图 6-43 所示。

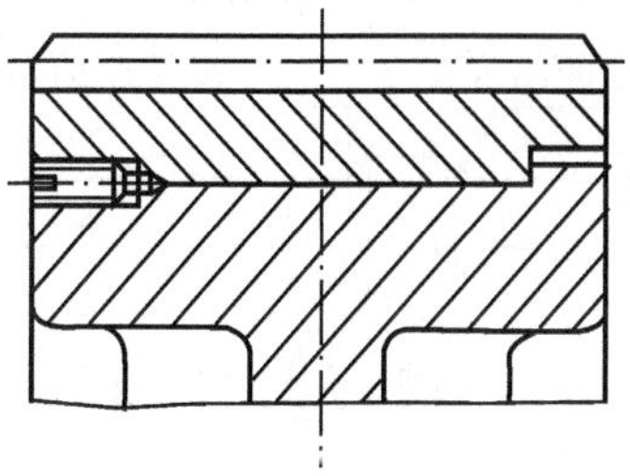

图 6-43　组合式齿轮

6.13　齿轮传动的润滑和效率

6.13.1　齿轮传动的润滑

齿轮传动的润滑方式主要取决于齿轮传动圆周速度的大小。在开式及半开式齿轮传动中，因为速度较低，采用润滑油或润滑脂进行定期润滑。

在闭式齿轮传动中，当齿轮的圆周速度 $v\leqslant12$ m/s 时，采用油池润滑（见图 6-44(a)），将大齿轮浸入油池约一个齿高（但不得小于 10mm）；圆周速度较小（0.5～0.8 m/s）时，允许浸入深度大些，但不得超过1/3～1/6分度圆半径。

在多级传动中，当几个大齿轮的尺寸相差较大时，为减小搅油损失，只将低速级的大齿轮浸入油池，而另一级采用惰轮的油浴润滑(见图6-44(b))。

当$v>12$ m/s时，不宜采用油池润滑。其原因是：①圆周速度过高，齿轮上的油大多被甩出去而达不到啮合区；②搅油损失增加，使油的温升增大，从而降低其润滑性能；③会搅起箱底沉淀的杂质，并被带入啮合区，加速齿轮的磨损。此时应采用喷油润滑(见图6-44(c))，用油泵将润滑油直接喷到啮合区。

润滑油的黏度根据齿轮材料和圆周速度在机械设计手册中选取。多级传动的润滑油黏度取各级传动所需黏度的平均值。黏度选定后，再按机械设计手册确定润滑油的牌号。

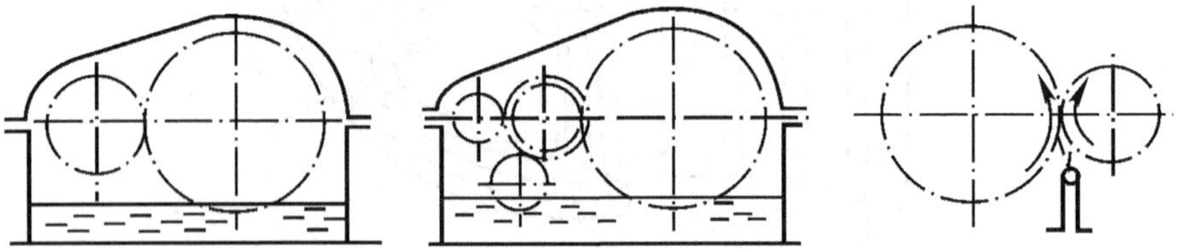

(a) (b) (c)

图6-44 齿轮传动的润滑

6.13.2 齿轮传动的效率

齿轮传动中的功率损失主要包括：①啮合中的摩擦损失；②搅动润滑油的油阻损失；③轴承中的摩擦损失。计入上述损失后，齿轮传动(采用滚动轴承)的平均效率如表6-10所示。

表6-10 齿轮传动的平均效率

传动装置	6级或7级精度的闭式传动	8级精度的闭式传动	开式传动
圆柱齿轮	0.98	0.97	0.95
圆锥齿轮	0.97	0.96	0.93

习题与思考题

6-1 一对正确安装的标准直齿圆柱齿轮传动，中心距$a=120$ mm，传动比$i=3$，小齿轮齿数$z_1=20$。试确定这对齿轮的模数和分度圆半径、齿顶圆直径、齿根圆直径和齿距。

6-2 已知一对外啮合正常齿标准斜齿圆柱齿轮的中心距$a=200$ mm，法面模数$m_n=2$ mm，法面压力角$\alpha_n=20°$，齿数$z_1=30$，$z_2=166$，试计算该对齿轮的端面模数m_t、分度圆直径d_1和d_2，齿根圆直径d_{f1}和d_{f2}及螺旋角β。

6-3 斜齿圆柱齿轮的齿数z与其当量齿数z_v有什么关系？在下列几种情况下应分别采用哪一种齿数？

(1)计算斜齿圆柱齿轮传动的传动比；

(2)用成形法加工斜齿轮时选盘形铣刀；

(3)计算斜齿轮的分度圆直径；

(4)进行弯曲强度计算时查取齿形因数 Y_F。

6－4　某展开式二级斜齿圆柱齿轮传动中，齿轮 4 转动方向如图 6－45 所示，已知Ⅰ轴为输入轴，齿轮 4 为右旋齿。若使中间轴Ⅱ所受的轴向力抵消一部分，试在图中标出：

(1)各轮的轮齿旋向；

(2)各轮轴向力 F_{a1}，F_{a2}，F_{a3}，F_{a4} 的方向。

6－5　已知闭式直齿圆柱齿轮传动的传动比 $i=3.6$，$n_1=1\ 440$ r/min，$P=25$ kW，长期双向转动，载荷有中等冲击，要求结构紧凑，采用硬齿面材料。试设计此齿轮传动。

6－6　已知单级斜齿圆柱齿轮传动的 $P=18$ kW，$n_1=960$ r/min，电动机驱动，载荷平稳，双向转动。已知 $i=2.5$，$z_1=21$，$m_n=3$ mm，$\beta=16°15'$，$b_1=85$ mm，$b_2=80$ mm，小齿轮材料为 40MnB，调质，大齿轮材料为 35SiMn，调质，试校核此闭式传动的强度。

6－7　设计一拉丝机的开式直齿圆锥齿轮传动。已知：$\Sigma=90°$，齿数比 $u=3$，输出轴转矩 $T_2=2\ 000$ N·m，转速 $n_2=35$ r/min，单班制工作，要求使用寿命 10 年；大齿轮作悬臂布置(采用滚子轴承)。

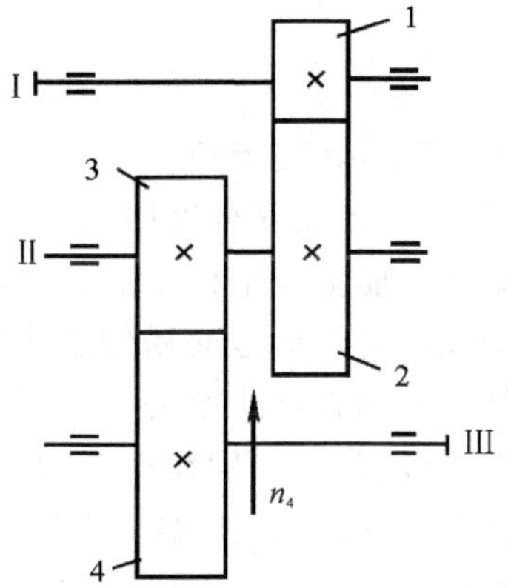

图　6－45

第7章　蜗杆传动

7.1　概　　述

蜗杆传动由蜗杆和蜗轮组成，用于传递空间两交错轴之间的回转运动和动力，一般两根轴的交错角为 90°。在蜗杆传动中，通常蜗杆为主动件。

7.1.1　蜗杆蜗轮的形成

一对交错轴斜齿轮，如图 7-1 所示，其交错角为 90°。如果轮 1 的螺旋角很大，且其分度圆柱的直径较小，轴向长度较大，那么其齿轮在分度圆柱上的螺旋线能绕一周以上，这就使得轮 1 的外形像一螺杆，因此称为蜗杆。而把与蜗杆相啮合的轮 2 称为蜗轮。

显然，因上述的蜗杆蜗轮机构在本质上仍是交错轴斜齿轮机构，故其啮合时仍为点接触。为改善接触情况，通常将轮 2 圆柱表面的直母线改为圆弧形，部分包住蜗杆，并用与蜗杆相似的滚刀（滚刀的直径和齿形参数与蜗杆相同，差别在于滚刀的外径略大，以加工出保证轮齿啮合时的径向间隙）切制蜗轮。这样加工的蜗轮与蜗杆在啮合时，齿廓间的接触将不再是点接触，而是线接触，可传递较大的动力。

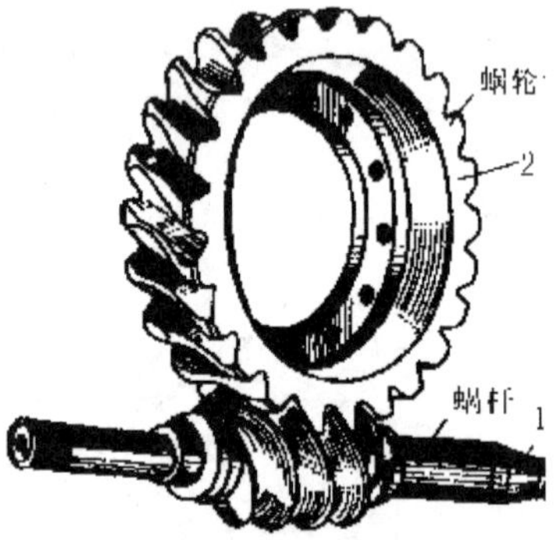

图 7-1　蜗杆传动

与螺杆类似，蜗杆也有左旋、右旋和单头、多头之分，一般多采用右旋蜗杆，而从端面看，蜗杆的头数就是蜗杆的齿数。蜗杆在其轴剖面内的齿形为齿条，称过齿条中线处的圆柱为蜗杆的分度圆柱（见图 7-3），蜗杆在此圆柱上轴向齿厚与齿槽宽相等。

7.1.2　蜗杆传动的类型和特点

根据蜗杆形状的不同，蜗杆传动可分为圆柱蜗杆传动（见图 7－2(a)）、环面蜗杆传动（见图 7－2(b)）和锥面蜗杆传动（见图 7－2(c)），圆柱蜗杆按其螺旋面的形状又分为阿基米德蜗杆（ZA 蜗杆）和渐开线蜗杆（ZI 蜗杆）等。由于阿基米德蜗杆容易加工制造，应用最广，故本章主要讨论这种蜗杆传动。

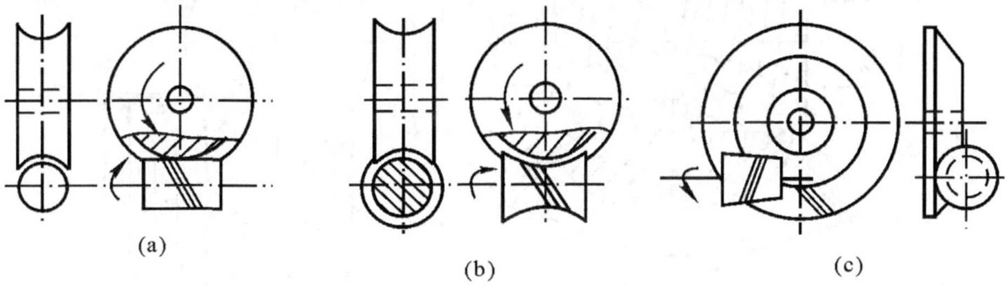

图 7－2　蜗杆传动的类型

(a)圆柱面蜗杆传动；(b)环面蜗杆传动；(c)锥面蜗杆传动

蜗杆传动的特点如下：

(1)能实现较大的传动比。由于蜗杆的头数一般不会很多，因此一级蜗杆传动就可获得很大的传动比。在动力传动中，一般传动比 $i=5\sim80$，用于分度机构和传递运动时，传动比可达 300～1 000。由于传动比大，零件数目少，因而蜗杆传动的结构很紧凑。

(2)工作平稳，噪声低，冲击小。蜗杆上具有连续不断的螺旋齿，同时啮合的齿数较多，且蜗杆和蜗轮是逐渐进入啮合和逐渐退出啮合的。所以工作平稳，噪声低，冲击小。

(3)蜗杆传动具有自锁性。当蜗杆螺旋线的导程角小于蜗杆蜗轮啮合面的当量摩擦角时，蜗杆传动具有自锁性。

(4)蜗杆传动的摩擦损失较大，效率较低。蜗杆传动在啮合处有相对滑动，当滑动速度较大时，则会产生较严重的摩擦磨损，因此发热大，效率较低。在传动具有自锁性时，传动的效率将低于 0.5，一般仅为 0.4 左右。

(5)蜗杆传动成本较高。为了减少磨损，提高耐磨性，蜗轮齿圈常用比较贵重的青铜制造，因此蜗杆传动成本较高。

7.2　蜗杆传动的主要参数和几何尺寸

7.2.1　蜗杆传动的正确啮合条件

对于两轴线垂直交错的阿基米德蜗杆传动，通过蜗杆轴线并垂直于蜗轮轴线的平面称为中间平面，如图 7－3 所示。蜗杆和蜗轮啮合时，在中间平面内圆柱蜗杆传动就相当于齿条与齿轮的啮合传动，蜗杆传动的设计计算都可以中间平面的参数和几何关系为准。因此，蜗杆传动的正确啮合条件为：蜗杆的轴向模数 m_{a1} 等于蜗轮的端面模数 m_{t2}、蜗杆的轴向压力角 α_{a1} 等于蜗轮的端面压力角 α_{t2}，蜗杆的导程角 γ 等于蜗轮的螺旋角 β，即

$$\left.\begin{aligned} m_{a1}&=m_{t2}=m \\ \alpha_{a1}&=\alpha_{t2}=\alpha \\ \gamma&=\beta(\text{旋向相同}) \end{aligned}\right\} \qquad (7-1)$$

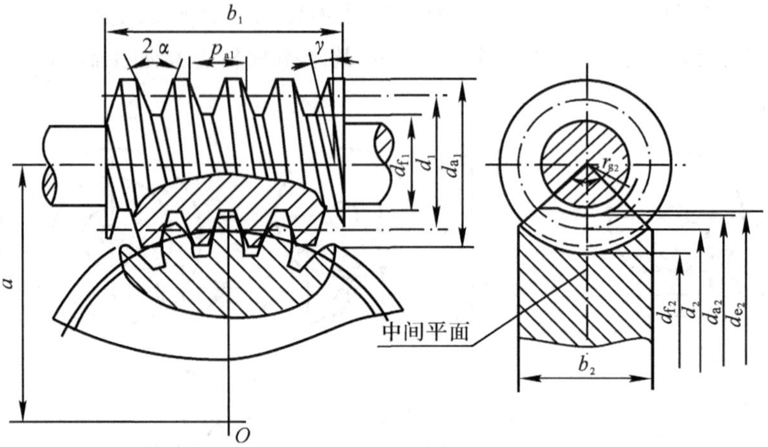

图 7－3　圆柱蜗杆传动

7.2.2　圆柱蜗杆传动的主要参数

1. 模数 m 和压力角 α

蜗杆的轴面模数和压力角、蜗轮的端面的模数和压力角应该取标准值。阿基米德圆柱蜗杆传动的标准压力角规定为 20°，而模数需要根据轮齿的强度确定，且需要符合国家标准规定的标准数值。标准模数系列见表 7－1。

表 7－1　普通圆柱蜗杆传动的参数匹配

m/mm	d_1/mm	z_1	q	$m^2 d_1$/mm³	m/mm	d_1/mm	z_1	q	$m^2 d_1$/mm³
1	18	1	18.000	18	6.3	63	1,2,4,6	10.000	2 500
1.25	20	1	16.000	31.25		112	1	17.778	4 445
	22.4	1	17.720	35	8	80	1,2,4,6	10.000	5 120
1.6	20	1,2,4	12.500	51.2		140	1	17.500	8 960
	28	1	17.500	71.68	10	90	1,2,4,6	9.000	9 000
2	22.4	1,2,4,6	11.200	89.6		160	1	16.000	16 000
	35.5	1	17.750	142	12.5	112	1,2,4	8.960	17 500
2.5	28	1,2,4,6	11.200	175		200	1	16.000	31 250
	45	1	18.000	281	16	140	1,2,4	8.750	35 840
3.15	35.5	1,2,4,6	11.270	352		250	1	15.625	64 000
	56	1	17.778	556	20	160	1,2,4	8.000	64 000
4	40	1,2,4,6	10.000	640		315	1	15.750	126 000
	71	1	17.750	1 136	25	200	1,2,4	8.000	125 000
5	50	1,2,4,6	10.000	1 250		400	1	16.000	250 000
	90	1	18.000	2 250					

注：(1)本表取材于 GB 10085—88，本表所列 d_1 数值为国标规定的优先使用值；

(2)表中同一模数有两个 d_1 值时，当选取其中较大的 d_1 值时，蜗杆导程角 $\gamma<3°30'$，有较好的自锁性。

2. 蜗杆头数 z_1、蜗轮齿数 z_2 和传动比

通常蜗杆头数 z_1 取 1,2,4。若要得到大传动比时,可取 $z_1=1$,但传动效率较低。传动功率较大时,为提高效率可采用多头蜗杆,取 $z_1=2$ 或 4。

蜗轮齿数 $z_2=iz_1$。蜗轮齿数增多,会使蜗轮直径较大,蜗轮支承点跨距相应增长,蜗杆的刚度将会降低而影响啮合精度,从而影响正常的啮合;z_2 过小,蜗轮轮齿将发生根切。通常取 $z_2=27\sim80$。

对于蜗杆为主动件的蜗杆传动,其传动比为

$$i=\frac{n_1}{n_2}=\frac{z_2}{z_1} \tag{7-2}$$

式中,n_1 和 n_2 分别为蜗杆和蜗轮的转速(r/min)。

z_1,z_2 可根据传动比 i 在表 7-2 种选取。

表 7-2 蜗杆头数 z_1 与蜗轮齿数 z_2 的荐用值

传动比 i	7～10	11～13	14～24	25～27	28～40	>40
蜗杆头数 z_1	4	3～4	2～3	2～3	1～2	1
蜗轮齿数 z_2	28～40	33～52	28～72	50～81	28～80	>40

3. 蜗杆导程角 γ

蜗杆导程角是指蜗杆分度圆柱螺旋线上任一点的切线与端面所夹的锐角(见图 7-4)。按螺纹形成原理,当蜗杆头数为 z_1,轴向齿距为 p_a 时,可得

$$\tan\gamma=\frac{z_1 p_a}{\pi d_1}=\frac{z_1 m}{d_1} \tag{7-3}$$

蜗杆传动的啮合效率与导程角的大小有关。导程角大,效率高。但导程角过大使加工困难,所以要求效率高时,常取 $\gamma=15°\sim30°$,此时常为多头蜗杆。导程角小,效率低,但可以自锁。要求自锁的传动,通常取 $\gamma=3.5°\sim4.5°$。

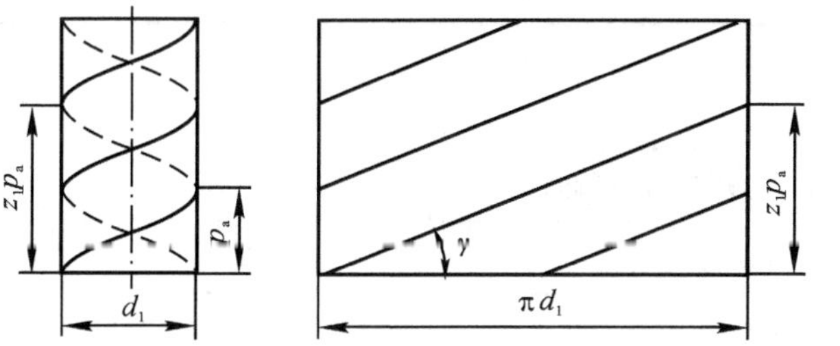

图 7-4 圆柱蜗杆导程角

4. 蜗杆分度圆直径 d_1 和直径因数 q

蜗轮的轮齿是用蜗轮滚刀按展成原理切制而成的。滚刀的尺寸、参数同与蜗轮相啮合的蜗杆基本一致(蜗轮滚刀的齿顶高比与蜗轮相配的蜗杆齿顶高大一个顶隙 c)。由式(7-3)可知,d_1 不仅与 m 有关,而且还随 $z_1/\tan\gamma$ 比值的不同而变化,则同一模数就有不同分度圆直径的蜗杆,就需配备很多把蜗轮滚刀,这是很不经济的。为了减少蜗轮滚刀的数目及便于刀具的标准化,对蜗杆分度圆直径制定了标准系列值,即给每一标准模数规定了一定数量的蜗杆分度

圆直径，并把 d_1/m 称为蜗杆的直径因数 q，即

$$d_1 = mq \tag{7-4}$$

蜗杆分度圆直径 d_1 及直径因数 q 值查表 7－1。

5. 齿面间滑动速度 v_s

蜗杆传动即使在节点 C 处啮合，齿廓之间也有较大的相对滑动，滑动速度 v_s 沿蜗杆螺旋线方向。设蜗杆圆周速度为 v_1，由图 7－5 可得

$$v_s = \sqrt{v_1^2 + v_2^2} = \frac{v_1}{\cos\gamma} \tag{7-5}$$

滑动速度的大小，对齿面的润滑情况、齿面失效形式、发热以及传动效率等都有很大影响。

6. 中心距 a

把当蜗杆节圆与分度圆重合时的传动称为标准传动，其中心距计算式为

$$a = \frac{(d_1 + d_2)}{2} = \frac{m(q + z_2)}{2} \tag{7-6}$$

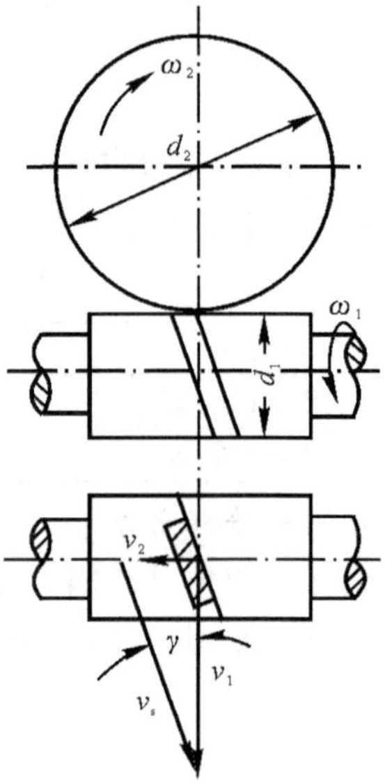

图 7－5　蜗杆传动的滑动速度

7.2.3　圆柱蜗杆传动的几何尺寸计算

设计蜗杆传动时，一般是先根据传动的功用和传动比的要求，选择蜗杆头数 z_1 和蜗轮齿数 z_2，然后再按强度计算确定模数 m 和蜗杆分度圆直径 d_1（或 q），上述参数确定后，即可根据表 7－3 计算出蜗杆、蜗轮的几何尺寸（两轴交错角为 90°、标准传动）。

表 7－3　圆柱蜗杆传动的几何尺寸计算

名　　称	计算公式	
	蜗　杆	蜗　轮
蜗杆分度圆直径，蜗轮分度圆直径	$d_1 = mq$	$d_2 = mz_2$
齿顶高	$h_a = m$	$h_a = m$
齿根高	$h_f = 1.2m$	$h_f = 1.2m$
蜗杆齿顶圆直径，蜗轮齿顶圆（喉圆）直径	$d_{a1} = m(q+2)$	$d_{a2} = m(z_2+2)$
齿根圆直径	$d_{f1} = m(q-2.4)$	$d_{f2} = m(z_2-2.4)$
蜗杆轴向齿距，蜗轮端面齿距	$p_{a1} = p_{t2} = \pi m$	
径向间隙	$c = 0.20m$	
中心距	$a = 0.5(d_1+d_2) = 0.5m(q+z_2)$	
蜗杆齿宽，蜗轮齿宽	$b_1 \approx 2.5m\sqrt{z_2+1}$	$b_2 \approx 2m(0.5+\sqrt{q+1})$

7.3　蜗杆传动的失效形式、材料和结构

7.3.1　蜗杆传动的失效形式及材料选择

蜗杆传动的主要失效形式有胶合、点蚀和磨损等。由于蜗杆传动在齿面间有较大的相对滑动，从而产生热量，使润滑油温度升高而变稀，润滑条件变坏，增大了胶合的可能性。在闭式传动中，如果不能及时散热，往往会因胶合而影响蜗杆传动的承载能力。在开式传动或润滑密封不良的闭式传动中，蜗轮轮齿的磨损就显得较为突出。

蜗杆蜗轮材料的合理选择是提高蜗杆传动承载能力和效率的重要途径之一。根据蜗杆传动的失效形式，要求蜗杆、蜗轮的材料不仅要有足够的强度，更重要的是还要有良好的减摩耐磨性能和抗胶合的能力，且易磨合。考虑一般蜗杆为主动件，直径小，应选用齿面硬度高、刚性好的材料。而蜗轮则用耐磨、减摩性能好的材料。

蜗杆一般采用碳素钢或合金钢制造。高速重载的蜗杆常用 20Cr，20CrMnTi 等材料渗碳，表面淬硬至 58～63HRC，也可用 45，40Cr 等经表面淬火至 45～55HRC。对一般用途的蜗杆，可用 40 或 45 钢，只经调质处理，硬度≤270HBS。在低速或人力传动中，蜗杆可不经热处理，甚至可采用铸铁。

在重要的高速蜗杆传动中，蜗轮常用 10－1 锡青铜（ZCuSn10P1）制造，它的抗胶合和耐磨性能好，允许的滑动速度可达 25 m/s，易于切削加工，但价格贵。在滑动速度 $v_s<12$ m/s 的蜗杆传动中，可采用含锡量低的 5－5－5 锡青铜（ZCuSn50Pb5Zn5）。10－3 铝青铜（ZCuAl10Fe3）有足够的强度、铸造性能好、耐冲击、价廉，但切削性能差，抗胶合性能不如锡青铜，一般用于 $v_s\leqslant 6$ m/s 的传动。在速度较低（$v_s\leqslant 2$ m/s）的传动中，可用球墨铸铁或灰铸铁，如 HT150，HT200。蜗轮也可用尼龙或增强尼龙材料制成。

7.3.2　蜗杆和蜗轮的结构

蜗杆通常与轴做成一体，称为蜗杆轴，除螺旋部分的结构尺寸取决于蜗杆的几何尺寸外，其余的结构尺寸可参考轴的结构尺寸而定，如图 7－6(a)所示为铣制蜗杆，在轴上直接铣出螺旋部分，刚性较好。图 7－6(b)所示为车制蜗杆，刚性较差。

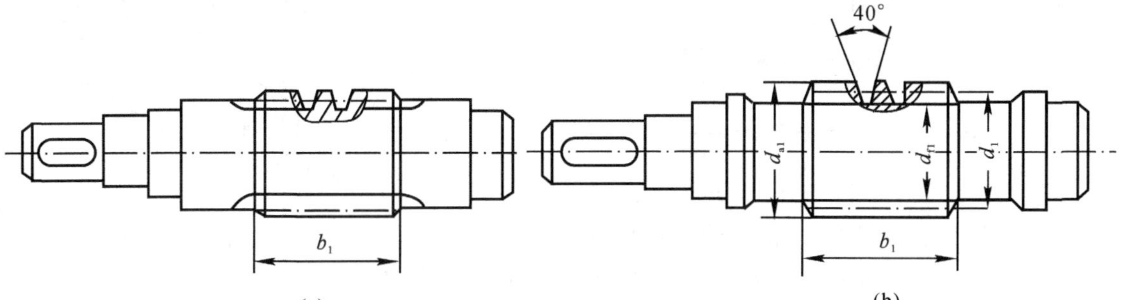

(a)　　　　(b)

图 7－6　蜗杆轴

(a) $z_1=1$ 或 2 时，$b_1\geqslant(11+0.06z_2)m$；(b) $z_1=4$ 时，$b_1\geqslant(12.5+0.09z_2)m$

蜗轮可以制成整体式的，如图 7－7(a)所示。但为了节约贵重金属，大尺寸的蜗轮通常采用组合式结构，即齿圈用有色金属制造，而轮芯用钢或铸铁制成，如图 7－7(b)所示。采用组合式结构时，齿圈和轮芯可用过盈联接，为防止齿圈和轮芯因发热而松动，常在接缝处拧入4～8个螺钉，以增强联接的可靠性。为了便于钻孔，应将螺孔中心线向材料较硬的一边偏移2～3 mm。这种结构用于尺寸不大而工作温度变化较小的场合。齿圈与轮芯也可用铰制孔螺栓联接(见图 7－7(c))，由于装拆方便，常用于尺寸较大或磨损后需要更换齿圈的场合。对于成批制造的蜗轮，常在铸铁轮芯上浇铸出青铜齿圈，如图 7－7(d)所示。

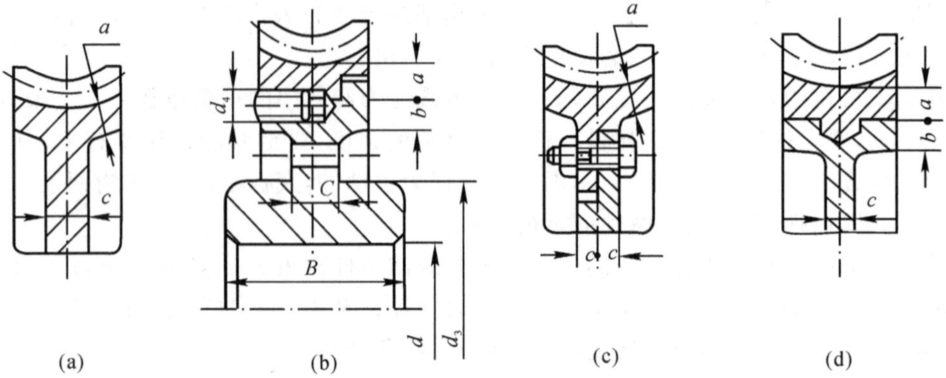

图 7－7　蜗轮的结构形式

$a\approx1.6m+1.5$ mm；$c\approx1.5m$；$B=(1.2\sim1.8)d$；$b=a$；$d_3=(1.6\sim1.8)d$；

$d_4=(1.2\sim1.5)m$；$l_1=3d_4$（m 为蜗轮模数）

7.4　蜗杆传动的强度计算

7.4.1　蜗杆传动的受力分析

蜗杆传动的受力分析与斜齿轮传动类似。齿面上的法向力 F_n 可分解为三个相互垂直的分力：圆周力 F_t、径向力 F_r 和轴向力 F_a，如图 7－8 所示。由于蜗杆轴与蜗轮轴交错成 90° 角，所以蜗杆圆周力 F_{t1} 等于蜗轮轴向力 F_{a2}，蜗杆轴向力 F_{a1} 等于蜗轮圆周力 F_{t2}，蜗杆径向力 F_{r1} 等于蜗轮径向力 F_{r2}，即

$$\left.\begin{aligned}F_{t1}&=-F_{a2}=\frac{2T_1}{d_1}\\F_{t2}&=-F_{a1}=\frac{2T_2}{d_2}\\F_{r1}&=-F_{r2}=F_{t2}\tan\alpha\end{aligned}\right\}\qquad(7-7)$$

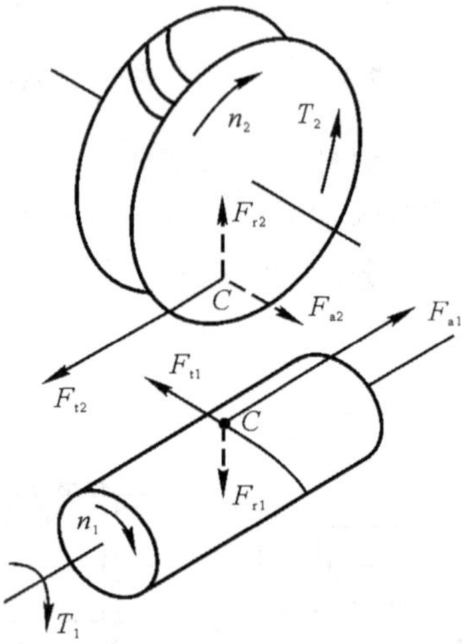

图 7－8　蜗杆与蜗轮的作用力

式中，T_1，T_2 为作用于蜗杆和蜗轮上的转矩(N · mm)，$T_2=T_1 i\eta$；η 为蜗杆传动效率；d_1，d_2 为蜗杆和蜗轮的节圆直径(mm)。

蜗杆和蜗轮轮齿上的作用力(圆周力、径向力、轴向力)方向的确定方法与斜齿圆柱齿轮相同。

7.4.2 蜗杆传动的强度计算

由于对胶合和磨损还缺少可靠的计算方法，因此蜗杆的强度计算仍按接触疲劳强度和弯曲疲劳强度进行计算。蜗轮轮齿表面接触疲劳强度计算的原始公式仍为式(2-26)，在公式中以蜗杆蜗轮的参数代入，可得蜗轮轮齿表面接触疲劳强度的验算公式为

$$\sigma_H = 500\sqrt{\frac{KT_2}{d_1 d_2^2}} = 500\sqrt{\frac{KT_2}{m^2 d_1 z_2^2}} \leqslant [\sigma_H] \tag{7-8}$$

上式适用于钢制蜗杆对青铜或铸铁蜗轮(指齿圈)。由式(7-8)可得设计公式为

$$m^2 d_1 \geqslant \left(\frac{500}{z_2[\sigma_H]}\right)^2 KT_2 \tag{7-9}$$

式(7-8)和式(7-9)中 K 为载荷因数。当工作平稳时，取为 $K=1\sim1.2$；当考虑载荷集中和动载荷的影响时，可取 $K=1.1\sim1.3$；严重冲击时，取 $K=1.5$。

设计时可按 $m^2 d_1$ 值，由表7-1确定模数 m 和蜗杆分度圆直径 d_1。

若蜗轮齿圈是由锡青铜制作的，蜗轮的主要失效形式是疲劳点蚀，其许用接触应力列于表7-4中。若蜗轮是用无锡青铜或铸铁制造的，蜗轮的主要失效形式是胶合。这时接触强度计算是条件性计算，故许用应力应根据材料组合和滑动速度来确定。表7-5中的许用接触应力就是根据抗胶合条件拟定的。

表7-4 铸锡青铜蜗轮的许用接触应力 $[\sigma_H]$ (单位：MPa)

蜗轮材料	铸造方法	滑动速度 $v(s/m\cdot s^{-1})$	蜗杆齿面硬度	
			≤350HBS	>45HRC
ZCuSn10P1	砂 型	≤12	180	200
ZCuSn10P1	金属型	≤25	200	220
ZCuSn50Pb5Zn5	砂 型	≤10	110	125
ZCuSn50Pb5Zn5	金属型	≤12	135	150

表7-5 铝青铜及铸铁蜗轮的许用接触应力 $[\sigma_H]$ (单位：MPa)

蜗轮材料	蜗杆材料	滑动速度 $v_s/(m\cdot s^{-1})$						
		0.5	1	2	3	4	6	8
10—3铝青铜	淬火钢	250	230	210	180	160	120	90
HT150，HT200	渗碳钢	130	115	90	—	—	—	—
HT150	调质钢	110	90	70	—	—	—	—

注：蜗杆未经淬火，许用接触应力应降低20%。

由蜗轮轮齿接触强度和热平衡计算所限定的承载能力，通常都能满足弯曲强度的要求，因此只有对于受强烈冲击、振动的传动，或蜗轮采用脆性材料时，才需要考虑蜗轮轮齿的弯曲强度。具体计算方法可参考有关书籍。

7.5 蜗杆传动的效率、润滑和热平衡计算

7.5.1 蜗杆传动的效率

闭式蜗杆传动的功率损耗有三部分：轮齿啮合损耗、轴承摩擦损耗和搅动箱体内润滑油的油阻损耗。因此闭式蜗杆传动的总效率为

$$\eta=\eta_1\eta_2\eta_3 \tag{7-10}$$

式中，η_1 为考虑啮合摩擦损耗时的效率；η_2 为考虑轴承摩擦损耗时的效率；η_3 为考虑油阻损耗时的效率。

蜗杆传动的总效率主要取决于啮合摩擦损耗时的效率 η_1 和 η_1，可近似按螺旋副的效率计算，即

$$\eta_1=\frac{\tan\gamma}{\tan(\gamma+\rho_v)} \tag{7-11}$$

式中，γ 为螺杆导程角；ρ_v 为当量摩擦角，$\rho_v=\arctan f_v$。当量摩擦因数 f_v 主要与蜗杆副材料、表面状况以及滑动速度等有关（见表 7-6）。

由于轴承摩擦及搅油这两项功率损耗不大，一般取 0.95～0.97，则总效率为

$$\eta=(0.95\sim0.97)\frac{\tan\gamma}{\tan(\gamma+\rho_v)} \tag{7-12}$$

由式（7-12）可知：①因蜗杆导程角 γ 随头数 z_1 增多而加大，为提高传动效率，可采用多头蜗杆；②当量摩擦角 ρ_v 随相对滑动速度 v_s 的增大而减小（见表 7-6），ρ_v 减小，将使传动效率提高，故蜗杆传动宜用于高速级传动。

近似估算传动效率可按下列数值选取：

闭式传动　$z_1=1$，$\eta=0.70\sim0.75$；$z_1=2$，$\eta=0.75\sim0.82$；$z_1=4$，$\eta=0.87\sim0.92$。

开式传动，$\eta=0.60\sim0.70$。

表 7-6　当量摩擦因数 f_v 和当量摩擦角 ρ_v

蜗轮材料	锡青铜				无锡青铜	
蜗杆齿面硬度	HRC>45		其他情况		HRC>45	
滑动速度 $v_s/(\mathrm{m\cdot s^{-1}})$	f_v	ρ_v	f_v	ρ_v	f_v	ρ_v
0.01	0.11	6.28°	0.12	6.84°	0.18	10.2°
0.10	0.08	4.57°	0.09	5.14°	0.13	7.4°
0.50	0.055	3.15°	0.065	3.72°	0.09	5.14°
1.00	0.045	2.58°	0.055	3.15°	0.07	4°
2.00	0.035	2°	0.045	2.58°	0.055	3.15°
3.00	0.028	1.6°	0.035	2°	0.045	2.58°
4.00	0.024	1.37°	0.031	1.78°	0.04	2.29°
5.00	0.022	1.26°	0.029	1.66°	0.035	2°
8.00	0.018	1.03°	0.026	1.49°	0.03	1.72°
10.0	0.016	0.92°	0.024	1.37°		
15.0	0.014	0.8°	0.020	1.15°		
24.0	0.013	0.74°				

7.5.2　蜗杆传动的润滑

由于蜗杆传动的相对滑动速度大、效率低、发热量大，因此必须注意蜗杆传动的润滑问题，否则会进一步导致效率显著降低，并会带来剧烈的磨损，甚至产生胶合，所以往往采用黏度较大的矿物油进行润滑，在润滑油中还常加入添加剂，以提高抗胶合能力。

润滑油的种类很多，应根据蜗杆、蜗轮配对材料和运转条件合理选用。润滑油的黏度和给油方法应根据相对滑动速度及载荷类型加以选择。对于闭式传动，润滑油的黏度和给油方法见表 7-7。

表 7-7　蜗杆传动润滑油黏度及润滑方法

滑动速度 $v_s/(\mathrm{m \cdot s^{-1}})$	<1	<2.5	<5	5	10	15	>25
工作条件	重载	重载	中载				
运动黏度 $\mathrm{cSt_{50}}(\mathrm{cSt_{100}})$	900	500	350	220	150	100	80
给油方法	油池润滑			油池润滑或喷油润滑	压力喷油润滑/MPa		
					0.7	2	3

7.5.3　蜗杆传动的热平衡计算

由于蜗杆传动效率低，工作时将产生大量的热。在闭式传动中，如果不能及时散热，会引起温升过高而降低润滑油的黏度，使润滑不良，从而导致蜗轮齿面磨损和胶合。所以对连续工作的闭式蜗杆传动要进行热平衡计算。

在闭式传动中，热量由箱体散逸，要求箱体内的油温 t 和周围空气温度 t_0 之差 Δt 不超过允许值，即

$$\Delta t = t - t_0 = \frac{1\,000 P_1 (1-\eta)}{\alpha_s A} \leqslant [\Delta t] \tag{7-13}$$

式中，P_1 为蜗杆传动递的功率(kW)；η 为传动效率；α_s 为散热系数，通常取 $\alpha_s = 10 \sim 17\ \mathrm{W/(m^2 \cdot C)}$；$A$ 为散热面积($\mathrm{m^2}$)；Δt 为温差允许值，一般为 60～70 ℃，并应使油温 $t(=t_0+\Delta t)<90$℃。

若计算的温差超过允许值，改善散热条件可采取下列措施：

(1)在箱体上加散热片以增大散热面积；

(2)在蜗杆轴上装风扇进行吹风冷却(见图 7-9(a))；

(3)在箱体油池内装蛇形水管，用循环水冷却(见图 7-9(b))；

(4)用循环油冷却(见图 7-9(c))。

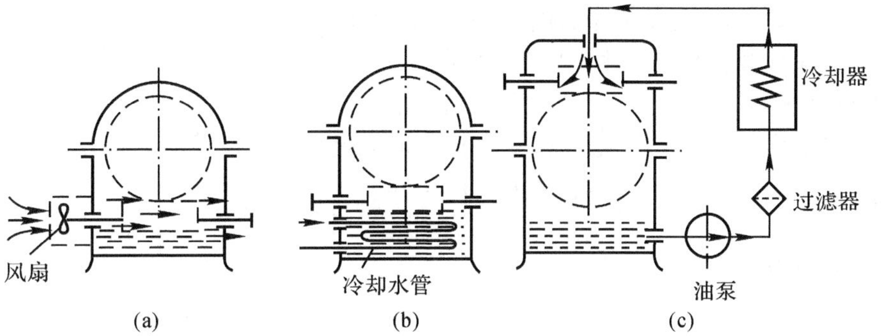

图 7-9　蜗杆传动的散热

【例 7-1】 已知一传递动力的蜗杆传动，蜗杆为主动件，它所传递的功率 $P=4$ kW，转速 $n_1=960$ r/min，$n_2=80$ r/min，载荷平稳，试设计此蜗杆传动。

【解】 (1)选择材料并确定其许用应力。蜗杆用 45 钢，表面淬火 45～50HRC；蜗轮用 ZCuSn10P1(10-1 锡青铜)砂型铸造。为节约有色金属，轮芯用灰铸铁 HT100，仅齿圈用青铜。由表 7-4 查得$[\sigma_H]=200$ MPa。

(2)选择蜗杆头数 z_1，确定蜗轮齿数 z_2。传动比 $i=n_1/n_2=960/80=12$，为了提高传动效率，可选 $z_1=2$，则 $z_2=iz_1=12\times2=24$。

(3)初选蜗杆传动的效率。由 $z_1=2$，估算传动效率为 0.8。

(4)计算作用在蜗轮上的转矩 T_2，即

$$T_2=9.55\times10^6\times\frac{P_2}{n_2}=9.55\times10^6\times\frac{P_1\eta}{n^2}=9.55\times10^6\times\frac{4\times0.8}{80}=382\ 000\ \text{N}\cdot\text{mm}$$

(4)确定载荷因数。因载荷平稳，速度较低，取 $K=1.1$，由式(7-9)得

$$m^2d_1\geqslant\left(\frac{500}{z_1[\sigma_H]}\right)^2KT_2=\left(\frac{500}{24\times200}\right)^2\times1.1\times382\ 000=4\ 559.5\ \text{mm}^3$$

由表 7-1 可知，$m=8$ mm，$d_1=80$ mm。

(5)验算效率。蜗杆分度圆的圆周速度为

$$v_1=\frac{\pi d_1n_1}{60\times1\ 000}=\frac{\pi\times80\times960}{60\times1\ 000}=4.02\ \text{m/s}$$

由式(7-5)可知齿面的滑动速度为

$$v_s=\frac{v_1}{\cos\gamma}=\frac{4.02}{\cos 11.309\ 9^\circ}=4.10\ \text{m/s}$$

其中

$$\gamma=\arctan\frac{z_1m}{d_1}=\arctan\frac{2\times8}{80}=11.309\ 9^\circ$$

由表 7-6，线性插值求得当量摩擦角为 $\rho_v=1.359^\circ$。根据式(7-12)求得效率为

$$\eta=(0.95\sim0.97)\frac{\tan\gamma}{\tan(\gamma+\rho_v)}=(0.95\sim0.97)\frac{\tan 11.309\ 9^\circ}{\tan(11.309\ 9^\circ+1.359^\circ)}=0.85\sim0.86$$

效率高于 0.8。

(6)验算接触疲劳强度。按接触疲劳强度设计的公式(7-9)重新计算 m^2d_1 的值，以效率 0.86 计算，则有

$$m^2d_1=4\ 559.5\times\frac{0.86}{0.8}=4\ 901\ \text{mm}^3$$

该值小于 $8^2\times80=5\ 120$ mm³，所以设计结果可用。

(7)计算的主要几何尺寸如下：

蜗杆分度圆直径 $d_1=80$ mm

蜗轮分度圆直径 $d_2=mz_2=8\times24=192$ mm

中心距 $a=\dfrac{d_1+d_2}{2}=\dfrac{80+192}{2}=136$ mm

(8)热平衡计算如下：

取 $A=1.1$ m²，$\alpha_t=15$ W/m² · ℃，则

$$\Delta t=t-t_0=\frac{1\ 000P_1(1-\eta)}{\alpha_s A}=\frac{1\ 000\times4\times(1-0.86)}{15\times1.1}=33.9℃<[\Delta t]=60\sim70\ ℃$$

设室温 $t_0=20$ ℃，则油温 $t=t_0+\Delta t=20+33.9=53.9$ ℃<90 ℃，所以合适。

(9)其他几何尺寸计算(略)。

(10)绘制蜗杆和蜗轮零件工作图(略)。

习题与思考题

7-1　蜗杆传动有哪些基本特点？

7-2　蜗杆传动的正确啮合条件是什么？

7-3　蜗杆传动的设计计算中有哪些主要参数？如何选择这些参数？为何规定蜗杆分度圆直径 d_1 为标准值？

7-4　图 7-10 所示为四种蜗杆传动形式(蜗杆为主动件)。在图中分别画出作用在蜗杆、蜗轮上的三个分力，并标出蜗轮齿螺旋线的方向及蜗轮的回转方向。

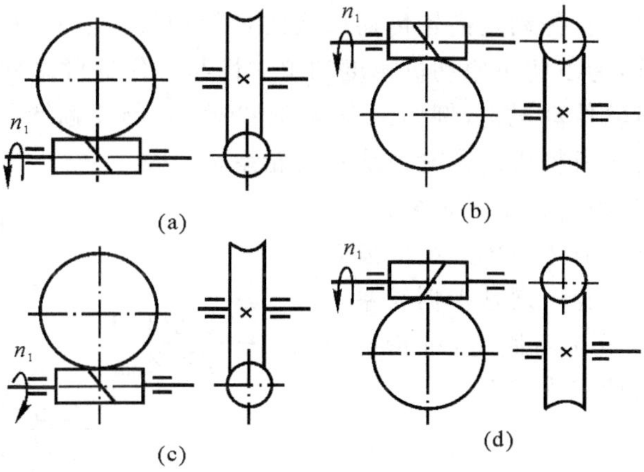

图　7-10

7-5　设某一标准蜗杆传动的模数 $m=5$ mm，蜗杆的分度圆直径 $d_1=50$ mm，蜗杆的头数 $z_1=2$，传动比 $i=20$。试计算蜗轮的螺旋角和蜗杆传动的主要尺寸。

7-6　如图 7-11 所示为手动车中所采用的蜗杆传动。已知 $m=8$ mm，$d_1=80$ mm，$z_1=1$，$i=40$，卷筒的直径 $D=250$ mm，试计算：①欲使重物上升 1 m，蜗杆应转动的转数；②设蜗杆和蜗轮间的当量摩擦因数为 0.18，检验该蜗杆传动是否满足自锁条件；③设重物重 $W=5$ kN，通过手柄施加的力 $F=100$ N，手柄转臂的长度 l 的最小值。

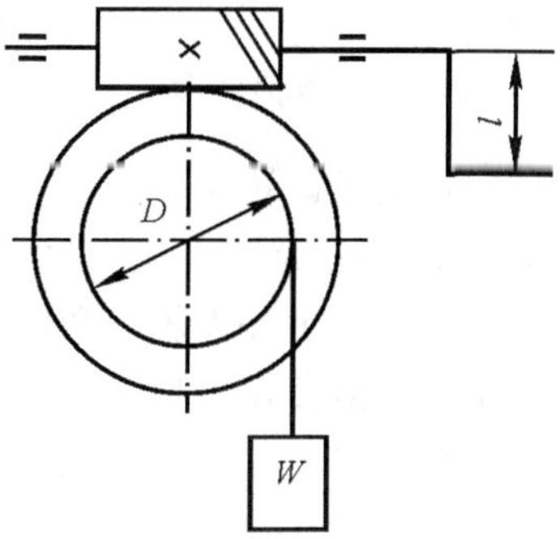

图　7-11

7-7　设计一由电动机驱动的单级圆柱蜗杆减速器。电动机功率为 7 kW，转速为 1 440 r/min，蜗轮轴转速为 80 r/min，载荷平稳，单向传动。蜗轮材料选 10-1 锡青铜，砂型；蜗杆选用 40Cr，表面淬火。

7-8　一圆柱蜗杆减速器，蜗杆轴功率 $P_1=100$ kW，传动总效率 $\eta=0.8$，三班制工作，试按当地工业用电价格(每度电若干元)计算五年中用于功率损耗的费用。

第8章　轮　　系

8.1　轮系及其分类

前面所研究的一对齿轮传动是齿轮传动机构的最简单形式。但在实际机械中，一对齿轮往往不能满足工作要求，为了解决原动机速度的单一性与工作速度多样性之间的矛盾，往往需要有一系列相啮合的齿轮传动机构，例如手表、各种变速器、航空航天发动机上所有的传动装置等。这种由一系列齿轮所构成的齿轮系统称为轮系。

轮系的类型很多，其组合也是多种多样的，在一个轮系中可以同时包含圆柱齿轮、圆锥齿轮和蜗杆传动等各种类型的齿轮。通常根据轮系运转中各齿轮轴线的空间位置是否固定，将轮系分为定轴轮系和周转轮系两种基本类型。

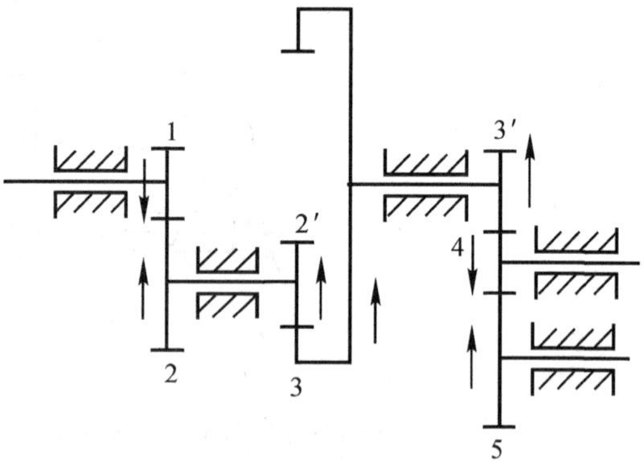

图 8-1　定轴轮系

8.1.1　定轴轮系

轮系运转时，如果各齿轮的轴线相对于机架的位置都是固定不动的，这种轮系称为定轴轮系（见图 8-1）。

8.1.2　周转轮系

在轮系运转时，至少有一个齿轮轴线的位置不固定，而是绕某一固定轴线旋转，则称该轮系为周转轮系。如图 8-2 所示是一个基本的周转轮系。其中外齿轮 1 和内齿轮 3 均绕着固定轴线 OO 转动，称此二齿轮为中心轮或太阳轮。齿轮 2 则活套在构件 H 上的小轴 O_1O_1 上，而构件 H 也是绕固定轴线 OO 转动的。所以在轮系运转的过程中，齿轮 2 除了绕自身的几何轴线 O_1O_1 回转（自转）之外，还同时随着构件 H 一起绕固定轴线 OO 回转（公转），即齿轮 2 作行星运动，故称齿轮 2 为行星轮。而支持行星轮作公转的构件 H 为行星架（或称转臂）。在周转轮系中，一般都以太阳轮和行星架作为运动的输入和输出构件。故又常称它们为周转轮系中的基本构件。基本构件都围绕着同一固定轴线 OO，因此也常称 OO 轴线为主轴线。

一个基本的周转轮系必须有行星架，具有一个或若干个行星轮，以及与行星轮相啮合的不多于两个的太阳轮。

基本周转轮系根据其所具有的自由度的数目，可以划分为两类。若周转轮系的自由度为2(见图8-2(a))，则称其为差动轮系。若在上述差动轮系中，把1和3两个太阳轮中的某一个与机架相固联而变为固定轮，则此时的周转轮系的自由度为1(见图8-2(b))，则称其为行星轮系。显然，对差动轮系须给两个原动件，对行星轮系须给一个原动件才能使轮系有确定运动。

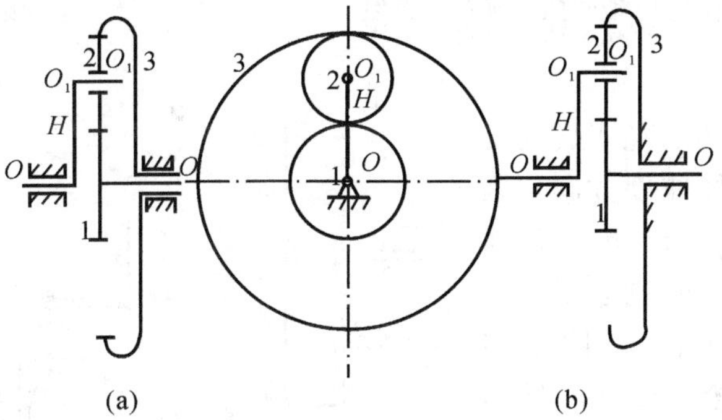

图8-2 周转轮系及其组成

(a)差动轮系；(b)行星轮系

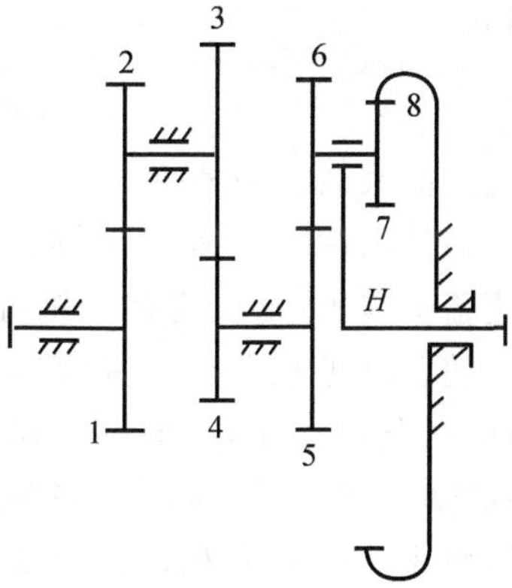

图8-3 混合轮系

8.1.3 复合轮系

在实际机械中，除了采用单一的定轴轮系和单一的周转轮系外，还经常用到既含定轴轮系又包含周转轮系或由几部分周转轮系组成的复杂轮系，这种轮系称为复合轮系或混合轮系。混合轮系的特点是一定包含周转轮系；如图8-3所示轮系即是一个混合轮系，其中齿轮1,2,3,4组成一个定轴轮系，而齿轮5,6,7,8和系杆H组成一个行星轮系。

8.2 定轴轮系的传动比

所谓轮系的传动比，是指该轮系中输入、输出两构件角速度之比。确定一个轮系的传动比，不仅要计算传动比的大小，还要确定首末两构件的转向关系。

1. 传动比大小的计算

以图8-4所示的定轴轮系为例介绍传动比的计算方法。

齿轮1,2,3为圆柱齿轮，3′,4,4′,5为锥齿轮，设齿轮1为主动轮(首轮)，齿轮5为从动轮(末轮)，其轮系的传动比为$i_{15}=\omega_1/\omega_5$。各对啮合齿轮的传动比为

$$i_{12}=\omega_1/\omega_2=z_2/z_1$$

$$i_{23}=\omega_2/\omega_3=z_3/z_2$$

$$i_{3'4}=\omega_{3'}/\omega_4=\omega_4/\omega_3=z_4/z_{3'}$$

$$i_{4'5}=\omega_{4'}/\omega_5=\omega_4/\omega_5=z_5/z_{4'}$$

由于齿轮1到齿轮5之间的传动一定与各对啮合齿轮有关，为此，可将上列各齿对齿轮传动比两端分别连乘起来，可得

$$i_{12}i_{23}i_{3'4}i_{4'5}=\frac{\omega_1}{\omega_2}\frac{\omega_2}{\omega_3}\frac{\omega_3}{\omega_4}\frac{\omega_4}{\omega_5}=\frac{\omega_1}{\omega_5}$$

即

$$i_{15}=\frac{\omega_1}{\omega_5}=i_{12}i_{23}i_{3'4}i_{4'5}=\frac{z_2z_3z_4z_5}{z_1z_2z_{3'}z_{4'}} \tag{8-1}$$

式 8-1 说明，定轴轮系的传动比等于组成该轮系的各对啮合齿轮传动比的连乘积；其大小等于各对啮合齿轮所有从动轮齿数的连乘积与各对啮合齿轮所有主动轮齿数的连乘积之比。即得通式

$$\text{定轴轮系传动比}=\frac{\text{所有从动轮齿数连乘积}}{\text{所有主动轮齿数连乘积}} \tag{8-2}$$

2. 首、末轮转向的确定

(1)箭头法。在图 8-4 所示轮系中，设首轮 1 转向已知，用箭头表示(箭头代表齿轮可见侧圆周速度方向)，则首、末轮及其他轮的转向关系可用箭头表示。因为任何一对啮合传动齿轮，其节点处圆周速度相同，则表示两轮转向的箭头应同时指向节点或同时背离节点。由图 8-4 可见，轮 1,5 的转向相反。箭头法确定轮系中各轮转向关系对任何轮系都适用。

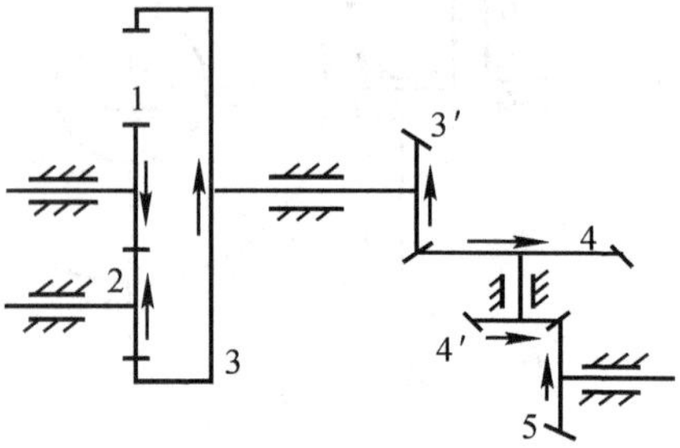

图 8-4

(2)正、负号法。对于仅仅首、末轮的轴线相互平行的轮系，由于两轮的转向相同或相反，因此规定：两轮转向相同，其传动比为"+"；转向相反，其传动比为"－"。但其"+""－"需用箭头法判断出的两轮转向关系来确定。如图 8-4 所示轮系传动比则为"－"，即

$$i_{15}=\omega_1/\omega_5=-\frac{z_3z_4z_5}{z_1z_{3'}z_{4'}}$$

对于所有齿轮的轴线都是相互平行的轮系，即全部由圆柱齿轮组成的轮系，还可以用 $(-1)^m$ 表示传动比的正、负号，m 为外啮合齿轮的对数。如图所示，轮 1,3 的传动比为(其中 $m=1$)

$$i_{13}=\omega_1/\omega_3=(-1)^m z_3/z_1$$

需要强调指出：若轮系中首、末轮轴线不平行，则不能用"+""－"表示两轮转向关系，而只能用箭头来表示。

在图 8-4 所示轮系中，轮 2 既是从动轮又是主动轮，其齿数 z_2 在式中可以被约去，故轮 2 的齿数不影响传动比的大小，但起着改变从动轮转向的作用，轮系中的这种齿轮称为过轮或中间轮。

8.3 周转轮系的传动比

周转轮系与定轴轮系的本质区别在于在周转轮系中有行星轮存在，或者说有一个转动的系杆。由于系杆的回转使得行星轮不但有自转还有公转，故其传动比不能直接用定轴轮系传动比的公式进行计算。但是如果能够在保持周转轮系中各构件之间的相对运动不变的条件下，使得系杆固定不动，则该周转轮系即被转化为一个假想的周转轮系，就可以借助此转化轮系，按定轴轮系的传动比公式进行周转轮系传动比的计算，这种方法称为转化法或转化机

构法。

在图 8-5 所示的周转轮系中，设 ω_1，ω_2，ω_3 及 ω_H 为齿轮 1，2，3 及行星架 H 的绝对角速度。根据相对运动原理，设想给整个周转轮系加上一个公共角速度"$-\omega_H$"，使之绕系杆的固定轴线回转，这时各构件之间的相对运动仍将保持不变，而系杆的角速度变为 $\omega_H-\omega_H=0$，即系杆"静止不动"了。于是周转轮系转化成了定轴轮系，转化后的各构件角速度变化见表8-1。

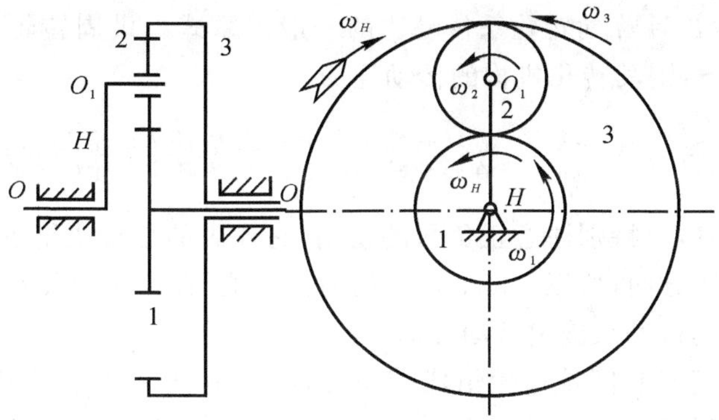

图 8-5　周转轮系

表 8-1　周转轮系转化前后各构件的转速

构件	原有角速度	在转化轮系中的角速度(即相对于系杆的角速度)
齿轮 1	n_1	$n_1^H=n_1-n_H$
齿轮 2	n_2	$n_2^H=n_2-n_H$
齿轮 3	n_3	$n_3^H=n_3-n_H$
机架 4	0	$n_4^H=-n_H$
系杆 H	n_H	$n_H^H=n_H-n_H$

角速度 ω_1^H，ω_2^H，ω_3^H 及 ω_H^H 的右上角标 H 表示构件 1，2，3 及 H 相对于构件 H 的相对角速度。这种转化所得的假想定轴轮系称为原周转轮系的转化轮系或转化机构，如图 8-6 所示。

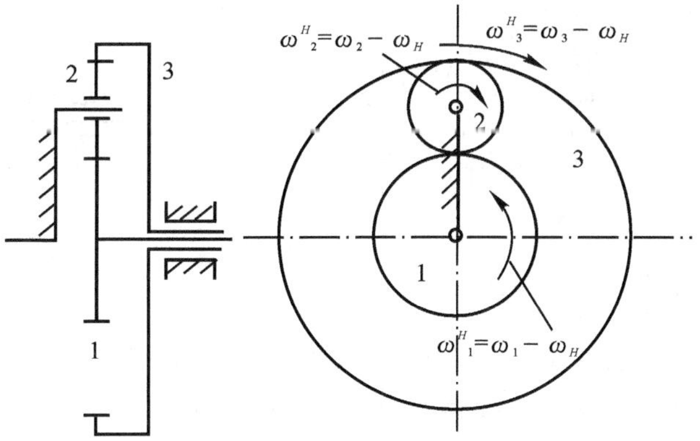

图 8-6　周转轮系转化机构

转化机构中的任意两轴的传动比都可以用定轴轮系传动比的计算方法求得，即

$$i_{13}^H=\frac{\omega_1^H}{\omega_3^H}=\frac{\omega_1-\omega_H}{\omega_3-\omega_H}=-\frac{z_2z_3}{z_1z_2}=-\frac{z_3}{z_1} \tag{8-3}$$

式中，齿数比前的负号表示在转化机构中轮 1 与轮 3 的转向相反，不代表轮 1 和轮 3 的真实方向。

式(8－3)表明，在差动轮系中，有三个活动构件 1，3 及 H，知道任意两个构件的运动，即可求出第三个构件的运动。在行星轮系中，有两个活动构件，知道其中一个构件的运动，即可求出另一个构件的运动。

综上所述，不难得出计算周转轮系传动比的一般关系式。设周转轮系的两个太阳轮分别为 A 和 B，行星架为 H，则其转化机构的传动比为

$$i_{AB}^{H}=\frac{\omega_A^H}{\omega_B^H}=\frac{\omega_A-\omega_H}{\omega_B-\omega_H}=\pm\frac{\text{在转化轮系中由 }A\text{ 至 }B\text{ 各从动轮齿数的乘积}}{\text{在转化轮系中由 }A\text{ 至 }B\text{ 各主动轮齿数的乘积}} \tag{8-4}$$

在应用式(8－4)时，要特别注意正负号的使用，它代表的是转化轮系中 A，B 两轮的转向，不代表周转轮系的真实方向，所以 ω_A，ω_B，ω_H 均为代数值，在使用中要带有相应的正负号。这样求出的转速就可按其符号来确定转动方向。

式(8－4)同样适用于有圆锥齿轮组成的周转轮系，不过 A，B 两个中心轮和行星架 H 的轴线必须相互平行，而其转化机构传动比 i_{AB}^{H} 的正负号必须用画箭头的方法来确定。

如果所研究的轮系为具有固定轮的行星轮系，设固定轮的齿数为 B，$\omega_B=0$，所以式(8－4)可改写成

$$i_{AB}^{H}=\frac{\omega_A-\omega_H}{\omega_B-\omega_H}=\frac{\omega_A-\omega_H}{0-\omega_H}=1-\frac{\omega_A}{\omega_H}=1-i_{AH}$$

所以

$$i_{AH}=1-i_{AB}^{H} \tag{8-5}$$

式(8－5)说明，活动齿轮 A 对行星架 H 的传动比等于 1 减去行星架 H 固定时活动齿轮 A 对原固定中心轮 B 的传动比。

【例 8－1】 如图 8－7 所示为一大传动比的行星减速器。已知各轮的齿数为 $z_1=100$，$z_2=101$，$z_{2'}=100$，$z_3=99$。试求传动比 i_{1H}。

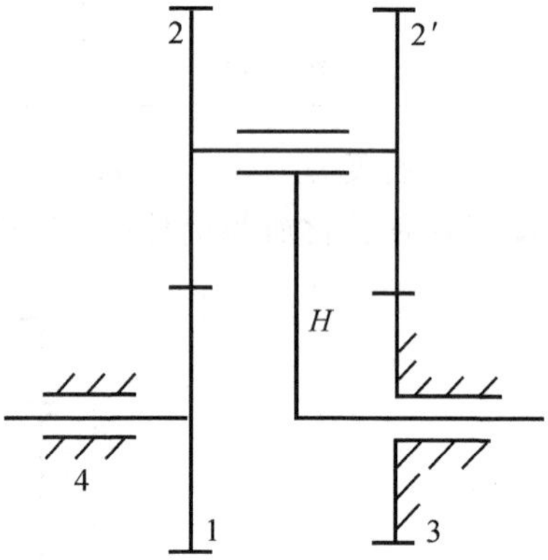

图 8－7　行星减速器

【解】 由于太阳轮 3 固定，所以该轮系为行星轮系。根据式(8－3)，有

$$i_{13}^{H}=\frac{\omega_1^H}{\omega_3^H}=\frac{\omega_1-\omega_3}{\omega_3-\omega_H}=(-1)^2\ \frac{z_2z_3}{z_2z_{2'}}$$

$$i_{1H}=\frac{\omega_1}{\omega_3}=1-i_{13}^{H}=1-\frac{z_2z_3}{z_1z_{2'}}=1-\frac{101\times99}{100\times100}=\frac{1}{10\ 000}$$

所以

$$i_{H1}=\frac{\omega_H}{\omega_1}=\frac{1}{i_{1H}}=10\ 000$$

即当杆系 H 转 10 000 转，轮 1 才转 1 转，且两构件转向相同。本例也说明，行星轮系可以用少数几个齿轮获得很大的传动比，这是定轴轮系不能比的。

【例 8－2】 在图 8－8 所示的轮系中，已知 $z_1=15$，$z_2=25$，$z_{2'}=20$，$z_3=60$，两个太阳轮的转速分别为 $n_1=200$ r/min，$n_3=50$ r/min，试求系杆 H 的转速 n_H：①当 n_1，n_3 转向相同时；②当 n_1，n_3 转向相反时。

【解】 此轮系的自由度为 2，是差动轮系。由式(8－3)得

$$i_{13}^{H}=\frac{n_1^H}{n_3^H}=\frac{n_1-n_H}{n_3-n_H}=(-1)^1\frac{z_2z_3}{z_1z_{2'}}=-\frac{25\times60}{15\times20}=-5$$

(1)当 n_1, n_3 转向相同时：设 n_1 转向均为正，则 $n_1=200$ r/min，$n_3=50$ r/min，将其代入上式，得

$$\frac{n_1-n_H}{n_3-n_H}=\frac{200-n_H}{50-n_H}=-5$$

解得 $n_H=75$ r/min，说明 n_H 的转向与 n_1, n_3 相同。

(2)当 n_1, n_3 转向相反时，此时可任意假定其中一个转向为正，而另一个转向为负。设 $n_1=200$ r/min，$n_3=-50$ r/min，代入上式得

$$\frac{n_1-n_H}{n_3-n_H}=\frac{200-n_H}{-50-n_H}=-5$$

解得 $n_H=-8.33$ r/min，说明 n_H 的转向与 n_1 相反。

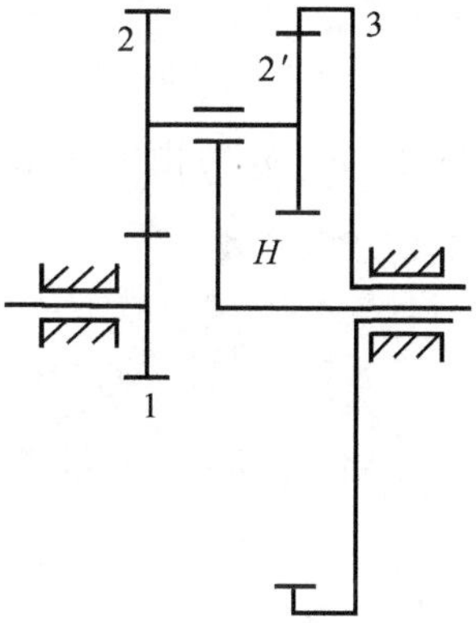

图　8-8

8.4　复合轮系的传动比

由前述可知，复合轮系由基本周转轮系与定轴轮系组成，或者由几个周转轮系组成，对于这样的复杂轮系传动比的计算，既不能直接套用定轴轮系的公式，也不能直接套用周转轮系的公式。计算复合轮系传动比的基本步骤如下：

(1)正确划分定轴轮系和基本周转轮系。划分轮系时应先找出基本周转轮系，根据周转轮系具有行星轮的特点，首先找出轴线不固定的行星轮，支持行星轮作公转的构件就是系杆，而几何轴线与系杆的回转轴线相重合，且直接与行星轮相啮合的定轴齿轮就是太阳轮。这样的行星轮、系杆、太阳轮组成一个基本周转轮系。分出一个基本的周转轮系之后，还要判断是否还有其他行星轮被另一个行星架支撑，每一个行星架对应一个周转轮系。在逐一找出所有的周转轮系之后，剩下的就是定轴轮系了。

(2)周转轮系和定轴轮系的公式，计算各轮系的传动比。

(3)将各传动比关系式连接在一起求解。

【例 8-3】　在图 8-9 所示轮系中，已知 ω_6 及各齿轮齿数为：$z_1=50$，$z_{1'}=30$，$z_{1''}=60$，$z_2=30$，$z_{2'}=20$，$z_3=100$，$z_4=45$，$z_5=60$，$z_{5'}=45$，$z_6=20$，求 ω_3 的大小和方向。

【解】　轴线不固定的双联齿轮 2-2′是行星轮，与双联齿轮 2-2′啮合的齿轮 1 和 3 为中心轮，而支持双联齿轮 2-2′旋转的则为系杆 H，因此，齿轮 1，2-2′，3 和 H 组成一差动周转轮系。由于轮系中再没有其他的行星轮，所以其余的齿轮 6，1″-1′，5-5′，4 组成一定轴轮系。周转轮系传动比为

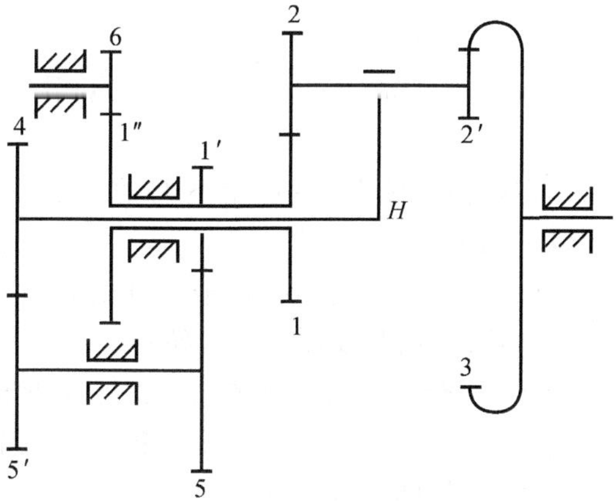

图　8-9

$$i_{13}^{H}=\frac{\omega_1-\omega_H}{\omega_3-\omega_H}=(-1)^1\frac{z_2z_3}{z_1z_{2'}}=-\frac{30\times20}{50\times20}=-3 \quad (1)$$

式中，ω_1，ω_3 可由定轴轮系求得，即

$$\omega_1=\omega_1''=\omega_6\times\left(-\frac{z_6}{z_{1''}}\right)=\omega_6\times\left(\frac{20}{60}\right)=-\frac{1}{3}\omega_6$$

$$\omega_H=\omega_4=\omega_6\times\left(-\frac{z_6z_{1'}z_{5'}}{z_{1''}z_5z_4}\right)=\omega_6\times\left(-\frac{20\times30\times45}{60\times60\times45}\right)=-\frac{1}{6}\omega_6$$

将 ω_1，ω_H 代入得式(1)，得

$$\frac{\omega_1-\omega_H}{\omega_3-\omega_H}=\frac{-\frac{1}{3}\omega_6-\left(-\frac{1}{6}\omega_6\right)}{\omega_3-\left(-\frac{1}{6}\omega_6\right)}=-3$$

解得 $\omega_3=-\frac{1}{9}\omega_6$，齿轮 3 与齿轮 6 的转动方向相反。

【例 8-4】 图 8-10 所示为电动卷扬机的减速器，已知各齿轮齿数为 $z_1=24$，$z_2=28$，$z_{2'}=30$，$z_3=90$，$z_{3'}=20$，$z_4=30$，$z_5=80$。试求传动比 i_{1H}。

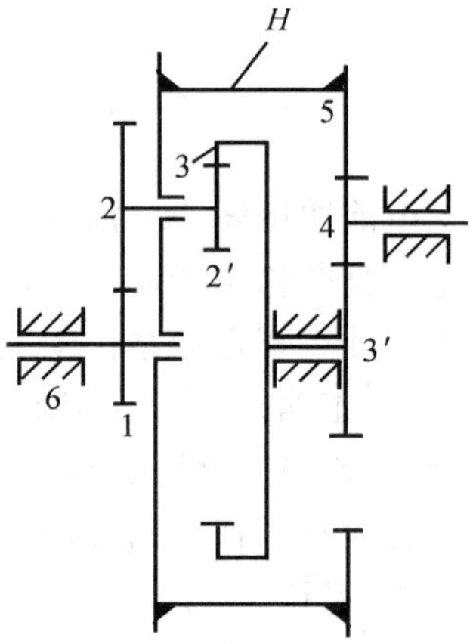

图 8-10　电动卷扬机减速器

【解】 该混合轮系由基本轮系构成，齿轮 1，2，2′，3，系杆 H 组成差动轮系；齿轮 3′，4，5 组成定轴轮系，其中 $\omega_H=\omega_5$，$\omega_3=\omega_{3'}$。

对于定轴轮系，有

$$i_{3'5}=\frac{\omega_{3'}}{\omega_5}=-\frac{z_5}{z_{3'}}=-\frac{80}{20}=4 \quad (1)$$

对于差动轮系，根据式(8-3)有

$$i_{13}^{H}=\frac{\omega_1-\omega_H}{\omega_3-\omega_H}=(-1)^1\frac{zz_3}{z_1z_{2'}}=-\frac{48\times90}{24\times30}=-6 \quad (2)$$

联立方程(1)和(2)及 $\omega_H=\omega_5$，$\omega_3=\omega_{3'}$，即得

$$i_{1H}=\frac{\omega_1}{\omega_3}=31$$

8.5　轮系的功用

在各种机械设备中，轮系的功用非常广泛，主要的有以下几个方面：

(1)实现相距较远的两轴之间的传动。当两轴之间的距离较远时，若仅用一对齿轮传动，如图 8-11 中点划线所示，两轮的轮廓尺寸就很大；如果改用图中实线所示轮系传动，总的轮廓尺寸就小得多，从而可节省材料，减轻质量，降低成本和所占空间。

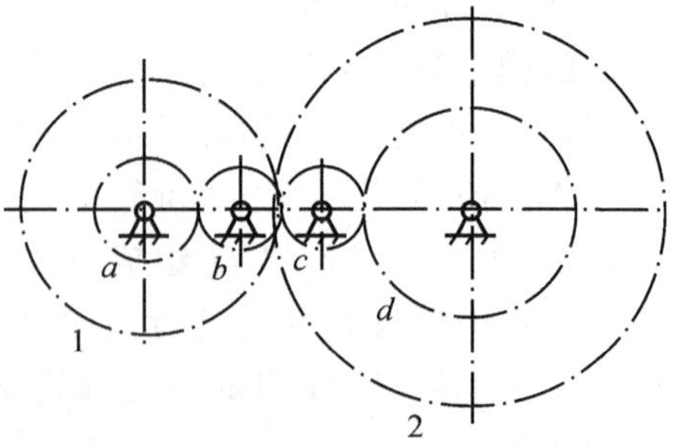

图　8-11

(2)传动实现分路。利用轮系可以使一个主动轴同时带动若干个从动轴转动输出。如图 8-12 所示的定轴

轮系把主动轴Ⅰ的运动,通过一系列齿轮传动分成为从动轴Ⅱ,Ⅲ,Ⅳ三个运动而输出。

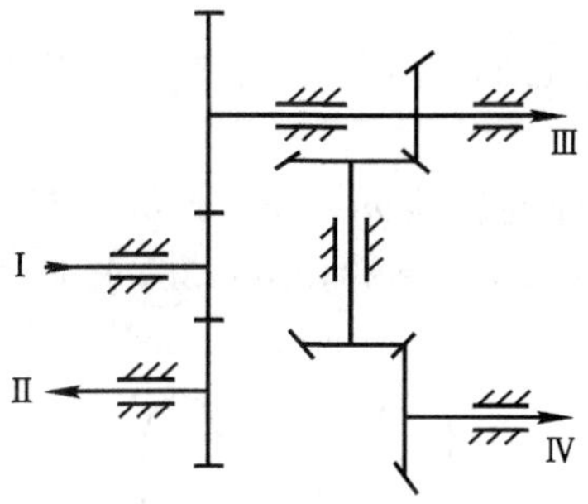

图 8-12 定轴轮系

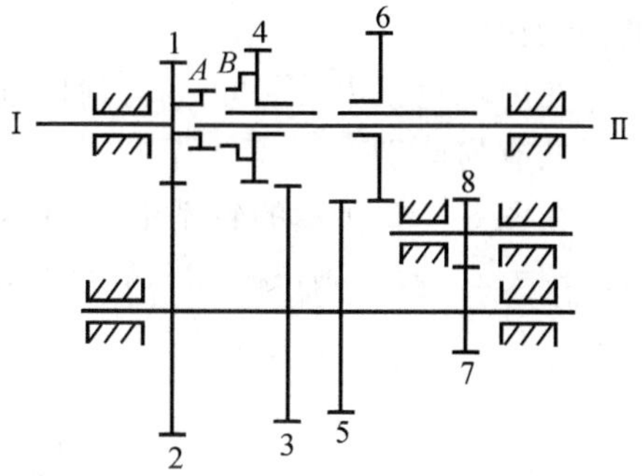

图 8-13 汽车变速箱轮系

(3)实现变速变向传动。输入轴的转速转向不变,利用轮系可使输出轴得到若干种转速或改变输出轴的转向,这种传动称为变速变向传动。如汽车在行驶中经常变速、倒车时要变向等。如图 8-13 所示为汽车的变速箱,图中轴Ⅰ为动力输入轴,Ⅱ为输出轴,4,6 为滑移齿轮,A,B 为牙嵌式离合器。该变速箱可使输出轴得到 4 种转速分别如下:

第一档:齿轮 5,6 相啮合而 3,4 和离合器 A,B 均脱离。

第二档:齿轮 3,4 相啮合而 5,6 和离合器 A,B 均脱离。

第三档:离合器 A,B 相嵌合而齿轮 5,6 和 3,4 均脱离。

倒退档:齿轮 6,8 相啮合而 3,4 和 5,6 以及离合器 A,B 均脱离。此时由于惰轮 8 的作用,输出轴Ⅱ反向。

(4)得到大的传动比。当两轴间需要较大的传动比时,若只用一对齿轮传动,则两轮直径相差很大,不仅使传动轮廓尺寸过大,而且由于两轮齿数必然相差很多,小轮极易磨损,两轮寿命相差过分悬殊。若采用图 8-7 所示轮系,就可在各轮直径不大的情况下得到很大的传动比。

(5)运动的合成与分解。因为差动轮系有两个自由度,所以需要给定三个基本构件中任意两个的运动后,第三个构件的运动才能确定,这就意味着第三个构件的运动为另两个基本构件的运动合成。

在差动轮系中,当给定两个基本构件的运动,便可依据附加条件,按所需比例将其分解成另外两个基本构件的运动。图8-14所示为汽车后桥差速器的轮系,当汽车拐弯时,它能将发动机传动齿轮 5 的运动分解为不同转速,分别送给左右两个车轮,以避免转弯时左右两轮对地面产生相对滑动,从而减轻轮胎的磨损。

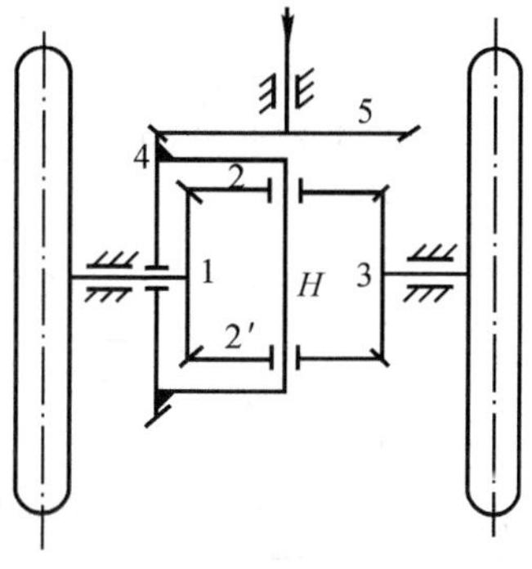

图 8-14 汽车后桥差速器轮系

习题与思考题

8-1 定轴轮系与周转轮系有什么区别?行星轮系与差动轮系有什么区别?

8-2 定轴轮系的传动比如何计算?首末两轮的转向如何确定?

8-3 何谓转化轮系?引入转化轮系的目的是什么?

8-4　何谓周转轮系的“转化机构”？为什么可以应用“转化机构法”来计算周转轮系中基本构件的传动比？

8-5　在周转轮系中，i_{AB}^{H}与i_{AB}有何区别？如何确定它们的符号？ω_A^H的大小和方向与ω_A的大小和方向有何区别？

8-6　在图8-15所示的轮系中，已知双头右旋蜗杆的转速$n_1=900$ r/min，转向如图所示，$z_2=60$，$z_{2'}=25$，$z_3=20$，$z_{3'}=25$，$z_4=20$，$z_{4'}=45$，$z_5=25$，$z_{5'}=28$，$z_6=135$，求n_6的大小和方向。

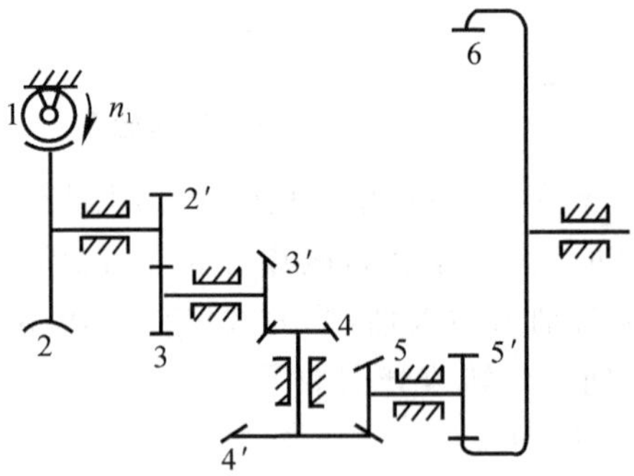

图　8-15

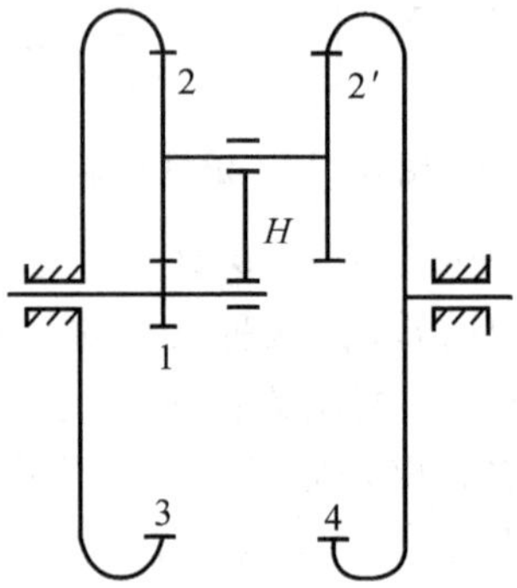

图　8-16

8-7　在图8-16所示的三爪电动卡盘的传动轮系中，各轮齿数为$z_1=6$，$z_2=z_{2'}=25$，$z_3=57$，$z_4=56$，求传动比i_{14}。

8-8　在图8-17所示轮系中，各轮均为标准齿轮，已知各齿轮齿数为$z_1=18$，$z_{1'}=80$，$z_2=20$，$z_3=36$，$z_{3'}=24$，$z_{4'}=80$，$z_5=50$，$z_6=2$(左旋)，$z_7=58$。试求：

(1)齿数z_4；

(2)传动比i_{17}；

(3)已知轮1转向如图8-17所示，试标出轮7的转向。

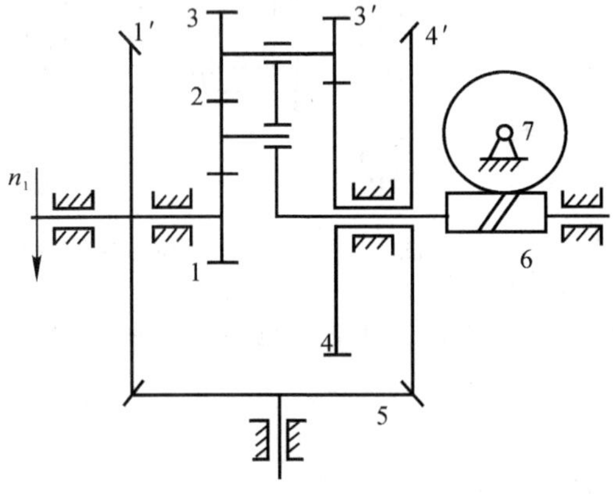

图　8-17

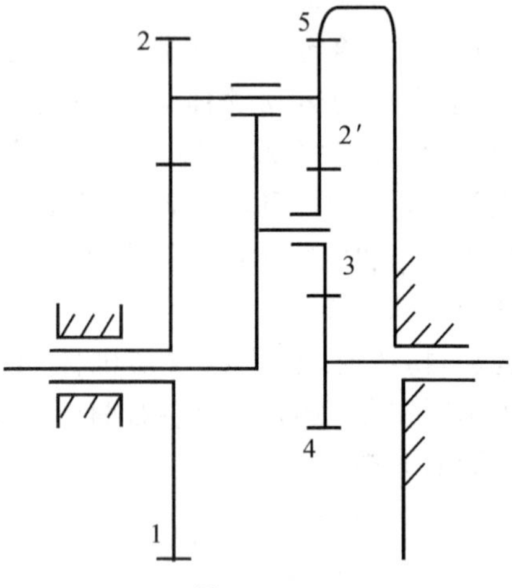

图　8-18

8-9　在图8-18所示轮系中，已知各齿轮数为$z_1=80$，$z_2=z_{2'}=z_3=z_4=30$，$z_5=100$，试求传动比i_{41}。

第9章 挠性传动

在机械传动中，挠性传动包括带传动和链传动，其广泛用于两轴相距较远的场合。

带传动按工作原理的不同可分为摩擦型带传动和啮合型带传动两类，其中以摩擦型带传动应用最广。它利用摩擦原理进行工作，通过中间挠性件——带，把主动轴的运动和动力传递给从动轴，适用于圆周速度较高而圆周力较小的工作条件。

链传动以链条作为中间挠性件，靠链条与链轮轮齿的啮合来传递运动和动力。

本章重点介绍 V 带传动和滚子链传动的类型、特点、工作原理及其设计。

9.1 带传动概述

9.1.1 摩擦型带传动的工作原理和特点

如图 9－1 所示，摩擦型带传动由主动轮、从动轮和张紧在两轮上的环形传动带（挠性件）组成。传动带以一定的初拉力 F_0 紧套在两带轮上，带与带轮间产生正压力，当原动机带动主动轮回转时，接触面间产生摩擦力，主动轮靠摩擦力使传动带与其一起运动。同时，传动带又靠摩擦力使从动轮转动，从而将主动轴上的运动和动力传递给从动轴。

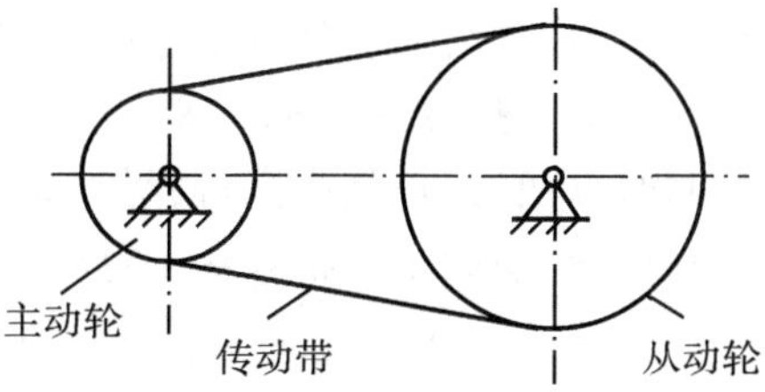

图 9－1 带传动的组成

摩擦型带传动的主要特点如下：

(1)适用于主、从动轴间中心距较大的传动(可达 15 m)。

(2)由于传动带具有弹性和挠性，可吸收振动，缓和冲击，从而使传动平稳、噪声小。

(3)过载时带与带轮间可发生相对滑动，起过载保护作用。

(4)结构简单、成本低。

(5)由于有弹性滑动，故不能保证准确的定比传动，且效率较低。

(6)传动带的寿命较短。

9.1.2 带传动的类型

摩擦型带传动按传动带截面形状的不同可分为平带传动、V 带传动、多楔带传动和圆带传动(见图 9－2)。

平带的截面形状为扁平矩形，与带轮轮面相接触的内表面为工作面，结构简单，带轮易于制造，主要用于两轴平行、转向相同的较远距离的传动。

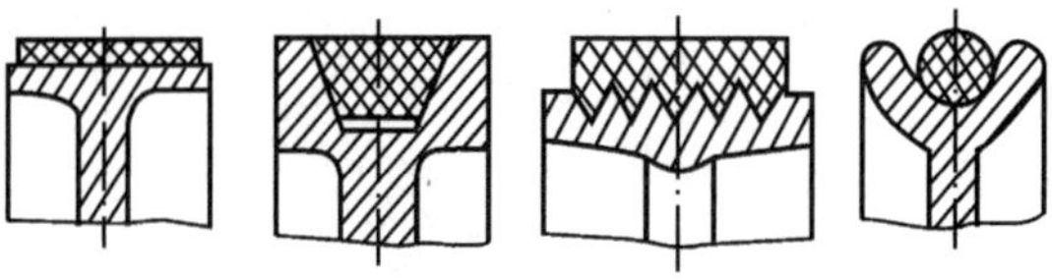

图 9-2　摩擦型带的截面形状

V 带的截面形状为等腰梯形，与带轮轮槽相接触的两侧面为工作面，带与轮槽底面不接触。由于轮槽的楔形效应，在张紧力和摩擦因数相同的条件下，V 带传动可比平带传动产生更大的摩擦力，故传动能力更强，结构更紧凑，在一般机械传动中应用最广。按其宽度和高度相对尺寸的不同，V 带又分为普通 V 带、窄 V 带、宽 V 带、大楔角 V 带、联组 V 带等多种类型，其中以普通 V 带应用最广，我们也将重点论述普通 V 带传动的设计。

多楔带是平带和 V 带的组合结构，兼有平带和 V 带的优点，避免了多根 V 带因长度不等而导致各带受力不均的现象，主要用于传递功率较大而又要求结构紧凑的场合。

圆形带的截面形状为圆形，仅用于缝纫机、仪器等小功率的传动。

9.1.3　普通V带的结构、型号和基本尺寸

1. 普通 V 带的结构

如图 9-3 所示，普通 V 带主要由顶胶（拉伸层）、抗拉体（强力层）、底胶（压缩层）和包布层组成。包布层用橡胶帆布制成，对带起保护作用；顶胶和底胶用橡胶制成。当带绕过带轮时，顶胶层受拉，底胶层受压，抗拉体用于承受纵向拉力，它由几层胶帘布（帘布结构，见图 9-3(a)）或一排粗线绳（绳芯结构，见图 9-3(b)）制成。帘布结构的 V 带制造方便，抗拉强度高；而绳芯结构的 V 带柔韧性好，抗弯强度高，适用于带轮直径小、转速较高的场合。

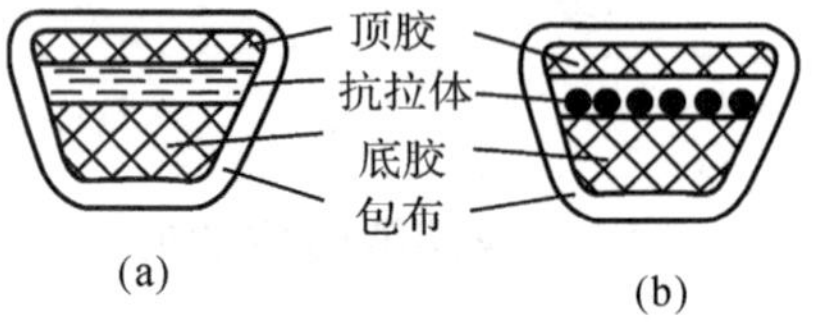

图 9-3　普通 V 带的结构

2. 普通 V 带的型号和基本尺寸

GB/T 13575.1—1992 中将我国的普通 V 带按截面尺寸不同分为 Y，Z，A，B，C，D，E 等 7 种型号，其截面基本尺寸见表 9-1。

表 9-1　普通 V 带的截面尺寸

型　号	Y	Z	A	B	C	D	E
顶宽 b/mm	6	10	13	17	22	32	38
节宽 b_p/mm	5.3	8.5	11.0	14.0	19.0	27.0	32.0
高度 h/mm	4	6	8	11	14	19	25
楔角 φ	40°						
每米质量 $q/(\mathrm{kg\cdot m^{-1}})$	0.04	0.06	0.10	0.17	0.30	0.60	0.87

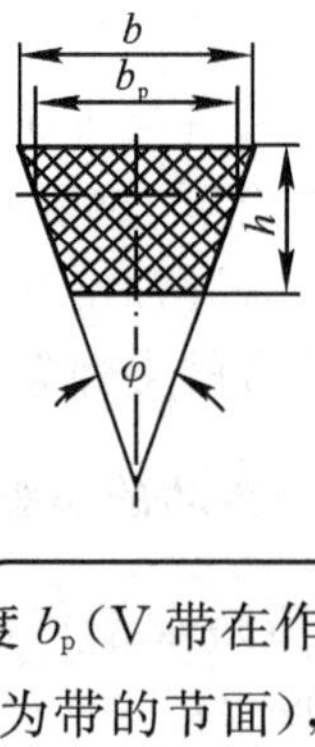

V 带制成无接头的环形。在 V 带轮上，与所配用的 V 带的节面宽度 b_p（V 带在作垂直其底面的纵向弯曲时，其中长度及宽度尺寸与自由状态时相比保持不变的面称为带的节面），相对应的带轮直径称为 V 带轮的基准直径 D（参见表 9-8 中的图）。而在规定的张紧力下，位于带轮基准直径

上的带的周线长度称为 V 带的基准长度 L_d。V 带的公称长度以基准长度 L_d 表示(见表 9-2)。

表 9-2 普通 V 带的基准长度 L_d 系列及长度因数 K_L

基准长度	K_L					基准长度	K_L				
L_d/mm	Y	Z	A	B	C	L_d/mm	A	B	C	D	F
400	0.96	0.87				2 240	1.06	1.00	0.91		
450	1.00	0.89				2 500	1.09	1.03	0.93		
500	1.02	0.91				2 800	1.11	1.05	0.95	0.83	
560		0.94				3 150	1.13	1.07	0.97	0.86	
630		0.96	0.81			3 550	1.17	1.09	0.99	0.89	
710		0.99	0.83			4 000	1.19	1.13	1.02	0.91	
800		1.00	0.85			4 500		1.15	1.04	0.93	0.90
900		1.03	0.87	0.82		5 000		1.18	1.07	0.96	0.92
1 000		1.06	0.89	0.84		5 600			1.09	0.98	0.95
1 120		1.08	0.91	0.86		6 300			1.12	1.00	0.97
1 250		1.11	0.93	0.88		7 100			1.15	1.03	1.00
1 400		1.14	0.96	0.90		8 000			1.18	1.06	1.02
1 600		1.16	0.99	0.92	0.83	9 000			1.21	1.08	1.05
1 800		1.18	1.01	0.95	0.86	10 0000			1.23	1.11	1.07
2 000			1.03	0.98	0.88						

9.2 带传动的理论基础

9.2.1 带传动的主要几何参数及计算

带传动的主要几何参数有包角 α(带与带轮接触弧所对的圆心角)、带的基准长度长 L_d、中心距 a 及带轮基准直径 D_1,D_2。由图 9-4 可得

$$\alpha \approx 180° \pm \frac{D_2 - D_1}{a} \times 57.3° \tag{9-1}$$

式中,"+"用于大轮包角 α_2;"-"用于小带轮包角 α_1。

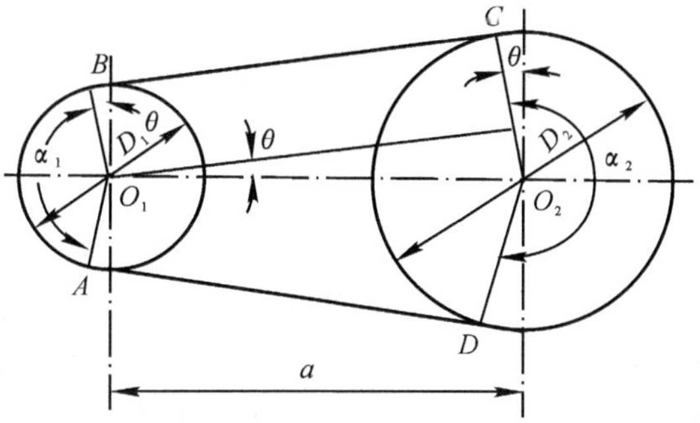

图 9-4 带传动的几何关系

$$L_d \approx 2a + \frac{\pi}{2}(D_1 + D_2) + \frac{(D_2 - D_2)^2}{4a} \tag{9-2}$$

已知带长时，可由式(9－2)求得中心距为

$$a \approx \frac{2L_d - \pi(D_1 + D_2) + \sqrt{2L_d - \pi(D_1 + D_2) - 8(D_2 - D_1)^2}}{8} \tag{9-3}$$

9.2.2 带传动的受力分析

带传动靠摩擦力传递运动和动力，安装时传动带即以一定的初拉力(预紧力)F_0 紧套在两个带轮上，使带和带轮的接触面上产生正压力。不工作时，带轮两边传动带所受的拉力均为初拉力 F_0(见图 9－5(a))；工作时，主动轮靠摩擦力使带运动，所以主动轮作用于带上的摩擦力 F_f 的方向和其圆周速度方向相同；带靠摩擦力使从动轮转动，所以带作用于从动轮上的摩擦力方向与其圆周速度方向相同。反之，从动轮作用于带上的摩擦力方向与其圆周速度方向相反(见图 9－5(b))。在摩擦力的作用下，带绕上主动轮的一边被进一步拉紧，称为紧边，其所受的拉力由 F_0 增大到 F_1，而带的另一边则被放松，称为松边，其所受拉力由 F_0 减小到 F_2。F_1，F_2 分别称为带的紧边拉力和松边拉力，两边拉力之差称为带传动的有效圆周拉力，用 F 表示。

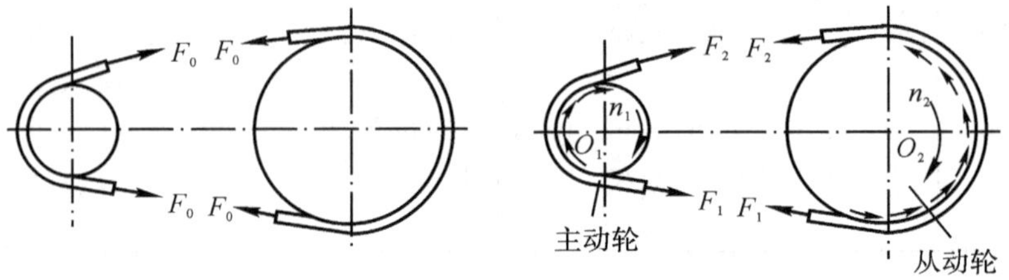

(a) (b)

图 9－5 带传动的受力情况

取主动轮一端的带为分离体时，根据作用于带上的总摩擦力 F_f、紧边拉力 F_1 和松边拉力 F_2 对轮心 O_1 的力矩平衡条件可得

$$F_f = F_1 - F_2 = F \tag{9-4}$$

可见，有效圆周拉力不是作用于某一固定点的集中力，而是带与带轮接触弧上各点摩擦力的总和。

若近似认为传动带在工作时的总长度不变，则其紧边的伸长量与松边的缩短量应相等。由于带工作在弹性变形范围内，忽略离心力的影响时，可近似认为紧边拉力的增量与松边拉力的减量相等。即

$$F_1 - F_0 = F_0 - F_2$$

或

$$F_1 - F_2 = 2F_0 \tag{9-5}$$

由式(9－4)和式(9－5)可得

$$\begin{aligned} F_1 &= F_0 + F/2 \\ F_2 &= F_0 - F/2 \end{aligned} \tag{9-6}$$

带传动靠摩擦力传递运动和动力，但在一定条件下，带和带轮接触弧上所能产生的摩擦力有一极限值，如所需传递的圆周阻力(决定于工作阻力矩大小)超过这一极限值时，传动带将在带轮上打滑。当带在带轮上处于即将打滑而尚未打滑的临界状态时，F_1 和 F_2 的关系可用著名的欧拉公式表示，即

$$F_1 = F_2 e^{f\alpha_1} \tag{9-7}$$

式中，e 为自然对数的底（e=2.718…）；f 为带和带轮之间的摩擦因数（V 带传动用当量摩擦因数）；α_1 为小带轮上的包角（rad）。

将式（9-6）代入式（9-7）可得带传动所能传递的最大有效圆周拉力为

$$F_{max}=2F_0\frac{1-\frac{1}{e^{f\alpha_1}}}{1+\frac{1}{e^{f\alpha_1}}} \tag{9-8}$$

由上式可知，带传动的最大有效圆周拉力与初拉力 F_0、小带轮包角 α_1 及带与带轮之间的摩擦因数 f 有关。F_0，α_1，f 愈大，则 F_{max} 也愈大。其中以 F_0 的影响最为显著。但 F_0 过大，将加剧带的磨损，缩短其工作寿命，所以在带传动设计时必须合理确定 F_0 的值。

9.2.3　带传动的应力分析

传动带在工作过程中，会产生三种应力。

1. 拉应力 σ

$$\left.\begin{aligned}&\text{紧边拉应力}\quad \sigma_1=F_1/A\\&\text{松边拉应力}\quad \sigma_2=F_2/A\end{aligned}\right\} \tag{9-9}$$

式中，A 表示带的横截面面积（mm^2）。

2. 弯曲应力 σ_b

带在绕过带轮时，因弯曲而产生的弯曲应力（只发生在与带轮接触部分上）为

$$\sigma_b \approx Eh/D \tag{9-10}$$

式中，h 为带的高度（mm）；E 为带材料的弹性模量（MPa）；D 为带轮基准直径（mm）。

由式（9-10）可知，带轮直径越小，带越厚，弯曲应力越大。为了避免产生过大的弯曲应力，在设计 V 带传动时，应对其最小基准直径 D_{min} 加以限制（见表 9-3）。

表 9-3　V 带轮的最小基准直径 D_{min} 及基准直径系列　（单位：mm）

V 带轮槽型	Y	Z	A	B	C	D	E
D_{min}	20	50	75	125	200	355	500
基准直径系列	28　31.5　35.5　40　45　50　56　63　71　75　80　(85)　90　(95)　100　106　112　118　125　132　140　150　160　(170)　180　200　212　224　(236)　250　(265)　280　315　355　375　400　(425)　450　(475)　500　(530)　560　…						

注：括号内的直径尽量不用。

3. 离心应力 σ_c

当带沿带轮轮缘作圆周运动时，带上每一质点都要受离心力的作用，带中产生的离心拉力在带的所有横截面上将产生相等的离心拉应力，且有

$$\sigma_c=\frac{F_c}{A}=\frac{qv^2}{A} \tag{9-11}$$

式中，q 为每米带长的质量（kg/m）（见表 9-1）；v 为带速（m/s）。

由于紧边拉应力大于松边拉应力，小带轮上带的弯曲应力大于大带轮上带的弯曲应力，离心拉应力处处相等，所以，带所受的最大应力产生在带由紧边绕上小带轮处。其值为

$$\sigma_{max}=\sigma_1+\sigma_{b1}+\sigma_c \tag{9-12}$$

如图 9-6 所示，带工作时，作用在其上某点的应力，是随它所处位置不同而变化的，即带是在变应力下工作的，所以，在应力循环次数达到一定数值后，带将产生疲劳破坏。

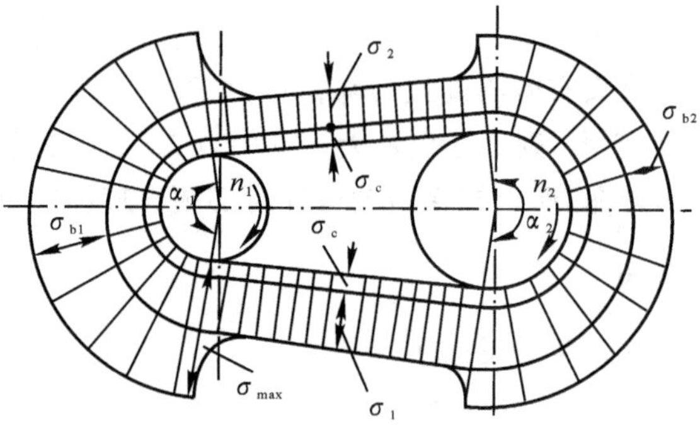

图 9-6　带的应力分布

9.2.4　带传动的弹性滑动和打滑现象

如图 9-7 所示，当带的紧边从 A_1 点绕上主动轮时，带的线速度与主动轮的圆周速度相同，在带由 A_1 点转到 B_1 点的过程中，其所受的拉力由 F_1 降到 F_2，其弹性伸长量也将逐渐减小，即带在逐渐缩短，从而使带沿主动轮表面产生局部微小的向后相对滑动，导致带的线速度小于主动轮的圆周速度 v_1。同理，在从动轮上，由 A_2 点到 B_2 点，带所受的拉力由 F_2 逐渐增大到 F_1，将导致带的线速度大于从动轮的圆周速度 v_2。这种由于带的弹性变形而引起的带在带轮表面上滑动的现象，称为带传动的弹性滑动。

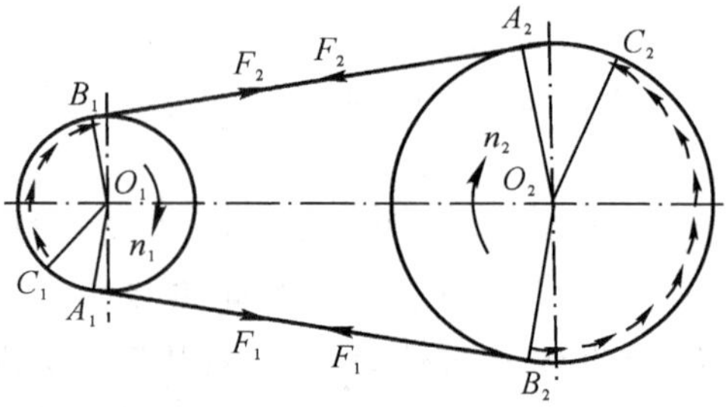

图 9-7　带传动的弹性滑动
（箭头表示带轮对带的摩擦力方向）

弹性滑动将导致从动轮的圆周速度 v_2 低于主动轮的圆周速度 v_1，其降低程度可用滑动率 ε 来衡量，即

$$\varepsilon=\frac{v_1-v_2}{v_1}\times 100\% \tag{9-13}$$

考虑 ε 时带传动的实际平均传动比为

$$i=\frac{n_1}{n_2}=\frac{D_2}{D_1(1-\varepsilon)} \tag{9-14}$$

ε 通常仅为 1%～2%，所以，在一般传动中可不予考虑。

正常情况下，并不是全部接触弧上都发生相对滑动。接触弧可分为有相对滑动的滑动弧和无相对滑动的静弧。当有效拉力较小时，弹性滑动只发生在带由主、从动轮上离开以前的那一部分接触弧上（即滑动弧上，如图中的 $\widehat{B_1C_1}$，$\widehat{B_2C_2}$）。随着有效拉力的增大，弹性滑动的区域也将扩大。当弹性滑动区域扩展到整个接触弧时，带传动的有效拉力即达到最大值 F_{max}。若传递的外载荷再进一步增大，带就在带轮上发生显著的相对滑动，即产生打滑。打滑将造成带的严重磨损，使传动失效。由于打滑是由过载引起的，所以，避免过载就可避免打滑。

9.2.5　带传动的失效形式和设计准则

由前面的分析可知，带传动的主要失效形式是打滑和带的疲劳破坏。因此，带传动的设计准则是：在保证带传动不打滑的条件下，具有一定的疲劳强度和寿命。

9.2.6　单根V 带的基本额定功率P_0

单根 V 带所能传递的功率与带的型号、长度、带速、带轮直径、包角大小及载荷性质等有关。我们把在载荷平稳、包角为 180°及特定长度条件下，通过试验和计算而得到的单根 V 带在保证不打滑并具有一定疲劳寿命时所能传递的功率，称为单根 V 带的基本额定功率 P_0 (kW)，见表 9－4。有了 P_0，再引入相关的因数等，我们就可以很方便地进行非特定条件下的普通 V 带传动的设计(见表 9－4)。

表 9－4　单根 V 带的基本额定功率 P_0　　(单位：kW)

带型	小带轮基准直径 D_1/mm	小带轮转速 n_1/(r·min^{-1})						
		400	730	800	980	1 200	1 460	2 800
Z	50	0.06	0.09	0.10	0.12	0.14	0.16	0.62
	63	0.08	0.13	0.15	0.18	0.22	0.25	0.41
	71	0.09	0.17	0.20	0.23	0.27	0.31	0.50
	80	0.14	0.20	0.22	0.26	0.30	0.36	0.56
A	75	0.27	0.42	0.45	0.52	0.60	0.68	1.00
	90	0.39	0.63	0.68	0.79	0.93	1.07	1.64
	100	0.47	0.77	0.83	0.97	1.14	1.32	2.05
	112	0.56	0.93	1.00	1.18	1.39	1.62	2.51
	125	0.67	1.11	1.19	1.40	1.66	1.93	2.98
B	125	0.84	1.34	1.44	1.67	1.93	2.20	2.96
	140	1.05	1.69	1.82	2.13	2.47	2.83	3.85
	160	1.32	2.16	2.32	2.72	3.17	3.64	4.89
	280	1.59	2.61	2.81	3.30	3.85	4.41	5.76
	200	1.85	3.05	3.30	3.86	4.50	5.15	6.43
C	200	2.41	3.80	4.07	4.66	5.29	5.86	5.01
	224	2.99	4.78	5.12	5.89	6.71	7.47	6.08
	250	3.62	5.82	6.23	7.18	8.21	9.06	6.56
	280	4.32	6.99	7.52	8.65	9.81	10.74	6.13
	315	5.14	8.34	8.92	9.23	11.53	12.48	4.16
	400	7.06	11.52	12.10	13.67	15.04	15.51	

9.3　普通 V 带传动的设计计算

设计普通 V 带传动时，一般应具备的已知条件是：传动的用途、工作条件、原动机类型、传递的功率、大小带轮的转速、对传动装置的尺寸要求等。

设计计算的主要内容是：确定 V 带的型号、长度、根数、中心距、带轮基准直径及结构尺寸、作用在轴上的压力等。

普通 V 带传动设计计算的一般步骤和方法如下：

1. 确定计算功率 P_c

$$P_c = K_A P \tag{9－15}$$

式中，P 为传递的额定功率(kW)；K_A 为工作情况因数，见表 9-5。

表 9-5 工作情况因数 K_A

载荷性质	工　作　机	原动机(1天工作时间/h)					
		Ⅰ类			Ⅱ类		
		≤10	10～16	>16	≤10	10～16	>16
载荷平稳	液体搅拌机；离心式水泵；通风机和鼓风机(≤7.5 kW)；离心式压缩机；轻型运输机	1.0	1.1	1.2	1.1	1.2	1.3
载荷变动小	带式运输机(运送砂石、谷物)；通风机(>7.5 kW)；发电机；旋转式水泵；金属切削机床；印刷机；振动筛	1.1	1.2	1.3	1.2	1.3	1.4
载荷变动较大	螺旋式运输机；斗式提升机；往复式水泵和压缩机；锻锤；磨粉机；锯木机和木工机械；纺织机械	1.2	1.3	1.4	1.4	1.5	1.6
冲击载荷	破碎机(旋转式、颚式等)；球磨机；起重机；挖掘机；橡胶辊压机	1.3	1.4	1.5	1.5	1.6	1.8

注：Ⅰ类——直流电动机、Y系列三相异步电动机、气轮机、水轮机、四缸以上内燃机；

Ⅱ类——交流同步电动机、交流异步滑环电动机、四缸以下内燃机和蒸汽机。

2. 选择带的截型

其可根据计算功率 P_c 及小带轮转速 n_1 从图 9-8 中选取。当所选取的结果在两种型号的分界线附近时，可取两种型号同时计算，选取较好的一种。

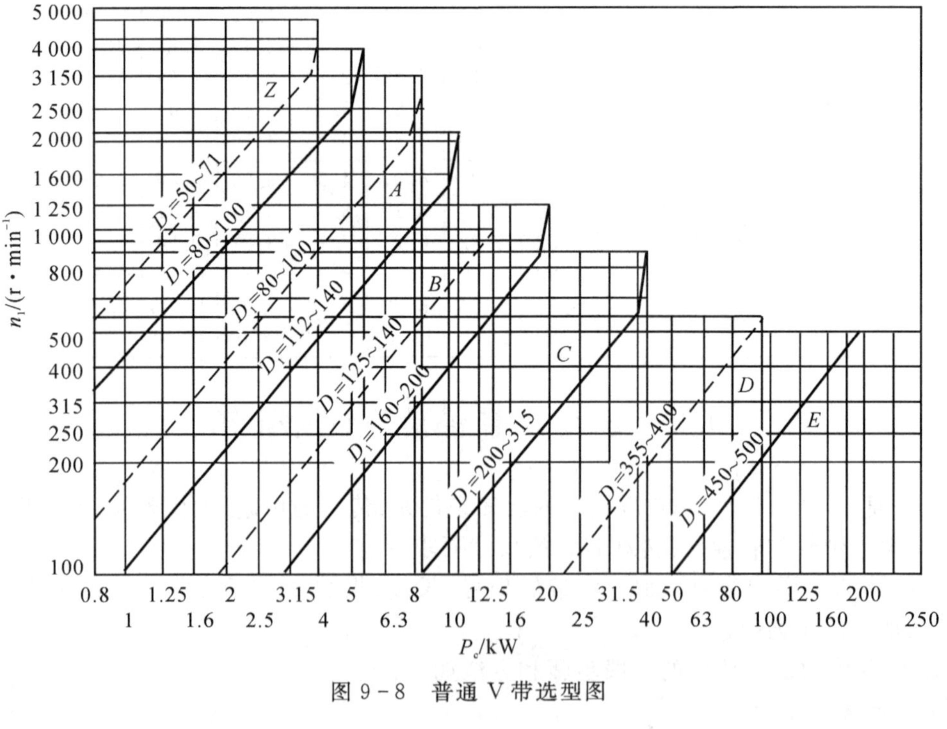

图 9-8 普通 V 带选型图

3. 确定带轮的基准直径 D_1,D_2

带轮直径越小,弯曲应力越大;带轮直径过大,会使传动装置的结构尺寸增大。一般应参照表 9-3 选取,并满足 $D_1 \geqslant D_{min}$。所选带轮直径应圆整为带轮直径系列值(见表 9-3),同时验算带速 v,得

$$v=\pi D_1 n_1/(60\times 1\ 000) \quad (\mathrm{m/s})$$

一般应满足

$$5\ \mathrm{m/s}\leqslant v\leqslant 25\sim 30\ \mathrm{m/s}$$

D_1 选定之后,可按 $D_2=\frac{n_1}{n_2}D_1(1-\varepsilon)$ 计算,并圆整为带轮直径系列值(见表 9-3)。

4. 确定中心距 a 和带的基准长度 L_d

中心距小,可以使传动结构紧凑,但也会因带的长度短,增加应力循环次数,降低带的寿命。同时,包角 α_1 也将减小,使传动能力降低。设计时应视具体情况综合考虑。如无特殊要求,一般取

$$0.7/(D_1+D_2)\leqslant a_0\leqslant 2(D_1+D_2)$$

初选 a_0 后可根据式(9-2)计算带的基准长度 L'_d,再用 L'_d 从表 9-2 中选取与之相接近的标准基准长度 L_d。然后近似计算实际中心距 a 为

$$a\approx a_0+(L_d-L'_d)/2 \tag{9-16}$$

5. 验算小带轮上的包角 α_1

按式(9-1)计算小带轮上的包角 α_1。为了提高带传动的能力,一般应保证 $\alpha_1\geqslant 120°$(个别情况可小到 80°)。

6. 确定带的根数 z

V 带的根数为

$$z=\frac{P_c}{(P_0+\Delta P_0)K\alpha K_L} \tag{9-17}$$

式中,ΔP_0 为考虑到传动比 $i\neq 1$ 时,单根 V 带所能传递功率的增量(kW),见表 9-6,此时,带在大带轮上的弯曲应力较小,在同等寿命下,P_0 值应有所提高,且传动比越大,提高量越多;K_α 为包角因数,考虑到 $\alpha\neq 180°$时对传动能力的影响(见表 9-7);

K_L 为长度因数,考虑带长不等于特定长度时对寿命的影响(见表 9-2)。

表 9-6 单根 V 带传递功率的增量 ΔP_0 (单位:mm)

带型	小带轮转速 $n_1/(\mathrm{r\cdot min^{-1}})$	传动比 i									
		1.00~1.01	1.02~1.04	1.05~1.08	1.09~1.12	1.13~1.18	1.19~1.22	1.25~1.34	1.35~1.51	1.52~1.99	≥2.0
Z	400	0.00	0.00	0.00	0.00	0.00	0.00	0.00	0.00	0.01	0.01
	730	0.00	0.00	0.00	0.00	0.00	0.00	0.01	0.01	0.01	0.02
	800	0.00	0.00	0.00	0.00	0.00	0.01	0.01	0.01	0.02	0.02
	980	0.00	0.00	0.00	0.00	0.01	0.01	0.01	0.02	0.02	0.02
	1 200	0.00	0.00	0.01	0.01	0.01	0.01	0.02	0.02	0.02	0.03
	1 460	0.00	0.00	0.01	0.01	0.01	0.02	0.02	0.02	0.02	0.03
	2 800	0.00	0.01	0.02	0.02	0.03	0.03	0.03	0.04	0.04	0.04

续 表

带型	小带轮转速 $n_1/(\mathrm{r\cdot min^{-1}})$	传动比 i									
		1.00～1.01	1.02～1.04	1.05～1.08	1.09～1.12	1.13～1.18	1.19～1.22	1.25～1.34	1.35～1.51	1.52～1.99	≥2.0
A	400	0.00	0.01	0.01	0.02	0.02	0.03	0.03	0.04	0.04	0.05
	730	0.00	0.01	0.02	0.03	0.04	0.05	0.06	0.07	0.08	0.09
	800	0.00	0.01	0.02	0.03	0.04	0.05	0.06	0.08	0.09	0.10
	980	0.00	0.01	0.03	0.04	0.05	0.06	0.07	0.08	0.10	0.11
	1 200	0.00	0.02	0.03	0.05	0.07	0.08	0.10	0.11	0.13	0.15
	1 460	0.00	0.02	0.04	0.06	0.08	0.09	0.11	0.13	0.15	0.17
	2 800	0.00	0.04	0.08	0.11	0.15	0.19	0.23	0.26	0.30	0.34
B	400	0.00	0.01	0.03	0.04	0.06	0.07	0.08	0.10	0.11	0.13
	730	0.00	0.02	0.05	0.07	0.10	0.12	0.15	0.17	0.20	0.22
	800	0.00	0.03	0.06	0.08	0.11	0.14	0.17	0.20	0.23	0.25
	980	0.00	0.03	0.07	0.10	0.13	0.17	0.20	0.23	0.26	0.30
	1 200	0.00	0.04	0.08	0.13	0.17	0.21	0.25	0.30	0.34	0.38
	1 460	0.00	0.05	0.10	0.15	0.20	0.25	0.31	0.36	0.40	0.46
	2 800	0.00	0.10	0.20	0.29	0.39	0.49	0.59	0.69	0.79	0.89
C	400	0.00	0.04	0.08	0.12	0.16	0.20	0.23	0.27	0.31	0.35
	730	0.00	0.07	0.14	0.21	0.27	0.34	0.41	0.48	0.55	0.62
	800	0.00	0.08	0.16	0.23	0.31	0.39	0.47	0.55	0.63	0.71
	980	0.00	0.09	0.19	0.27	0.37	0.47	0.56	0.65	0.74	0.83
	1 200	0.00	0.12	0.24	0.35	0.47	0.59	0.70	0.82	0.94	1.06
	1 460	0.00	0.14	0.28	0.42	0.58	0.71	0.85	0.99	1.14	1.27
	2 800	0.00	0.27	0.55	0.82	1.10	1.37	1.64	1.92	2.19	2.47

表 9-7　包角因数 K_α

小轮包角	180°	175°	170°	165°	160°	155°	150°	145°	140°	135°	130°	125°	120°	110°	100°	90°
K_α	1.00	0.99	0.98	0.96	0.95	0.93	0.92	0.91	0.89	0.88	0.86	0.84	0.82	0.78	0.74	0.69

7. 确定初拉力 F_0

保持适当的初拉力(张紧力)是带传动正常工作的首要条件。初拉力过小,摩擦力小,容易发生打滑;初拉力过大,将增大轴和轴承上的压力,并降低带的寿命。单根 V 带最合适的初拉力可按

$$F_0=\frac{500P_c}{zv}\left(\frac{2.5}{K_\alpha}-1\right)+qv^2 \quad (\mathrm{N}) \tag{9-18}$$

计算。

8. 计算作用在轴上的压力(压轴力)F_Q

为了设计带轮的轴及轴承,应计算传动带作用在轴上的压力 F_Q。

F_Q 等于紧边和松边拉力的向量和。如果不考虑带两边的拉力差，可近似地按带两边初拉力的合力来计算。由图 9－10 得

$$F_Q = 2zF_0\cos(\theta/2) = 2zF_0\sin(\alpha/2)\quad (\text{N}) \tag{9-19}$$

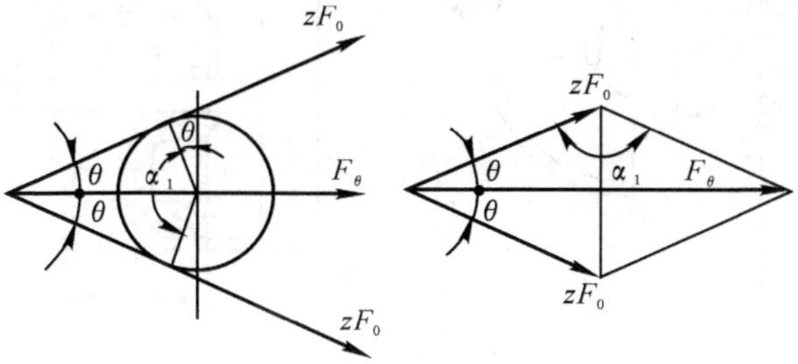

图 9－9　带作用在轴上的力

9. *V* 带轮的设计

带轮通常由三部分组成，即轮缘(安装传动带)、轮毂(与轴联接)、轮辐(联接轮缘和轮毂)。V 带轮的设计主要是根据直径大小选择结构形式，根据带型确定轮槽尺寸(见表 9－8)，其他结构尺寸可参考图 9－10。

表 9－8　普通 V 带带轮的轮槽尺寸　　(单位：mm)

轮槽尺寸			Y	Z	A	B	C	D	E
轮缘尺寸	h_{min}		1.6	2	2.75	3.5	4.8	8.1	9.6
	h_{max}		4.7	7.0	8.7	10.8	14.3	19.9	23.4
	e		8	12	15	19	25.5	37	44.5
	f		7	8	10	12.5	17	24	29
	δ_{min}		5	5.5	6	7.5	10	12	15
带轮宽度 B			$B=(Z-1)e+2f$　　(Z 为轮槽数)						
带轮外径 D_w			$D_w=D+2h_a$						
ϕ	32°	轮槽的基准直径 D	≤63						
	34°			≤80	≤118	≤180	≤315		
	36°		>63					≤475	≤630
	38°			>80	>118	>180	>315	>475	>630

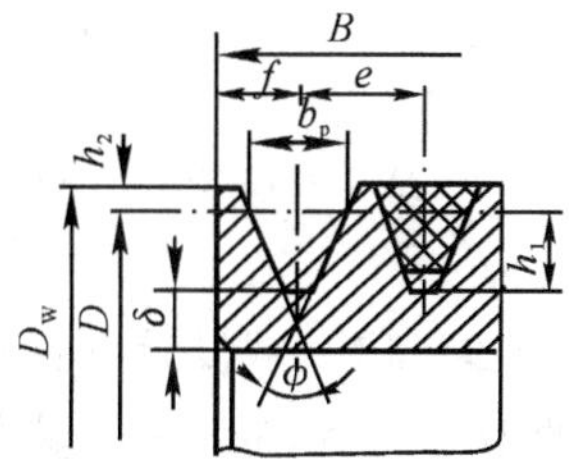

对带轮的主要要求是：质量小且分布均匀、工艺性好，与带接触的工作表面要仔细加工，以减小带的磨损。转速高时要进行动平衡试验。

带轮的常用材料是铸铁，如 HT150 和 HT200，转速较高时可用铸钢或钢板冲压后焊接，小功率时可用铸造铝合金或工程塑料。

带轮的典型结构形式有以下几种：

(1)实心式(见图 9－10(a))。用于尺寸较小的带轮($D\leqslant(2.5\sim3)\,d$，d 为轴的直径(mm))。

(2)腹板式(见图 9－10(b))。用于中小尺寸的带轮($D\leqslant300$ mm)。

(3)孔板式(见图 9－10(c))。用于尺寸较大的带轮($(D_1-d_1)\geqslant100$ mm)。

(4)轮辐式(见图 9－10(d))。用于尺寸大的带轮($D>300$ mm)。

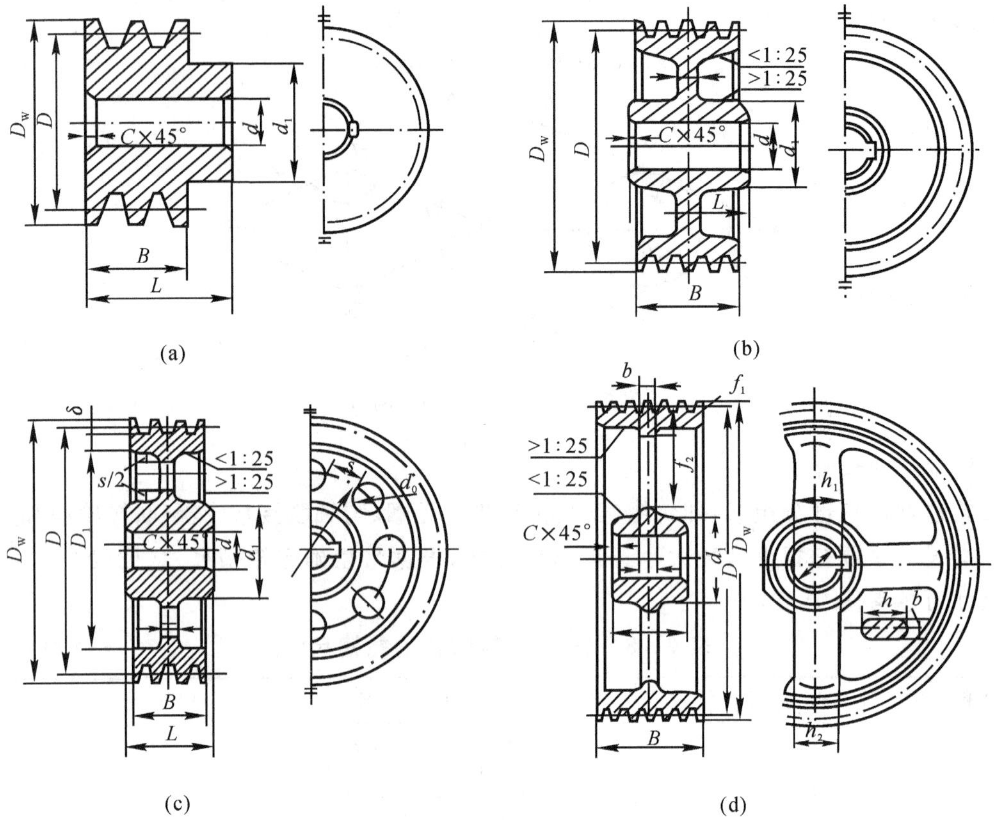

图 9－10　V 带轮的结构

$d_1=(1.8\sim2)d$，　d 为轴的直径；$c'=(1/7\sim1/4)B$；$D_0=0.5(D_1+D_1)$；

$h_2=0.8h_1,b_1=0.4h_1;b_2=0.8b_1;s=c';f_1=0.2h_1;f_2=0.2h_2$

$d_0=(0.2\sim0.3)(D_1-d_1),L=(1.5\sim2)d$，当 $B<1.5d$ 时，$L=B,h_1=290\sqrt[3]{P/(nz_a)}$，

式中，P 为传递的功率(kW)；n 为带轮的转速(r/min)；z_a 为轮辐数

【例 9－1】 试设计某铣床传动系统中与电动机相接的普通 V 带传动。已知三相异步电动机的型号为 Y160L－6，其额定功率 $P=8$ kW，转速 $n_1=970$ r/min，传动比 $i=2$，两班制工作。

【解】 (1)确定计算功率 P_c，选择 V 带的截型。从表 9－5 查得工作情况因数 $K_A=1.2$，由式(9－15)求得

$$P_c=K_AP=1.2\times8=9.6\ \text{kW}$$

根据 P_c，n_1，从图 9－8 中选用 B 型普通 V 带。

(2)确定带轮的基准直径 D_1，D_2。从表 9－3 查得：$D_{1\min}=125$ mm，参照基准直径系列值取 $D_1=160$ mm。

由式(9－14)(不考虑弹性滑动，即 $\varepsilon=0$)求得：$D_2=iD_1=2\times160=320$ mm。

参照基准直径系列值取 $D_2=320$ mm。

(3)验算带的线速度 v。

据　$v=\pi D_1n_1/(60\times1\ 000)=\pi\times160\times970/(60\times1\ 000)=8.1$ m/s

满足　$5\ \text{m/s} \leqslant v \leqslant 25 \sim 30\ \text{m/s}$，故合适。

(4)确定中心距 a 和带的基准长度 L_d。

据　$0.7(D_1+D_2) \leqslant a_0 \leqslant 2(D_1+D_2)$ 求得

$$336\ \text{mm} \leqslant a_0 \leqslant 960\ \text{mm}$$

初取 $a_0=600$ mm。由式(9-2)求得

$$L'_d \approx 2a_0+\frac{\pi}{2}(D_1+D_2)+\frac{(D_2-D_1)^2}{4a_0}=$$

$$2\times 600+\frac{\pi}{2}(160+320)+\frac{(320-160)^2}{4\times 600}=1\ 964\ \text{mm}$$

据 L'_d 从表 9-2 中选取 $L_d=2\ 000$ mm。

由式(9-16)计算实际中心距为

$$a \approx a_0+(L_d-L'_d)/2=600+(2\ 000-1\ 964)/2=618\ \text{mm}$$

(5)验算小带轮上的包角 α_1。

由式(9-1)求得

$$\alpha_1 \approx 180°-\frac{D_2-D_1}{a}\times 57.3°=180°-\frac{320-160}{618}\times 57.3°=165.2° \geqslant 120°$$

所以小带轮上的包角合适。

(6)确定带的根数 z。由 B 型普通 V 带，$n_1=970$ r/min，$D_1=160$ mm，查表 9-4，得 $P_0=2.72$ kW。

由 $i=2$ 查表 9-6，得 $\Delta P_0=0.3$ kW；由 $\alpha_1=165.2°$，查表 9-7，得 $K_\alpha=0.96$；由 $L_d=2\ 000$ mm，查表 9-2，得 $K_L=0.98$。

据式(9-17)可求得带的根数为

$$z=\frac{P_c}{(P_0+\Delta P_0)K_\alpha K_L}=\frac{9.6}{(2.72+0.3)\times 0.96\times 0.98}=3.4$$

取 $z=4$。

(7)确定初拉力 F_0。由表 9-1 查得 $q=0.17$ kg/m，由式(9-18)得

$$F_0=\frac{500\ P_c}{zv}\left(\frac{2.5}{K_\alpha}-1\right)+qv^2=\frac{500\times 9.6}{4\times 8.1}\left(\frac{2.5}{0.96}-1\right)+0.17\times 8.1^2=248.8\ \text{N}$$

(8)计算作用在轴上的压力(压轴力)F_Q。

据式(9-19)可求得

$$F_Q=2zF_0\sin(\alpha_1/2)=2\times 4\times 248.8\times \sin(165.2°/2)=1\ 974\ \text{N}$$

(9)V 带轮的结构设计(略)。

9.4　带传动的张紧装置

普通 V 带不是完全的弹性体，经过一段时间的运转后，会产生塑性变形而使带松弛，导致传动能力下降。因此，有必要设置张紧装置，以保证带传动的正常工作。

常见的张紧装置有以下三种：

1. 定期张紧装置

定期张紧装置是利用定期改变中心距的方法来进行张紧的，如图 9-11 所示。其中图

9－11(a)(滑道式)适用于水平或倾斜度不大的带传动装置。图 9－11(b)(摆架式)适用于垂直或接近垂直的带传动装置。

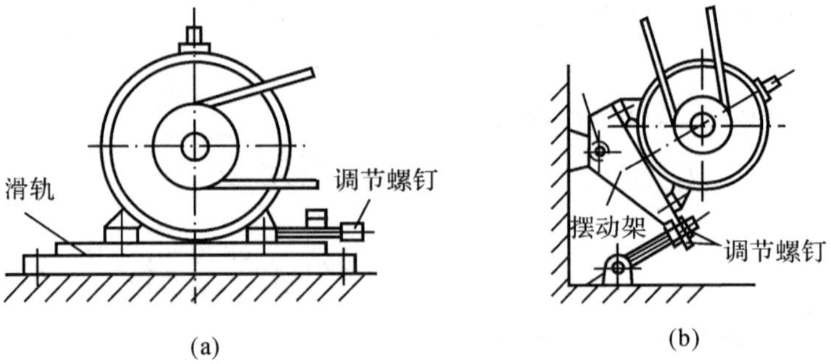

图 9－11　定期张紧装置

2. 张紧轮张紧装置

张紧轮张紧装置一般适用于中心距不可调的带传动装置，如图 9－12 所示。张紧轮压在松边的内侧，并尽量靠近大带轮，以免对小带轮的包角影响过大。

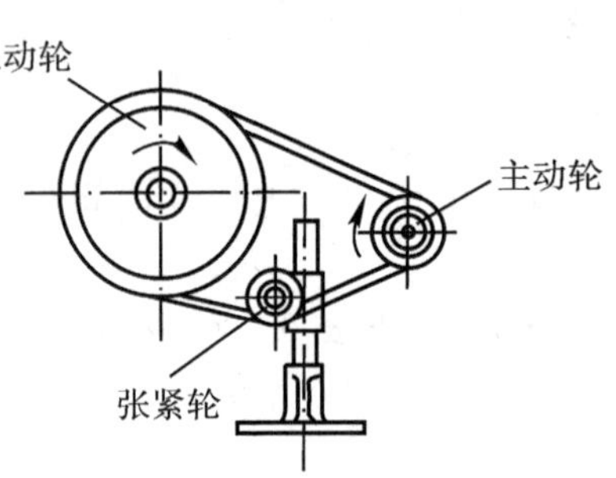

图 9－12　张紧轮张紧装置

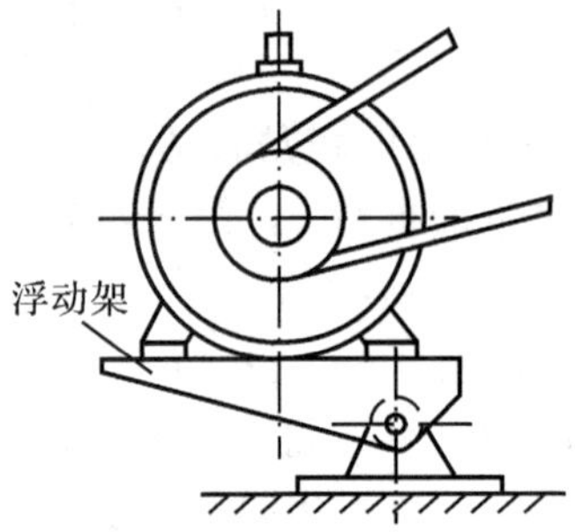

图 9－13　自动张紧装置

3. 自动张紧装置

图 9－13 是利用重力和带轮上的制动力矩，使带轮随浮动架绕固定轴摆动而改变中心距的自动张紧装置。

9.5　同步带传动简介

同步带传动是通过带齿与轮齿的啮合来传递运动和动力，如图 9－14 所示。同步带的主要参数是节距。当带在纵截面内弯曲时，带中保持原长度不变的任意一条周线称为节线，节线长度为同步带的公称长度。

同步带传动兼有摩擦型带传动、链传动和齿轮传动的一些特点，具有传动比准确、效率高、传动平稳、噪音低、使用寿命长、中心距允许范围大、压轴力小、结构紧凑等优点，已广泛用于各种仪器、计算机、汽车、化工、石油、机床等机械。

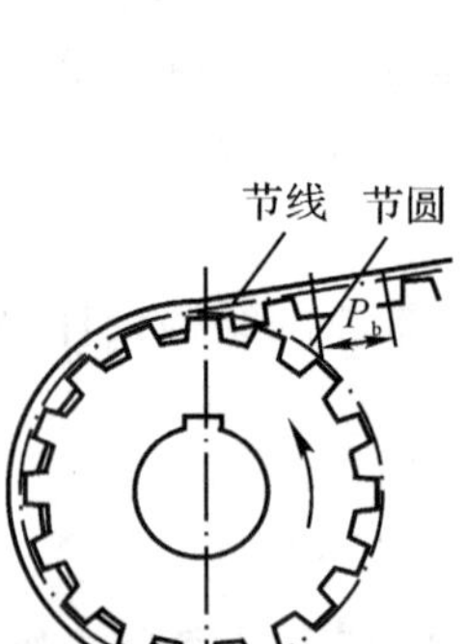

图 9－14　同步带传动

9.6　链传动概述

9.6.1　链传动的组成、特点和类型

1. 链传动的组成

链传动属于带有中间挠性件的啮合传动。如图 9－15所示。它由主动链轮 1、从动链轮 2 和跨绕在两链轮上的环形链条 3 组成，通过链条与链轮轮齿的相互啮合来传递运动和动力。

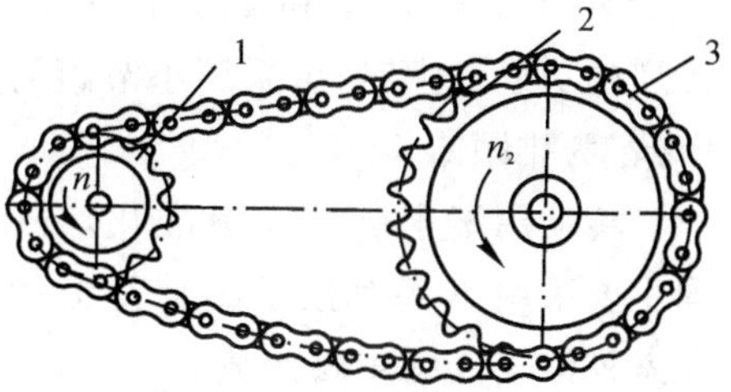

图 9－15　链传动

2. 链的类型

按用途不同，链可分为传动链、起重链和牵引链三种。传动链主要用来传递动力，一般传递的功率在100 kW以下，链速通常小于 20 m/s，推荐使用的最大传动比 $i_{\max}=8$。起重链主要用在起重机械中，用以提升重物，一般链条的线速度小于 0.25 m/s。牵引链主要用在运输机械中，用以移动重物，一般链条的线速度小于2～4 m/s。

按结构不同，链可分为套筒链、套筒滚子链（简称滚子链）、齿形链和成型链四种。在传动链中，滚子链应用最广，也是本章要重点论述的内容。

3. 链传动的特点

与带传动相比，链传动具有平均传动比准确、压轴力小、结构紧凑、能在极其恶劣的条件下工作等优点。但它也存在磨损后易发生跳齿、瞬时链速和瞬时传动比不恒定（因为组成链条的链节是刚性的，链条绕上链轮后，形成一个正多边形，导致瞬时传动比不恒定，此现象称为链传动的多边形效应，是链传动的固有特征）、不宜用在载荷变化大和急速反向的传动中等缺点。

9.6.2　滚子链传动的结构

1. 滚子链的结构和规格

如图 9－16 所示，滚子链由内链板 1、外链板 2、销轴 3、套筒 4 和滚子 5 组成。内链板与套筒间、外链板与销轴间均为过盈配合，套筒与销轴间采用间隙配合。工作时，套筒可绕销轴自由转动。滚子活套在套筒外面，啮合时滚子沿链轮齿廓滚动，以减小链条与链轮齿廓间的磨损。内、外链板均制成“8”字形，以使链板各横截面的抗拉强度大致相等，同时也减小了链条的质量及运动时的惯性力。

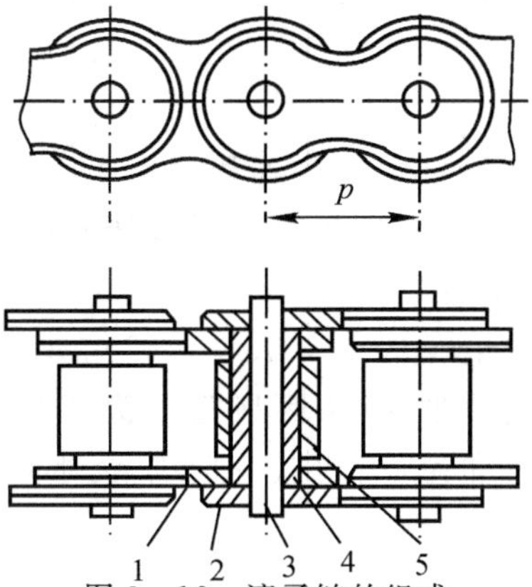

图 9－16　滚子链的组成

相邻两销轴轴心线间的距离称为节距，用 p 表示，它是链的主要参数。节距增大，组成链的各零件的尺寸也将增大，承载能力也会随之提高，但同时多边形效应也会更加明显，冲击和振动也将进一步加剧。因此，当传递的功率较大时，可采用小节距的多排链（如图 9-17 中 p_1 为排距）。

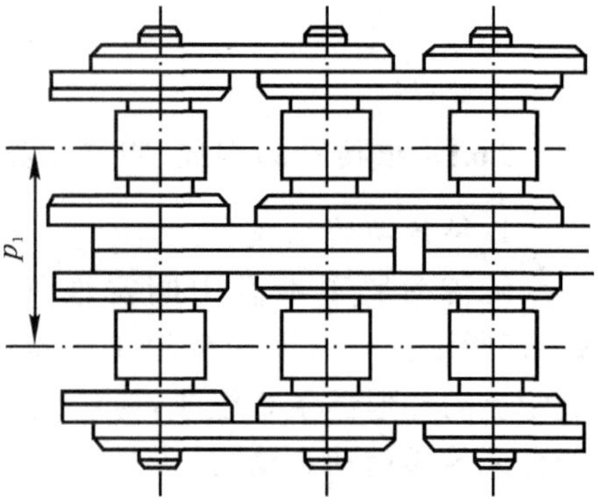

图 9-17　多排链

传动用滚子链已经标准化，分 A，B 两个系列。我国主要采用 A 系列滚子链。表 9-9 中列出了几种常用 A 系列滚子链的主要参数。

表 9-9　滚子链的基本参数及尺寸

链 号	链节距 p/m	排距 p_1/mm	滚子外径 d_1/mm	内链节链宽 b_1/mm	销轴直径 d_2/mm	内链板高度 h_2/mm	单排每米质量 $q/(\text{kg}\cdot\text{m}^{-1})$	单排极限拉伸载荷 F_N/kN
08A	12.70	14.38	7.92	7.85	3.98	12.07	0.60	13.8
10A	15.875	18.11	10.16	9.40	5.09	15.09	1.00	21.8
12A	19.05	22.78	11.91	12.57	5.96	18.08	1.50	31.1
16A	25.40	29.29	15.88	15.75	7.94	24.13	2.60	55.6
20A	31.75	35.76	19.05	18.90	9.54	30.18	3.80	86.7
24A	38.10	45.44	22.23	25.22	11.11	36.20	5.60	124.6
28A	44.45	48.87	25.40	25.22	12.71	42.24	7.50	169.0
32A	50.80	58.55	28.58	31.55	14.29	48.26	10.10	222.4
40A	63.50	71.75	39.68	37.85	19.86	60.33	16.10	347.0
48A	76.20	87.83	47.63	47.35	23.81	72.39	22.60	500.4

注：使用过渡链节时，其极限拉伸载荷按表中数值的 80%计算。

GB/T 1243—1997 规定滚子链的标记方法是：

链号—排数—整链链节数　　　标准号

例如：08A—1—88 GB/T 1243—1997 表示 A 系列、8 号链、单排、链长为 88 节、节距为 12.7 mm 的滚子链（节距＝链号×25.4/16 mm）。

2. 链轮

链轮轮齿的齿形应保证链节能自由地进入和退出啮合，在啮合时保证良好的接触，有较大的容纳链条节距因磨损而增大的能力，形状应尽可能简单，便于加工。

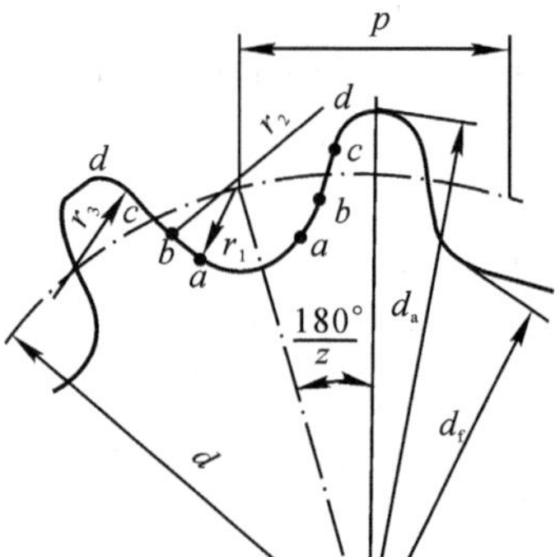

图 9-18　滚子链链轮齿形

滚子链链轮的齿形已经标准化（GB/T 1243—1997）。标准中只规定了链轮的最大和最小齿槽形状，实际齿槽形状可在最大和最小范围内变化。常用的齿廓为“三圆弧一直线”齿形（见图 9-18）。

链轮的主要尺寸：

分度圆(链轮上被链条节距等分的圆)直径　$d=p/\sin(180°/z)$

齿顶圆直径　$d_a=p[0.54+\cot(180°/z)]$

齿根圆直径　$d_f=d-d_1$

式中,d_1 为滚子外径(mm)。

图 9－19 表示了几种不同形式的链轮结构。小直径链轮可做成实心式(见图 9－19(a));中等直径的链轮可做成孔板式(见图 9－19(b));直径较大的链轮,为便于更换磨损后的齿圈,最好采用齿圈可以更换的结构(见图 9－19(c))。

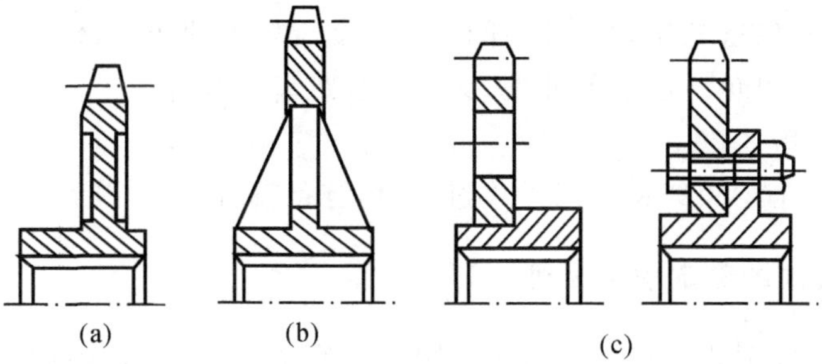

图 9－19　链轮结构

3. 链轮的材料

链轮的材料应能保证轮齿具有足够的强度和耐磨性。同时,由于小链轮的啮合次数比大链轮多,所受的冲击也更为严重,故所用材料也应优于大链轮。

链轮的常用材料和应用范围如表 9－10 所示。

表 9－10　链轮的常用材料和应用范围

链轮材料	热处理	齿面硬度	应用范围
15,20	渗碳、淬火、回火	50～60HRC	$z\leqslant 25$ 有冲击载荷的链轮
35	正火	160～200HRS	$z>25$ 的链轮
45,50,ZG310～570	淬火、回火	40～45HRC	无剧烈冲击的链轮
15Cr,20Cr	渗碳、淬火、回火	50～60HRC	传递大功率的重要链轮($z<25$)
40Cr,35SiMn,35CrMn	淬火、回火	40～50HRC	重要的、使用优质链条的链轮
Q235,Q275	焊接后退火	140HBS	中速、中等功率、较大的链轮
不低于 HT150 的灰铸铁	淬火、回火	260～280HBS	$z>50$ 的链轮
酚醛层压布板			$P<6$ kW、速度较高、要求传动平稳和噪声小的链轮

9.7　滚子链传动的设计

9.7.1　滚子链传动的失效形式

1. 链的疲劳破坏

链在工作时,周而复始地由松边到紧边不断运动着,它的各个元件都是在变应力作用下工作，经过一定次数的循环后，链板会出现疲劳断裂，套筒、滚子表面会出现疲劳点蚀。因此，在正常润滑条件下，疲劳强度是限定链传动承载能力的主要因素。

2. 链条铰链的胶合

当链轮转速过高时，链节进入啮合时所受到的冲击就会增大，使销轴和套筒间的润滑油膜破裂，两工作表面在很高的温度和压力下直接接触，严重时导致胶合。因此，胶合在一定程度上限制了链传动的极限转速。

3. 链条铰链的磨损

链在工作过程中，铰链的销轴与套筒间通常承受着较大的压力，传动时彼此间又有相对转动，因而磨损也就在所难免。链节的伸长，又会引起跳齿和脱链。

4. 链条的静力拉断

在低速（$v<0.6$ m/s）重载或瞬时严重过载时，链条就可能被拉断。

9.7.2 滚子链传动的额定功率曲线

链传动的各种失效形式都在一定条件下限制了它的承载能力，因此，在选择链条型号时，必须全面考虑各种失效形式产生的原因及条件，从而确定其能传递的额定功率。

图 9-20 所示为 A 系列滚子链的额定功率曲线。它是在特定实验条件下得出的，即：①两轮共面；②小轮齿数 $z_1=19$；③链长 $L_p=100$ 节；④载荷平稳；⑤按推荐的方式润滑（见图 9-21）；⑥工作寿命为 15 000 h；⑦链条因磨损而引起的相对伸长量不超过 3%。

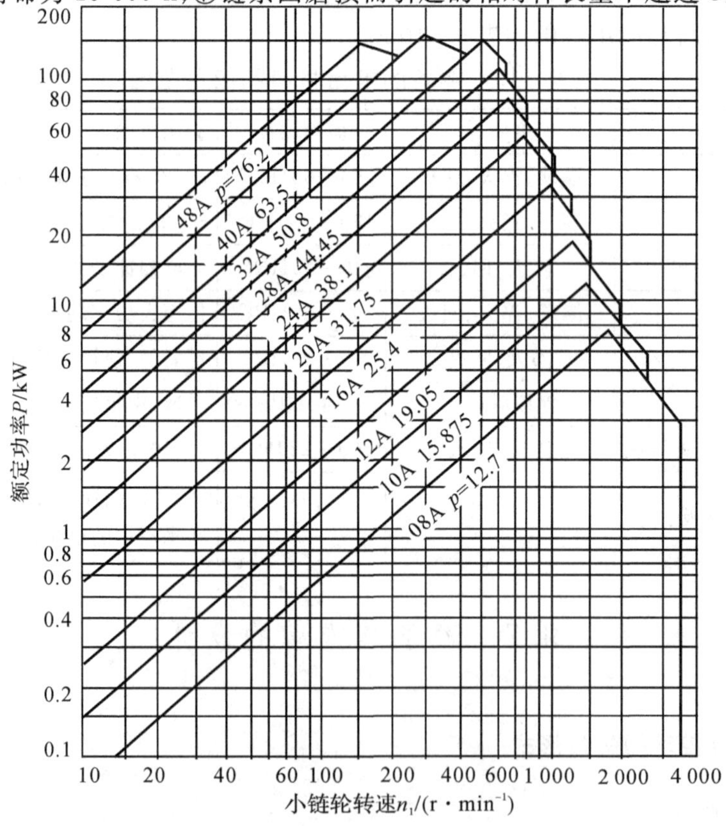

图 9-20　A 系列滚子链的额定功率曲线

额定功率曲线给出了特定实验条件下链传动所能传递的功率 P_0、小轮转速 n_1 和链号三者之间的关系。在利用它进行滚子链链号的选择或承载能力校核时，要注意当实际工作条件与特定实验条件不同时，必须引入相应的修正因数对 P_0 进行修正。修正公式为

$$P_0 \geqslant \frac{K_A P}{K_z K_L K_p} \tag{9-20}$$

式中，P_0 为在特定条件下，单排链所能传递的功率(kW)，见图 9－20；K_A 为工作情况因数，见表 9－11；P 为链传动传递的功率(kW)；K_z 为小链轮的齿数因数，见表 9－12；K_L 为链长因数，见表 9－12；K_p 为多排链因数，见表 9－13。

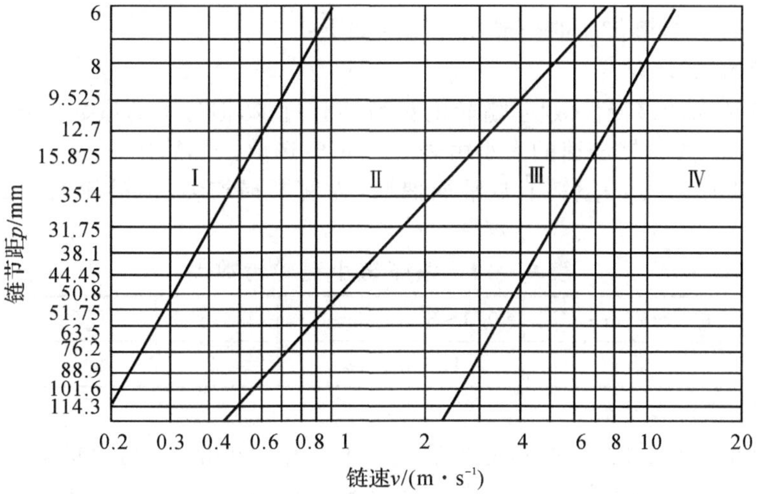

图 9－21　推荐的润滑方式

Ⅰ—人工定期润滑；Ⅱ—滴油润滑；Ⅲ—油浴或飞溅润滑；Ⅳ—压力喷油润滑

表 9－11　工作情况因数 K_A

载荷性质	原动机	
	电动机或汽轮机	内燃机
载荷平稳	1.0	1.2
中等冲击	1.3	1.4
较大冲击	1.5	1.7

表 9－12　小链轮的齿数因数 K_z 及链长因数 K_L

链工作点在图 9－20 中的位置	位于曲线顶点左侧(链板疲劳)	位于曲线顶点右侧(滚子、套筒冲击疲劳)
小链轮齿数因数 K_z	$\left(\frac{z_1}{19}\right)^{1.04}$	$\left(\frac{z_1}{19}\right)^{1.5}$
链长因数 K_L	$\left(\frac{L_p}{100}\right)^{0.25}$	$\left(\frac{L_p}{100}\right)^{0.5}$

表 9－13　多排链因数 K_p

z_1	9	10	11	12	13	14	15	16	17	19	21	23	25	27	29	31	33	35
K_{z_1}	0.446	0.500	0.554	0.609	0.664	0.719	0.775	0.831	0.887	1.00	1.11	1.23	1.34	1.46	1.58	1.70	1.82	1.93
K_z	0.326	0.382	0.441	0.502	0.566	0.633	0.701	0.773	0.846	1.00	1.16	1.33	1.51	1.69	1.89	2.08	2.29	2.50

9.7.3 滚子链传动的设计计算

链传动设计计算的原始依据为：传递的功率 P，大、小链轮的转速 n_1，n_2（或传动比 i），原动机的种类，载荷的性质，外廓尺寸要求及传动的用途等。

设计计算的主要内容是：确定链条的型号（链号）、节距、链节数、排数、中心距、润滑方式、作用在链轮轴上的压力及链轮齿数、尺寸、材料和结构等。

通常，当 $v \geqslant 0.6$ m/s 时，按额定功率曲线设计计算；当 $v < 0.6$ m/s 时，按静强度设计计算。

当 $v \geqslant 0.6$ m/s 时，链传动的一般设计步骤如下：

1. 选择链轮齿数 z_1 和 z_2

为了减小链传动的多变性效应，链轮的齿数不宜过少，但过多的齿数又会造成链轮尺寸过大。一般情况下，z_1 可根据链速的大小由表 9－14 中选取。然后按 $z_2 = iz_1$，确定大链轮的齿数，并控制 $z_2 \leqslant 120$。由于一般链节数常取偶数，为使磨损均匀，两链轮的齿数最好是互为质数的奇数。

表 9－14　滚子链小链轮齿数 z_1

链速 $v/(\mathrm{m \cdot s^{-1}})$	0.6～3	3～8	>8	>25
齿数	≥17	≥21	≥25	≥35

2. 选择链号、节距和排数

一般在承载能力足够的条件下，应尽量选取小节距的单排链；高速重载时，可选用小节距的多排链；中心距小、传动比大时，选小节距多排链；中心距大、传动比小时，选大节距单排链。

据式(9－20)大于等于号右侧求出的所需传递的修正后的计算功率及小链轮转速 n_1 由图 9－20中选择链号。

3. 计算中心距 a' 和链节数 L_p

链速不变时，中心距过小，则单位时间内每一链节的应力变化次数和屈伸次数增加将加剧链的磨损和疲劳，同时，链条在小链轮上的包角也会随之减小，使单齿所承受的载荷增大；中心距过大，链会发生颤抖现象，使传动的平稳性降低。一般取 $a=(30\sim50)p$，最大中心距 $a_{\max}=80\ p$。

设计时，可在上述推荐范围内初选中心距 a_0，然后按下式计算 L_p。

$$L_p=\frac{2a_0}{p}+\frac{z_1+z_2}{2}+\frac{p}{a_0}\left(\frac{z_2-z_1}{2\pi}\right)^2 \tag{9-21}$$

计算出的 L_p 应圆整为整数，最好取偶数，以方便连接成封闭的环形。根据圆整后的链节数计算理论中心距为

$$a=\frac{p}{4}\left[\left(L_p-\frac{z_1+z_2}{2}\right)\sqrt{\left(L_p-\frac{z_1+z_2}{2}\right)^2-8\left(\frac{z_2-z_1}{2\pi}\right)^2}\right] \tag{9-22}$$

为保证链条松边有一定的垂度，实际中心距 a' 应比理论中心距 a 小一些，即

$$a'=a-\Delta a \tag{9-23}$$

一般取 $\Delta a=(0.002\sim0.004)a$。

4. 验算链速

$$v=\frac{n_1 z_1 p}{60\times1\ 000}\leqslant 15\ \mathrm{m/s} \tag{9-24}$$

5. 选择润滑方式

据已确定的 p 和 v 从图 9-21 中选择合适的润滑方式。

6. 计算压轴力 F_Q

$$F_Q = K_Q F \tag{9-25}$$

式中，K_Q 为压轴力因数，$K_Q = 1.2 \sim 1.3$，有冲击和振动时取大值；F 为链传动的工作拉力，即

$$F = 1\,000\ P/v \tag{9-26}$$

式中，P 为链传动传递的功率(kW)；v 为链速(m/s)。

9.8　链传动的布置和张紧

链传动一般应布置在铅垂平面内，且两链轮共面。最好成水平布置(见图 9-22(a))，如需倾斜时，两链轮中心连线与水平线的夹角 φ 应小于 45°(见图 9-22(b))。同时，链传动应使紧边在上，松边在下，以利于链节和链轮进入、退出啮合。

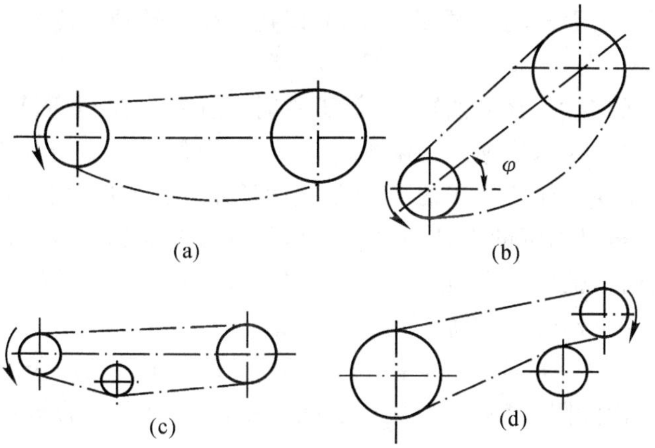

图 9-22　链传动的布置和张紧

张紧装置是为了防止链条垂度过大造成啮合不良和松边的颤动。可通过调节中心距或设置张紧轮的方法来进行张紧。张紧轮应安装在链条松边靠近小链轮处(见图 9-22(c)和图 9-22(d))。张紧轮可以是链轮，也可以是无齿的滚轮，其直径可比小链轮略小。

习题与思考题

9-1　带传动中的弹性滑动和打滑是怎样产生的？对带传动有何影响？

9-2　在设计 V 带传动时，如果小带轮包角过小，可采取什么措施？

9-3　带传动工作时，带中会产生哪些应力？最大应力发生在何处？

9-4　带传动的失效形式有哪些？设计准则是什么？

9-5　试设计某带式输送机用普通 V 带传动。已知：原动机为三相异步电动机，功率 $P = 7.5$ kW，转速 $n_1 = 1\,440$ r/min，从动轴转速 $n_2 = 630$ r/min，两班制工作。

9-6　与带传动相比，链传动有哪些优点？

9-7　滚子链传动的主要失效形式有哪些？设计链传动的主要依据是什么？

9-8　为什么小链轮的齿数不宜太少？

第10章　机械的平衡与调速

10.1　机械平衡的目的、分类及方法

在机械中存在着大量绕固定轴线回转的构件，这类构件称为回转件（或称为转子）。由理论力学可知，一偏离回转中心距离为 e、质量为 m、并以角速度 ω 转动的转子，所产生的离心力为

$$F = me\omega^2 \tag{10-1}$$

当离心力（或力系的合力、合力偶矩）不等于零时，它的方向随着回转件的转动而发生周期性的变化，同时，离心力对轴承施加一个附加的动压力，致使轴承磨损加剧，并使整个机械产生周期性的振动。这种振动往往使机械的可靠性、精度等降低，零件材料易疲劳损坏而使零件寿命缩短，振动产生的噪声对周围的设备、建筑、环境等都有较大的影响和破坏。

对于高速、重载、精密机械来说，这个问题更加突出，例如一个质量为 180 kg 的燃气轮机的转子，转速为 16 000 r/min，若转子质量的偏心距为 0.25 mm，则其离心惯性力为 126 300 N，是其转子本身重量的 70 倍左右。因此，调整回转件的质量分布，使回转件转动时离心力系达到平衡，以消除附加动压力，尽可能减轻由离心力产生的机械振动，这就是回转件平衡的目的。

机械的平衡可分为回转件平衡和机构平衡两类。

1. 回转件的平衡（转子的平衡）

转速低于一阶临界转速，其旋转轴线挠曲变形可忽略的回转体，称为刚性回转体。它可以看成是刚性的，在不平衡惯性力系作用下，不会产生明显的弹性变形。对于转速高于一阶临界转速，其旋转轴线的挠曲变形不能忽略的回转体，则称为挠性（柔性）回转件。在一般机械中大量存在的是刚性回转件的平衡问题，如：电动机转子、一般汽轮机转子、精密机床主轴、各种旋转式泵的叶轮等的平衡。这里主要研究刚性回转件（刚性转子）的平衡问题，挠性回转体的平衡问题可参考相关资料。

2. 机构在机座上的平衡（机构的平衡）

对整个机构，所有构件的惯性力和惯性力矩，可以合成为通过机构总质心的总惯性力和总惯性力矩，它们可被部分或完全地平衡。有关它们的平衡问题即为机构的平衡问题。为了减小或消除机构中各构件的惯性力和惯性力矩所引起的振动、附加动压力和减小输出转矩波动而采用的改变质量分布、附加机构等措施，称为机构的平衡，如内燃机曲柄滑块机构等的平衡。

研究机械平衡的方法，一般可分为计算法与试验法两大类，计算法又可分为图解法与解析法。图解法简单方便，解析法计算结果准确，它们皆用在各不平衡质量大小及质心位置已知的

情况下。而试验法则适用于各平衡质量大小及质心位置未知的情况下或虽经计算法加平衡质量平衡,但实际由于材质不均匀、安装制造误差等原因,往往达不到预期的要求时,可用试验法平衡。

10.2　回转件的平衡计算

对于绕固定轴线转动的回转件,若已知组成该回转件的各质量的大小和位置,就可以计算出合力矩的大小和方向,同时这也显示出平衡所需的质量(称为平衡质量)的大小和位置。根据组成回转件的各质量分布是否处于同一个平面或不同平面,其平衡原理和方法略有不同。

1. 静平衡

对于轴向尺寸相对于径向尺寸较小($L \leqslant D/6$)的零件,也称为盘状零件,如齿轮、盘形凸轮、带轮、飞轮、砂轮等,其质量分布可以近似地认为是在同一回转面内。当回转件匀速转动时,各质量所产生的离心力构成同一平面内交于回转中心点的力系,如图 10-1 所示。如果该力系不平衡,则它们的合力 $\sum F_i$ 不等于零。为了使力系达到平衡,只需在同一平面内加一个平衡质量,使其所产生的离心力 F_b 等于原离心力的合力且方向相反。这样,加上一个平衡质量后,由回转件上各质量所产生的离心力组成的力系就达到平衡。即

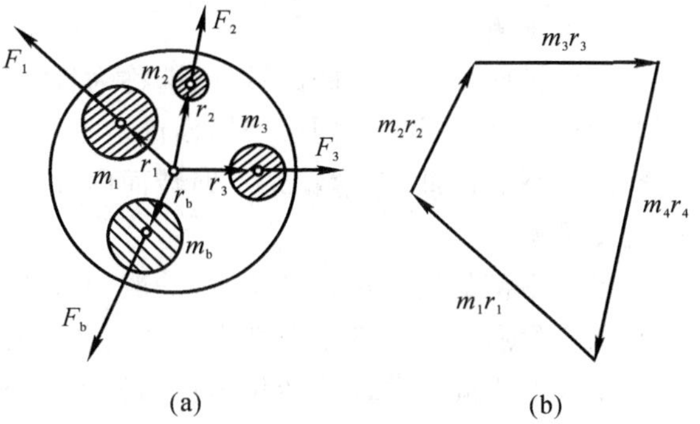

图 10-1　静平衡

$$F = F_b + \sum F_i = 0 \tag{10-2}$$

式中 F,F_b 和 $\sum F_i$ 分别表示总离心力、平衡质量的离心力和原有质量离心力的合力。代入离心力计算式,并消除公因子后可得

$$mr = m_b r_b + \sum m_i r_i = 0 \tag{10-3}$$

式中,m,r 为回转件的总质最和总质心的向径,m_b,r_b 为平衡质量及其质心的向径,m_i,r_i 为各不平衡质量及其质心的向径。

由式(10-3)可知,当回转速度一定时,离心力的大小和方向只与各个质量的大小和向径有关,把质量与向径的乘积称为质径积。

当回转件达到平衡后,总质心与回转轴线重合,此时回转件的质量对回转轴线的静力矩等于 0,这说明该回转件可以在任意位置保持静止,而不会自行转动,这种平衡称为静平衡;由于平衡可以在单一平面内进行,因此工业上也常称为单面平衡。

静平衡的条件是:分布于该回转件上各个质量的离心力(或质径积)的向量和等于零,即回转件的质心与回转轴线重合。

在回转件结构设计以后,由其几何形状和材料密度求出各部分的不平衡质量及其质心的向径。从而求得不平衡质径积 $m_i r_i$,再由式(10-3)求出校正质量的质径积 $m_b r_b$,然后根据回

转件的结构特点，选定适当的校正向径 r_b，则校正质量 m_b 即可确定。

求平衡质量的大小和向径的方法有三种：解析法、图解法和试验法。

解析法和图解法求平衡质量的大小和向径的方法如图 10-1 所示。已知在同一回转面内有三个不平衡质量 m_1, m_2, m_3，其质心向径为 r_1, r_2, r_3，设应加的校正质量为 m_b，其向径为 r_b，由式(10-3)可得

$$mr = m_b r_b + m_1 r_1 + m_2 r_2 + m_3 r_3 = 0 \tag{10-4}$$

式中，仅 $m_b r_b$ 为未知量，用解析法求解时，将式中各量分别在 x, y 方向投影，得到平衡方程，解方程组即可求得未知量。图解法是采用画矢量多边形的方法，如图 10-1(b)所示。求出 $m_b r_b$ 后，根据结构情况选定 r_b，然后 m_b 的值就可确定。一般在结构允许的情况下，尽量选择较大的校正半径，以保证校正质量。

2. 动平衡

对于轴向尺寸较大的回转件，即称为轴类零件，如电动机的转子、机床主轴等，其质量分布不能近似地认为是位于同一回转面内。这类回转件转动时产生的离心力不再是平面力系，而是空间力系。因此，单靠在某一回转面内加一平衡质量的静平衡方法不能使这类回转件转动时达到平衡。

动不平衡的转子进行平衡时，一般的方法是先选择两个辅助平面(也称平衡校正面)，将各不平衡质量所产生的离心惯性力分解到两校正平面内，则原各不平衡质量所产生的离心惯性力所组成的空间力系即可转化为在两校正平衡面内的平面汇交力系，而此两平面汇交力系的平衡问题，即为前述质量分布在同一回转面内的静平衡计算问题。由此分析可见，此类回转件的动平衡计算问题可转化为在两校正平衡面内的静平衡计算问题，而解决之，如图 10-2 所示。

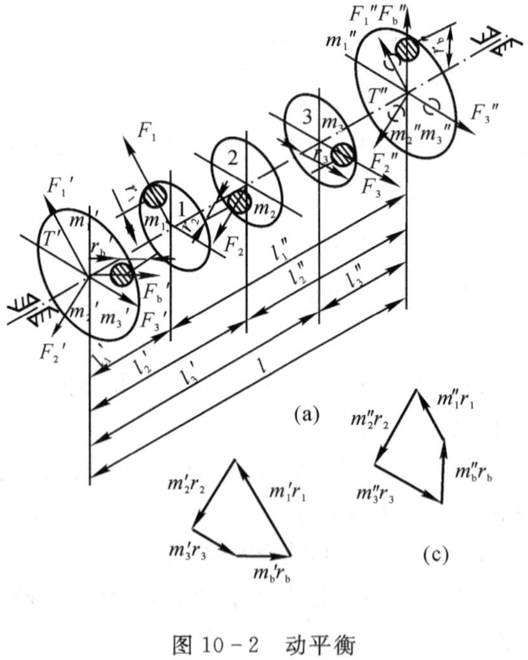

图 10-2　动平衡

设回转件的不平衡质量 m_1, m_2, m_3 分布在 1,2,3 三个平面内，其质心向径为 r_1, r_2, r_3，选

定两个辅助平面 T'，T''。按平行力分解原理，可将某平面内的质量 m_i 分解到两辅助平面内，得 m'_i 和 m''_i。将 m_1，m_2，m_3 分解计算得

$$\left.\begin{aligned} m'_1=\frac{l''_1}{l}m_1,\quad m''_1=\frac{l'_1}{l}m_1,\quad m'_2=\frac{l''_2}{l}m_2 \\ m''_2=\frac{l'_1}{l}m_2,\quad m'_3=\frac{l''_3}{l}m_3,\quad m''_3=\frac{l'_3}{l}m_3 \end{aligned}\right\} \tag{10-5}$$

对两辅助平面内的质量进行静平衡，得

$$\left.\begin{aligned} m'_b r'_b+m'_1 r_1+m'_2 r_2+m'_3 r_3=0 \\ m''_b r''_b+m''_1 r_1+m''_2 r_2+m''_3 r_3=0 \end{aligned}\right\} \tag{10-6}$$

根据上式，可采用图解法或解析法求出两平面上平衡质量的质径积。

由上述分析可得结论：质量分布不在同一回转面内的回转件，只要分别在任选的两个回转面(即平衡校正面)内各加上适当的平衡质量，就能达到完全平衡。这种平衡称为动平衡，工业上称双面平衡。动平衡的条件是：回转件上各个质量的离心力的向量和等于零，且离心力所产主的力偶矩的向量和也等于零。显然，动平衡条件中包含了静平衡条件，也就是说动平衡的转子一定也是静平衡的，但静平衡的转子不一定是动平衡的。

10.3　平衡试验

1. 静平衡试验

静平衡试验法是利用静平衡架找出不平衡质径积的大小和方向，并由此确定平衡质量的大小和位置，使质心移到回转轴线上以达到静平衡。图 10－3 所示为导轨式静平衡架，两根互相平行的钢制刀口形导轨被安装在同一水平面内，试验时将回转件的轴放在导轨上，若回转件偏心，则由于重力的作用，回转件将在导轨上发生滚动。待到滚动停止时，质心即处于最低位置，由此可确定质心的偏移方向。然后再在质心的反方向加一适当的平衡质量，并逐步调整其大小或径向位置，直到该回转件在任意位置都能保持静止。这时所加的平衡质量与其向径的乘积就是该回转件欲达到平衡所需加的质径积。导轨式静平衡架简单可靠，其精度也能满足一般机械生产的需要。

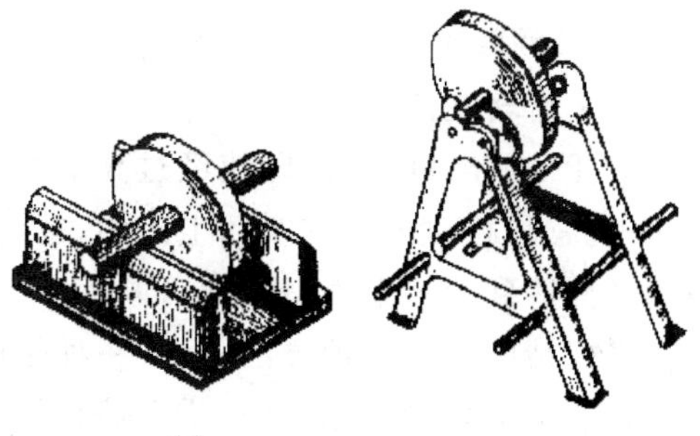

(a)　　(b)

图 10－3　静平衡试验架

2. 动平衡试验

为了使转子达到动平衡，通常采用动平衡试验法，即将回转件在动平衡试验机上运转，然后在两个选定的平面内分别找出所需的质径积的大小和方位，通过逐步调整，最终使转子得到动平衡。

动平衡试验机的种类较多，除机械式外，由于电子技术和激光技术的发展和应用，近代动平衡试验机已采用电测技术测量校正面内的不平衡量和用激光技术自动去掉不平衡质量。这些都大大提高了平衡精度和平衡试验的自动化程度。有关各种型式的动平衡试验机的结构、工作原理、操作过程等详细内客，可参阅相应产品样本或实验指导书等有关资料。

图 10－4 所示为电测式动平衡试验机原理示意图，它由驱动系统、转子支撑系统（摆架）和振动测量系统三部分组成。

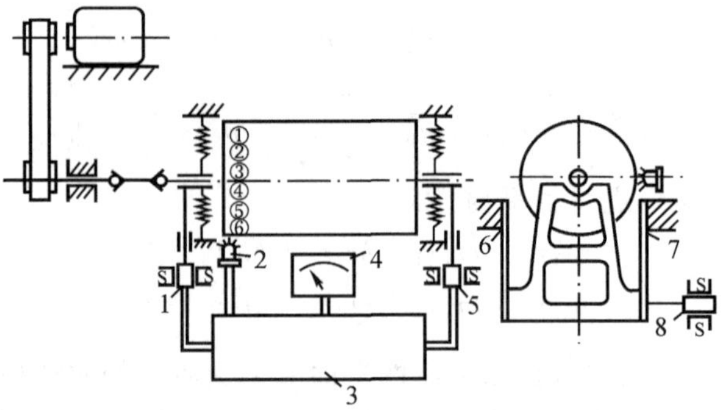

图 10－4　动平衡试验机

驱动系统由电动机经带传动和万向节，带动转子以给定的转速转动。转子的支撑架由弹簧片悬吊，构成一个双摆架式弹性振动系统。转子上的偏心质量所产生的离心惯性力，驱使支撑架沿水平方向振动，再通过传感器将此振动量变换为电信号。

测振系统的任务是根据传感器的振动信号，测出转子不平衡质量的大小和方向。传感器使得振动信号首先进入面的分离电路，以消除左、右两面间的相互影响，然后将信号放大和选频，使其频率与转子转动的频率相同。此时，信号分为两路，一路经整流电路检出幅度大小，并由电流表指示出来。其值即表示不平衡质径积的大小；另一路经脉冲电路，将正弦波变为方波，再经微分得到负脉冲去触发闪光管，其闪光频率与转子频率同步，即转子每转一周闪光管触发照射一次，故旋转的转子看起来似乎处于静止状态，从而指示出不平衡质径积所在的方位。

3. 平衡精度简介

对任一回转件而言，即使经过高精度的平衡机平衡后，也总剩有不平衡量。不平衡是绝对的，平衡总是相对的。在实际生产中，也没有必要把回转件的不平衡量完全消除，只要使被平衡回转件达到一定平衡精度即可。

平衡精度常以两种方法表示：一种是以残存的不平衡量的绝对值（质径积）表示，另一种则以残存的不平衡量的相对值（质心偏移量）表示。一般采用后者，回转件的平衡精度 A 用校正平面的许用质心偏移量 ε 与回转角速度 ω 的乘积 $\varepsilon\omega$ 来表示（单位为 mm/s），即

$$A=\varepsilon\omega/1\,000 \tag{10-7}$$

国际标准化协会规定了各种典型回转件的平衡精度和许用不平衡量（ISO 1940）。可参照 ISO 标准及有关推荐值选定其平衡精度。

10.4　机械运转速度波动调节的目的与方法

根据能量守恒定律，机械在运转过程中的任一时间间隔内，作用在其上的力所做的功等于机械动能的增量，即

$$W_d-W_r=E_2-E_1 \tag{10-8}$$

式中，W_d，W_r 分别为该时间间隔内驱动力所做的功和阻力所做的功；E_1，E_2 分别为机械在该时间间隔内开始和结束时的动能。W_d-W_r 不同，机械的速度变化也不同。可分三种情况：

(1)当 $W_d - W_r = 0$ 时，称为恒功，则机械作匀速运动；

(2)当 $W_d - W_r > 0$ 时，称为盈功，则机械作增速运动；

(3)当 $W_d - W_r < 0$ 时，称为亏功，则机械作减速运动。

当机械工作速度发生变化时，机械中将产生附加的动载荷，会造成机械的振动，降低机械的效率、可靠性和精度，影响机械零件的强度和寿命等。所以必须对机械速度波动进行控制和调节。

1. 周期性速度波动

当外力(驱动力和阻力)作周期性变化时，机械动能增减呈周期性变化，其运动速度(如主轴的角速度)也会作周期性的波动，如图 10－5 所示。主轴角速度 ω 从某一数值变回到原值所经历的时间为一个运动周期，在一个周期中，驱动力所做的功与阻力所做的功相等，但在一个运动周期中的任意瞬时却不一定相等。通常调节机械周期性速度波动的方法是在机械的转动构件上加一个转动惯量很大的飞轮。当 $W_d > W_r$ 时，飞轮速度略增，就可将多余能量储存起来；当 $W_d < W_r$ 时，飞轮速度略减，便可将能量释放出来，从而抑制速度波动的幅度(如图 10－5 中虚线所示)。例如四冲程内燃机、冲床都加装有飞轮，由此可知，安装飞轮不仅可以避免机械运转速度发生过大的波动，而且可以选择较小的原动机。

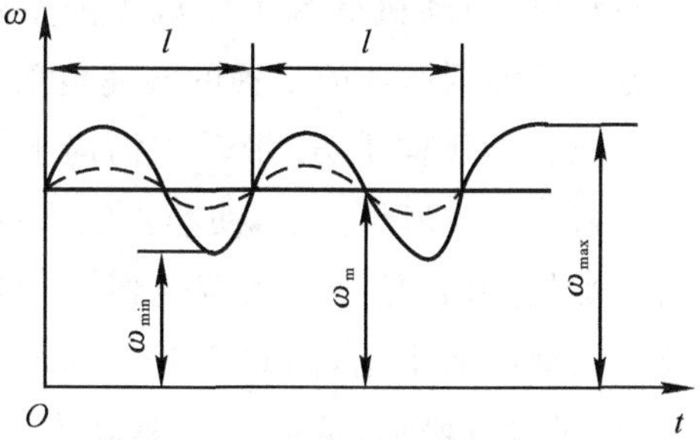

图 10－5　周期性速度波动

2. 非周期性速度波动

当外力(驱动力和阻力)的变化是随机的、不规则的，没有一定的周期性时，机械速度也呈非周期性波动。当盈功过多时，速度可能变得太快。如果驱动功在较长时间内总是大于阻抗功时，则机械运转的速度将会不断升高。当超过机械所允许的最高转速时，机械将不能正常工作，甚至可能出现“飞车”现象，从而导致机械破坏。相反，当亏功过多时，速度可能变得太慢。如果驱动功在较长时间内总是小于阻抗功时，则机械运转的速度将会不断降低，直至停车。

对于非周期性速度波动，安装飞轮是不能达到调节目的的，这是因为飞轮的作用只是“吸收”和“释放”能量，它既不能创造能量，也不能消耗能量。非周期性速度波动的调节问题可分为两种情况：

(1)当机械的原动机所发出的驱动力矩是速度的函数且具有下降的趋势时，机械具有自动调节非周期性速度波动的能力。

如图 10－6 所示，当机械处于稳定运转时，$W_d - W_r$，此时机械的稳定运转速度为 ω_s，S 点称为稳定工作点。当某种随机因素使 W_r 增大时，由于 $W_d < W_r$，主轴的角速度会减小，但由图中可以看出，随着角速度的减小，W_d 将增大，所以可使 W_d 与 W_r 自动地重新达到平衡，机械将在 ω_a 的速度下稳定运转；反之，当某种随机因素使 W_r 减小时，由于 $W_d > W_r$，主轴的角速度将增大，但由图中可以看出，随着角速度的增大，W_d 将减小，所以可使 W_d 与 W_r 自动地重新达到平衡，机械将在 ω_b 的速度下稳定运转，这种能自动调节非周期性速度波动的能力称为自调性。选用电动机作为原动机的机械，一般都具有自调性。

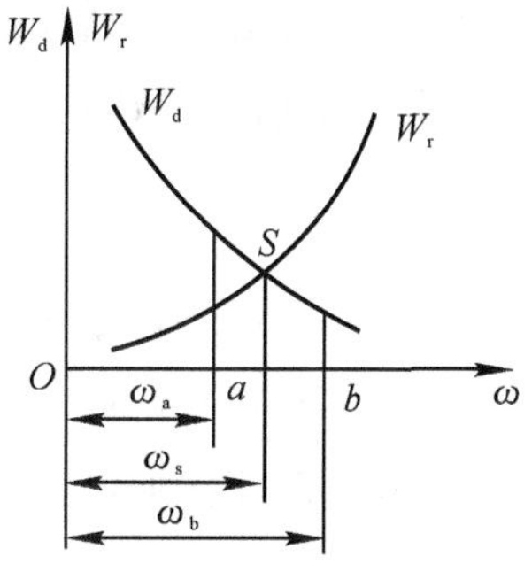

图 10－6　机械的自调性

(2)对于没有自调性的机械系统(如采用蒸汽机、汽轮机或内燃机为原动机的机械系统),就必须安装一种专门的调节装置——调速器,它的作用是调节机械出现的非周期性速度波动,从而使驱动力(矩)所做的功与阻力(矩)所做的功趋于平衡,以达到新的稳定运转。

调速器的种类很多,现举一例简要说明其工作原理。图 10-7 所示为机械式离心调速器的工作原理图。原动机 2 的输入功与供气量的大小成正比。当负载突然减小时,原动机 2 和工作机 1 的主轴转速升高,由锥齿轮驱动的调速器的主轴的转速也随着升高,飞球因离心力增大而飞向上方,带动圆筒向上升,并通过套环和连杆机构将节流阀关小,使蒸汽输入量减小;反之,当负荷突然增加时,原动机及调速器主轴转速下降,飞球因离心力减小而下落,通过套环和连杆机构将节流阀开大,使供汽量增加,从而增大驱动力。调速器实际上是一个反馈装置,其作用是自动调节能量使输入功与负荷所消耗的功(包括摩擦损失)达成平衡,以保持速度稳定。关于调速器进一步的工作原理,可参阅有关资料。

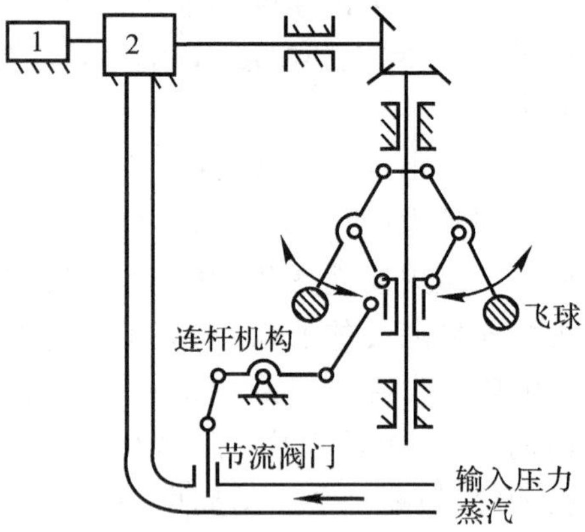

图 10-7 调速器

10.5 周期性速度波动的调节

1. 机械运转的平均速度和不均匀因数

已知机械主轴角速度随时间变化的规律时,一个周期角速度的变化平均值 ω_m 为

$$\omega_m = \frac{1}{T}\int_0^T \omega \mathrm{d}t \tag{10-9}$$

一般来说 ω 的变化规律较复杂,为了便于计算,在工程上常用角速度的算术平均值代替实际平均值。式(10-9)改为

$$\omega_m = \frac{\omega_{min} + \omega_{max}}{2} \tag{10-10}$$

式中,ω_{max}和 ω_{min}分别为机械的最大角速度和最小角速度。为了衡量机械速度波动的相对程度,引入不均匀因数 δ,即

$$\delta = \frac{\omega_{max} - \omega_{min}}{\omega_m} \tag{10-11}$$

由式(10-9)可知, 不均匀因数越小,机械运转的速度波动越小。

各种不同的机械对速度波动有不同的要求,即根据设计要求规定不同的不均匀因数 δ 的许用值。几种常见机械的不均匀因数的取值范围见表 10-1。

表 10-1　常见机械不均匀因数取值范围

机械名称	[δ]	机械名称	[δ]
交流发电机	0.002～0.003	农业机械	0.02～0.20
直流发电机	0.005～0.01	轧钢机	0.04～0.10
内燃机	0.007～0.012 5	破碎机	0.10～0.20
船用发动机	0.007～0.05	冲、剪、锻床	0.05～0.15
纺织机	0.01～0.017	金属切削机床	0.02～0.05
减速机	0.015～0.020	压缩机、水泵	0.03～0.05

2.飞轮设计的近似方法

(1)飞轮惯量的确定。飞轮设计的基本问题是:在机械运转不均匀因数容许范围内,确定飞轮的转动惯量。

在一般机械中其他构件所具有的动能与飞轮相比,其值甚小,因此,在近似设计时可以用

$$A_{\max}=E_{\max}-E_{\min}=\frac{1}{2}J(\omega_{\max}^2-\omega_{\min}^2)=J\delta\omega_m^2 \tag{10-12}$$

认为飞轮的动能就是整个机械的动能。当飞轮处于最大角速度时,具有动能最大值 $E_{\max}$;反之,当飞轮处于最小角速度 $\omega_{\min}$时,具有动能最小值 $E_{\min}$。$E_{\max}-E_{\min}$表示一个周期内动能的最大变化量。动能的最大变化量是由最大剩余功(从 $\omega_{\min}$到 $\omega_{\max}$区间为最大盈功,从 $\omega_{\max}$到 $\omega_{\min}$区间为最大亏功)转化来的,即式中 $A_{\max}$为最大盈亏功。将 $\omega=\frac{\pi n}{30}$代入式(10-12)得

$$J=\frac{A_{\max}}{\delta\omega_m^2}=\frac{900A_{\max}}{\pi^2 n^2\delta} \tag{10-13}$$

由上式可知:①当 $A_{\max}$和转速 n 一定时,飞轮转动惯量 J 与不均匀因数 δ 之间的关系为一等边双曲线,如图 10-8 所示。当 δ 很小时,略微减小 δ 的数值就会使飞轮转动惯量急增。因此,过分追求机械运转的均匀性将会使飞轮笨重,增加成本。②当 J 与 n 一定时,$A_{\max}$与 δ 成正比,即最大盈亏功越大,机械运转越不均匀。③当 $A_{\max}$与 δ 一定时,J 与 n 的二次方成反比。所以为了减小飞轮的转动惯量,宜将飞轮安装在高速轴上。但有些机械考虑到主轴刚性较好,所以仍将飞轮安装在机器的主轴上。

(2)飞轮尺寸的确定。当飞轮转动惯量 J 求出之后,还要确定它的直径、宽度、轮缘厚度等有关尺寸。

图 10-9 所示为带有轮辐的飞轮。这种飞轮的轮毂和轮辐的质量很小,回转半径也较小,近似计算时可以将它们的转动惯量略去,而认为飞轮质量 m 集中于轮缘。设轮缘的平均直径为 D_m,则

$$J=m\left(\frac{D_m}{2}\right)^2=\frac{mD_m^2}{4} \tag{10-14}$$

当按照机器的结构和空间位置选定轮缘的平均直径 D_m 之后,由式(10-13)可求得飞轮的质量。设轮缘为矩形断面,它的体积、厚度、宽度分别为 $V(m^3)$,$H(m)$,$B(m)$,材料的密度为 $\gamma(kg/m^3)$,则

$$m=V\gamma=\pi D_m HB\gamma \tag{10-15}$$

选定飞轮材料和比值$\frac{H}{B}$之后，轮缘的截面尺寸便可以确定。

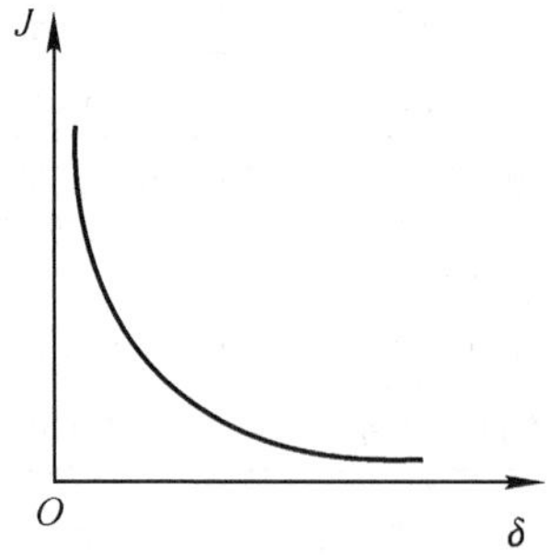

图 10-8　飞轮惯量与不均匀因数的关系

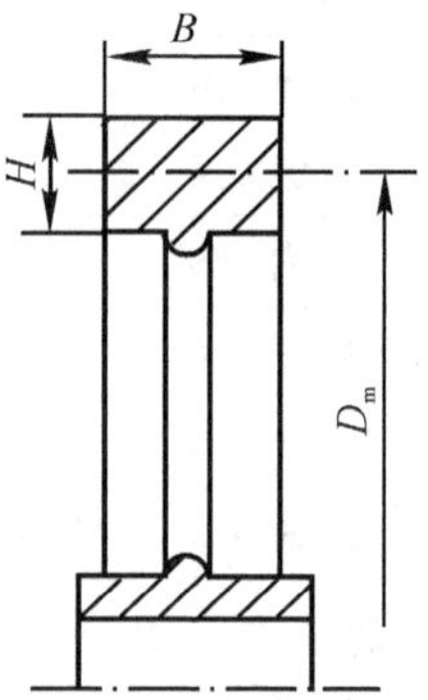

图 10-9　轮辐式飞轮

飞轮具有较高的转速，当轮缘材料所受离心力超过其强度极限时，轮缘便会爆裂。为安全起见，在选择平均直径和外圆直径时。应使飞轮外圆的圆周速度不大于以下安全数值：

(1)对于铸铁飞轮：$v_{max}<36$ m/s；

(2)对于铸钢飞轮：$v_{max}<50$ m/s。

应当说明的是，飞轮不一定是外加的专门构件。实际机械中往往用增大皮带轮(或齿轮)尺寸和质量的方法，使它们兼起飞轮的作用。这种带轮(或齿轮)也就是机器中的飞轮。还应指出，本章所介绍的方法，没有考虑除飞轮外其他构件动能的变化，因此是近似的。当其他构件的质量较大或动能变化较大时，必须考虑这些构件的动能变化。这种精确设计的方法，可参看相关资料。

习题与思考题

10-1　静平衡和动平衡有何不同？各用于何种转子？

10-2　如何进行平衡计算？如何进行平衡实验？

10-3　从日常生活中找出两个动平衡的实例。

10-4　机械的速度为什么会波动？

10-5　机械的周期性速度波动和非周期性速度波动有何不同？可用什么方法来调节？

第11章　液压传动

11.1　概　　述

11.1.1　液压传动的发展概况

液压传动相对于机械传动来说是一门较新的技术，但自1795年英国人制造出世界上第一台水压机算起，它也已有二百余年的历史了。近几十年来，控制技术、微电子技术、计算机技术、传感检测技术及材料科学的发展，极大地推动了液压传动与控制技术的发展，使其成为机电液一体化的全新的自动控制技术。它在工程机械、冶金、军工、农机、汽车、船舶、石油、航空和机床工业等领域中，均得到了普遍的应用。

我国液压工业的发展始于20世纪50年代。1952年，上海虬江机器厂(现上海机床厂)试制出我国第一台自制的液压元件——齿轮油泵。之后，北京机床研究所、济南铸锻机械研究所、大连组合机床研究所、广州机床研究所等单位相继开发出了我国自己的液压元件系列产品，并在各种机械设备上得到了广泛的应用。改革开放几十年来，我国的液压工业在引进吸收国外先进技术，自行开发等方面均得到了飞速的发展。

液压传动之所以能在各个领域得到广泛的应用，是因为它与机械传动等相比，具有易于实现大范围的无级调速，单位重量的功率大，易实现过载保护等突出优点。但同时由于它传动效率较低，不能实现严格的定比传动，在高温及低温下工作有一定困难，有污染，又使它的应用受到了不同程度的限制。这就要求我们在机械传动方案设计过程中充分考虑各种传动的优缺点，综合考虑各方面的因素，扬长避短，从而获得最佳的设计方案。

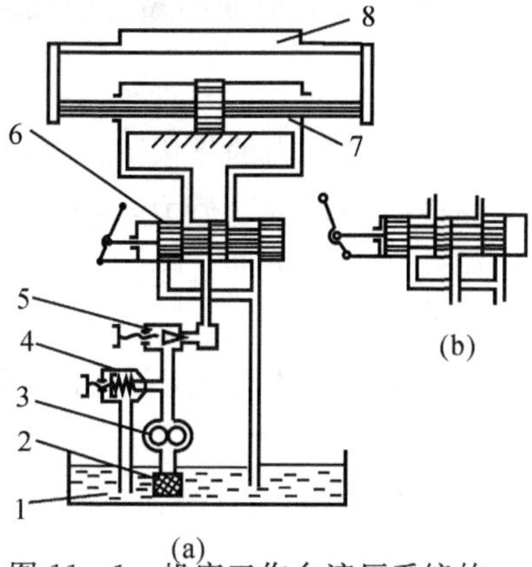

图11-1　机床工作台液压系统的工作原理图

11.1.2　液压传动系统的主要组成

1. 液压传动的工作原理

图11-1所示为机床工作台液压系统的工作原理图。液压泵3由电动机(未画出)驱动旋转，经滤油器2从油箱1中吸油，来自液压泵的压力油经节流阀5和换向阀6进入液压缸7的左腔，推动活塞连同工作台8一起右移，缸右腔的油经过换向阀、油管排回油箱。换向阀6控制压力油进入液压缸的左腔或右腔，从而控制工作台的移动方向。改

变节流阀 5 的开口度可以控制进入缸的流量大小，从而调节工作台的移动速度。溢流阀 4 用于调节泵输出的压力油的压力，并使多余的压力油流回油箱。

2. 液压传动系统的组成

由上述可知，一个完整的液压传动系统包含以下五个部分：

(1)动力元件。主要指液压泵。它将原动机输入的机械能转换为流体介质的压力能。

(2)执行元件。主要指液压缸和液压马达。它又将流体介质的压力能转换成机械能。

(3)控制元件。指各种控制阀。它通过对流体介质的压力、流量及流向的控制，以满足执行元件对输出力(转矩)、速度(转速)及运动方向的要求。

(4)辅助元件。包含油箱、油管、滤油器及各种指示器和控制仪表等。它主要起保证和改善系统工作性能的作用。

(5)工作介质。即液压油。它是动力传递的载体。

3. 液压图形符号

由于液压元件品种多、形式多、控制方式多，为了便于区分、绘图和交流，就必须给各种液压元件规定出特定的表示方法——图形符号。在工程实际中，除某些特殊情况外，一般都用国家标准(GB 786.1—93)中规定的图形符号来绘制液压系统原理图。图 11－1 所示的液压系统，若用 GB 786.1—93 中规定的图形符号来绘制，则其原理图如图 11－2 所示。图形符号只表示元件的功能、操纵方法等，不表示其具体的结构与参数。

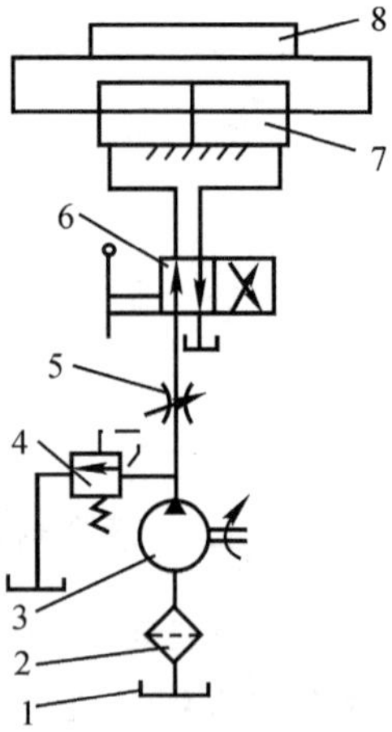

图 11－2 机床工作台液压系统的图形符号图

11.2 液 压 油

液压传动是以液体(液压油)为工作介质来进行能量传递的。同时，液压油还具有润滑、防腐、防锈及冷却作用。液压油性质的不同和品质的优劣会大大影响液压系统的工作性能及工作的可靠性。

11.2.1 液压油的黏性和黏度

1. 黏性

液体在外力的作用下流动(或有流动趋势)时，分子间的内聚力要阻止分子间的相对运动，从而产生一种内摩擦力，这一特性称为液体的黏性。黏性是液体的重要物理性质，也是选择液压用油的主要依据之一。

2. 黏度

度量液体黏性大小的物理量称为黏度。常用的黏度表示方法有三种：动力黏度、运动黏度和恩氏黏度。

(1)动力黏度。液体在单位速度梯度下流动时单位面积上产生的内摩擦力，用 μ 来表示，即

$$\mu=\frac{\tau}{\mathrm{d}u/\mathrm{d}y} \tag{11-1}$$

式中，τ 为单位面积上的内摩擦力(切应力)；$\mathrm{d}u/\mathrm{d}y$ 为速度梯度(Pa · s)，1Pa · s(N · s/m^2)＝

10P(泊，dyn・s/cm²)＝1 000cP(厘泊)。

(2)运动黏度。液体动力黏度与其密度(ρ)的比值，用ν表示，即

$$\nu=\mu/\rho \quad (m^2/s) \tag{11-2}$$

国产液压油的牌号，就是用该液压油在 40℃时运动黏度的平均厘斯数来表示的。

(3)恩氏黏度。用恩氏黏度计测出的黏度，用$°E_t$表示。

恩氏黏度与运动黏度间的换算关系为

$$\nu=(7.31°E_t-6.31/°E_t)\times10^{-6}\ m^2/s \tag{11-3}$$

3. 黏度与压力和温度的关系

液体的黏度随液体的压力和温度而变。液压油的黏度对温度的变化十分敏感，温度升高，则黏度会大幅降低。压力增大时，黏度会增大，但在一般液压系统使用的压力范围内，增大的数值很小，可以忽略不计。

11.2.2　液压油的选择

目前 90％以上的液压系统均以石油基矿物油作为工作介质。而黏度的选择主要取决于工作压力、温度及执行元件的相对运动速度。一般当工作压力、环境温度较高时，应选择黏度较高的液压油，以减少泄漏；当执行元件的相对运动速度较高时，则应选用黏度较低的液压油，以减少压力损失。

11.3　液压元件

11.3.1　液压泵

1. 液压泵的工作原理及分类

液压泵属于动力元件，其工作原理可用图 11－3 所示的单柱塞泵来说明。当凸轮 1 由原动机带动旋转时，柱塞 2 便在缸体中左右移动。柱塞右移时(在弹簧 3 作用下)，缸体中的密封容积 4 增大，形成真空，油箱中的油液便在大气压力的作用下通过单向阀 5 流入缸体，实现吸油。柱塞左移时，密封容积减小，油受挤压后经单向阀 6 被压入系统，实现排油。凸轮连续转动，泵就不断地完成吸油和排油。由此可见，它是靠密封容积的变化来工作的，所以这种泵又称为容积式泵。

容积式泵工作的必要条件是：①有一个或若干个周期性变化的密封容积；②有配流装置，它保证密封容积增大时只和吸油腔相通，密封容积减小时只和压油腔相通。图 11－3 中的单向阀 5 和 6 就是起配流作用的。

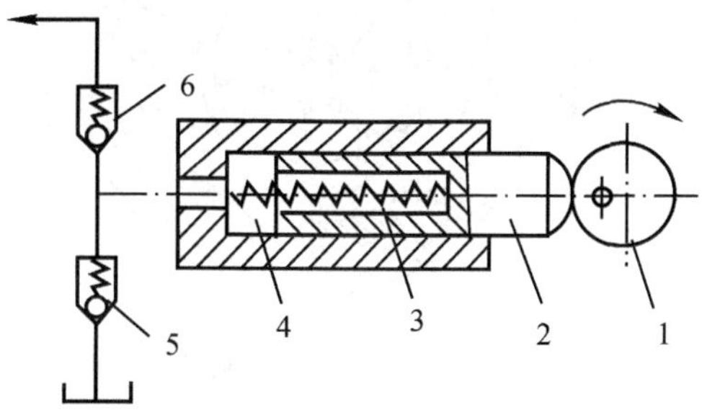

图 11－3　单柱塞泵的工作原理

常用的液压泵按结构形式的不同可分为齿轮泵、叶片泵和柱塞泵。按输出流量可否调节，液压泵又有定量泵和变量泵之分。

2. 齿轮泵

齿轮泵是液压系统中常用的油泵。按啮合形式可分为外啮合齿轮泵和内啮合齿轮泵。下

面我们来分析外啮合齿轮泵的工作原理和结构特点。

如图 11－4 所示，外啮合齿轮泵主要由一对齿数相同的外啮合渐开线齿轮 1、泵体 2 和端盖（未画出）等零件组成。泵体、端盖和齿面之间形成了密封腔，当齿轮按图示方向旋转时，在两个齿轮齿面接触线的左侧，轮齿逐渐退出啮合，使密封腔容积增大，形成局部真空，油箱中的油便在大气压力的作用下进入吸油腔，并被旋转的轮齿带入右侧。随着轮齿不断进入啮合，右侧的密封容积逐渐减小，完成排油。

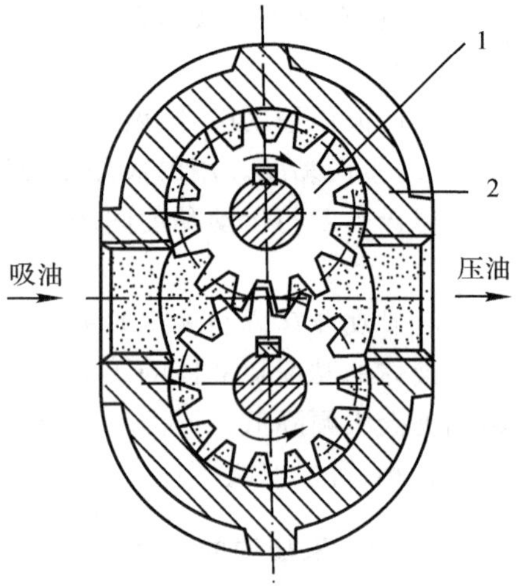

图 11－4　外啮合齿轮泵的工作原理

外啮合齿轮泵的优点是结构简单、尺寸小、制造方便、价格低廉、自吸能力强、对油液污染不敏感、易于维护等。但由于有不平衡的径向力，其工作压力的提高受到了限制。另外，由于齿轮泵的流量和压力脉动较大、噪声高，其使用范围受到了一定的限制。

3. 叶片泵

叶片泵分为单作用叶片泵和双作用叶片泵两类。因叶片泵具有流量压力脉动小、噪声低的特点，故其在中高压液压系统中得到了广泛的应用，但其抗污染能力较差、制造工艺也较复杂。双作用叶片泵常做成定量泵，而单作用叶片泵可做成多种形式的变量泵。

（1）双作用叶片泵。双作用叶片泵的结构如图 11－5 所示。它主要由定子 1、转子 3、叶片 4 和前后配流盘（未画出）等零件组成。定子、转子中心重合，定子内表面由两段长半径圆弧、两段短半径圆弧和四段过渡曲线组成。当转子转动时，叶片在离心力的作用下压向定子内表面。由相邻两个叶片、定子内表面、转子外表面和两侧配流盘形成了若干个（与叶片数相同）密封容积。当转子顺时针方向旋转时，原来处在小圆弧段的密封容积由于经过过渡曲线运动到大圆弧段而逐渐增大，通过吸油口 5 吸油，而原来处在大圆弧段的密封容积由于经过过渡曲线运动到小圆弧段而逐渐减小，通过压油口 2 排油。

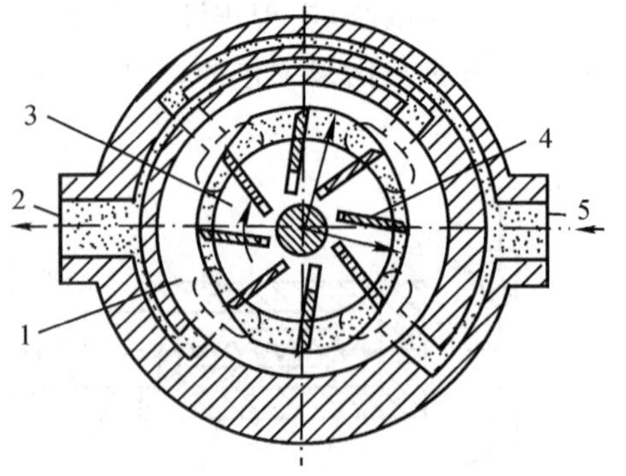

图 11－5　双作用叶片泵的工作原理

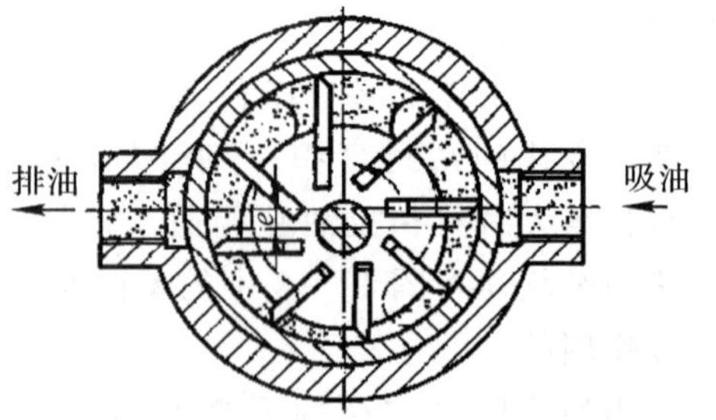

图 11－6　单作用叶片泵的工作原理

这种泵由于转子每转一周，完成两次吸、排油，故称为双作用叶片泵。同时，吸、排油口呈对称分布，作用在转子上的径向力相互平衡，所以又称为平衡式叶片泵。

（2）单作用叶片泵。如图 11－6 所示，单作用叶片泵的主要组成及密封容积的形成均与双作用叶片泵相似。当转子逆时针方向旋转时，处于右半周的叶片外伸，密封容积逐渐增大，通过配流盘上的吸油口完成吸油；处于左半周的叶片内缩，密封容积逐渐减小，通过配流盘上的压油口完成排油。

这种泵由于转子每转一周，完成一次吸、排油，故称为单作用叶片泵。同时由于转子上作用有不平衡的径向液压力，所以又称为非平衡式叶片泵。改变定子和转子间偏心距的大小，可改变泵的排量。单作用叶片泵常做成变量泵，如流量随压力自动改变的限压式变量叶片泵。

4. 柱塞泵

柱塞泵是依靠柱塞在缸体内往复运动使密封容积产生周期性变化来实现吸、排油的。由于柱塞与缸体内孔均为圆柱面，易于获得高精度的配合，故柱塞泵常做成高压泵。此外，只要改变柱塞的行程就能改变泵的排量，所以它常用于高压和流量需要调节的液压系统中。

按柱塞排列方向的不同，柱塞泵可分为轴向柱塞泵和径向柱塞泵两类。其中以斜盘式轴向柱塞泵应用最广。

图 11－7 所示为斜盘式轴向柱塞泵的工作原理图。它主要由斜盘 1、柱塞 2、缸体 3、配流盘 4 及传动轴 5 等零件组成。斜盘与缸体间有一倾角，斜盘和配流盘固定不动，柱塞在底部弹簧的作用下始终紧贴斜盘。当轴带动缸体按图示方向旋转时，柱塞便产生往复运动，各柱塞与柱塞孔、配流盘间的密封容积就会发生周期性的变化，通过配流盘上的吸油口 a、排油口 b 完成吸油和排油。

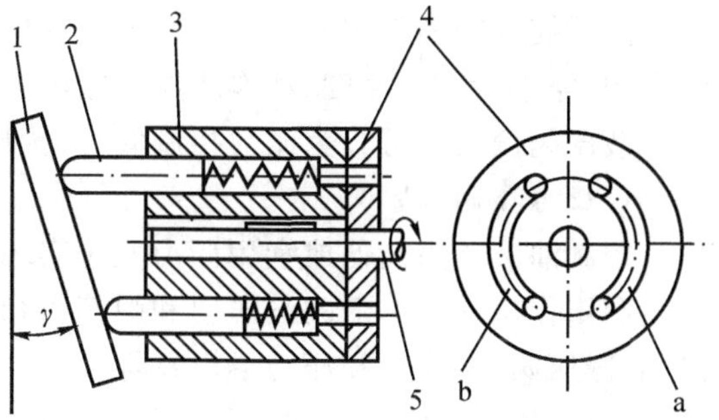

图 11－7　斜盘式轴向柱塞泵的工作原理

改变斜盘倾角 γ 的大小，就能改变柱塞的行程，从而实现变量。改变 γ 方向，就能改变吸、排油的方向，使其成为双向变量轴向柱塞泵。

11.3.2　液压缸和液压马达

1. 液压缸

液压缸是液压系统中的执行元件，也是一种能量转换元件，它将液体的压力能转换成机械能，用于驱动工作机构作往复直线运动。液压缸结构简单，工作性能可靠，在液压传动装置中得到了广泛的应用。

液压缸按结构形式可分为活塞式和柱塞式两类。

图11-8所示为单出杆活塞缸的典型结构。根据各部分的结构特点和功用，可将其分为

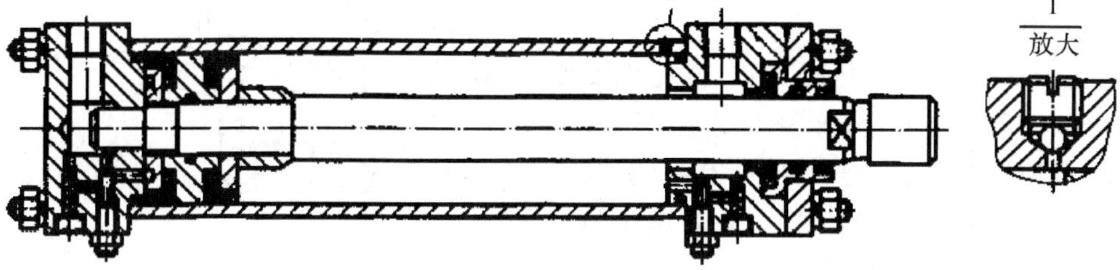

图 11－8　单出杆活塞缸的典型结构

活塞组件、缸筒组件、密封装置、排气装置和缓冲制动装置等几部分。

液压缸已有系列标准可供选用,但有时也需自行设计非标准液压缸。

液压缸的设计步骤是:先根据使用要求选择结构类型,然后按负载情况、运动要求、最大行程等确定其主要结构尺寸,同时进行强度、稳定性和缓冲验算,最后再进行具体结构设计。

2.液压马达

液压马达是用于使工作机构作旋转运动的执行元件。从原理上讲,液压泵和液压马达是可逆的,但由于二者的使用目的不一样,导致了它们在结构上也存在一定的差异。只有极个别的泵能当液压马达使用。

液压马达按结构也可分为齿轮式、叶片式和柱塞式 。其结构与同类型的液压泵基本相同。

11.3.3 液压控制阀

液压控制阀的作用是控制或调节系统中油液的压力、流量或流动方向,以实现对执行元件的启动、停止、换向、速度、动作顺序和输出力(或力矩)进行调节和控制。

液压阀按功用可分为压力控制阀、流量控制阀和方向控制阀。

1.压力控制阀

控制油液压力高低或利用压力变化实现某种动作的阀统称为压力控制阀。这类阀的共同点是利用作用在阀芯上的液压力和弹簧力相平衡的原理来进行工作。常见的压力控制阀有溢流阀、减压阀、顺序阀和压力继电器等。

(1)溢流阀。溢流阀通过阀口的溢流,控制系统或回路的压力,从而实现调压、稳压或限压作用。对溢流阀的主要要求是:调压范围大、调压偏差小、压力振摆小、动作灵敏、过流能力大、噪声小。

根据工作原理的不同,溢流阀可分为直动型溢流阀和先导型溢流阀。

1)直动型溢流阀。图 11-9 所示为直动型溢流阀的结构及图形符号。它主要由阀芯 1、阀体 2、调压弹簧 3、调压螺母 4 等零件组成。

进口压力油由 P→径向孔 f→阻尼孔 g→阀芯底面 c→形成向上的液压力 F。

阀芯上端受向下的弹簧力 F_t 作用。

当 $F<F_t$ 时,阀芯处于最下端,阀口关闭,进油口 P 与回油口 T 不通。

当 $F>F_t$ 时,阀芯上移,阀口打开,P 与 T 相通,实现溢流。

通过溢流阀的流量变化时,阀芯位置也要变化,但由于阀芯移动量较小,弹簧力变化也不会太大。因此,可以认为,只要阀口打开,有溢流,其进油口 P 的压力就基本上是恒定的。调节调压弹簧的预压紧力,便可调整溢流压力。

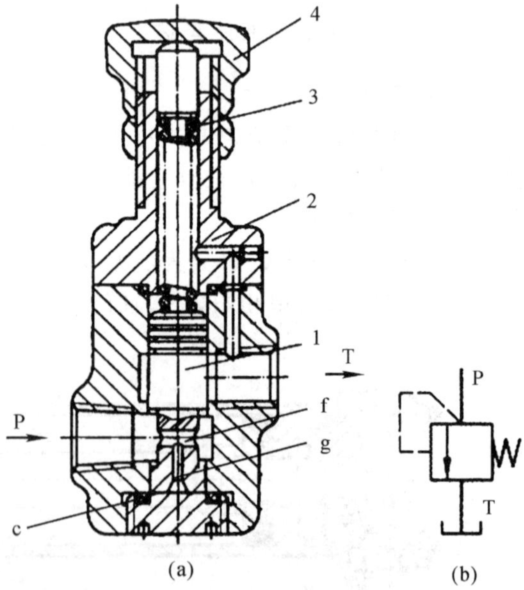

图 11-9 直动型溢流阀的结构及图形符号

直动型溢流阀因液压力直接与弹簧力相平

衡而得名。但若阀的压力较高，流量较大，则要求调压弹簧的刚度也较大，导致调节性能变差。所以，这种直动型溢流阀一般用于压力小于 2.5 MPa 的小流量场合。

2)先导型溢流阀。图 11-10 所示为先导型溢流阀的结构及图形符号。它由主阀和先导阀两部分组成。

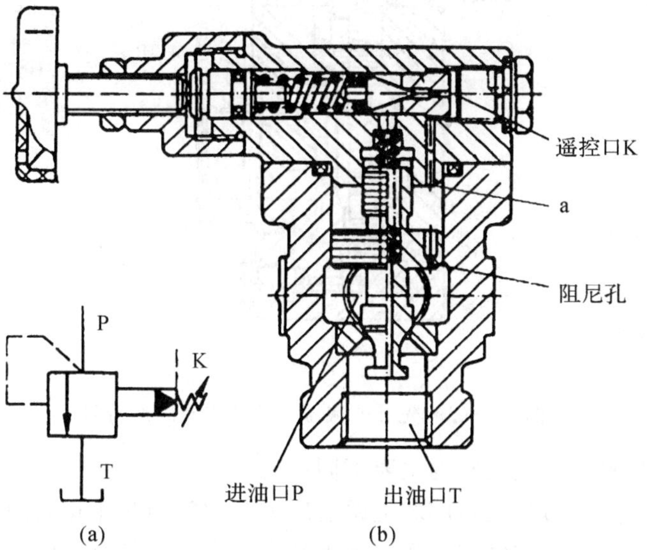

图 11-10 先导型溢流阀的结构及图形符号

压力油自进油口 P 进入，一方面作用于主阀芯的下面，同时经阻尼孔作用于主阀芯的上面，再经流道 a 作用于先导阀芯的前端，对先导阀芯形成一个液压力 F_2。

当 $F_2<F_{t2}$(导阀芯弹簧力)时，导阀关闭，阻尼孔内油液不流动，主阀芯上下两腔压力相等，则主阀阀口在其弹簧力的作用下关闭(主阀芯上下腔面积近似相等)。随着溢流阀进口压力 p 的增大，作用于先导阀芯上的液压力 F_2 也增大。

当 $F_2>F_{t2}$ 时，先导阀阀口打开，阻尼孔有油液流过，由于其阻尼作用，主阀芯上腔压力 p_1(先导阀前腔压力)小于下腔压力 p(主阀进口压力)。当压差($p-p_1$)足够大时，作用于主阀芯上的液压力就可以克服主阀弹簧力(主阀弹簧很软)而推动主阀阀芯上移，使主阀阀口打开，溢流阀进口压力油经主阀口溢流至回油口 T，然后流回油箱。

由于导阀流量很小，仅占主阀额定流量的 1%左右，其阀座孔直径 d 也很小，即使是高压，作用于其上的液压力也不大，因此，先导式溢流阀的调节性能大大改善，广泛用于高压、大流量场合。此外，先导阀前腔有一遥控口 K，用于系统的多级调压或卸荷。

(2)减压阀。减压阀是使出口压力低于进口压力的压力控制阀。它可分为定值减压阀、定差减压阀和定比减压阀。

定值减压阀能使出口压力降低且恒定，定差减压阀能保持进出口之间的压力差恒定，而定比减压阀则可保持进出口之间的压力之比为一定值。通常我们所说的减压阀指的就是定值减压阀。减压阀亦有直动型和先导型之分，其中以先导型应用最广。

图 11-11 所示为先导式减压阀的结构及图形符号。先导型减压阀和先导型溢流阀在结构和原理上有很大的相似性，这里我们不作详细介绍，只要了解了二者之间的不同之处，先导型减压阀的工作原理也就不难理解了。

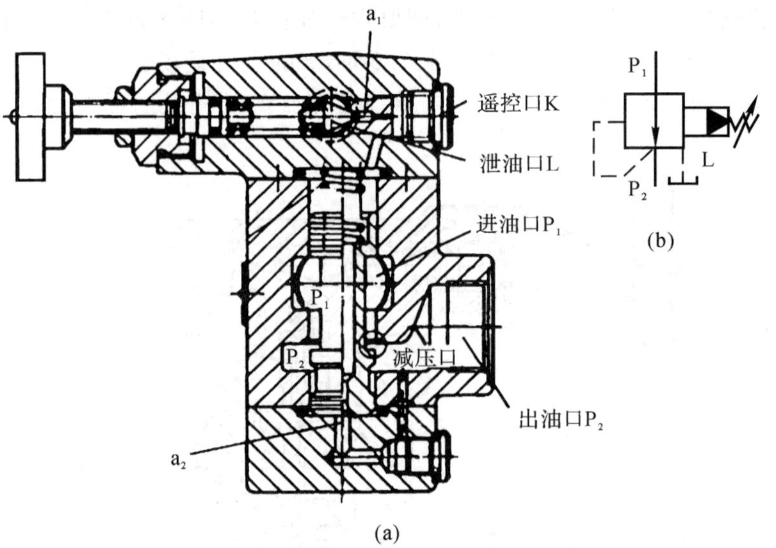

图 11－11　先导式减压阀的结构及图形符号

先导型减压阀和先导型溢流阀的主要不同之处是：

1)减压阀利用出口压力作用在阀芯上的液压力和弹簧力相平衡，保持出口压力基本不变，而溢流阀利用进口压力作用在阀芯上的液压力和弹簧力相平衡，保持进口压力基本不变。

2)当压力小于调定值时，减压阀阀口常开，而溢流阀阀口常闭。

3)由于减压阀出口通常接负载，而溢流阀出口通常接油箱，所以，进入减压阀导阀弹簧腔的油需通过泄油口 L 单独引入油箱，而进入溢流阀导阀弹簧腔的油可通过阀体上的通道和出油口接通，不必单独设泄油口 L。

(3)顺序阀。顺序阀主要用以控制多个执行元件的顺序动作，也可作背压阀、平衡阀和卸荷阀用。顺序阀也有直动型(见图 11－12)和先导型两种，其结构和原理与对应的溢流阀也很相似，主要区别在于：顺序阀出口通常接负载，而溢流阀出口通常接油箱，所以，顺序阀有单独的泄油口，而溢流阀的弹簧腔可以与出油口相通。如图 11－12(c)所示为外控式顺序阀的图形符号。

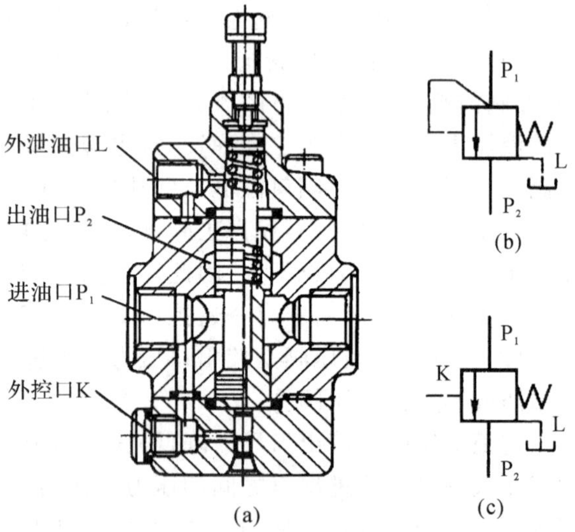

图 11－12　直动型顺序阀的结构及图形符号

(4)压力继电器。压力继电器是一种液-电信号转换元件。当压力达到调定值时，它便触动微动开关发出电信号控制电气元件(如电磁铁、电动机等)动作，以实现泵的卸荷、执行元件的顺序动作和元件动作互锁等。压力继电器通常由压力-位移转换装置和微动开关两部分组成。

图 11－13 所示为单柱塞式压力继电器的结构原理及图形符号。压力油从 P 口作用于柱

塞 1 的底部，当其产生的液压力达到弹簧的调定值时，柱塞上移，通过顶杆 2 触动微动开关 3 发出电信号。

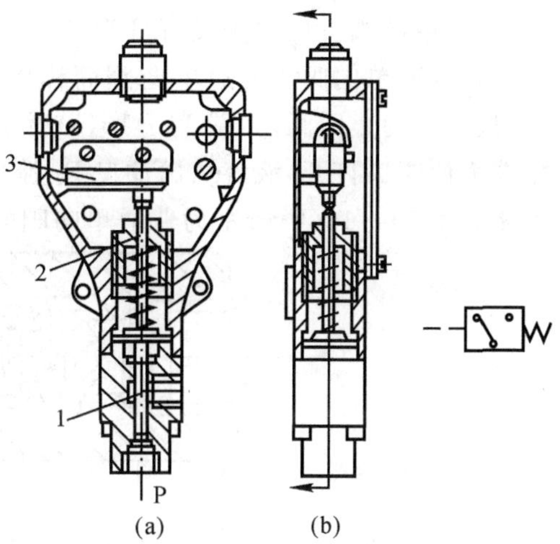

图 11-13 单柱塞式压力继电器的结构原理及图形符号

2. 流量控制阀

流量控制阀通过改变阀口通流面积的大小来调节输出流量，从而实现对执行元件运动速度或转速的控制与调节。常用的流量控制阀有节流阀和调速阀等。

(1)节流阀(见图 11-14(a))。这是一种典型的节流阀结构。它的节流通道呈轴向三角槽式，压力油从进油口 P_1 流入，经孔道 a 和阀芯 2 左端的轴向三角槽进入孔道 b，再由出油口 P_2 流出。调节手把 4，可通过推杆 3 使阀芯 2 作轴向移动，改变节流口的通流面积以调节流量。弹簧 1 的作用是使阀芯始终紧贴在推杆上。图 11-14(b)所示是节流阀的图形符号。

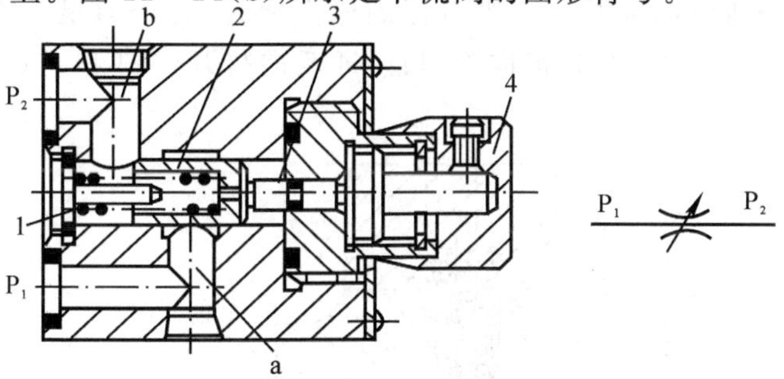

(a) (b)

图 11-14 节流阀的结构及图形符号

应当注意的是，通过节流阀的流量随阀进出口之间压力差的变化而变化。压力差增大时，流量会随之增大。当负载变化时，不能保持执行元件速度稳定。

(2)调速阀。调速阀由节流阀和定差减压阀串联而成。如图 11-15(a)所示。节流阀 2 用于调节流量，而定差减压阀 1 则用于维持节流阀前后的压力差基本恒定，以消除负载变化对流量的影响，从而保证执行元件速度稳定。图 11-15(b)和图 11-15(c)所示分别为调速阀的详细图形符号和简化图形符号。

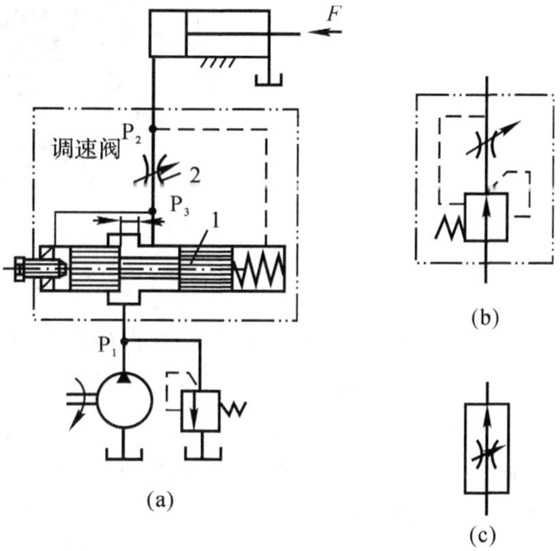

图 11-15 调速阀的工作原理及图形符号

3. 方向控制阀

方向控制阀用于控制液压系统中液流流动的方向或通与断。它分为单向阀和换向阀两类。

(1)单向阀。单向阀又可分为：

1)普通单向阀。普通单向阀简称单向阀。它是一种只允许液流正向流动而反向截止的阀,故又称为止回阀,如图 11－16(a)所示。当液流从进油口 P_1 流入时,液压力克服弹簧力及摩擦力使阀口打开,液流从出油口 P_2 流出。反向时,液压力及弹簧力使阀芯紧贴在阀座上,阀关闭。图 11－16(b)所示为普通单向阀的图形符号。

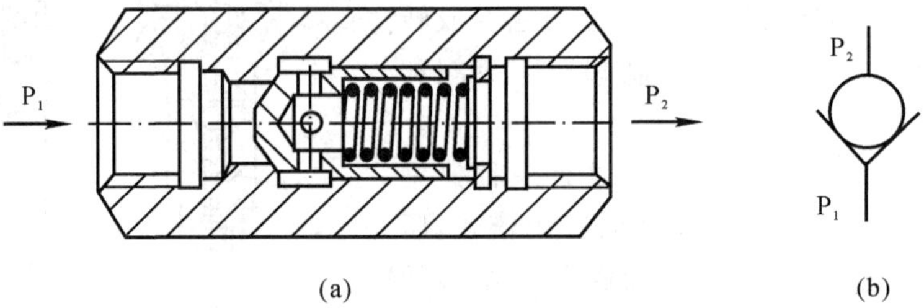

图 11－16　普通单向阀的结构及图形符号

2)液控单向阀。液控单向阀是一种通入控制压力油后即允许液流双向流动的单向阀,如图 11－17(a)所示。它比普通单向阀多了一个控制活塞和一个控制油口。当控制油口 K 未通压力油时,其作用与普通单向阀相同。当有控制压力油时(且压力足够大时),控制活塞 1 上移,顶开阀芯 2,油液就可以从 P_2 口流向 P_1 口。即反向打开。图 11－17(b)所示为液控单向阀的图形符号。

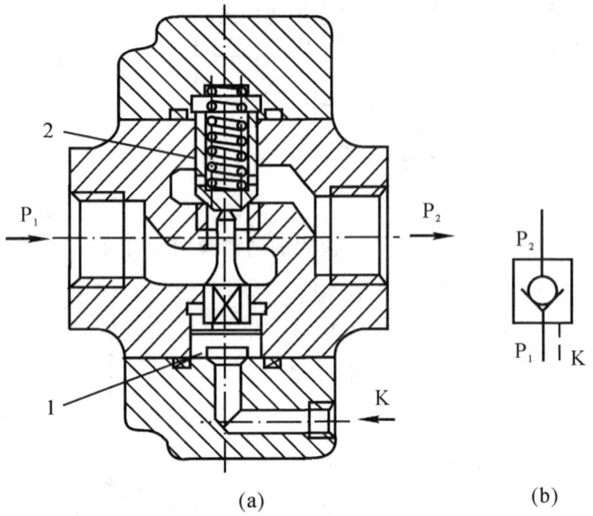

图 11－17　液控单向阀的结构及图形符号

(2)换向阀。换向阀利用阀芯和阀体间相对位置的不同,来变换阀体上各主油口的通断关系,从而控制执行元件的换向或启停。

常用的换向阀为滑阀式换向阀,它根据工作位置数和控制的通道数可分为二位二通、二位三通、二位四通、三位四通换向阀等。表 11－1 列出了滑阀式换向阀的部分结构原理和图形符号。表中图形符号的含义如下：

1)用实线方框表示阀的工作位置,有几个方框就表示几“位”。

2) 一个方框上与外部相连接的主油口数(不含控制油口和泄油口)有几个,就表示几“通”。

3)方框内的箭头只表示油路处于接通状态,并不表示液流的实际流向。

4)方框内的符号“┴”或“┬”表示不通。

5)通常换向阀与系统供油路连接的油口用 P 表示,回油口用 T 表示,而与执行元件相连接的工作油口用 A,B 表示。

三位阀在中位时各油口的连通方式称为中位机能。表 11－2 列出了三位阀常用的几种中位机能及特点。

换向阀的换向可采用手动、机动、电动、液动及电液动等方式,相应地也就有了手动换向阀、机动换向阀、电磁换向阀、液动换向阀和电液换向阀等。其中电液换向阀主要用于高压、大流量场合。

表 11－1　换向阀的部分结构原理及图形符号

名　　称	结 构 原 理 图	符　　号
二位二通	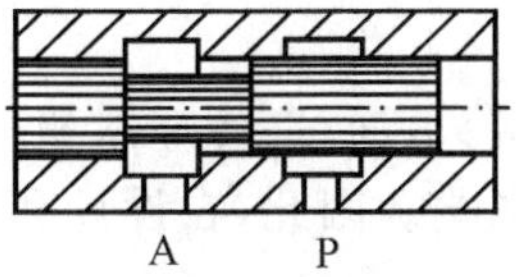	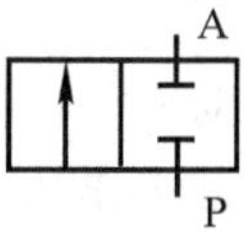
二位三通	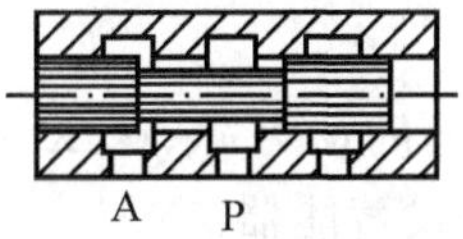	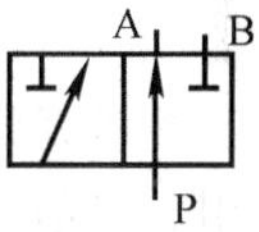
二位四通	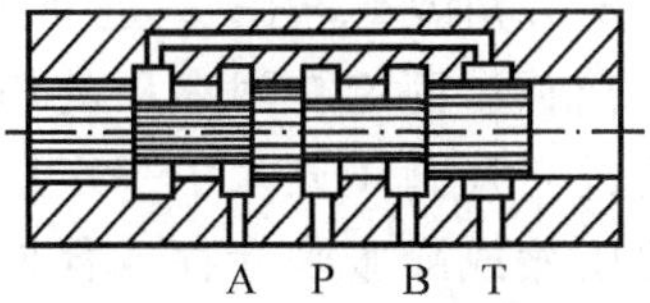	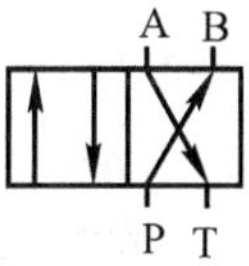
三位四通	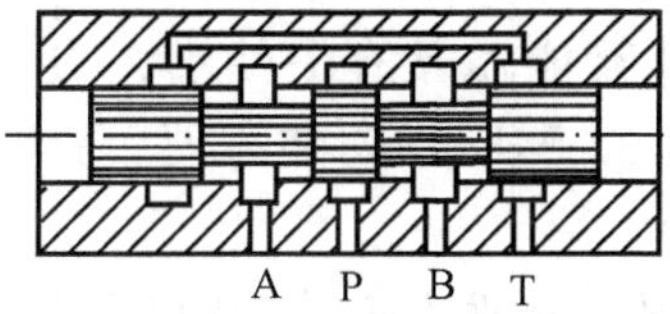	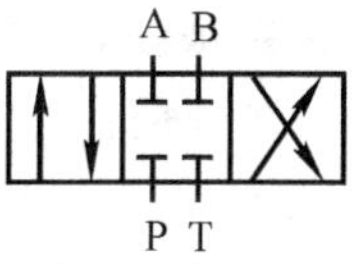

表 11－2　三位四通阀的部分中位机能

型　式	结 构 原 理 图	中位符号	特　　点
O	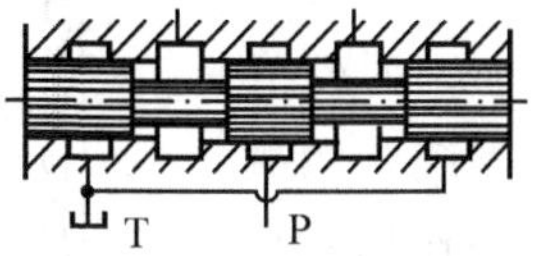		回油口全封,执行元件闭锁,油泵不卸荷
H	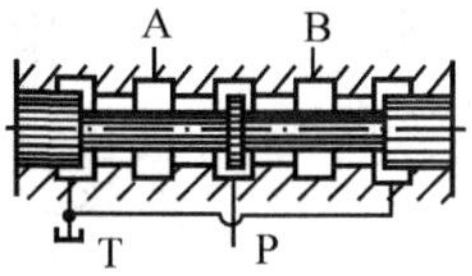		回油口全通,执行元件浮动,油泵卸荷

续 表

型 式	结 构 原 理 图	中位符号	特 点
Y	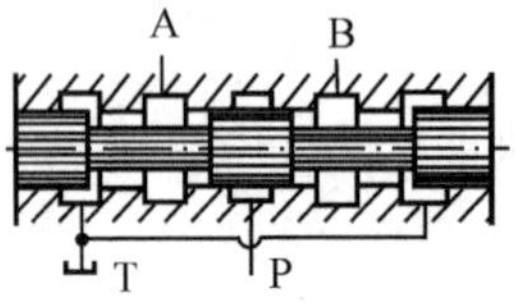		P 口封闭，A，B，T 口相通，执行元件浮动，油泵不卸荷
M	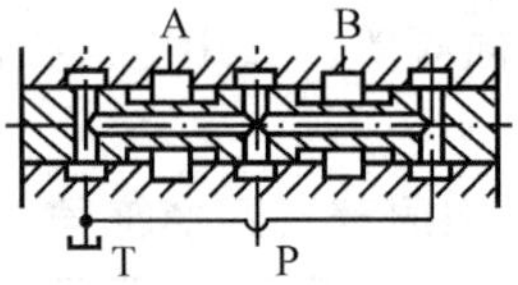		P，T 口相通，A，B 口封闭，执行元件闭锁，油泵卸荷

11.3.4 液压辅助元件

液压辅助元件包括蓄能器、油管、管接头、油箱、冷却器和加热器等。它们对液压元件和液压系统的正常工作及使用寿命有很大的影响。因此，在设计和使用液压设备时，对辅助元件的选用必须予以足够的重视。

1. 蓄能器

蓄能器是液压系统中的储能元件，起辅助动力源、保压、吸收压力脉动等作用。目前使用最广泛的是皮囊式蓄能器。

如图 11－18 所示。这种蓄能器主要由壳体 1、皮囊 2、进油阀 3 和充气阀 4 等组成。皮囊 2 用耐油橡胶制成，固定在耐高压的均质无缝壳体 1 的上部。使用前，囊内已通过充气阀 4 充入了一定压力的惰性气体（一般为氮气），利用气体的压缩或膨胀来储存或释放压力能。带弹簧的菌状进油阀使油液能进入蓄能器，又能防止油液全部排出时皮囊被挤出壳体之外。这种蓄能器具有惯性小、反应灵敏、尺寸小、重量轻、工作压力高（可达 32 MPa）、安装方便、易维护等优点，但壳体制造工艺要求较高。

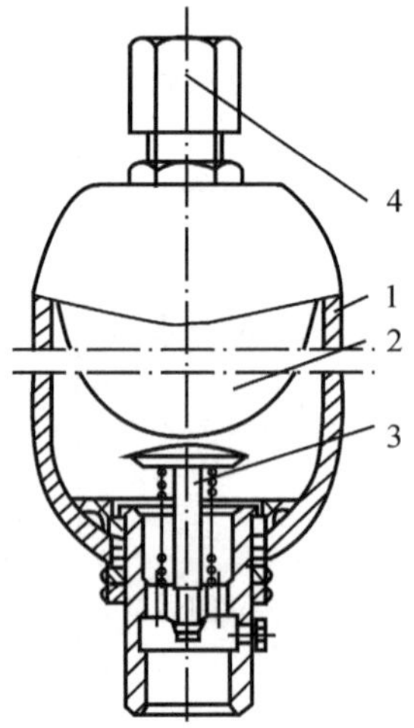

图 11－18 皮囊式蓄能器

需要注意的是，皮囊式蓄能器原则上应垂直安装（油口向下），并用支板或支架固定。蓄能器与系统管路之间应安装截止阀，供充气、检修时使用。蓄能器与液压泵之间应安装单向阀，以防泵停止时蓄能器内储存的压力油倒流。

2. 滤油器

当油液中混有杂质时，会使阀卡死，堵塞小孔，加剧元件的磨损，导致系统不能正常工作。统计资料表明，液压系统中的故障中约有 75％以上是由油液污染造成的。而滤油器的作用就是滤除混在液压油中的各种杂质，从而保证系统可靠地工作。

滤油器可分为网式、线隙式、纸芯式、烧结式及磁性滤油器等。

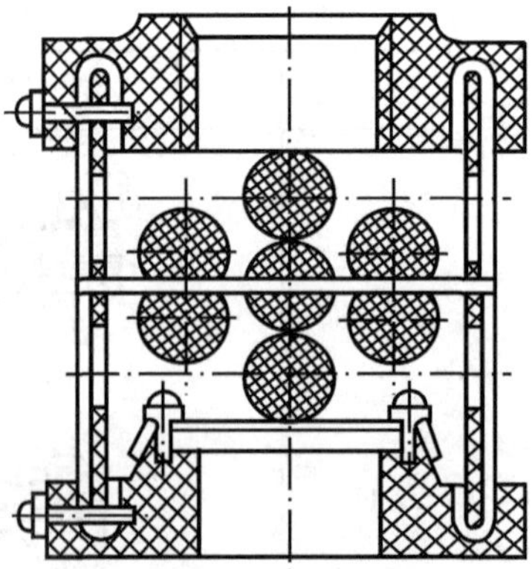
图 11－19 网式滤油器

（1）网式滤油器。如图 11－19 所示，网式滤油器以铜网为过滤材料，过滤精度取决于铜网层数和网孔大小。这种过滤器结构简单，通流能力大，压力损失小(一般为 0.025 MPa)，便于清洗，但过滤精度低，常用于吸油管路。

(2)线隙式滤油器。如图 11-20 所示，线隙式滤油器用隔段压扁的铜线或铝线密绕在带有孔眼的筒形芯架的外部组成滤芯，并装在壳体内，依靠铜(铝)丝间的微小间隙来滤除固体颗粒。这种滤油器结构简单，通流能力大，过滤精度比网式滤油器高，但不易清洗，一般安装在回油路或泵的吸油口处。

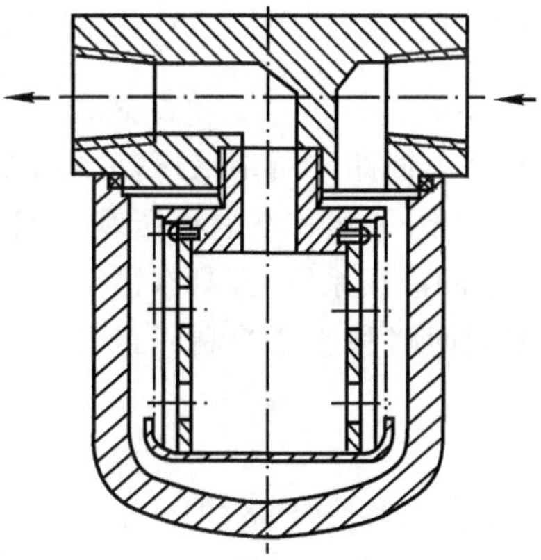

图 11-20　线隙式滤油器

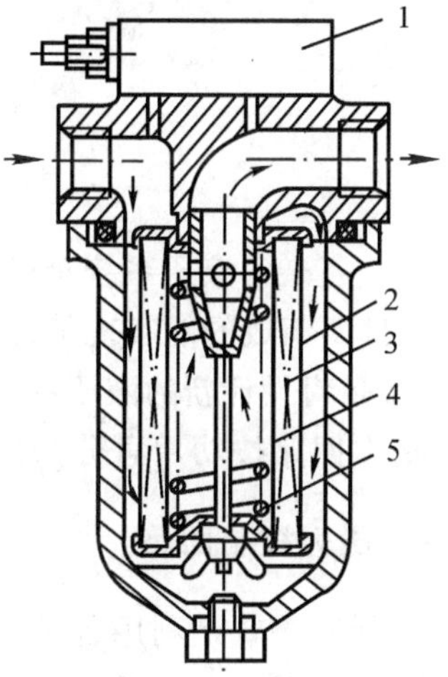

图 11-21　纸芯式滤油器

(3)纸芯式滤油器。如图 11-21 所示，纸芯式滤油器的结构与线隙式相似，只是滤芯为滤纸。靠滤纸的微孔过滤固体杂质。为了增大滤芯的强度，一般滤芯由三层组成：外层 2 为粗孔钢板网，中层 3 为折叠成 W 形的滤纸，里层 4 为金属丝网，并与滤纸一并折叠而成。滤芯中央还装有支撑弹簧 5。纸芯式滤油器结构紧凑，重量轻，通流能力大，过滤精度高(可达 5～30 μm)，可在高压下工作。但纸芯式滤油器易堵塞，无法清洗，须经常更换滤芯(污染指示器 1 可在滤油器堵塞时发出信号)。纸芯式滤油器一般用于需要精过滤的场合。

(4)金属烧结式滤油器。如图 11-22 所示，它主要由端盖、壳体、滤芯等零件组成。滤芯通常由颗粒状青铜粉压制后烧结而成，利用铜颗粒间的微孔过滤杂质。这种滤油器的过滤精度一般在 10～100 μm 之间，压力损失为 0.03～0.2 MPa。烧结式滤油器滤芯强度高，抗腐蚀性好，过滤精度高，适用于精过滤。但金属颗粒易脱落，堵塞后不易清洗。

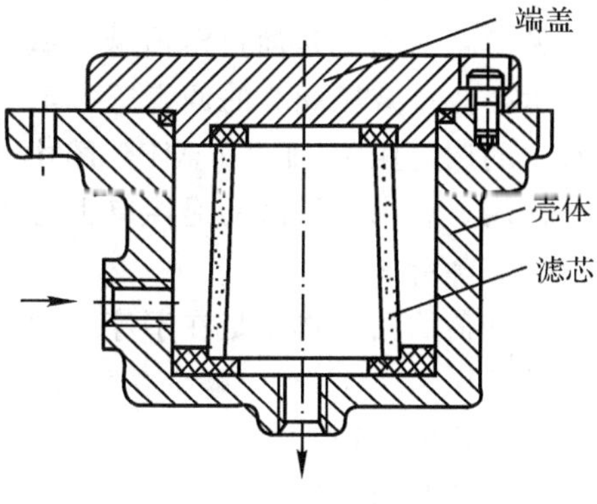

图 11-22　金属烧结式滤油器

(5)磁性过滤器。磁性过滤器依靠磁铁吸附油液中的铁质微粒，常与其他形式滤芯合起来制成复合滤油器。适用于加工钢铁件的机床液压系统的过滤。

3. 油箱

油箱的主要用途是储油、散热、沉淀油液中的杂质，支撑装在其上面的液压元件及逸出渗入油液中的空气。油箱的容积和结构设计可参考有关手册进行。

4. 油管和管接头

液压系统中使用的油管有无缝钢管、铜管和橡胶软管等。

无缝钢管外径尺寸精确、耐高压。铜管易弯曲成各种需要的形状，但耐压较低。耐油橡胶软管安装连接方便，适用于有相对运动两部件间的管道连接。

管接头是油管与油管、油管与液压元件之间的可拆式连接件。常用的管接头形式有：焊接式管接头、卡套式管接头和扩口式管接头等。

11.4 液压基本回路

任何一个复杂的液压系统总可以分解为若干个液压基本回路。所谓液压基本回路，就是由有关液压元件所组成的能实现某种特定功能的子系统。因此，了解和掌握液压基本回路的原理和作用，不管是对设计新的液压系统，还是分析已有的复杂的液压系统，都具有很重要的意义。

液压基本回路按功用可分为压力控制回路、方向控制回路和速度控制回路等。

11.4.1 压力控制回路

压力控制回路就是利用各种压力控制阀控制整个系统或某一支路的压力，以满足执行机构对力或力矩的要求。包括调压回路、减压回路、卸荷回路、平衡回路等。

1. 调压回路

调压回路的作用就是调定或限定系统的工作压力。

图 11－23 所示为单级调压回路。在液压泵出口处并联溢流阀 1，就可调节泵的最高工作压力。只要溢流阀打开，泵的出口压力(即系统压力)就基本保持不变。如果利用溢流阀的遥控口还可组成多级调压。

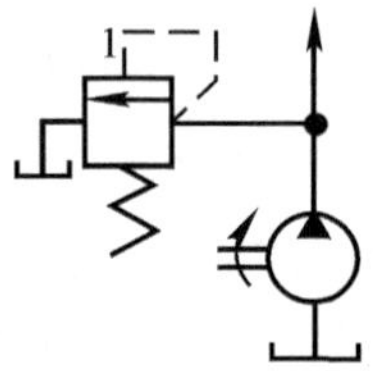

图 11－23 单级调压回路

2. 减压回路

机床液压系统中的定位、夹紧等支路往往需要稳定的、可调的压力，这就要用到减压回路。常见的减压回路是通过定值减压阀来实现的，如图11－24所示。注意减压阀 2 的调定压力至少应比系统压力(溢流阀 1 的调定压力)低0.5 MPa。图中的单向阀 3 起短时保压作用。利用减压阀的遥控口也可实现多级减压。

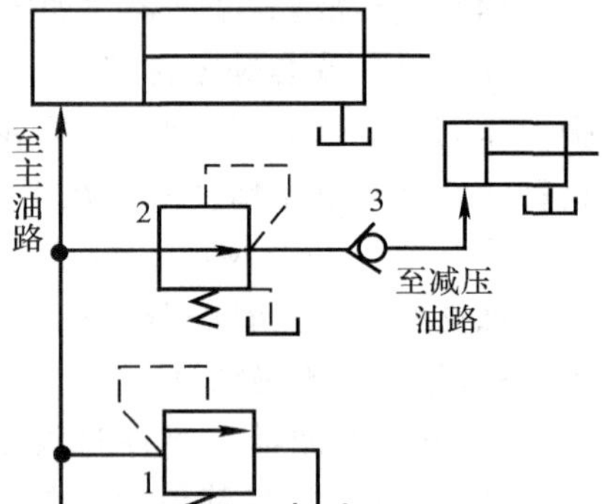

图 11－24 减压回路

3. 卸荷回路

卸荷回路的作用是在不停泵的情况下，使泵在零压或很低的压力下工作，以减少功率损耗，降低系统发热，延长泵及电机的寿命。

泵的卸荷可通过三位换向阀的中位机能来实现，也可以通过使溢流阀的遥控口直接接油箱来完成。图 11－25 中，当阀处于中位时，泵的出口直接接油箱，实现卸荷。

4. 平衡回路

为了防止立式液压缸及其工作部件在停止期间因自重而自行下滑，或在下行运动中因自重而造成超速失控现象，可设置平衡回路。图 11－26 是一种使用单向顺序阀的平衡回路。只要顺序阀的开启压力调得合适，就可以避免出现停车下滑或下行失控现象。

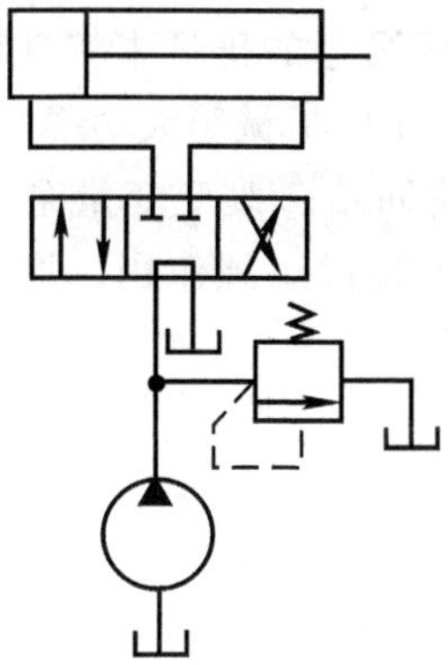

图 11－25　卸荷回路

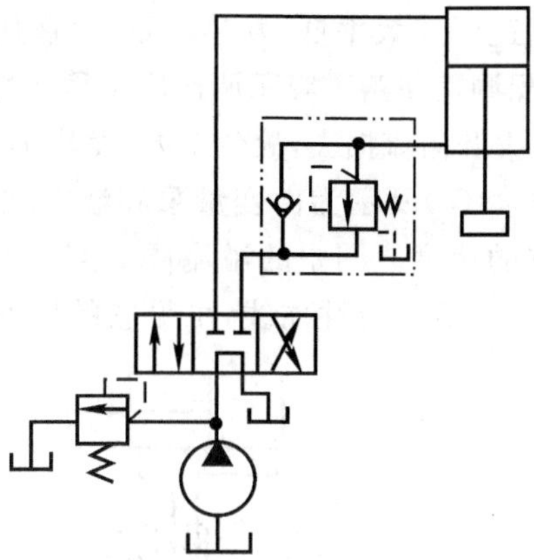

图 11－26　平衡回路

11.4.2　速度控制回路

在液压系统中，往往需要对执行元件的速度进行控制，以满足工作要求。速度控制回路主要包含调速回路、增速回路和速度的换接回路等。

1. 调速回路

对于任何液压传动系统来说，调速回路都是它的核心部分。常见的调速回路有节流调速回路、容积调速回路和容积节流调速回路三种。

(1)节流调速回路。它用定量泵供油，用节流阀或调速阀调节进入执行元件的流量，以达到调速的目的。根据节流元件在回路中位置的不同，又可分为进油路节流调速、回油路节流调速和旁油路节流调速三种回路。

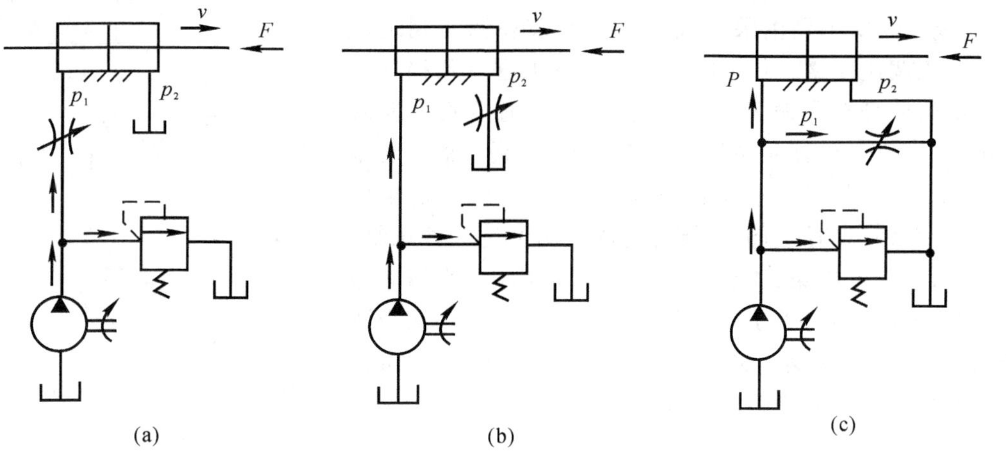

图 11－27　节流调速回路

(a)进油路节流；(b)回油路节流；(c)旁油路截流

图 11－27 所示是采用节流阀的三种节流调速回路。改变节流阀开口面积的大小，均可改变油缸的运动速度。但由于节流元件为节流阀，当负载变化时，节流阀进出口之间的压力差均

会发生变化,执行元件的速度也会随之变化。若用调速阀代替节流阀,则速度-负载特性将会大大改善。

节流调速回路效率低、发热严重,只适用于小功率系统。

(2)容积调速回路。容积调速回路是通过改变液压泵或液压马达的排量来实现调速的。它没有节流损失和溢流损失,故效率高,发热小。适用于工程机械、矿山机械等大功率液压系统。

图 11－28(a)所示为由变量泵和液压缸所组成的容积调速回路。改变变量泵 1 的排量即可调节油缸的速度。图中的溢流阀 2 起安全阀作用,溢流阀 3 起背压阀作用。图 12－28(b)所示为其速度-负载特性曲线,可见它的低速承载能力是很差的。

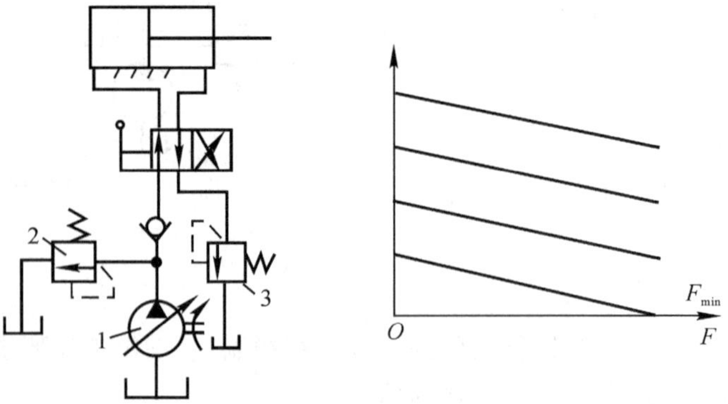

(a)　　(b)

图 11－28　容积调速回路

(3)容积节流调速回路。容积节流调速回路的工作原理是用压力补偿型变量泵供油,由节流元件调速的。变量泵的供油量自动与节流元件的调节流量相吻合,故没有溢流损失,效率较高,速度稳定性也比单纯的容积调速回路好。

图 11－29 所示是由限压式变量叶片泵和调速阀组成的容积节流调速回路。它可以实现快进→工进→死挡铁停留→快退的典型动作循环。空载时,二位二通电磁换向阀 3 断电(如图 11－29 所示位置),由于压力低,泵以最大流量(最大流量也可调)进入液压缸使其快进;电磁阀 3 的电磁铁通电时,泵输出的压力油只能通过调速阀 2 进入液压缸,实现工进;当工进结束,工作台顶到死挡铁后,调速阀与液压缸之间的压力进一步升高,达到压力继电器 5 的调定压力使其发讯,主换向阀 4 通电,同时换向阀 3 断电时,可使液压缸实现快退。溢流阀 6 起背压阀作用。

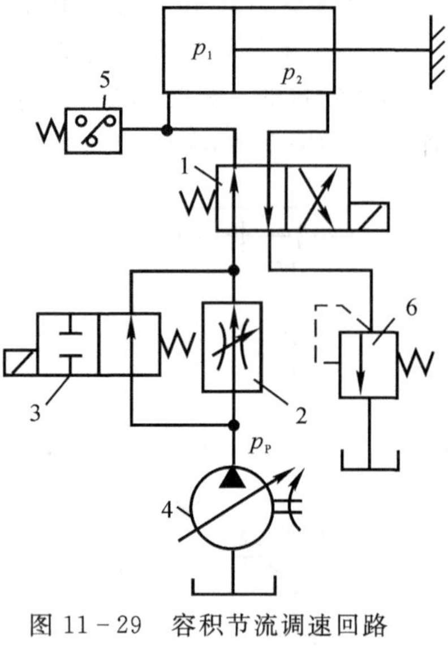

图 11－29　容积节流调速回路

2. 增速回路

增速回路中用得较多的是差动连接增速回路,如图 11－30 所示。它可以在不增加泵的流量的前提下使液压缸获得更高的运动速度。当换向阀 1,3 均处于左位时,单出杆缸的左右两腔相通,虽压力相同,但由于面积不相等,缸仍可动作。且由于此时缸的回油又返回到了进油腔,所以速度比非差动连接时更高。

3. 速度的换接回路

速度的换接包含快进与工进之间的换接和Ⅰ工进与Ⅱ工进之间的换接。图 11－30 所示的差动连接回路中就包含快进与工进之间的换接(换向阀 1 左位工作,换向阀 3 右位工作时,缸的回油只能通过调速阀 2 进入油箱,实现工进)。Ⅰ工进与Ⅱ工进之间的换接可采用两个调速阀串联或并联的方法来实现。图 11－31 就是采用采用两个调速阀串联的回路,它可以实现快进→Ⅰ工进→Ⅱ工进→快退的工作循环。

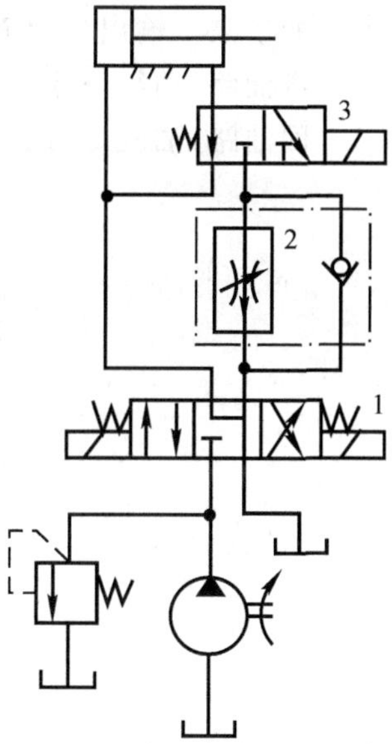

图 11－30　容积节流调速回路

11.4.3　方向控制回路

在液压系统中,执行元件的启动、停止、换向等都是靠一定的元件和回路来实现的,这正是方向控制回路的功能。方向控制回路主要指换向回路。各种操纵形式的换向阀都可以组成换向回路,只是性能和适用场合不同罢了。可参看前面的回路,这里不再详述。

11.5　典型液压传动系统分析

液压传动系统类型很多,不同行业的液压设备又有其各自的特点。下面我们以组合机床动力滑台液压系统为例,通过分析其工作原理,了解液压元件的功用和基本回路的合理组合,掌握阅读液压系统图的基本方法,同时也为设计液压传动系统奠定必要的基础。

分析液压系统,首先要从它的工作循环和要完成的任务入手,然后对照元件动作状态表分析系统的工作原理和特点。图 11－31 和表 11－3 分别为组合机床动力滑台常用的液压系统原理图和元件动作状态表(电磁铁通电、行程阀压下、压力继电器微动开关被压下时记“＋”号,反之记“－”号)。它可以实现的动作循环为:快进→Ⅰ工进→Ⅱ工进→死挡铁停留→快退→原位停止。下面我们就来分析它的工作原理和特点。

表 11－3　元件动作状态表

元件 / 动作	电磁铁			力继电器	行程换向阀
	1YA	2YA	3YA		
快　进	＋	－	－	－	－
Ⅰ工进	＋	－	－	－	＋
Ⅱ工进	＋	－	＋	－	＋
死挡铁停留	＋	－	＋	＋	＋
快　退	－	＋	－	－	±
原位停止	－	－	－	－	－

1. 快进

如图 11－31 所示,按下启动按钮,1YA 通电,顺序阀 13 关闭(空载,压力低于其调定压力)，变量泵 2 输出最大流量，油缸处于差动连接状态，完成快进。

进油路：油箱→滤油器 1→变量泵 2→单向阀 3→电液换向阀 4→行程阀 6→油缸 5 左腔。

回油路：油缸 5 右腔→换向阀 4→单向阀 12→行程阀 6→油缸 5 左腔。

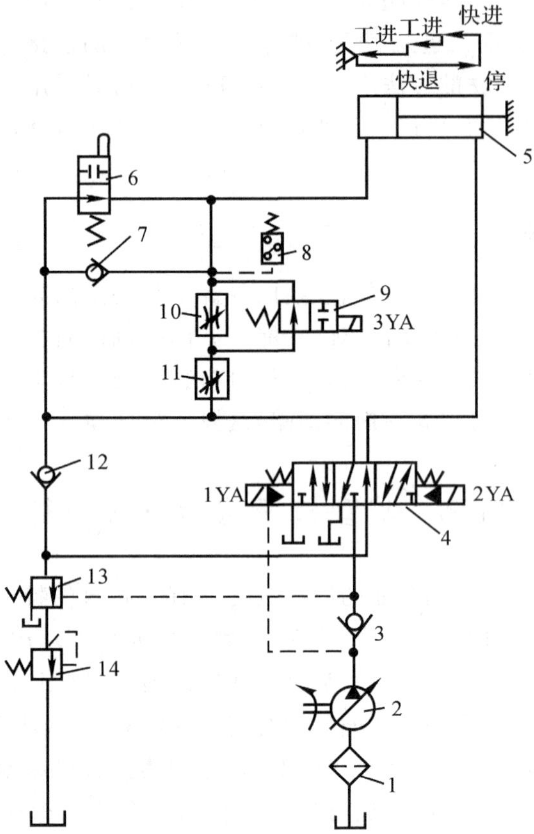

图 11－31　组合机床动力滑台液压系统

2. Ⅰ工进

如图 11－31 所示，滑台快进结束时，行程压板压下行程阀 6(位置可调)，切断快速通道。液压油只有经调速阀 11 进入油缸，实现Ⅰ工进(速度可调)。且此时负载增大，阀 13 打开，泵输出流量也随之减小。

进油路：油箱→滤油器 1→泵 2→阀 3→阀 4→阀 11→阀 9→缸 5 左腔。

回油路：缸 5 右腔→阀 4→阀 13→阀 14→油箱。

3. Ⅱ工进

如图 11－31 所示，1YA，3YA 通电，行程阀继续被压下。

进油路：油箱→滤油器 1→泵 2→阀 3→阀 4→阀 11→阀 10→缸 5 左腔。

回油路：缸 5 右腔→阀 4→阀 13→阀 14→油箱。

因调速阀 10 的开口面积比调速阀 11 小，所以工进速度进一步降低。

4. 死挡铁停留

如图 11－31 所示，Ⅱ工进结束后，滑台碰上滑座上的死挡铁而停止运动，缸左腔压力进一步升高，使压力继电器 8 发讯。设置死挡铁可提高滑台进给的位置精度。

5. 快退

如图 11-31 所示，压力继电器 8 发出信号后，使 1YA，3YA 断电，2YA 通电，滑台快速退回。

进油路：油箱→滤油器 1→泵 2→阀 3→阀 4→缸 5 右腔。

回油路：缸 5 左腔→阀 7→阀 4→油箱。

6. 原位停止

如图 11-31 所示，此时，阀 4 处于中位，油缸左右两腔均无压力油进入，滑台原位停止。同时由于泵出油口关闭，压力升高，输出流量达到最小。

由上述分析可知，该系统包含由限压式变量泵和调速阀组成的容积节流调速回路、差动连接增速回路、两调速阀串联的速度换接回路等液压基本回路。

系统特点如下：

(1)采用容积节流调速，效率高、发热少。

(2)采用差动连接，保证了快进速度要求。

(3)采用电液换向阀，提高了换向的平稳性。

(4)采用行程换向阀作为快进和工进的转换，转换的位置精度高，安全可靠。

(5)采用调速阀进油节流调速，缸有效工作面积大，可以获得更低的稳定进给速度。

11.6　液压传动系统的设计

任何液压传动系统的设计，除了要满足主机在动作和性能方面规定的种种要求外，还必须符合体积小、重量轻、成本低、效率高、结构简单、工作可靠、使用和维护方便等一些普遍设计原则。

液压传动系统的设计没有一个公认的统一的步骤，往往随着系统的繁简、借鉴的多寡、设计人员经验的不同而呈现出较大的差异。图 11-32 所示为液压传动系统设计的基本内容和一般流程，可供参考。

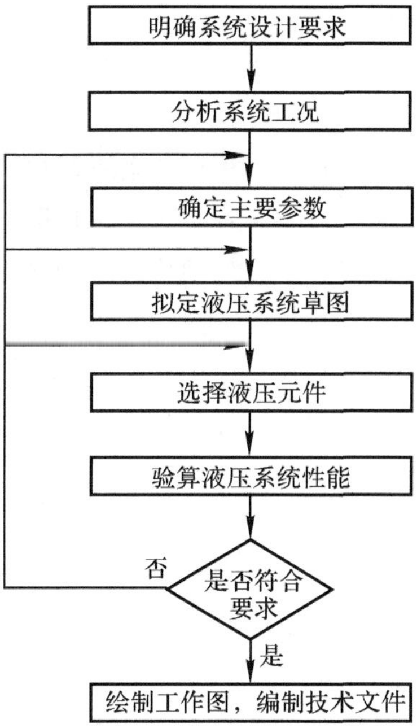

图 11-32　液压传动系统设计的基本内容和一般流程

11.6.1　明确系统设计要求

系统设计要求主要包括了解主机的特点和确定原始依据，如主机的用途、工作环境、被加工件的材质及工艺要求、工作循环及节拍时间、执行元件的参数、负载的情况和互锁要求等。

11.6.2　分析系统工况，确定主参数

对液压系统进行工况分析，就是明确在整个工作循环中执行元件的负载和速度的变化规律。必要时绘制负载、速度随时间变化的曲线图。

确定主参数，就是确定系统的工作压力和流量。系统工作压力应根据所设计机械的种类及用途，并参照同类机械的设计经验来选定，而流量则由执行元件速度图中的最大速度

计算得出。压力和流量也是我们选择泵、液压控制阀的主要依据。

11.6.3 拟定液压系统原理图

液压系统原理图是表示液压系统的组成和工作原理的图样。应首先根据主机的工作特点和性能要求确定主要回路，如调速回路、速度的换接回路等。然后再配以其他辅助回路，就可以组成一个完整的液压系统。

11.6.4 选择液压元件

包括泵、阀、辅件等的类型及规格的选择，同时也包括选择驱动液压泵的电动机。

11.6.5 性能验算

对于复杂的、重要的液压系统还应进行压力损失、发热和温升方面的验算。

11.6.6 绘制正式工作图、编制技术文件

工作图一般包括正式的液压系统原理图、液压站装配图、管路布置图以及各种非标元件的装配图和零件图等。

绘制液压系统原理图时应注意：液压系统图要在系统不工作状态下画出；按国家标准规定的图形符号绘制；序号栏中应标明各元件的名称、规格、型号和参数调定值；在执行元件的上方绘出其动作循环示意图；较复杂的液压原理图中还应绘制元件动作状态表。

液压系统的技术文件主要包括：设计任务书、设计计算说明书、操作使用说明书、零部件目录表等。

习题与思考题

11－1　液压传动系统由哪几部分组成？各组成部分的作用是什么？

11－2　容积式泵工作的必要条件是什么？

11－3　从结构原理和图形符号上说明溢流阀、顺序阀和减压阀的异同点和各自的用途。

第12章　联　　接

12.1　概　　述

由于使用、制造、装配、运输、维修等原因，机器中有很多零部件要按一定的形式把他们彼此联接起来，完成规定的功能。机械联接可分为静联接和动联接两种。被联接件相互固定，不能作相对运动的称为机械静联接；能按一定运动形式作相对运动的称为机械动联接，如各种运动副。本节所指的螺纹联接为机械静联接，螺纹传动即为机械动联接。按联接是否可以拆卸，机械静联接又可分为可拆联接和不可拆联接两类，可拆联接是指联接件拆开时不破坏所联接的联接件和被联接的零件，重新安装后，便可继续使用的联接。如螺纹联接、平键联接、花键联接、销联接、成型联接等。这类联接使用于经常拆卸的结构。不可拆联接是指联接拆开时，需破坏联接件中的任一件，不能继续使用的联接。如铆钉联接、焊接联接、胶联接等。

螺纹联接是利用螺纹零件构成的联接，这种联接构造简单、拆装方便，应用非常广泛。国家已列入标准化，由专业工厂大量生产标准螺纹联接件(螺纹紧固件)，供应市场需求。螺纹传动也同样是利用螺纹零件工作的，其受力和几何关系也和螺纹联接相似，所以也将在本章中一并介绍。

键、销联接和铆、焊联接、胶联接，同样均是机械联接的两种不同的联接接合方式。本章中也进行论述，以便适宜选用。

12.2　螺纹联接

12.2.1　螺纹

1. 螺纹的分类

螺纹有内螺纹、外螺纹两类，两种共同组成螺旋副，用于联接或传动。螺纹按螺纹牙型可分为三角形螺纹、矩型螺纹、梯形螺纹和锯齿形螺纹四种。三角形螺纹主要用于联接，矩形、梯形、锯齿形螺纹主要用于传动。除矩形螺纹外，均已标准化。

2. 圆柱普通螺纹的参数(见图 12－1)

(1)大径 d：与外螺纹牙顶或内螺纹牙底相重合的假想圆柱面的直径，亦称为公称直径 (mm)。

(2)小径 d_1：与外螺纹牙底或内螺纹牙顶相重合的假设圆柱面的直径。

(3)中径 d_2：螺纹的牙厚与牙间相等处的圆柱直径(mm)。

(4)线数 n：螺纹的螺旋线数，沿一条线形成的螺纹称为单线螺纹，沿 n 条等距螺旋线形成

的螺纹称为 n 线螺纹。联接用的三角形螺纹要求自锁，故多用单线，传动螺纹要求传动效率高，故多用三线或双线，为了便于制造，一般 $n \leqslant 4$。

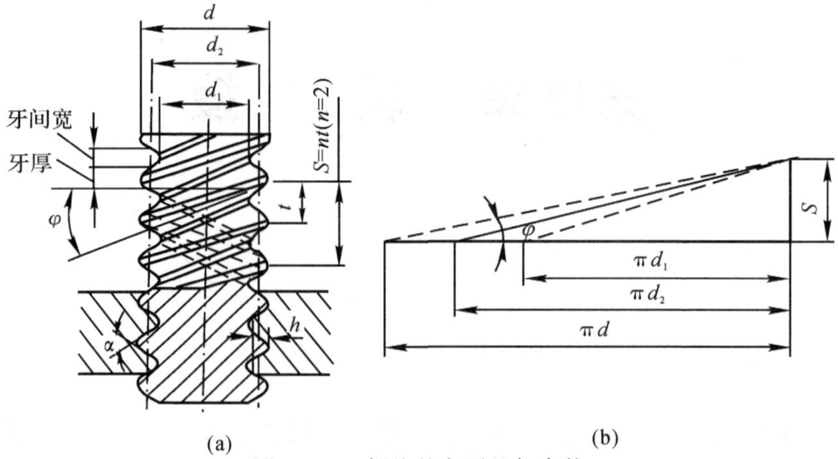

图 12-1　螺纹的主要几何参数

(5)螺距 t：螺纹相邻两牙型上对应点间的轴向距离(mm)。

(6)导程 S：在一条螺旋线上相邻两牙型上所对应的两点间的轴向距离，$S=nt$。

(7)螺纹升角 φ：在中径圆柱上螺纹线的切线与垂直于螺纺轴线的平面间的夹角。其展开如图 12-1(b)所示，即

$$\varphi=\arctan \frac{nt}{\pi d_2}$$

(8)牙型角 α：轴向剖面内，螺纹牙型两侧边的夹角。螺纹牙型的侧边与螺纹轴线的垂直平面夹角称为牙型半角 β，对于三角形、梯形等对称牙型，$\beta=\frac{\alpha}{2}$。

12.2.2　常用螺纹的主要特点和应用

按常用螺纹的用途可将其分为两大类。

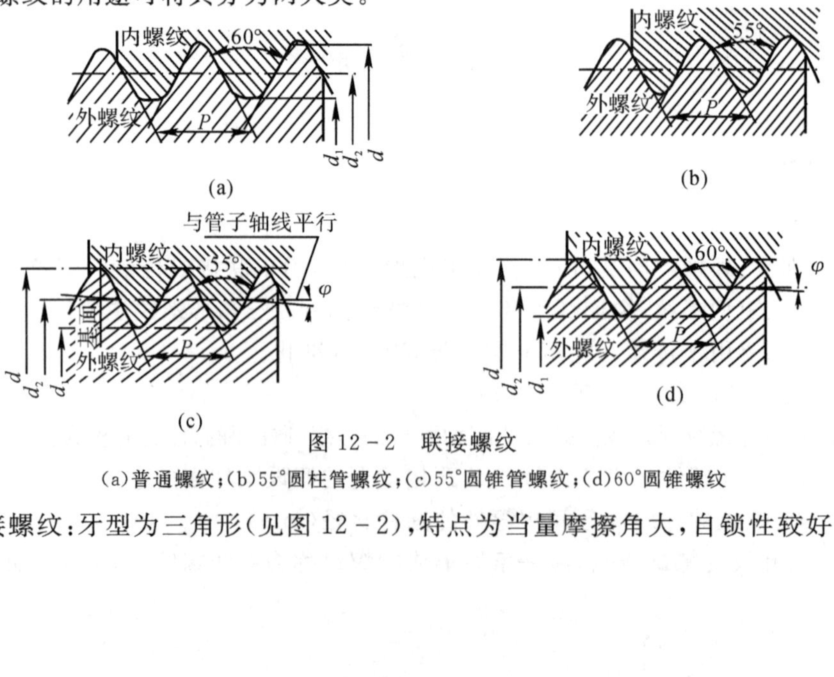

图 12-2　联接螺纹

(a)普通螺纹；(b)55°圆柱管螺纹；(c)55°圆锥管螺纹；(d)60°圆锥螺纹

(1)联接螺纹：牙型为三角形(见图 12-2)，特点为当量摩擦角大，自锁性较好，强度高，有以下几种：

1)普通螺纹(见图 12－2(a)):牙型角 $\alpha=60°$,同一公称直径的普通螺纹,按螺距大小不同分为粗牙普通螺纹或细牙普通螺纹。细牙螺距小、升角小、自锁性更好、强度高,但不耐磨,容易滑丝,一般联接用多用粗牙普通螺纹。细牙普通螺纹用于细小零件、薄塑管件或受冲击振动和高载荷的联接件中。

2)管螺纹:管螺纹的牙型角 $\alpha=55°$,牙顶有较大的圆角。内外螺纹旋合后无径向间隙,以保证旋合的紧密性。管螺纹又分圆柱管螺纹和圆锥管螺纹两种。圆柱管螺纹适用于压力为 1.6 N/mm^2 以下的水、煤气及润滑管。圆锥管螺纹适用于高温、高压、密封性要求高的管路系统。

3)圆锥螺纹(见图 12－2(d)):牙型角 $\alpha=60°$。牙顶为平顶,用于汽车,航天设备,油、气管路。

(2)传动螺纹。与联接螺纹相比,传动螺纹牙型角 α 较小,传动效率较高,按牙型角的不同,可分为矩形螺纹、梯形螺纹和锯齿形螺纹三种。

1)矩形螺纹:矩形螺纹的牙型为方形(见图 12－3(a)),牙型角 $\alpha=0°$,传动效率较高,螺纹磨损后间隙大,传动精度会降低,现大多已由梯形螺纹代替。

2)梯形螺纹:梯形螺纹的牙型为等腰梯形(见图 12－3(b)),牙型角 $\alpha=30°$,传动效率比矩形螺纹低一些,工艺性好,牙根强度高,对中性好,磨损后可以调整间隙,是最常用的传动螺纹。

3)锯齿形螺纹:锯齿形螺纹的牙型为不等腰梯形(见图 12－3(c)),其工作面牙型半角 $\beta=3°$,非工作面的牙型半角 $\beta=30°$,外螺纹根部有较大的圆角,可减少应力集中,内、外螺纹旋合后在大径处无间隙,便于对中,其具有矩形螺纹传动效率高,梯形螺纹根部强高度的特点,但只能用于单向受力传动螺旋中。

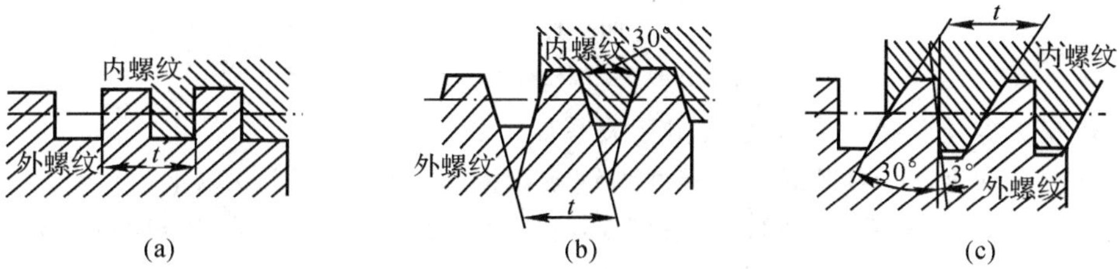

图 12－3　传动螺纹

(a)矩形螺纹;(b)梯形螺纹;(c)锯齿形螺纹

12.2.3　螺纹联接的类型和标准联接件

1. 螺纹联接的类型

(1)螺栓联接。

1)普通螺栓联接。如图 12－4(a)所示,用普通螺栓和螺母将两个或多个厚度较小的被联接件联起来,这种联接中被联接件的孔无需加工成螺纹,只需螺栓穿过孔,用螺母拧紧即形成联接。被联接件上的通孔和螺栓杆间有间隙,所以通孔加工精度低、结构简单、拆装方便、成本低,不受选用材料的限制,应用广泛。

2)铰制孔用螺栓联接。如图 12－4(b)所示。螺栓杆和孔之间采用基孔制过渡配合,这种联接能精确固定被联接件的相对位置,并能承受横向载荷,但孔的加工

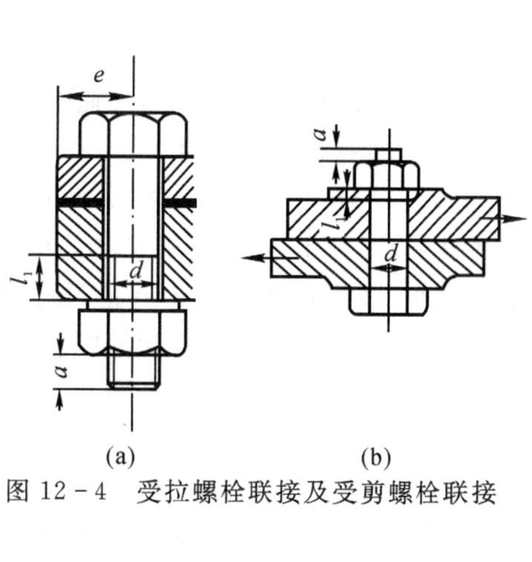

图 12－4　受拉螺栓联接及受剪螺栓联接

要求精度比较高。主要尺寸的关系：①螺纹余留长度 l_1，静载荷时取 $l_1 \geqslant (0.3 \sim 0.57)d$，常用 0.5 d，变载荷时取 $l_1 \geqslant 0.75d$，常用0.7 d；冲击弯曲载荷时取 $l_1 \geqslant d$；受剪螺栓连接时 l_1 尽可能小些。②螺纹伸出长度：$a \approx (0.2 \sim 0.3)d$。③螺栓轴线到被联接件边缘的距离：$e = d + (3 \sim 6)$mm。

(2)螺钉联接(见图 12-5(a))。螺钉联接是用螺栓(或用螺钉)直接拧入被联接件的螺纹孔内实现被联接件的联接，不用螺母，被联接件有一件较厚，不宜用螺栓联接，只能在较厚的被联接件上攻出螺孔，螺钉拧入被联接件之螺孔，完成两件的联接，这种形式较为复杂，不适用于经常拆装的联接，因为常拆件螺纹孔易磨损。

(3)双头螺栓联接(见图 12-5(b))。双头螺栓是指螺栓的两头均有螺纹，一头坚固地拧旋入被联接件(较厚件)的螺纹孔内，而另一端露出，另一被联接件用螺母旋合而将两被联接件联接。只用于不能用螺栓联接且又须经常拆卸的场合。

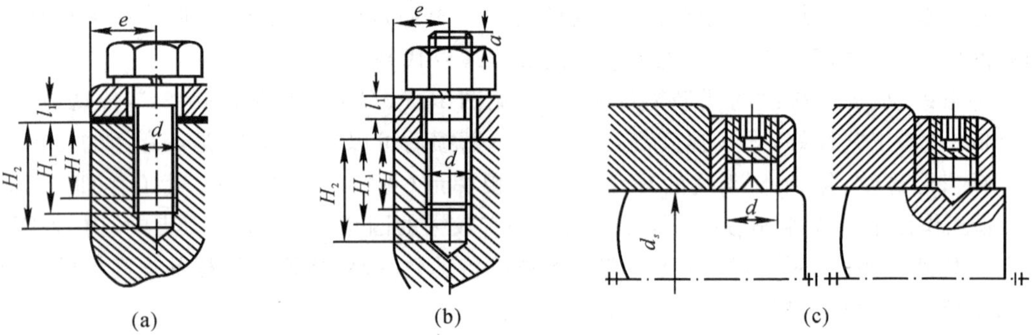

图 12-5

(a)螺钉联接；(b)双头螺栓联接；(c)紧定螺钉联接

螺钉和双头螺栓联接主要尺寸的相互关系如下：

1)螺纹旋入深度 H：①当螺纹孔零件为钢或青铜时：$H \approx d_0$，M10 以下，$H \approx 0.8d$，M10 以上 $H = (1 \sim 1.2)d$；②当螺纹孔零件为铸铁时：$H \approx (1.25 \sim 1.5)d$，常用 $H \approx 1.4d$；③当螺纹孔零件为铝合金时：$H \approx (1.5 \sim 2.5)d$，常用 $H \approx 2d$。

2)螺纹孔深度 H_1：$H_1 \approx H + (2.5 \sim 3)t$，常用 $H_1 \approx H + 3t$。

3)钻孔深度 H_2：$H_2 \approx H_1 + (0.5 \sim 1)d$。

图 12-5 中，L_1，a，e 尺寸与螺栓联接相同。

(4)紧定螺钉联接(见图 12-5(c))。紧定螺钉联接是利用螺钉拧入被联接的螺孔，使其末端顶住另一零件的表面或顶入相应的凹坑中，以固定两个零件的相对位置，并可传递不大的力和扭矩。$d \approx (0.2 \sim 0.3)d_s$，其中 d_s 为轴径，转矩大时，取大值。

2. 标准螺纹联接零件

螺纹联接件的种类很多，常用的标准联接零件有螺栓、螺钉、双头螺栓、螺母、垫圈和防松零件等，这些零件的结构和尺寸均已列入标准化。它们的公称尺寸即螺纹大径 d，设计时根据 d 的大小，在手册中可查出其他尺寸，但在选用时需要考虑以下几点：

(1)在选螺栓、螺钉时要考虑其头部形状。螺栓、螺钉的头部形状很多，常用的有六角头、方头、圆柱头、盘头、沉头、半圆头、一字槽、十字槽。内六角槽螺钉适用于拧紧力较大的场合，头部深入工件内，外形平滑，结构紧凑。不过一字槽和十字槽螺钉只能适用于中、小力矩，直径小于 10 mm 螺钉的联接。

(2)紧定螺钉头部和尾部形状很多，常用的尾部形状有锥端、平端和圆柱端，一般按所需扭紧力矩的大小和结构要求进行选择,尾部应有一定的硬度。

(3)螺母的形状。螺母形状有六角形、方形、扁形和圆形等几种,其中六角形螺母应用最广。圆螺母主要用于安装在轴段中部零件的轴向固定,为防止松动一般和止退垫圈合用。六角形螺母精度有 A,B,C 三级,A 级精度最高,精度等级根据扭紧力矩大小和使用扭紧的方法选择。

(4)垫圈。垫圈是螺纹联接中所用的附件,放在螺母与被联接件支承面之间,可以保持支承面为平面。另外还可以防松,如弹簧垫圈。止退垫圈与圆螺母配合使用可使螺母、垫圈与轴联成一体。

12.2.4　螺纹联接的拧紧和防松

1. 螺纹联接的拧紧

在机器中绝大部分螺纹联接在安装时都需要拧紧螺母,如图 12－6 所示,使螺纹联接在承受工作载荷之前受到预紧力的作用,其目的在于增加联接的刚性,增加紧密性,提高防松能力及防止受横向载荷的螺栓联接滑动。对于受轴向拉力的螺栓联接,还可以提高螺栓的疲劳强度。对于受横向载荷的普通螺栓联接,有利于增大联接中接合面间的摩擦力。拧紧螺母时,加在扳手上的力矩 T,用来克服螺纹牙间的阻力矩 T_1 和螺母支承面上的摩擦力矩 T_2,如图 12－7所示,$T=T_1+T_2$,则扭紧力矩为

$$T=T_1+T_2=KF_1d \tag{12-1}$$

式中,F_1 为预紧力(N);d 为螺纹公称直径(mm);K 为扭紧力矩因数,$K=0.1\sim0.3$,一般选用 0.2,更精密的联接可在表 12－1 中查得。

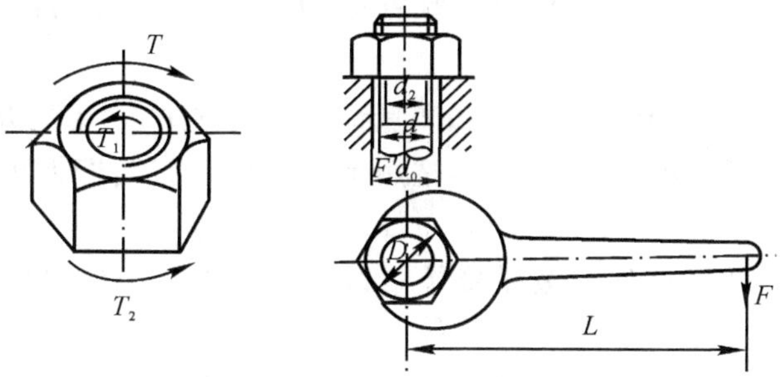

图 12－6　螺纹联接拧紧

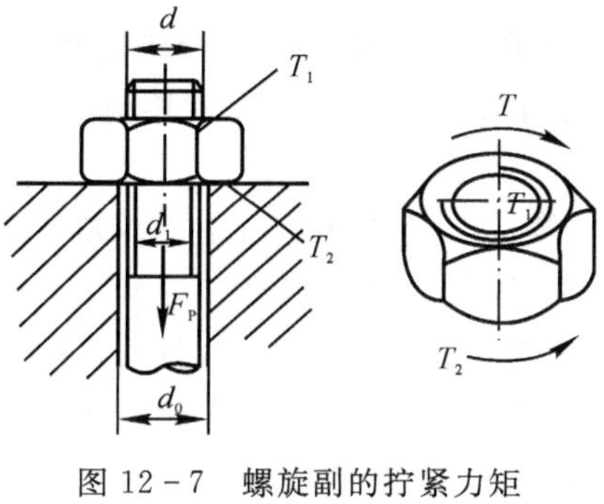

图 12－7　螺旋副的拧紧力矩

表 12-1　拧紧力矩因数 K

摩擦表面状态	力矩因数 K 值	
	有润滑	无润滑
精加工表面	0.1	0.12
一般加工表面	0.13～0.15	0.18～0.21
表面氧化	0.20	0.24
镀　锌	0.18	0.22
干燥粗加工表面		0.26～0.30

(1)预紧力的控制。预紧力的大小根据螺栓受力和联接的要求来决定，设计时首先保证所需的预紧力，不能使联接件结构尺寸过大。一般规定拧紧后螺纹联接件的预紧应力不得大于其材料屈服极限 σ_s 的 80%，对于一般联接用的钢制螺栓，预紧力限值如下：

$$\left.\begin{aligned} &\text{碳素钢螺栓} \quad F_1=(0.6\sim0.7)\sigma_s A_s \\ &\text{合金钢螺栓} \quad F_1=(0.5\sim0.6)\sigma_s A_s \end{aligned}\right\} \tag{12-2}$$

式中，F_1 为预紧力(N)；σ_s 为螺栓材料的屈服极限(MPa)；A_s 为螺纹公称应力截面积(mm^2)，其值计算公式如下：

$$A_s=\frac{\pi}{4}\left(\frac{d_2+d_3}{2}\right)^2 \tag{12-3}$$

式中，d_2 为外螺纹中径(mm)；d_3 为螺纹计算直径，$d_3=d_1-H/6$，H 为螺纹三角形高度，d_1 为外螺纹小径 (mm)。

对重要的螺纹联接，必须有一套控制和测量预紧力的方法，常用的办法如下：

1)力矩法。用力矩扳手测定拧紧力矩，选用预紧系数为 1.4，即力矩扳手所指示值为

$$F_1=0.12\sigma_s A_s d \tag{12-4}$$

2)螺母转角法。将螺母拧到与被联接件贴紧后，再旋转一定的角度，而获得所需的预紧力，螺母转角为 φ，这时预紧力为

$$F_1=0.525\sigma_s A_s \tag{12-5}$$

目前普遍使用测力扳手或定力矩扳手，近年来发展了利用计算机通过轴向力传感器获取数据，并画出预紧力与所加拧紧力矩对应曲线的方法来控制拧紧力矩。

如果拧紧力过大，螺栓就容易因过载而断裂，直径小的螺栓往往产生这种情况，因此对于重要的螺纹联接不宜采用直径小于 M12 的螺栓，在使用时必须要严格控制拧紧力矩。

2. 螺纹联接的防松

在静载荷作用下，在螺纹联接件中当螺纹升角小于螺旋副的当量摩擦角 φ_v 时，螺纹联接用螺纹标准件能满足自锁的条件，拧紧螺母后螺母和螺栓头与被联接件的支承面间的摩擦力有助于防止螺母的松脱，所以，一般在静载荷作用下，且温度变化不大时，联接是可靠的，不会松动。但是在冲击振动和变载的作用下，或是温度变化较大时，预紧力可能在某一瞬间消失，联接仍有可能松脱，因此设计时必须考虑防松。

防松的根本问题在于防止螺纹副产生的相对转动。具体预防的办法很多，就其工作原理来说可分为三类：摩擦防松、机械防松、永久止动。表 12-2 对这三类防松措施做了说明。

表 12－2　螺纹联接防松措施

类型	防 松 装 置 结 构 图	防松原理和应用
摩擦防松	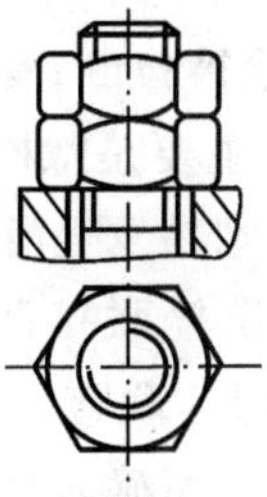 双螺母 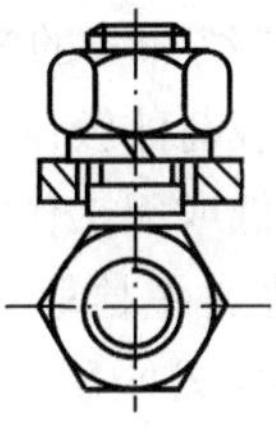 弹簧垫圈 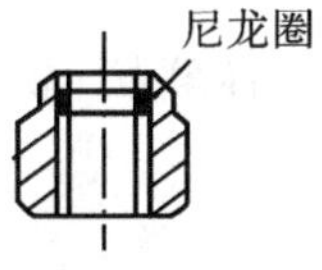 尼龙圈箍紧 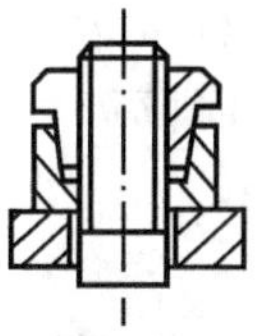 凹锥面锁紧垫圈	使螺旋副中产生不随外载荷变化的纵向或横向的压紧力；因而始终有摩擦力矩防止相对转动 结构简单，使用方便，但由于受摩擦力的限制，在冲击、振动时防松效果受到影响，常用于一般不重要的联接
机械防松	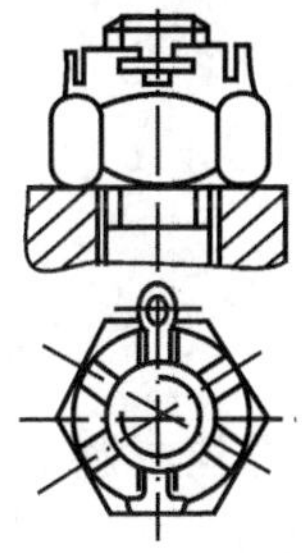 槽形螺母 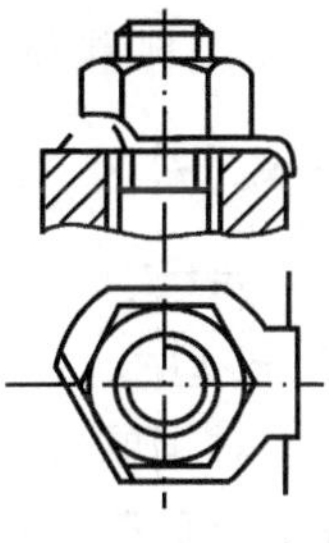 单耳止动垫圈 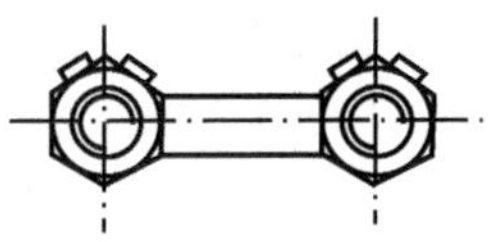 双联止动垫圈 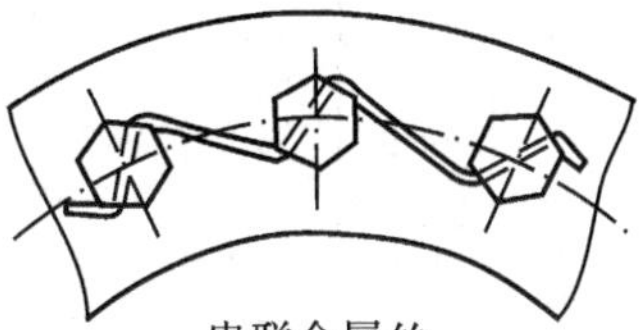 串联金属丝	在螺纹联接中靠附加零件的形状和结构阻止螺旋副的相对转动。结构简单，使用方便，防松可靠。六角槽形螺母、单耳止动垫圈等防松零件，都有国家标准
永久止动	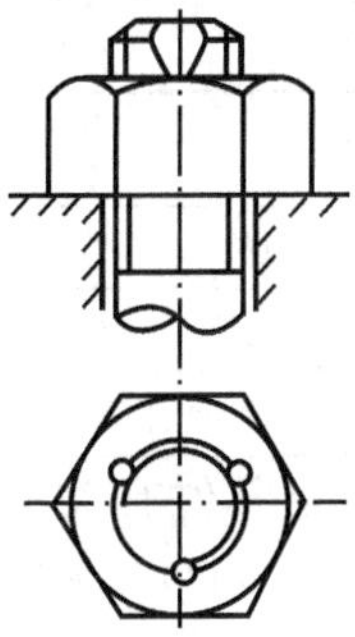 冲点 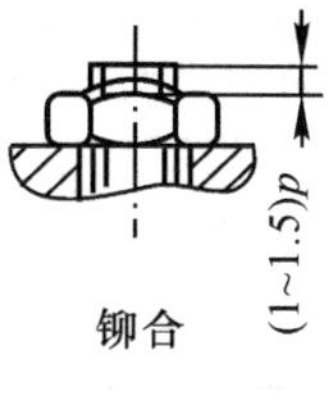 铆合 在螺纹副间涂金属粘接胶粘合 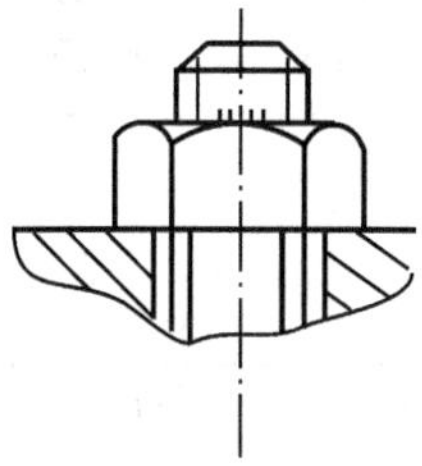 焊接	此类结构改变了螺旋副的形状，排除相对转动的可能，不能重复使用

12.2.5 螺纹联接设计计算

螺纹联接设计应根据其受载荷性质的不同,选用不同的联接方式,其效果及失效形式亦各不相同。如受静载荷螺栓的失效形式大多是螺纹部分的塑性变形或螺栓被拉断;受变载荷螺栓的失效形式大多是螺栓的疲劳断裂;对于受横向载荷的铰制孔用螺栓连接,主要是螺栓杆剪断及螺栓杆与联接件孔的接触表面挤压破坏;螺纹精度低或因工作需要经常拆装,则易发生滑扣等失效现象。

螺栓受力的联接类型大致可分为普通螺栓联接和铰制孔用螺栓联接两类,也就是承受轴向和横向两类载荷,亦可以说一个是受拉螺栓联接,一个是受剪螺栓联接。

螺栓及螺母,螺纹牙形和其他各部分尺寸,是根据等强度原理而确定的,采用标准螺纹时可不进行强度计算,只需计算确定螺纹小径 d_1,然后对照标准选定螺纹大径即公称直径 d,其他联接件如螺母、垫圈的尺寸也随之按标准选定。

普通螺栓联接大多在工作载荷之前应进行预紧,称之为紧螺栓联接;装配时不需拧紧螺母的,称为松螺栓联接。

1. 普通螺栓联接

(1)受拉松螺栓联接(见图 12-8)。松螺栓联接在装配时不需要把螺母拧紧,也就是螺栓不预紧。在承受工作载荷前,除有关零部件的自重外,联接不受任何方面的力,只有工作时传来轴向工作载荷 F,螺栓的强度计算为

$$\sigma=\frac{4F}{\pi d_1^2}\leqslant[\sigma] \qquad (12-6)$$

$$d_1\geqslant\sqrt{\frac{4F}{\pi[\sigma]}} \qquad (12-7)$$

式中,$[\sigma]$为松螺栓联接许用应力(MPa),对钢螺栓$[\sigma]=\sigma_s/n$,σ_s 为螺栓材料屈服极限(MPa),由表 12-3 查取 σ_s,n 为安全系数,一般取 $n=1.2\sim1.7$。

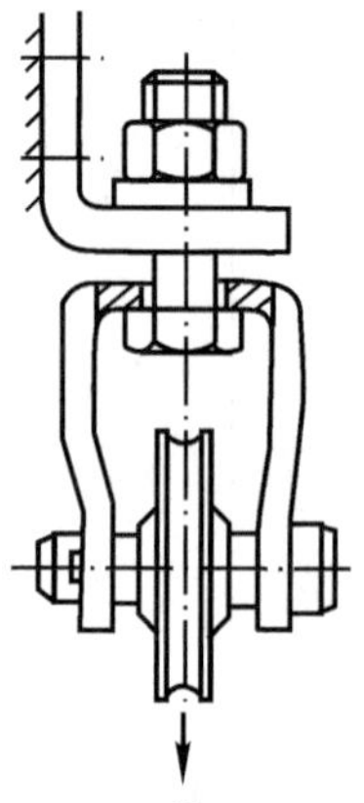

图 12-8 受拉松螺栓联接

表 12-3 螺栓、螺钉和螺柱的性能等级和推荐材料

性能等级	3.6	4.6	4.8	5.6	5.8	6.8	8.8	9.8	10.9	12.9
抗拉强度 σ_b/MPa	400			500		600	800	900	1 000	1 200
屈服极限 σ_s/MPa	180	240	320	300	400	480	640	720	900	1 080
推荐材料	低碳钢	低碳钢、中碳钢					中碳钢、低碳钢、合金钢、淬火、回火		中碳钢、低中碳、合金钢、淬火、回火	中碳合金钢、淬火、回火

表 12-4 螺母性能等级和推荐材料

性能等级	4	9	10	12
相配螺栓等级	3.6 4.6 4.8(d>16)	9.8	10.9	12.9
推荐材料	中碳钢	中碳钢、合金钢、淬回火		

由上式求得 d_1 后,根据国家标准查出螺纹的大径即公称直径,再确定其他有关尺寸。

(2)紧螺栓连接的强度计算。根据所受拉力的不同,紧螺栓联接可分为只受预紧力,受预紧力和静工作拉力,受预紧力和变工作拉力三类。

1)只受预紧力的紧螺栓联接。如图 12-9 所示,靠摩擦传递横向力 F 的受拉螺栓联接,拧

紧螺母后，这时螺栓杆所受预紧力 F_1 引起的应力应满足

$$\sigma=\frac{4\times1.3F_1}{\pi d_1^2}\leqslant[\sigma] \tag{12-8}$$

$$d_1\geqslant\sqrt{\frac{4\times1.3F_1}{\pi[\sigma]}}=1.29\sqrt{\frac{F_1}{[\sigma]}} \tag{12-9}$$

式中，F_1 为螺栓所受预紧力(N)；$[\sigma]$为静载荷紧联接螺栓的许用拉应力(MPa)，其值由表12－5中查取。

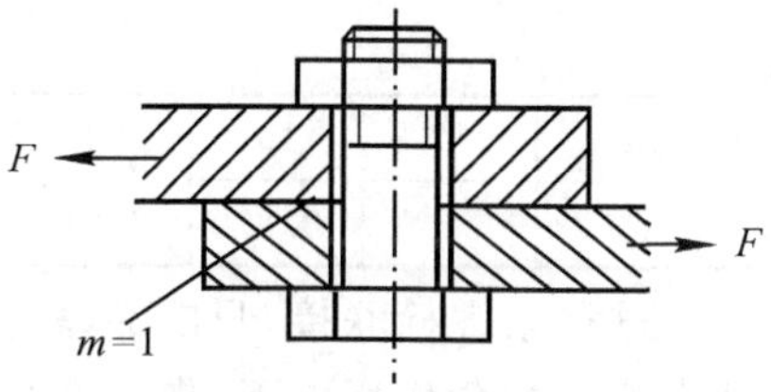

图 12－9　只受预紧力的紧螺栓联接

表 12－5　螺纹联接的许用应力与安全因数

<table>
<tr><th colspan="3">螺栓受载情况</th><th>许用应力 MPa</th><th colspan="7">安　全　因　数</th></tr>
<tr><td>不预紧</td><td colspan="2">轴向载荷</td><td>$[\sigma]_\tau=\frac{\sigma_s}{n}$</td><td colspan="7">$n=1.2\sim1.7$</td></tr>
<tr><td rowspan="13">预紧</td><td rowspan="9">轴向载荷或轴向横向载荷</td><td rowspan="4">简化计算</td><td rowspan="4">$[\sigma]'=\frac{\sigma_s}{n}$</td><td colspan="7">$n$</td></tr>
<tr><td rowspan="2">材料</td><td colspan="3">静载荷</td><td colspan="3">变载荷</td></tr>
<tr><td>M6～M16</td><td>M16～M30</td><td>M30～M60</td><td>M6～M16</td><td>M16～M30</td><td>M30～M60</td></tr>
<tr><td>碳素钢
合金钢</td><td>5～4
5.7～5</td><td>4～2.5
5～3.4</td><td>2.5～2
3.4～3</td><td>125～8.5
10～6.8</td><td>8.5
6.8</td><td>8.5～12.5
6.8～10</td></tr>
<tr><td>静载荷</td><td>$[\sigma]_\tau=\frac{\sigma_s}{n}$</td><td colspan="7">控制预紧力：$n=1.2\sim1.5$
不控制预紧力：n 同简化计算中静载荷值</td></tr>
<tr><td rowspan="4">变载荷</td><td rowspan="4">校核最大应力时
$[\sigma]=\frac{\sigma_s}{n}$
校核应力幅时
$[\sigma]_n=\frac{\varepsilon\sigma_{-1\tau}k_m\beta}{n_a k_a}$</td><td colspan="7">控制预紧力：$n=1.2\sim1.5$
不控制预紧力：$n_a=2.5\sim4$
$\sigma_{-1\tau}$为试件在对称循环下的拉压疲劳极限(MPa)
ε 为尺寸因数，查表 12－6
k_a 为有效应力集中因数</td></tr>
<tr><td colspan="3">螺栓材料 σ_b/MPa</td><td>400</td><td>600</td><td>800</td><td>100</td></tr>
<tr><td colspan="3">k_a</td><td>3.0</td><td>3.9</td><td>4.8</td><td>5.2</td></tr>
<tr><td colspan="7">k_m 为螺纹加工工艺因数，车制 $k_m=1$，液压螺纹 $k_m=1.25$
β为结构强化因数，受压螺母 $\beta=1$，局部或全部受拉螺母 $\beta=1.35\sim1.6$</td></tr>
<tr><td rowspan="4">横向载荷</td><td>普通孔</td><td>螺栓许用应力
$[\sigma]=\frac{\sigma_s}{n}$</td><td colspan="7">$n=1.2\sim1.5$</td></tr>
<tr><td rowspan="3">铰制孔</td><td>$[\tau]=\frac{\sigma_s}{n}$</td><td colspan="7">静载时 $n=2.5$，变载荷时 $n=3.5\sim5$</td></tr>
<tr><td>钢$[\sigma_p]=\frac{\sigma_s}{n}$</td><td colspan="7">静载时 $n=1.25$，变载时按静载$[\sigma_p]$降 20%～30%</td></tr>
<tr><td>铸铁$[\sigma_p]=\frac{\sigma_B}{n}$</td><td colspan="7">静载时 $n=2\sim2.5$，变载时按静载$[\sigma_p]$降 20%～30%</td></tr>
</table>

表 12－6　尺寸因数值

d/mm	12	16	20	24	28	32	36	42	48	56	64
ε	1	0.87	0.81	0.76	0.71	0.68	0.65	0.62	0.60	0.57	0.54

这种紧螺栓联接，只能靠摩擦力来抵抗工作载荷，所以要求有很大的预紧力，否则在振动、冲击或变载荷作用之下，螺栓联接即易松脱，为避免松脱，经常采用套筒和销钉两种减荷装置来承担横向工作载荷，如图 12－10 所示。

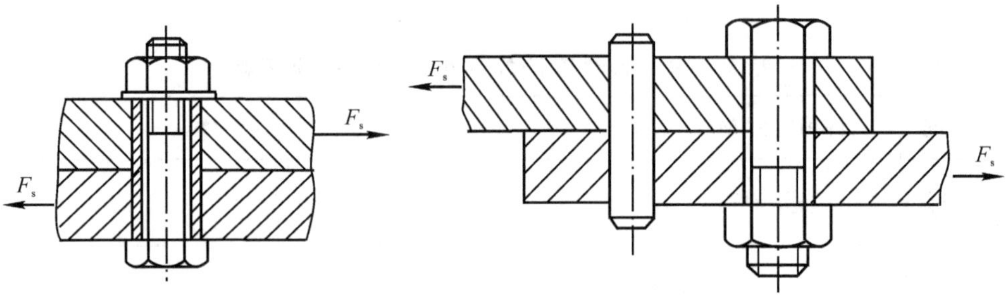

图 12－10　减荷装置
(a)套筒减荷；(b)销钉减荷

2)受预紧力和工作拉力的紧螺栓联接。如图 12－11 所示是一种比较常见的紧螺栓联接的一种方式，如工业锅炉、压力容器、受压管路系统、压缩机等动力设备，工作受力情况复杂。这种联接，螺栓有预紧力 F_1 和轴向工作载荷 F，在一般情况下工作时，螺栓的总拉力 F_0 不一定是预紧力 F_1 和工作载荷 F 之和。应通过分析螺栓联接的受力和变形关系，求出螺栓总拉力的大小。

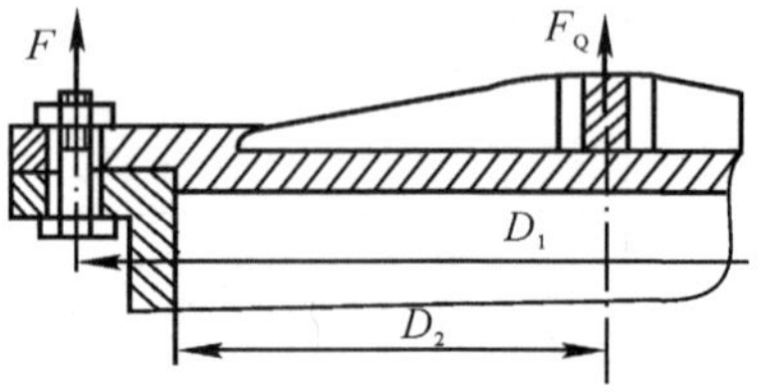

图 12－11　压力容器的螺栓联接

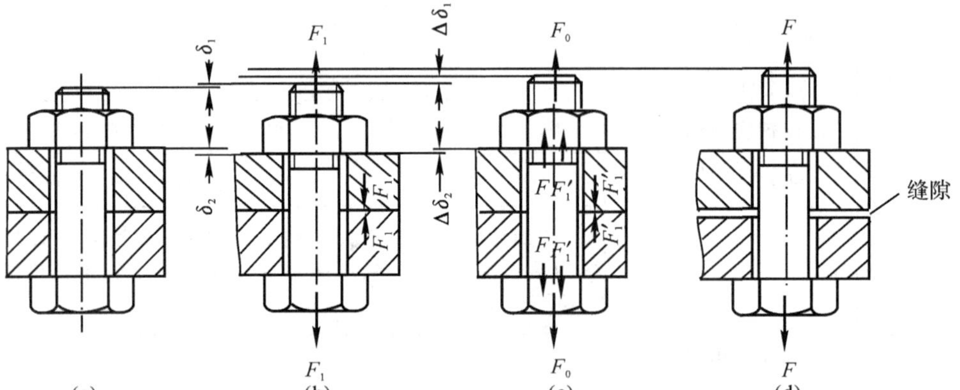

图 12－12　螺栓和被联接件的受力和变形
(a)开始拧紧；(b)拧紧后；(c)受工作载荷时；(d)工作载荷过大时

图 12－12 表示单个螺栓联接在承受单向工作载荷前后的受力和变形情况。

图 12－12(a)表示螺母刚好拧到与被联接件相接触，但没有拧紧，此时螺栓和被接件都不受力，因而也不产生任何变形。

图 12－12(b)表示螺母已拧紧，但尚未承受工作载荷，此时螺栓受预紧力 F_1 的拉伸作用，

其伸长量为 δ_1。相反被联接件在预紧力 F_1 的作用下,其压缩量为 δ_2。以 C_1 和 C_2 分别表示螺栓和被联接件的刚度。在预紧力 F_1 的作用下,则螺栓所产生的伸长变形为 $\delta_1 = F_1/C_1$,被联接件所产生的压缩变形 $\delta_2 = F_2/C_2$。

图 12-12(c)是表示螺栓承受工作载荷时的情况,这时容器内充满压力为 p 的气体,或流体等。这时螺栓拉力为 F_0,因螺栓和被联接件均在弹性变形范围内,所以其受力和变形关系亦均符合虎克定律,当螺栓承受到工作载荷时,就由 F_1 增大到 F,增加量为 $F-F_1$,亦在伸长,增长量为 $\Delta\delta_1$,总伸长量为 $\delta_1+\Delta\delta_1$,被联接件则随之有部分放松,其所受压力要减小到 F'_1(称之为剩余预紧力),压缩减量为 $\Delta\delta_2$,因此根据螺栓的静力平衡条件,应该为

$$F_0 = F'_1 + F \tag{12-10}$$

式中,F_0 为螺栓总拉力(N);F 为工作拉力(N);F'_1 为剩余预紧力(N),即螺栓所受的总拉力应等于剩余预紧力 F'_1 和工作拉力 F 之和。

图 12-12(d)所示的螺栓工作载荷过大,在被联接的接合面出现了缝隙,这是绝对不容许的。在计算螺栓拉力时,为保证螺栓联接的紧密性,以防止螺栓受载后接合面产生缝隙,要使剩余预紧力 F'_1 大于零,即 $F'_1 \geqslant 0$。当工作载荷 F 没有变化时,$F'_1=(0.2\sim0.6)F$;而 F 有变化时,$F'_1=(0.6\sim1.0)F$;对有紧密性要求的螺栓联接(如压力容器、真空泵的螺栓联接),$F'_1=(1.5\sim1.8)F$。

在螺栓联接设计时,我们一般先要求出载荷 F 和预紧力 F_1,当预紧力很难确定但又处于很重要的位置时,则可以根据螺纹联接的工作要求确定剩余预紧力 F'_1,由式(12-10)求得总拉力 F_0,再进行强度验算工作,此种联接螺栓的强度条件为

$$\sigma = \frac{4\times1.3F_0}{\pi d_1^2} \leqslant [\sigma] \tag{12-11}$$

$$d_1 \geqslant \sqrt{\frac{4\times1.3F_0}{\pi[\sigma]}} \tag{12-12}$$

式(12-12)为静载荷计算,许用应力则由表 12-5 中查取。

3)受变载荷(变工作拉力)的紧螺栓联接。如果螺栓联接是承受轴向变载荷的联接,工作载荷在 F_a 和 F_b 之间变化(如内燃机的气缸盖螺栓联接),按式(12-11)及式(12-12)作静载荷计算,按变载荷由表 12-5 中选择安全因数,再作进一步的校核验算。

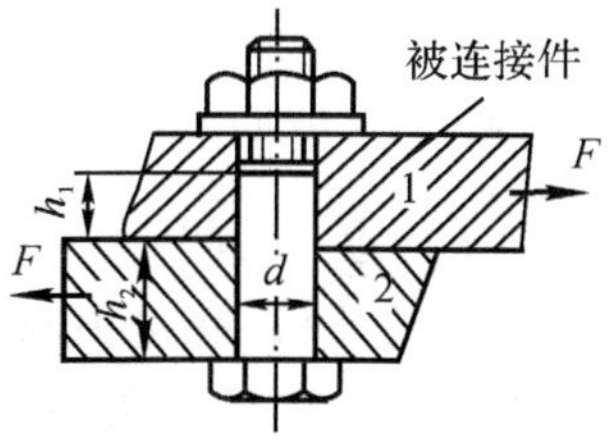

图 12-13 铰制孔用螺栓联接

(3)铰制孔用螺栓联接。铰制孔用螺栓联接如图 12-13 所示,工作时螺杆在联接接合面处受剪切,并被联接件孔壁互相挤压,因此易造成孔壁压溃,或螺栓被剪断。

螺栓所受的剪力为 F_s,则螺栓的抗剪切强度条件为

$$\tau = \frac{4F_s}{\pi d^2 m} \leqslant [\tau] \tag{12-13}$$

螺栓杆与被联接件孔壁的抗挤压强度条件为

$$\sigma_p = \frac{F_s}{dh} \leqslant [\sigma_p] \tag{12-14}$$

式中,d 为螺栓抗剪面直径(mm);F_s 为单个螺栓的工作剪力(N);m 为螺栓抗剪面数目;h 为螺栓杆与孔壁挤压面最小高度(mm);$[\tau]$为螺栓的许用切应力(MPa);$[\sigma_p]$为螺栓杆或孔壁材料中强度弱者的许用挤压应力(MPa),见表 12-5。

2. 螺栓组联接的概念

大多数机械中的螺栓都是成组使用的,在设计螺栓组结构时,应该首先考虑的是结构简单,使用合理,使每个螺栓受力小而且均匀,避免螺栓承受各种附加载荷,而且要有利于加工,使装配和被联接件的机体完整。对螺栓组联接主要考虑的因素有:①结构设计:按联接的需要和被联接件的结构,选定螺栓的大小、数目和布置形式;②受力分析:根据联接布置形式和载荷情况,求得受力最大的螺栓所受力;③强度计算:按最大受力的螺栓进行单个螺栓的强度计算校核。

12.2.6 提高螺栓联接强度的措施

螺栓联接强度主要取决于螺栓本身的强度,影响螺栓强度的因素很多,主要有材料、结构、尺寸参数、制造和装配等。下面介绍一些提高螺栓强度的一般措施。

1. 避免产生附加弯曲应力

若被联接件上支承螺母或螺栓头部的支承面偏斜或未加工,则有可能使螺栓受到附加的弯曲应力,这将会严重降低联接的承载能力,所以接合面一定要加工,有凸台或沉头,保证有平整的支承接合面。

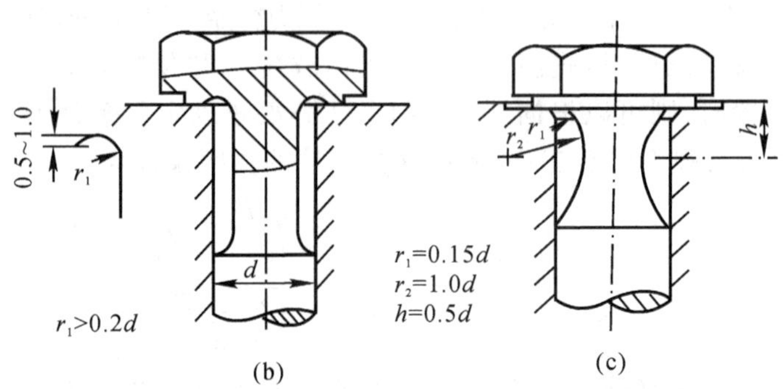

图 12-14 减小螺栓的应力集中

(a)加大圆角;(b)卸载槽;(c)卸载过渡圆弧

2. 减小应力集中

螺纹的牙根、螺栓头部与栓杆交接处都有应力集中,这些都是产生断裂危险的主要部位。其中螺纹牙根的应力集中对螺栓的疲劳强度影响很大,可以采取增大螺纹牙根的半圆角,在螺栓头过渡部分加圆角,或是采用卸载结构的措施减少应力集中,如图 12-14 所示。

3. 减小螺栓的应力幅

如果螺栓的最大应力一定,应力幅度越小,疲劳强度就越高。在工作载荷和剩余预紧力不变的情况下,减小螺栓刚度或增大被联接件的刚度都能达到减小应力幅的目的,如图 12-15 所示,但预紧力就要加大。

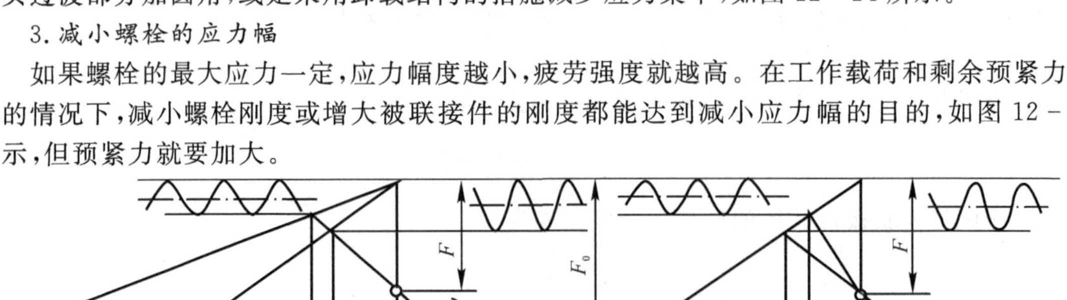

图 12-15 减小螺栓的应力幅

(a)减小螺栓的刚度;(b)增加被联接件刚度

减小螺栓刚度的措施有：适当增加螺栓的长度，螺杆直径部分适当减小，或在接合面间加衬弹性垫圈、橡胶垫、塑料垫等（能起到柔性螺栓的作用）。柔性螺栓受力时变形量大，吸收能量作用强，也适于承受冲击和振动。

为加大被联接件系统的刚度，除加厚被联接件外，亦可在接合面处加一密封圈槽，密封圈可用方型或O型，如图12-16所示，均能减小应力幅。

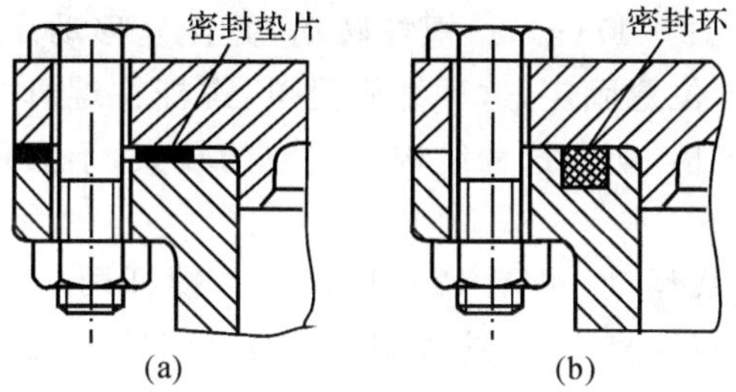

图12-16 两种密封方法

(a)用密封垫片；(b)用密封环

12.3 螺旋传动

12.3.1 概述

螺旋传动是利用螺杆和螺母组成的螺旋副来实现传动的要求。螺旋传动多用于将回转运动转变为直线运动，同时传递动力。在大升角的情况下也可将直线运动转变为回转运动。螺旋机构在机床的进给机构、起重设备、锻压机械、测量仪器、工具、夹具、文具、玩具及其他工业装备中都有着广泛的应用。

1. 螺旋传动的特点

(1)传动比大。可用较小的转矩得到较大的轴向推力，常用于起重设备。

(2)精度比较高。能够准确地调整直线运动的距离和位置，常用于精密仪器、检测仪器和一些需要微调的设备。

(3)滑动螺旋传动容易实现自锁，适用于垂直举重机构，对于水平移动的传递机构也能在任意位置停止，达到准确定位，同时实现自锁，如机床工作台进给机构等。

(4)滑动螺旋传动，摩擦磨损较大，效率较低，只适用于中、小功率传动，如用于传递运动或推力大而速度低的场合。

2. 螺旋传动的应用

按螺旋机构的工作情况，螺旋传动主要有以下三种情况：

(1)传动螺旋。主要传递较大的动力，以较小的转矩产生较大的轴向推力，能得到较大的压紧力，大多为间歇工作，而且工作时间短、速度低，要求能自锁，如螺旋千斤顶、螺旋压力机、台钳等。在设计时，应考虑有足够的刚度，受压时对长度较长的丝杠应考虑失稳问题。

(2)传导螺旋。以传递运动为主，有时亦传递一定的轴向载荷，要求工作速度较高，能准确地传递运动，所以具备较高的传动精度，如金属切削机床的进给机构。

(3)调整螺旋。主要用来调整和固定零部件的相对位置，要求有可靠的自锁能力和较高的精度。如用于机床或仪器中的调节机构、分规的调节装置中，精密测量仪器中有许多定量、定位等需微调,则必须保证有准确的精度。

3.螺旋传动的类型

(1)螺旋传动的形式。在螺旋传动中常用的螺杆和螺母的运动形式有四种不同的类型,如图 12-17 所示。螺旋传动的工作原理是一致的,利用螺杆、螺母的螺旋副传递运动和动力,它们的相对运动关系是相同的。

1)螺母固定不动(见图 12-17(a))。螺杆转动,并往复移动。螺杆在螺母中又转动又前后运动,而螺母起支承作用,位置固定,这种结构简单,螺杆在螺母左、右两个极端位置所占有的位置要大于螺杆行程的二倍,所以这种结构占据空间较大,不宜用于大行程的传动,常用于螺旋千斤顶机构。

2)螺杆转动,螺母作直线运动(见图 12-17(b))。螺杆两端由轴承支持(亦有只支持一端),螺母在其中间,只作左右往复运动,这种结构占有空间较小,适用于长行程运动的螺杆,如车床丝杠、刀架机构、龙门刨床等设备。

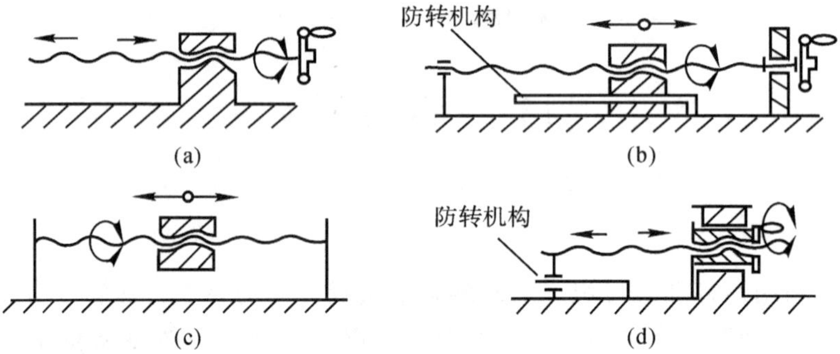

图 12-17 螺旋传动的类型

3)螺母旋转,并在螺杆上作直线运动,螺杆固定运动(见图 12-17(c)),要求精度不太高,结构简单,如用于钻床工作台,沿立柱上下移动的机构。

4)螺母转动,螺杆直线移动(见图 12-17(d))。螺母用轴承支持,螺杆用支承机构阻止螺杆转动。此类结构比较复杂,同样螺杆在螺母左右移动占据位置亦较大,这种结构很少应用。

(2)螺旋传动按螺旋副的摩擦性质分类。按螺旋副的摩擦种类,根据工作情况螺旋传动可分为三种类型:

1)滑动摩擦螺旋。螺杆与螺母之间为滑动摩擦,能自锁、结构简单、易制造、应用广泛,但是容易磨损、效率低(一般在 30%右左)。如螺旋千斤顶、夹紧装置及机床的进给装置就采用此类螺旋传动。

2)滚动摩擦螺旋。以滚动摩擦代替了滑动摩擦,因此阻力较小,传动效率高,可达 95%以上,但结构复杂。

3)静压螺旋。通过压力油使螺母和螺杆间充满液流,形成液体摩擦状态,摩擦阻力极小,传动效率高(可达 99%以上)。但需要一套液压系统装置,结构复杂。

滚动螺旋和静压螺旋要求精度较高,结构较复杂,制造成本也高,一般用在高精度、高效率的重要传动中,如精密机床的进给机构、汽车转向机构等。

12.3.2 滑动螺旋传动的设计计算

1. 滑动螺旋传动的结构和应用材料

(1)滑动螺旋传动的结构。滑动螺旋主要承受轴向拉(压)力和摩擦转矩,即产生拉(压)应力和扭转切应力的联合作用。在设计螺杆短粗且垂直布置时,如起重和加压机构的传力装置等传力螺旋,可利用螺母本身作为支承,如图12-18所示。如果螺杆设计得细长且水平布置时,如3 m,5 m机床的丝杆,即应在螺杆的两端或中间设置附加支承点,以提高螺杆的工作刚度。螺母的结构有整体式螺母、组合式螺母和剖分螺母三种形式。整体式螺母结构简单,但因摩损产生的轴向间隙不能补偿,故只能用于精度较低的螺旋传动。对双向传动的传导螺旋,为消除轴向间隙和补偿旋合螺纹的磨损,避免反向传动的空行程,可以采用组合或剖分螺母,图12-19所示为组合螺母,主要是利用调整楔块来消除轴向的间隙和补偿旋合螺纹的磨损。

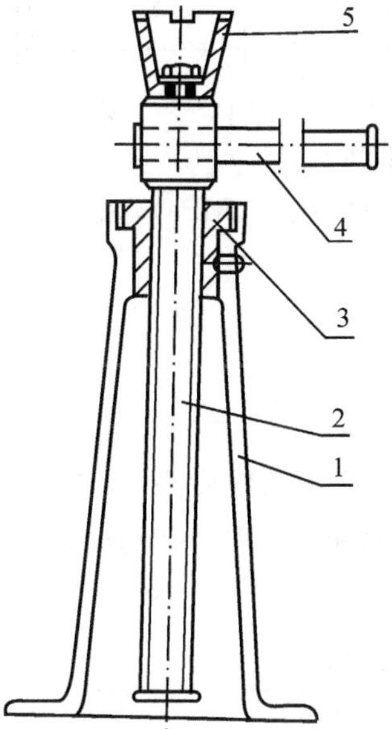

图12-18 螺旋起重机

1—底座;2—螺杆;3—螺母;4—手柄;5—托杯

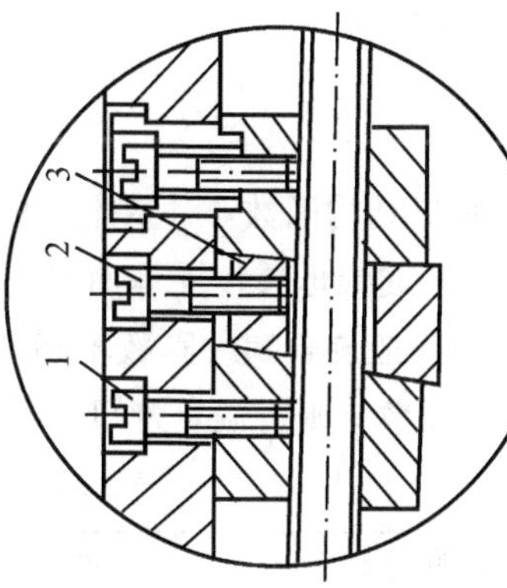

图12-19 组合螺母

1—固定螺钉;2—调整螺钉;3—调整楔块

(2)滑动螺旋选用的材料。对螺杆和螺母的材料要求要有足够的强度和耐磨性,而且还要求在旋合后有较小的摩擦因数,通常螺杆选用45或50号钢,对于重载或转速较高的螺旋传动,可选用40Cr,65Mn,T12,40WMn,20CrMnTi等,并经热处理,以提高耐磨性。对于精密的传导螺旋,则选用9MnV,CrMn或38 CrMoAl等,经热处理,以提高其尺寸的稳定性。对螺母的选用,一般常用ZQCuSn 10P1,ZQCuSn5Pb5Zn5等铸锡青铜。对于重载,低速传动,可采用铸锡青铜ZQCuAl9Fe4NiMn2和铸铝黄铜ZQCuZn25A16Fe3Mn3等,以保证其强度和耐磨性。对于大尺寸重载高速传动的螺母,其本体采用钢或铸铁件,内孔浇注青铜或巴氏合金。

2. 滑动螺旋承载能力的设计计算

滑动螺旋副的主要失效形式为螺纹磨损,因此一般要对其耐磨性作校核,初步确定螺旋副的基本尺寸,确定螺杆直径和螺母高度尺寸等,并校核其强度。对于长径比很大的受压螺杆要验算其工作的稳定性。对于要求自锁的螺旋传动副则应校核其自锁能力。对于精密的传导螺旋副要校核螺杆的刚度。对于高速旋转的螺杆还应校核其临界转速等。没有特殊要求的螺旋传动,螺旋副均要计算其耐磨性和作强度的验算。

(1)螺纹的耐磨性计算。螺纹的耐磨性与工作表面的压力 p,滑动速度 v,表面粗糙度及滑润状态等因素有关。工作面上单位压力愈大,滑动速度愈大,其磨损愈严重,但是一般只以限制螺纹工作表面上的压力来作耐磨性计算,限制磨损量,而许用压强则由螺旋副的材料和螺旋副的滑动速度大小来决定。如图 12-20所示,螺纹在轴向载荷下,螺纹中径为 d_2,螺纹高为 h,那么每一圈螺纹能承受压力的面积为 $\pi d_2 h$。则螺纹的工作压强为

$$p=\frac{Ft}{\pi d_2 hH}\leqslant[p] \tag{12-15}$$

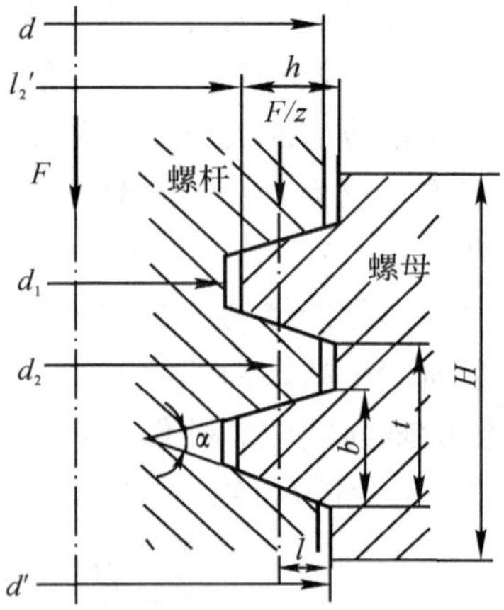

图 12-20　螺旋副的受力

式中,H 为螺母高度(mm);t 为螺距(mm);F 为轴向力(N);p 为压强(MPa);d_2 为螺纹中径(mm);h 为螺纹高度(mm),梯形螺纹和矩形螺纹取 $h=0.5\,t$,锯齿形螺纹取 $h=0.75\,t$;$[p]$为许用压强(MPa),如表 12-7 所示,其中 d_2 应满足

$$d_2\geqslant\sqrt{\frac{Ft}{\pi\varphi h[p]}} \tag{12-16}$$

式中,φ 为螺母结构因数,对整体式螺母,磨损后,间隙不能调整,可取 $\varphi=1.2\sim2.5$;剖分式螺母间隙可以调整或螺母兼作支承而受力较大时,可取 $\varphi=2.5\sim3.5$;传动精度高,要求寿命长时,允许取 $\varphi=4$。一般旋合螺纹圈数不超过 10,计算出 d_2 后,按国家标准选取公称直径 d 和螺距 t,根据螺纹工作圈数 z 则可确定螺母的高度 H。

表 12-7　滑动螺旋副的许用压强[p]

螺杆材料	淬火钢	钢	淬火钢	钢	钢
螺母材料	青铜		耐磨铸铁		铸铁
滑动速度/(m·min^{-1})	许用压强 p/MPa				
		18～25		15～22	
≤3		11～18		14～19	12～16
6～12	10～13	7～10	6～8	6～8	4～7
>15		1～2			

注:φ 小时,$[p]$取大值;φ 大时,$[p]$取小值。

(2)螺杆的强度计算。螺杆工作时,受拉伸或压缩载荷,即产生正应力,又受转矩产生切应力,根据第四强度理论,其强度条件为

$$\sigma_v=\sqrt{\sigma^2+3\tau^2}=\sqrt{\left(\frac{4F}{\pi d_1^2}\right)+3\left(\frac{T}{0.2d_1^3}\right)^2}\leqslant[\sigma]_v \tag{12-17}$$

式中,T 为螺杆所受的转矩(N·mm);F 为轴向力(N);d_1 为螺杆螺纹小径;$[\sigma]_v$ 为许用当量应力,见表 12-8。

表 12-8 滑动螺旋副材料的许用应力 (单位:MPa)

螺旋副材料		许用应力/MPa		
		$[\sigma]_v$	$[\sigma_b]$	$[\tau]$
螺杆	钢	$\sigma_s/(3\sim5)$		
螺母	青铜		40～60	30～40
	铸铁		45～55	40
	钢		$(1.0\sim1.2)[\sigma]$	$0.6[\sigma]$

注:①σ_s 为材料屈服极限;②载荷稳定时,许用应力取大值。

(3)螺纹牙强度校核。一般螺母的材料强度比螺杆低,故只需校核螺母螺纹牙的强度,计算螺纹牙的剪切和弯曲强度。

螺杆受有轴向载荷 F 作用,螺杆和螺母的旋合圈数为 z,则每圈螺纹的承担载荷为 F/z。将螺纹展开后,如图 12-21 所示,F/z 作用在每圈螺纹的中径圆圈上,则螺纹牙可以看做是悬臂梁。牙根部危险截面处的强度验算条件为

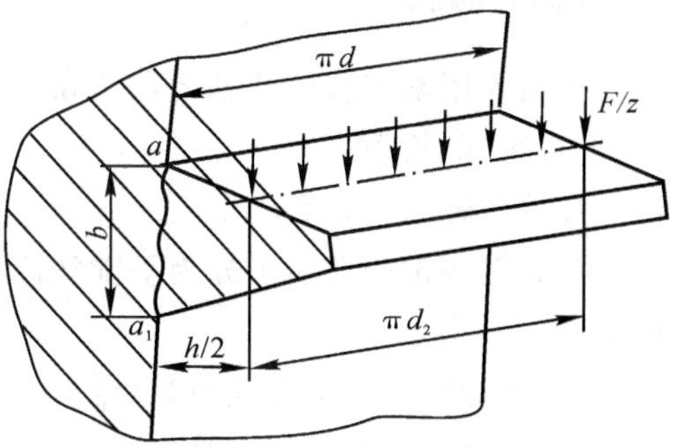

图 12-21 螺母螺纹圈受力

剪切强度条件:

$$\tau=\frac{F}{z\pi db}\leqslant[\tau] \tag{12-18}$$

弯曲强度条件:

$$\sigma_b=\frac{F}{z}\left(\frac{d-d_2}{2}\right)\Big/\frac{\pi db^2}{6}=\frac{3F(d-d_2)}{\pi db^2 z}=\frac{3Fh}{\pi db^2 z}\leqslant[\sigma_b] \tag{12-19}$$

式中,$[\tau]$为许用切应力(MPa),见表 12-8;$[\sigma_b]$为许用弯曲应力(MPa),见表 12-8;b 为螺纹牙根部厚度,梯形螺纹 $b=0.65\,t$,30°的锯齿形螺纹 $b=0.75\,t$,矩形螺纹 $b=0.5\,t$,t 为螺距。

(4)受压螺杆的稳定性计算。长径比大的受压螺杆,由于失稳的可能,所以需要对其作稳定性校核,根据材料力学稳定性计算公式进行验算,即

$$S_c=\frac{F_c}{F}\geqslant[S] \tag{12-20}$$

式中,S_c 为螺杆稳定性计算安全因数;$[S]$为螺杆稳定性的安全因数,$[S]=2.5\sim4$,对于传力螺旋 $S=3.5\sim5.0$,对于传导螺旋 $S=2.5\sim4.0$,对于精密螺杆或水平螺杆 $S>4$;F 为作用在螺杆上的轴向载荷(N);F_c 为螺杆的临界载荷(N),可参考其他机械手册。

(5)自锁能力的校核。有自锁能力要求的螺旋副,则应按下列条件校核。螺纹升角 φ 应满足

$$\varphi=\arctan\frac{S}{\pi d_2}\leqslant\rho_v=\tan\frac{\mu}{\cos\frac{\alpha}{2}} \tag{12-21}$$

式中,S 为导程(mm);ρ_v 为当量摩擦角;α 为牙型角;μ 为滑动螺旋副的摩擦因数。

（6）螺旋副传力效率计算：

$$\eta=\frac{\tan\varphi}{\tan(\varphi\pm\rho_v)} \tag{12-22}$$

式中当轴向载荷与运动方向相反时，取＋号，即$(\varphi+\rho_v)$。

另外，对高精度的螺旋传动，如坐标镗床、齿轮磨床、数控机床等，应进行刚度验算以满足工作需求，可参考其他机械手册。

12.4 键联接、销联接及型面联接

12.4.1 键联接

键主要用来实现轴和轴上的零部件之间的周向固定，以传递转矩（如电动机、联轴器、齿轮、皮带轮、凸轮等）。

1. 键的特点和分类。

键联接按键的形状可分为平键联接、半圆键联接、楔键联接和花键联接等类型，且大都是标准件。

（1）平键联接。平键截面为矩形，平键又可分为普通平键、滑动平键（滑键）和导向平键（导键）三种。平键的两个侧面是工作面，工作中靠键与轴及轮毂上键槽侧面的相互挤压传递转矩，健的上表面与轮毂上键槽底面间有间隙，为非工作面。这种联接，结构简单、对中性好、装拆方便，但对轴上零件不能起到轴向固定的作用。

1）普通平键。如图 12－22 所示，用于静联接，即轴与轮毂无相对移动，按键的端部可分为 A 型（圆头）、B 型（方头）、C 型（单圆头）三种。

圆头平键如图 12－22(a)所示，所对应的轴上键槽要用端铣刀加工，键在轴上键槽中能实现良好的轴向定位。图 12－22(b)所示为方头平键所对应的轴上键槽用盘式铣刀加工，但键在轴上的轴向定位不好，要用紧定螺钉进行固定，单圆头平键（见图 12－22(c)）只能用在轴端部的轴与轮毂联接。

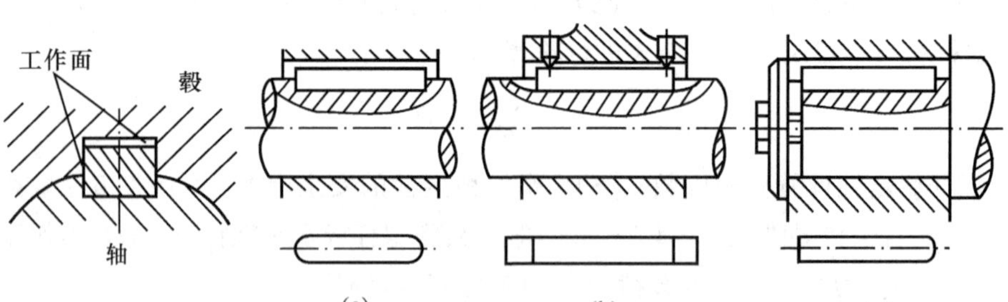

图 12－22　普通平键联接

(a)圆头平键（A 型）；(b)方头平键（B 型）；(c)单圆头平键（C 型）

2）导向平键和滑键用于动联接，即轴与轮毂之间有轴向相对移动的联接。导向平键如图 12－23所示，是一种较长的平键，用螺钉固定在轴槽中，轴上零件可沿键作轴向滑动，为拆卸方便，设有起键螺孔。轴上零件滑移距离愈大，所需导向平键的长度愈长，因而制造愈困难，这样

采用滑键更好。滑键固定在轮毂上,轮毂带动滑键在轴槽中作轴向滑移,所以在轴上要铣出较长的键槽,如图 12－24 所示为滑动平键联接。

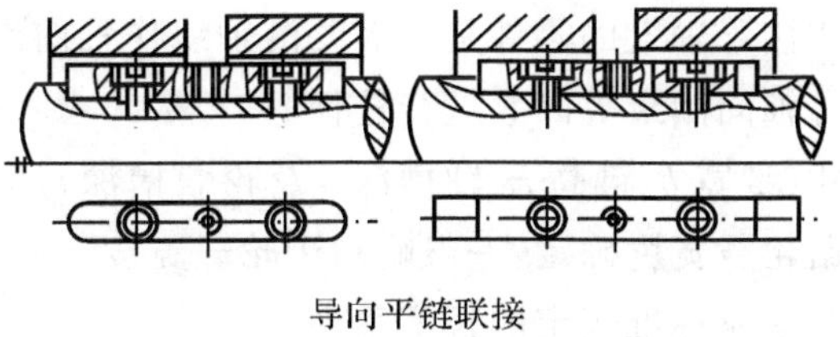

图 12－23　导向平键联接

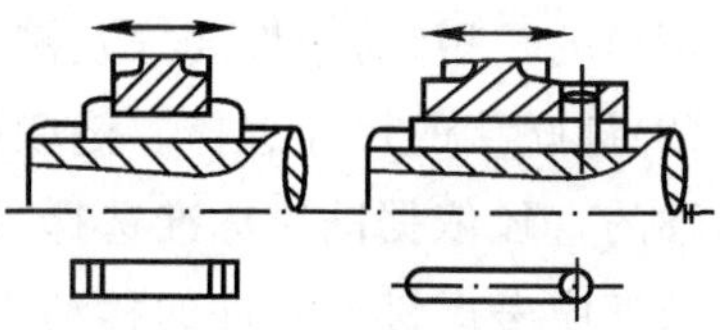

图 12－24　滑动平键联接

(2)半圆键联接。如图 12－25 所示,用于轴和轮毂之间的静联接,键的两个侧面为工作面,半圆键联接传递转矩的原理和平键相同,轴上的键槽用于键宽度和直径均相同的半圆键槽专用铣刀加工,键在槽中可绕其几何中心摆动,以适应轮毂键槽底面的方向。半圆键联接在轴上开键槽较深,因此对轴的强度削弱较大,一般用于传递转矩不大的锥形轴或轴端的轮毂联接。

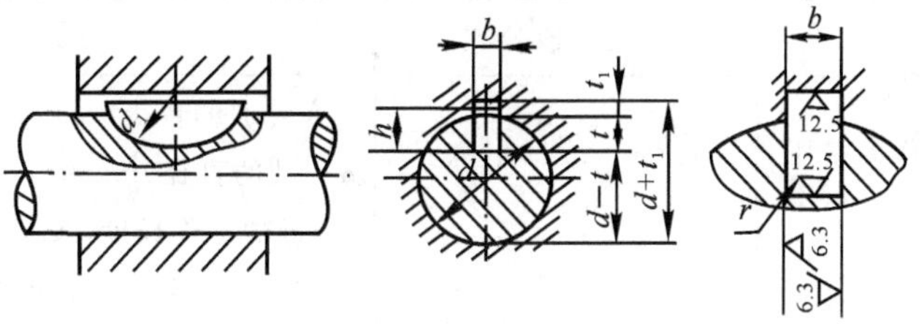

图 12－25　半圆键联接

标记示例:半圆键 $b=6$ mm,$h=10$ mm,$d_1=25$ mm,半圆键 6×10×25　GB/T 1099—1979(1990 确认)

(3)楔键联接(见图 12－26)。楔键联接用于静联接,楔键的上下面是工作面,键的上表面有 1∶100 的斜度,轮毂键槽的底面也有 1∶100 的斜度,装配时是将键打入轴和毂槽内,其工作面上产生很大的预紧力,工作时主要靠摩擦力传递转矩,并能承受单方向的轴向力。

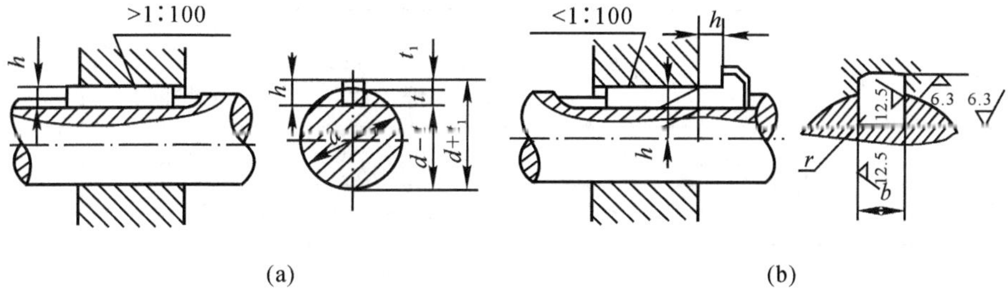

(a)　　　　(b)

图 12－26　楔键联接

(a)普通楔键联接;(b)钩头楔键联接

由于楔键打入时,迫使轴和轮毂产生偏心 e,如图 12－26(a)所示,破坏了轴与轮毂的对中性,因此楔键仅适用于定心精度要求不高,载荷平稳和低速的联接。

楔键分为普通楔键和钩头楔键两种。钩头楔键的钩头主要是为了拆键用的。轮毂的轴向固定不需要轴端端盖,所以在农业机械、建筑机械中使用得比较多。

2. 键的选择和键联接的强度校核

(1)键联接的类型选择。键的类型应根据键联接结构、使用特性及工作条件来选择,应根据需要传递的转矩大小、载荷性质、转速高低、联接于轴上的零件是否需要沿轴线作轴向滑动、滑动距离的长短、对中性要求及键是否需要具有轴向固定等因素进行选择。

(2)键联接的尺寸选择。键联接的截面尺寸(键宽 b、键高 h、轴槽深 t 及轮毂槽深 t_1)一般根据轴的直径依据国家标准选择,键的长度根据轮毂宽度确定,一般略短于轮毂宽度。导向平键的长度应考虑键或零件的移动距离,并应符合国家标准规定的长度系列。

(3)平键联接的强度校核计算。键联接的主要失效形式是在工作面上的压溃和磨损,如平键静联接均失效在于键槽的压溃,而对于导向和滑动平键的动联接,其失效形式为相对滑动的零件中强度较弱、耐磨性能较差的材料零件。强度和承载能力计算公式均基本相似,键联接的强度校核公式见表 12-9。

表 12-9　键联接的强度校核公式

键的种类	计算依据	强度校核公式	说　　明
平键	键联接工作面挤压	$\sigma_p=\dfrac{2\,000T}{dkl}\leqslant[\sigma_p]$	T—传递的转矩(N·m) d—轴的直径(mm) l—键的工作长度,A 型 $l=(L-b)$mm k—键与毂的接触高度(mm),平键 $k=h/2$,半圆键 k 查手册 b—键的宽度(mm) μ—摩擦因数,对钢和铁 $\mu=0.12\sim0.17$ $[\sigma_p]$—键联接许用压应力(MPa),查表 12-11 $[\tau]$—键的许用切应力(MPa),查表 12-11
半圆键	键的剪切	$\tau=\dfrac{2\,000T}{dbl}\leqslant[\tau]$	
楔键	键联接工作面挤压	$\sigma_p=\dfrac{12\,000T}{bl(6\mu d+b)}\leqslant[\sigma_p]$	

表 12-10　键联接的许用应力　　(单位:MPa)

应力种类	联接方式	零件材料	载荷性质		
			静　载	轻微冲击	冲　击
$[\sigma_p]$	静联接	钢	200～250	120～200	60～100
		铸铁	100～120	80～100	45～60
	动联接	钢	50	40	30
$[\tau]$			125	100	60

注:(1)$[\sigma_p]$应按联接中材料机械性能较弱的零件选取。

(2)当与键有相对滑动的被联接件,其表面经过淬火,则动联接的$[\sigma_p]$可提高 2～3 倍。在动联接键中承载能力不满足要求时,可通过增大键长或改用双键的方法提承载高能力(承载力双键为单键的 1.5 倍),随着键长的增大,沿键长方向的载荷分布出现的不均匀现象会加剧,所以键不宜过长,通常取 $L_{max}\leqslant(1.6\sim1.8)d$。

12.4.2 花键联接

1. 花键联接的类型、特点及应用

花键联接由多个键齿和键槽构成，均匀分布在轴和轮毂孔的圆周上，花键的齿侧面为工作面，花键联接适用于静动联接。花键联接因多齿接触传递载荷，所以承载能力大，齿槽浅，齿根应力集中小，亦就对轴的削弱程度小，具有定心精度高和导向性能好的特点。

花键联接分为矩形花键联接和渐开线花键联接两种。

(1)矩形花键联接(GB/T 144—1987)。如图 12-27 所示，其齿形为矩形，容易加工，应用广泛。矩形花键按齿的尺寸，分为轻系列和中系列，轻系列花键的键高较小，承载能力小，常用于轻载或静联接，中系列花键用于中等载荷的联接。

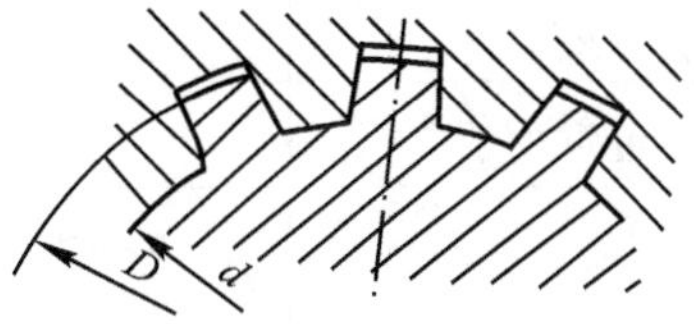

图 12-27 矩形花键

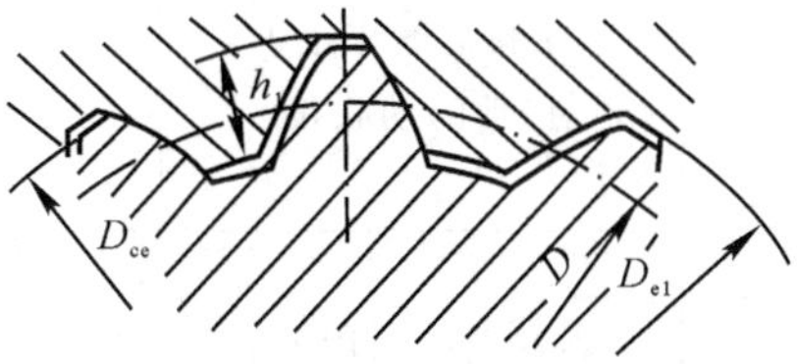

图 12-28 渐开线花键

(2)渐开线花键联接(GB/T 3478.1～2—1995)。如图 12-28 所示，其齿形为渐开线，受载时齿上有径向力，能起自动定心作用，使各齿受力均匀、强度高、寿命长，加工工艺与齿轮加工相同，易获得较高精度和互换性。渐开线花键标准压力角 α 有 30°及 45°两种。渐开线花键联接与矩形花键联接相比具有以下特点：①渐开线花键齿根厚，齿根圆角大，强度高，因此承载能力比矩形花键要高。②渐开线花键加工工艺性好，不需用专门设备加工。③渐开线花键联接靠齿面接触定心，定心精度高，各齿间载荷均匀。④因压力角大，不根切的最少齿数较小。

2. 花键联接的强度计算

花键联接通常根据被联接件的特点、尺寸、使用要求和工作条件确定其类型。根据轴的直径选择花键联接的截面尺寸，根据轮毂宽度选择键的长度。花键联接的主要失效形式是压溃(静联接)和过度磨损(动联接)，强度的校核只校核挤压应力(静联接)和压强(动联接)。花键联接受力情况如图 12-29 所示。

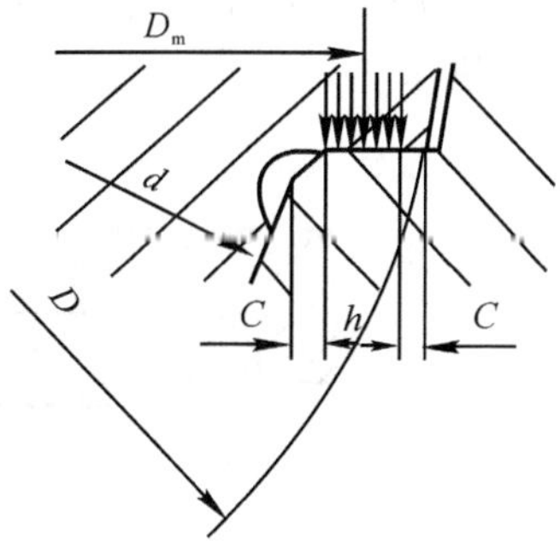

图 12-29 花键联接受力情况

花键联接强度校核计算公式如下：

$$\sigma_p=\frac{2\,000T}{\varphi zhLD}\leqslant[\sigma_p] \qquad (12-23)$$

式中，T 为转矩(N·mm)；φ 为各齿间载荷不均匀因数，通常 $\varphi=0.7\sim0.8$；z 为齿数；h 为齿的工作高度(mm)；L 为齿的工作长度(mm)；D_m 为平均直径(mm)。

对于矩形花键，有

$$D_m=\frac{D+d}{2},\quad h=\frac{D-d}{2}-2C(C\text{ 为倒角尺寸})$$

对于渐开线花键，有

$$D_m=d;\quad h=m(m\text{ 为模数});$$

花键联接许用挤压应力$[\sigma_p]$(MPa)，由表 12 - 11 查得。

表 12 - 11　花键联接许用挤压应力　(单位：MPa)

许用应力	联接方式	使用和制造情况	齿面未经热处理	齿面经热处理
$[\sigma_p]$	静联接	不良	35～50	40～70
		中等	60～100	100～140
		良好	80～120	120～200
$[p]$	不在载荷的作用下，移动的动联接	不良	15～20	20～35
		中等	20～30	30～60
		良好	25～40	40～70
	在载荷的作用下，移动的动联接	不良		3～10
		中等		5～15
		良好		10～20

注：(1)使用和制造情况不良，系指受变载，有双向冲击，振幅大，润滑不好(对动联接)，材料硬度不高和精度不高等。

(2)同一情况下$[\sigma_p]$的较小值用于工作时间长和较为重要的场合。

(3)内、外、花键用抗拉强度不低于 600 MPa 的钢制造。

(4)动联接用许用压强$[p]$代入式中$[\sigma_p]$。

12.4.3　销联接

销主要用于固定零件之间的相对位置，起定位作用，也可用于轴与轮毂的联接，传递不大的载荷，还可作为安全装置中的过载剪断元件。销的常用材料为 35,45 号钢。销按以上三种作用的要求可分为定位销(见图 12 - 30(a))、联接销(见图 12 - 30(b))和安全销(见图12 - 30(c))。

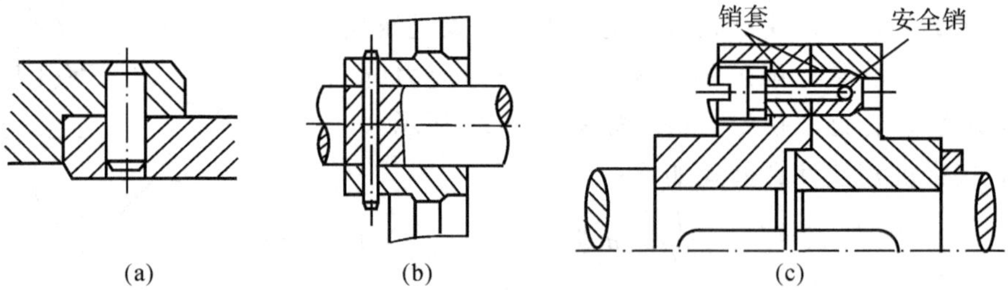

图 12 - 30　销的作用

(a)定位销；(b)联接销；(c)安全销

销按其形状可分为圆柱销、圆锥销和异形销。圆柱销和圆锥销已标准化，如图 12 - 31 所示，圆柱销利用微量过盈固定在销孔中，经过多次装拆后，联接的紧固性及精度降低，故只宜用于不经常拆卸处。圆锥销有 1∶50 的锥度，装拆比圆柱销方便，多次装拆对联接的紧固性及定位精度影响较小，因此应用广泛。

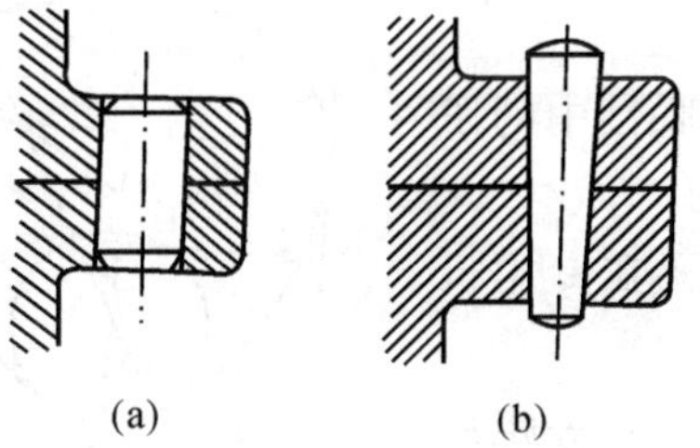

图 12－31　圆柱销和圆锥销

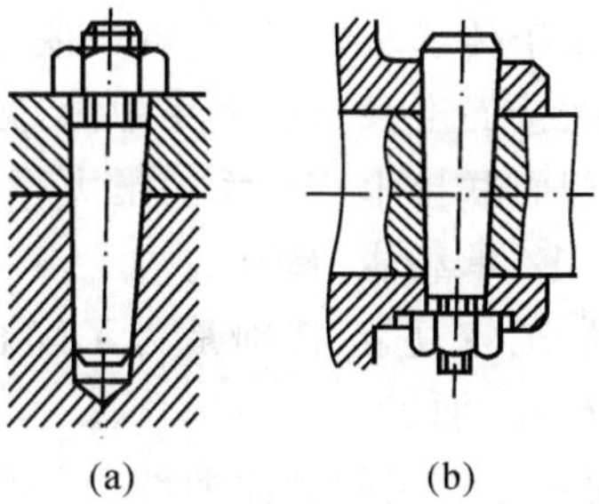

图 12－32　螺尾圆锥销

销有很多特殊形式，如图 12－32(a)所示是在大端具有外螺纹的圆锥销，可用于盲孔，图 12－32(b)所示是小端带外螺纹的圆锥销，可用螺母锁紧，适用于有冲击的场合，图 12－33(a)所示是带槽圆锥销，槽销压入销孔后，它的凹槽即产生收缩变形。利用材料的变形固定在销孔中，销孔无需铰光可多次装拆，适用于承受振动和变载荷的联接。开尾圆锥销(见图 12－34)的销尾可分开，能防止松脱，多用于振动冲击场合。弹性圆柱销(见图 12－35)用弹簧钢带卷制成，具有一定的弹性，用于冲击振动场合。开口销(见图 12－36)主要用来防止一种松动的零件，用于锁紧其他紧固零件，其使用相当广泛，既经济又方便。

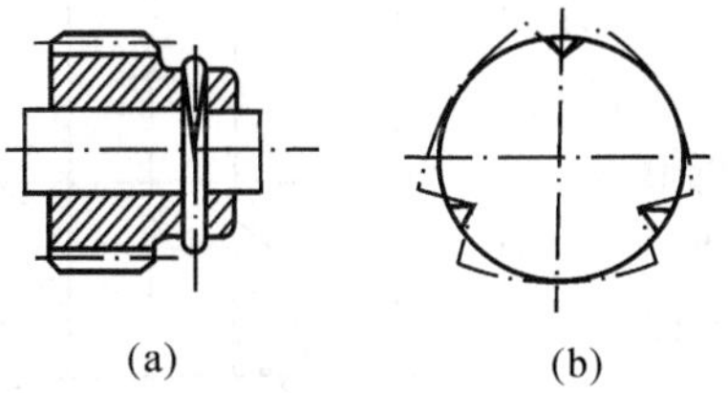

图 12－33　带槽圆柱销

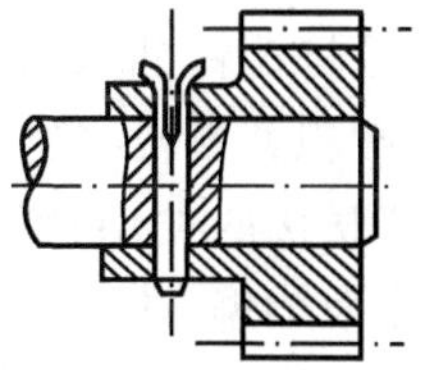

图 12－34　开尾圆锥销

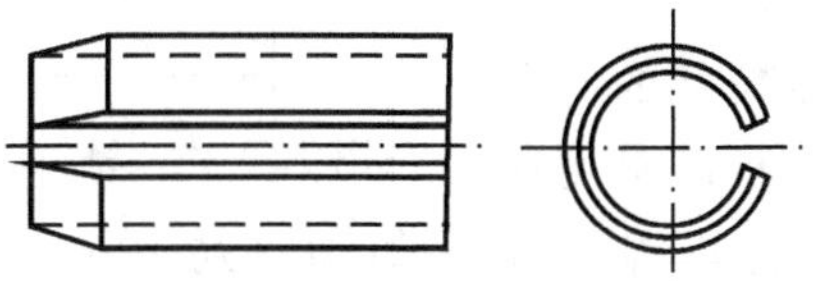

图 12－35　弹性圆柱销

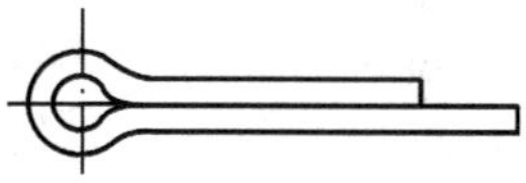

图 12－36　开口销

12.4.4　型面联接

型面联接是由轴与相应的轮毂沿光滑非圆表面接触而构成的联接，如图 12－37 所示，不用键和花键，轴和轮毂孔可做成柱形(见图 12－37(a))或锥形(见图 12－37(b))，前者只能传递转矩；后者除传递转矩外，还能传递轴向力。

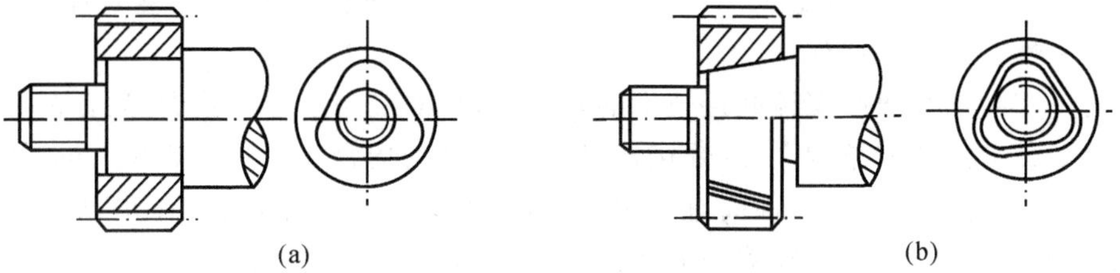

图 12－37　型面联接

型面联接特点如下：

(1)用于传递转矩时，装拆方便，能保证良好的对中性。

(2)联接面上没有应力集中源，减少了应力集中。

(3)型面联接中有很大的推力作用，且压应力比齿联接中的压应力高得多，承载能力较低。

(4)加工较复杂，特别是为了配合精度，最后工序要在专用机床上进行磨削加工。

型面联接常用的型面曲线有摆线和等距离曲线两种，等距曲线如图 12-38 所示，因与其轮毂曲线相切的两平行线 T 间的间距 D 为一常数，故加工和测量比较简单。

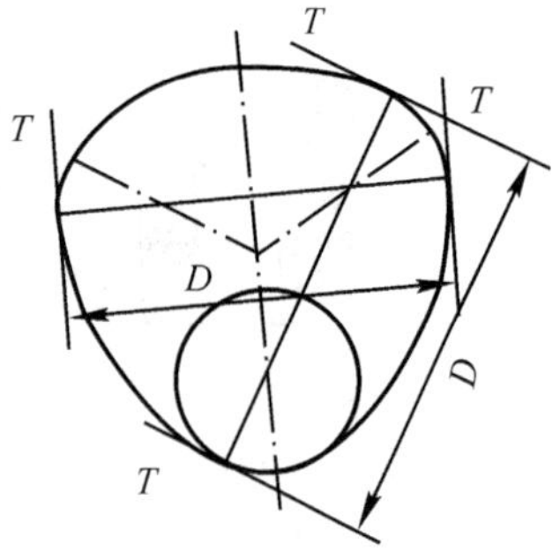

图 12-38　型面联接常用的等距曲线

型面联接也有采用方型、六方型及带切口的圆形等剖面形状。

12.5　铆接、焊接、胶接及过盈联接

12.5.1　铆钉联接

铆钉(紧固件)与邻接的部件被联接一起组成铆钉联接(见图 12-39)，这是将铆钉插入被联接的铆钉孔中，用铆钉机(铆钉枪)将铆钉一头镦粗并铆出半圆铆钉头而成，它是一种不可拆联接。

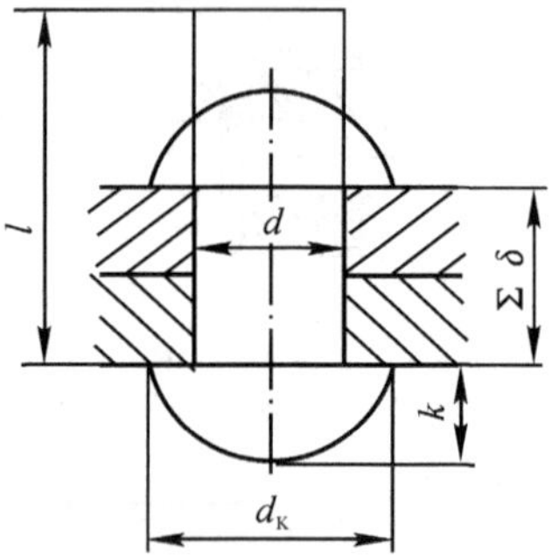

图 12-39　铆钉联接

(1)铆钉联接的类型、特点和应用。铆钉联接分两种，一种为冷铆，另一种为热铆，热铆联接紧密性较好。冷铆钉杆被镦粗，胀满钉孔，钉杆与钉之间无间隙，铆钉头部形状有半圆头、平锥头、沉头和半沉头。其尺寸、规格和应用应根据国家标准选择。

一般情况下，直径 $d<10$ mm 的钢制铆钉和塑性较好的有色金属、轻金属及其合金(如铜、铝等合金铆钉)制成的铆钉，常用冷铆，而钉杆直径 $d>10$ mm 的钢制铆钉则需要加热进行热铆，常将铆钉加热到 100～1 100 ℃后热铆，铆钉上的单位面积锤击力一般为 650～800 MPa。

铆钉联接按其使用情况可分为强固联接、强密联接和紧密联接。强固联接要求具有足够可靠的联接强度。如飞机的蒙皮与框架、起重设备机架、建筑桁架、桥梁等用铆钉联接。强密联接，要求有足够的强度和足够的紧密性，如蒸气锅炉、压缩空气储存器等用铆钉铆接。紧密联接，要求有足够的紧密性，如油箱、水柜、低压管道零件等用铆钉联接。

铆钉联接的主要特点：工艺简单、联接可靠、抗振、耐冲击，与焊接相比，结构笨重，铆钉孔削弱了被联接件的强度，约降低 15%～20%，劳动强度大，操作时噪声大，生产率低，因此铆接经济性和紧密性都不如焊接件。

目前由于焊接和高强度螺栓联接技术的发展，铆接的应用已逐渐减少，只有在承受严重冲击或强烈振动载荷的金属结构上，或焊接技术受到限制的场合才使用。如起重机的机架、铁路桥梁、建筑、造船、重型机械等方面尚有应用，但航空航天飞行器结构，现在仍以铆接为主。此外，在非金属元件的联接(如制动器中的摩擦片)中有时也采用铆接。

(2)铆缝形式(见图 12-40)。铆缝分搭接、单盖板式和双盖板式对接三种形式，每一种又

根据主板上铆钉的排数分成单排、双排和多排的联接形式，排列的形式又有并列和交错两种。

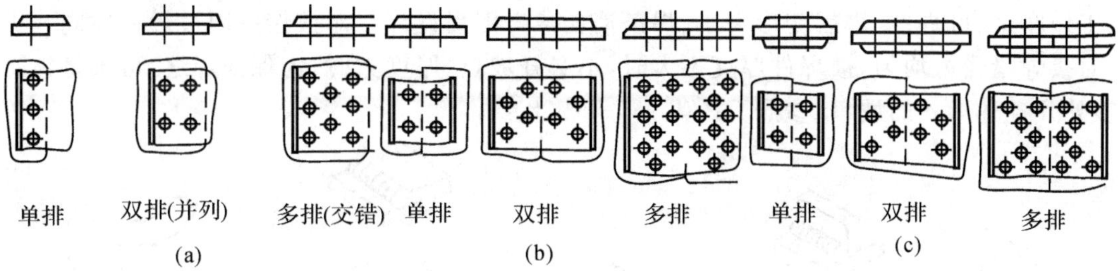

图 12-40　铆缝形式

(a)搭接；(b)单盖板对接；(c)双盖板对接

(3)铆钉结构设计。一般钉杆直径 d 要小于钉孔直径(0.5～1 mm)，钉孔要用钻孔，不能用冲孔，因冲孔孔壁表面会出现痕迹及硬件的裂纹。铆钉材料一般要与被铆件相同，以免因线胀系数的不同而影响铆接强度。在力的作用线上，铆钉不得多于 6 个，铆钉直径应该一致。排列形式尽量采用交错式，以提高铆接强度，使铆钉组形心与结合面形心重合。铆接构件一般采用角钢和钢板作铆接件，因角钢、钢板表面没有斜度，容易使铆接头放置和铆接。

12.5.2　焊接联接

焊接是利用局部加热、加压使两个以上的金属件联接形成原子或分子间的结合构成的不可拆的联接。焊接具有强度高、紧密性好、操作方便、重量轻和劳动强度较低的优点。焊接结构件与其他铸件、铆接件相比，具有明显的优点，在同样的条件下，在结构自重上，焊接件比铆接构件要轻 15%，比铸钢件轻 30%，比铸铁件轻 50%，其强度高，制造成本低。

焊接工艺一般有三种基本类型：熔化焊、压力焊和钎焊。熔化焊是最基本的焊接工艺，在焊接生产中占主导地位，应用广泛。压力焊和钎焊具有成本低，结构简单，易于实现机械化、自动化操作等优点。

熔化焊又分为电弧焊、电渣焊、气焊等，在机械制造中常用电弧焊。电弧焊是利用焊条与焊件间产生的电弧热将金属加热并熔化的焊接方法。

钢的可焊性一般认为碳含量小于 0.25%的碳钢及碳含量小于 0.18%的合金钢可焊性良好，在设计中必须考虑结构的复杂程序，刚度、焊接方法，采用的焊条及焊接的工艺条件等因素，考虑钢材的可焊性。碳含量小于 0.25%的钢材在任何条件下均可焊接。对焊接前后的热处理及焊接热规范没有特殊的要求，焊接后的变形容易校正，厚度大于 20 mm 的被焊件，结构刚度很大时，要进行预热。碳含量大于 0.25%以上钢材、合金钢材易造成变形有裂纹的倾向，所以焊前焊后均必须进行热处理。

用铸铁焊条焊时，采用电弧冷焊，易出现裂纹，只适用于中、小型工件中的焊补，如砂眼、气孔、裂缝等。铸铁焊条气焊时，其加工性良好，焊补刚度大，强度高，但对复杂件容易出现裂纹。铸铁焊条热焊及半热焊时，其加工性好，致密性好，内应力小，不易出现裂纹，接头具有母体相似的强度，但生产率低，主要用于修复，焊后须加工。对受载荷和致密性高的复杂结构中用弧焊，工件较薄的用气焊。

有色金属的可焊性：大而复杂的铸铜件或大而复杂的厚板均焊前要预热，焊后应缓慢冷却。

焊接接头的形式如图 12-41 所示。根据被焊接在空间的位置，焊接接头可分为对接、丁字接和十字接、角接、搭接、边接。对接接头是焊接结构最基本的部分，接头结构应根据强度要求、工作厚度、可焊性、焊后变形大小、焊条消耗量等因素设计。对接接头因被焊件在同一平面内，对接焊缝受力均匀，被焊件厚度不大时，不必开坡口；厚度大时，为保证焊缝，可预将被焊件焊接处开各种形式的坡口，参照 GB/T 985—1988。

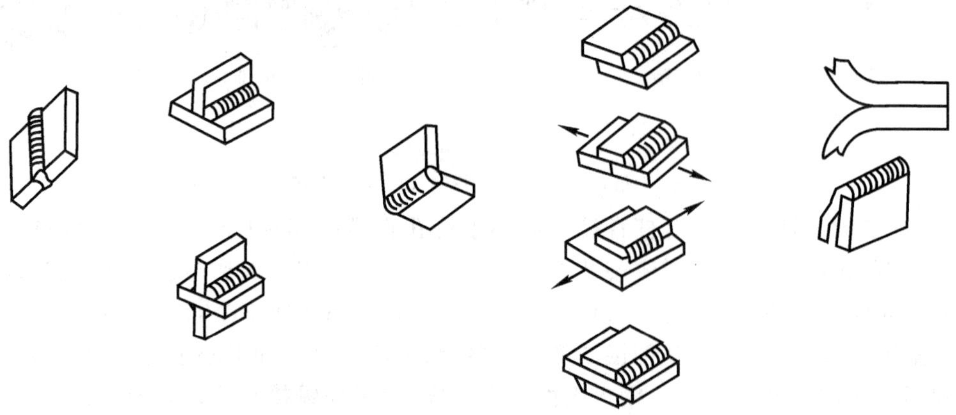

(a) (b) (c) (d) (e)

图 12-41 焊接接头的基本形式

(a)对接；(b)丁字接和十字接；(c)角接；(d)搭接；(e)边接

12.5.3 胶接

胶接是利用黏接剂使零件粘在一起而形成的联接，也是一种不可拆联接。胶接在近代联接工艺规范中占很重要的地位，发展比较快，工艺性比较好，胶接办法和黏接剂的种类繁多，胶接具有以下优点：

(1)能够将相同金属与金属或不同金属，金属与非金属，非金属与非金属，不同母体材料等黏接在一起。

(2)可以黏接一些不易焊接的异形，即将复杂、微小、极薄零件，空间小、不同形状的零件黏接在一起。

(3)黏接接头处应力分布均匀，黏接处无明显接缝，黏接胶层具有缓和冲击，消除振动的作用，使接头处疲劳强度得以提高，黏接胶层处亦无锈蚀的作用。

(4)黏接处胶层密封性能好，黏接剂可以将两种不同的金属隔开，能防电化学腐蚀。

(5)黏接重量轻，外表光整，使金属件不变形。

胶接的缺点如下：

(1)胶接工艺性比较复杂，联接件结合处必须平整、清洁，有的胶接剂要求在胶接前联接件作热处理，完后要清洗结合面，胶接后又必须烘干，有的还须加压。

(2)胶接剂对温度变化比较敏感，所以对于高温或温度变化大的结合件，不宜采用。

(3)耐老化、耐酸、碱等性能较差。

(4)黏接接头检查，特别是无损检验困难，现在已研究出一种探头检查，但只能查出地方，没有办法黏补缺陷处。

黏接接头的黏缝处的抗剪切和抗拉伸的能力强，特别是抗拉伸力特别强，但抗剥离或抗扯离的能力弱，因此在设计黏接头时，应尽量能使黏缝承受剪切或拉伸载荷，如图 12-42(a)和

12－42(b)所示尽可能避免使其承受扯离或薄离的载荷，如图 12－42(c)和 12－42(d)所示还应考虑避免使接头承受弯曲载荷。如图 12－43 所示的黏接是最合理的办法。

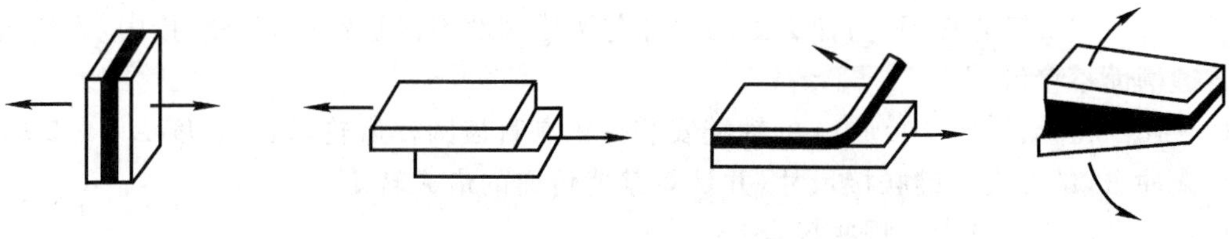

(a)　(b)　(c)　(d)

图 12－42　黏接接头的受力情况

图 12－43(a)表示铜蜗轮与轮辐利用黏接剂黏接在一起，在黏接前将铜蜗轮清洗干净，均同时加温，在黏接面加黏接剂再将铜蜗轮装入轮辐上，半小时后，再将其进炉低温供干，冷却，图 12－43(b)表示二个管道两头要黏接在一起，另外外加一套，用黏接剂黏接。

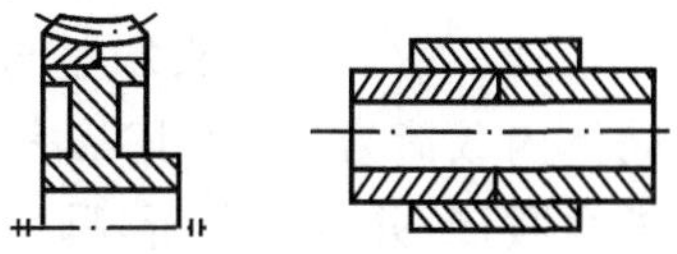

(a)　(b)

图 12－43　黏接零件

(a)黏接的蜗轮；(b)黏接的管道

黏接剂品种繁多，一般常用的有有机黏接剂，如环氧树脂、聚氨脂、酚醛-乙稀等；无机黏接剂，如水玻璃等。

习题与思考题

12－1　常用的联接有哪些类型？它们各有哪些优缺点？各适用于哪些场合？

12－2　试分析普通螺纹、管螺纹的特点，举例说明它们的应用。

12－3　常用的螺纹联接紧固件有哪些？螺纹联接有哪些基本类型？各适用于什么场合？

12－4　为什么大多数螺纹联接必须预紧？预紧后，螺栓和被联接件各承受什么载荷？

12－5　普通螺栓联接和铰制孔用螺栓联接在结构上、承载原理上各有什么特点？

12－6　在螺纹联接中，为什么要采用防松装置？常用的防松装置有哪些？

12－7　用 M16 六角头螺栓(GB/T 5782—86)联接两块厚度均为 30 mm 的钢板，两块钢板上钻 $\Phi 17$ mm 的通孔，采用弹簧垫圈(GB/T 93—87)防松。查表确定该螺栓联接的主要尺寸，并按 M1∶1 比例画出联接结构的装配关系图。

12－8　两块金属板用两个普通螺栓联接，传递横向载荷为 5 000 N，接合面间磨擦因数 $f=0.15$，用性能等级为 8.8 的中碳钢制造。试确定螺栓直径。

12－9　一钢制液压油缸，缸内油压 $p=4$ MPa，油缸内直径 $D=160$ mm(见图 12－11)，沿凸缘圆周均布 8 个螺栓，装配时控制预紧力。试确定螺栓直径。

12－10　键联接有哪些类型？平键联接与楔键联接在结构上和使用性能上有什么不同？

12－11　花键联接与平键联接相比有哪些优缺点？

12－12　试提出一种新的轴与毂的联接方式，并分析其优缺点及可能的应用范围。

12－13　平键联接的主要失效形式是什么？确定键及键槽横截面尺寸的主要依据是什么？

12－14　直径 $d=90$ mm 的钢制圆柱形轴端安装一铸铁齿轮，轴段长 120 mm，载荷平稳，试选择平键联接的尺寸，并计算联接所能传递的最大转矩。

12-15　矩形花键联接采用内径作为定心直径的主要依据是什么？

12-16　半圆键联接中键槽深度应根据哪些原则确定？

12-17　在平键联接中，为什么键的顶部与键槽底部不接触？在楔键联接中，为什么键的侧面与键槽面不接触？

12-18　在直径 $d=100$ mm 的轴端安装一钢制直齿圆柱齿轮，轮毂长度 $L=1.5\ d$，工作时有轻微冲击，试确定平键联接尺寸，并计算其能传递的最大转矩？

12-19　铆联接应用于哪些场合？

12-20　焊联接为何在工业中应用较广泛？

12-21　黏接有哪些优、缺点？并举例说明。

12-22　一封头端盖与筒体联接，封头端盖与筒体法兰直径均为 1.5 m，法兰厚60 mm，筒体内载荷为 1 800 kN，法兰均用 45 号钢制造，试设计端盖与筒体联接的方式，焊接、铆接、螺纹联接，并进行分析，哪一种方式最佳？

第13章　轴

13.1　轴的类型和材料

13.1.1　轴的功用和类型

轴是机器中的重要零件之一，用来支承旋转零件，如齿轮、带轮、链轮、联轴器等，使其具有确定的工作位置，并传递运动和动力。

根据轴所受载荷性质的不同，轴可分为三种类型：心轴、转轴和传动轴。

1. 心轴

工作时只承受弯矩，不承受扭矩的轴称为心轴，如图 13－1 所示。按是否转动，心轴又可分为转动心轴（见图 13－1(a)）和固定心轴（见图 13－1(b)）。

2. 转轴

工作时既承受弯矩，又承受扭矩的轴称为转轴，如机床的主轴和减速器中的齿轮轴（见图 13－2）。

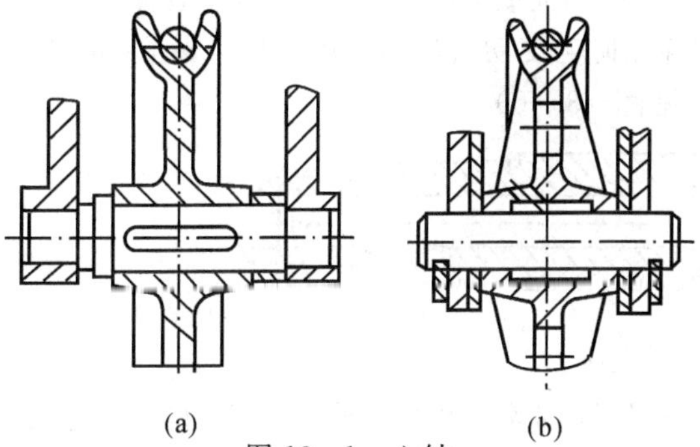

(a)　(b)

图 13－1　心轴

(a)转动心轴；(b)固定心轴

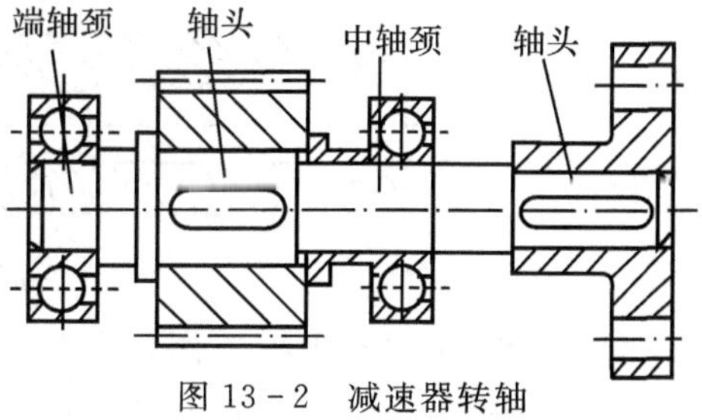

图 13－2　减速器转轴

3. 传动轴

工作时主要承受扭矩，不承受弯矩或弯矩很小的轴称为传动轴。如图 13－3 所示为汽车变速箱与后桥间的传动轴。

根据轴线的几何形状不同，轴又可分为直轴（见图 13－1 至图 13－3），曲轴（见图 13－4）和挠性轴（见图 13－5），曲轴常用于往复式机械中，如内燃机的曲轴等。挠性钢丝轴通常由几层紧贴在一起的钢丝分层卷绕而成，可以把转矩和运动灵活地传到任何位置。挠性轴常用于振捣器和医疗设备中。

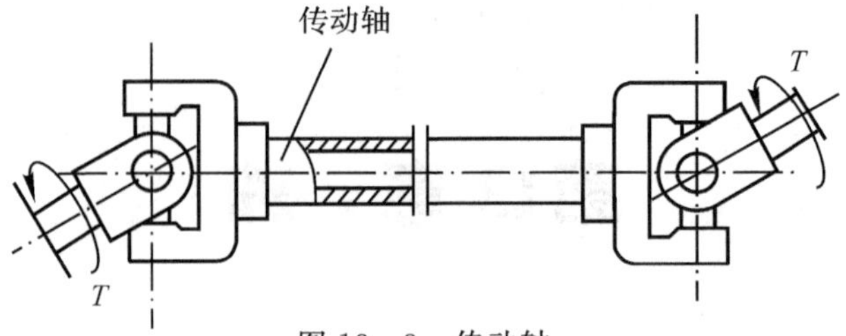

图 13－3　传动轴

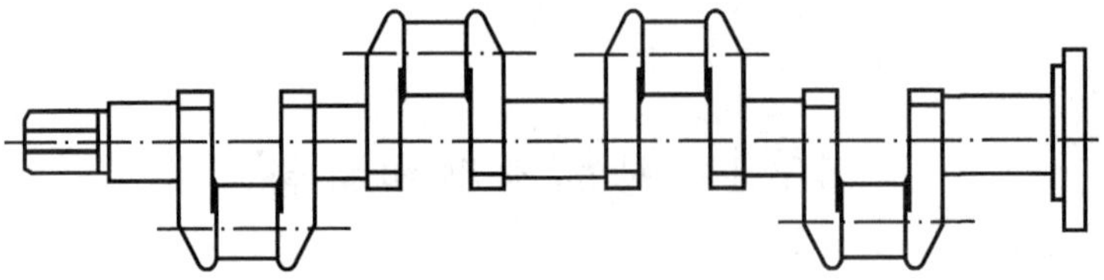

图 13－4　曲轴

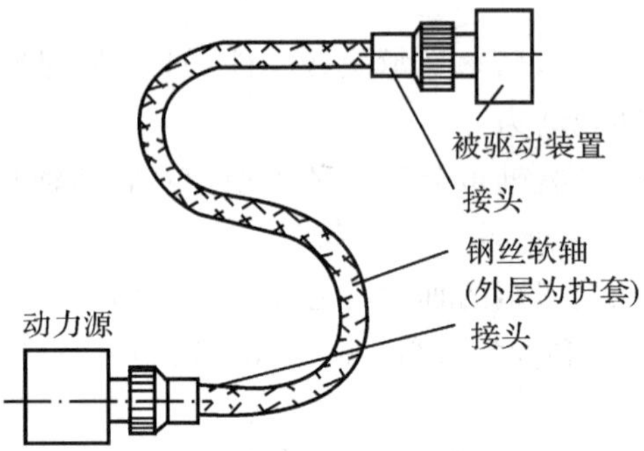

图 13－5　挠性轴

直轴根据外形不同，可分为光轴(见图 13－1(b))和阶梯轴(见图 13－2)。直轴一般都制成实心的。但有时为了减轻重量(如大型水轮机轴、航空发动机轴)或满足工作要求(如机床主轴的中心常需穿过其他零件)，也可制成空心轴(见图 13－6)。

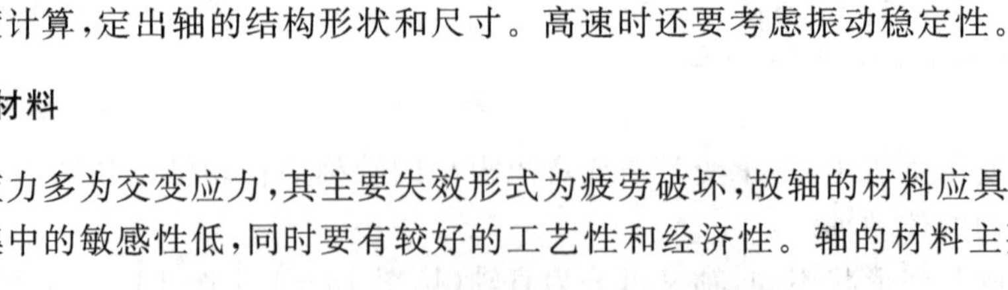

图 13－6　空心轴

轴的设计，主要是根据工作要求并考虑制造工艺等因素，选用合适的材料进行结构设计，经过强度和刚度计算，定出轴的结构形状和尺寸。高速时还要考虑振动稳定性。

13.1.2 轴的材料

轴的工作应力多为交变应力，其主要失效形式为疲劳破坏，故轴的材料应具有足够的疲劳强度且对应力集中的敏感性低，同时要有较好的工艺性和经济性。轴的材料主要为碳素钢和合金钢。

碳素钢比合金钢价廉，对应力集中的敏感性较低，同时也可用热处理或化学处理的办法提高其耐磨性和抗疲劳强度，故应用广泛，其中最常用的是 45 号优质碳素钢。轻载或不重要的轴，可采用 Q235，Q275 等普通碳素钢。热处理方法可用正火或调质。

合金钢具有较高的机械性能，但价格较贵，通常用于重载、高速的重要轴或有特殊要求的轴，如耐高温、耐低温、耐腐蚀、耐磨损，要求尺寸小但强度高等。常用的材料有 40Cr，20Cr，20CrMnTi 等。热处理方法有调质、表面淬火、渗碳淬火等。

在一般工作温度下（低于 200 ℃），合金钢和碳素钢的弹性模量相差很小，故用合金钢代替碳素钢并不能达到提高轴的刚度的目的。

轴的毛坯一般用圆钢和锻件。有时也可采用铸钢或球墨铸铁。特别是对于形态复杂、尺寸大的轴，高强度铸铁和球墨铸铁通过铸造容易成型，且具有价廉、吸振性和耐磨性良好、对应力集中的敏感性低等优点，但其冲击韧性低，质量不够稳定。

表 13－1 列出了轴的常用材料及其主要力学性能。

表 13－1　轴的常用材料及其主要力学性能

材料及热处理	毛坯直径 mm	硬度 HBS	力学性能/MPa					应用说明
			强度极限 σ_b	屈服极限 σ_s	许用弯曲应力			
					$[\sigma_{+1b}]$	$[\sigma_{0b}]$	$[\sigma_{-1b}]$	
Q235			440	240	130	70	40	用于不重要或载荷不大的轴
45 正火	≤100	170～217	600	300	96	93	54	用于较重要的轴，应用最为广泛
45 调质	≤200	217～255	650	360				
40Cr 调质	≤100	241～266	750	550	245	118	69	用于载荷较大而无很大冲击的重要轴
	>100～300		700	550				
35SiMn 调质	≤100	229～286	800	520	245	118	69	性能接近 40Cr，用于中小型轴
	>100～300	217～269	750	450				
40CrNi 调质	25	300～320	1 000	735	275	125	74	用于很重要的轴
	≤100	270～300	900	750				
20C 渗碳淬火回火	≤60	表面 50～60HRC	650	400	220	100	60	用于强度和韧性及耐磨性均较高的轴

13.2　轴的结构设计

轴的结构设计就是使轴的各部分具有合理的形状和尺寸。其主要要求是：①满足制造安装要求，轴应便于加工，轴上零件要方便装拆；②满足零件定位要求，轴和轴上零件要有准确的工作位置，各零件要牢固而可靠地相对固定；③满足结构工艺性要求，使加工方便并节省材料；④满足强度要求，尽量减少应力集中等。

下面就以单级齿轮减速器的高速轴为例逐项讨论这些要求。图 13－7 所示为该轴及其上零件的装配图。轴上与轴承配合的部分称为轴颈，与传动零件配合的部分称为轴头，连接轴颈与轴头的非配合部分称为轴身。

13.2.1　制造安装要求

为了方便轴上零件的装拆，常将轴做成阶梯形。对于一般剖分式箱体中的轴，它的直径从轴端逐渐向中间增大，如图 13－7 所示。可依次将齿轮、套筒、左端滚动轴承、轴承盖和带轮从轴的左端装拆,另一滚动轴承从右端装拆。为使轴上零件易于安装,轴端及各轴段的端部应有倒角。

轴上磨削的轴段,应有砂轮越程槽(见图 13-7 中⑥与⑦的交界处);车制螺纹的轴段应有退刀槽。在满足使用要求的情况下,轴的形状应力求简单,以便加工。

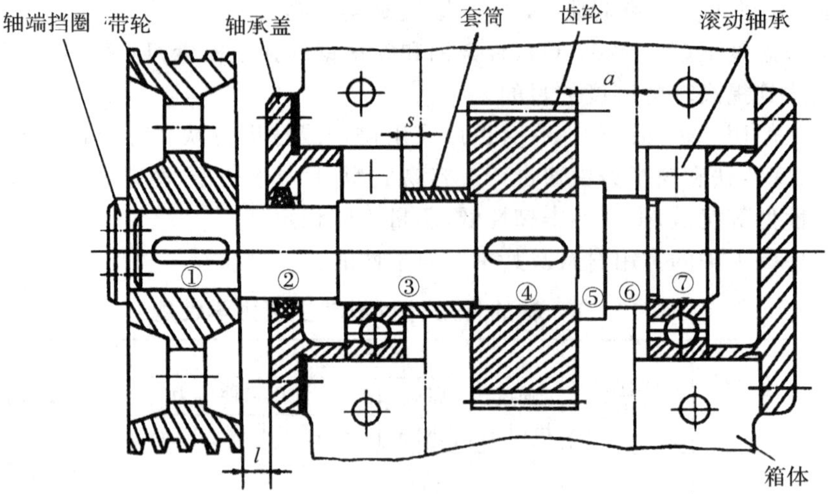

图 13-7　轴的结构

13.2.2　零件轴向和周向定位

1. 轴上零件的轴向定位和固定

阶梯轴上的截面变化处叫轴肩,利用轴肩和轴环进行轴向定位。轴肩结构简单、可靠,并能承受较大的轴向力。在图 13-7 中,①,②间的轴肩使带轮定位;轴环⑤使齿轮在轴上定位;⑥,⑦间的轴肩使右端滚动轴承定位。

有些零件依靠套筒定位,如图 13-7 中左端滚动轴承采用套筒③定位。套筒定位结构简单、可靠,但不适合高转速情况。

无法采用套筒或套筒太长时,可采用圆螺母加以固定,如图 13-8 所示。圆螺母定位可靠,并能承受较大的轴向力。

在轴端部可以采用圆锥面定位(见图 13-9)。圆锥面定位的轴和轮毂之间无径向间隙,装拆方便,能承受冲击,但锥面加工较麻烦。

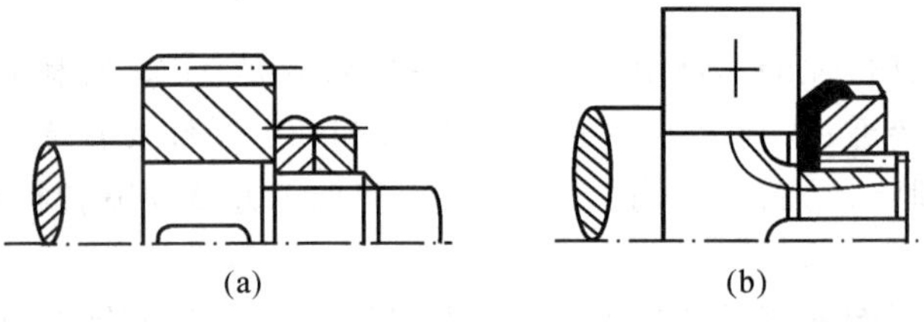

图 13-8　圆螺母定位

(a) 双圆螺母;(b) 圆螺母与止动垫片

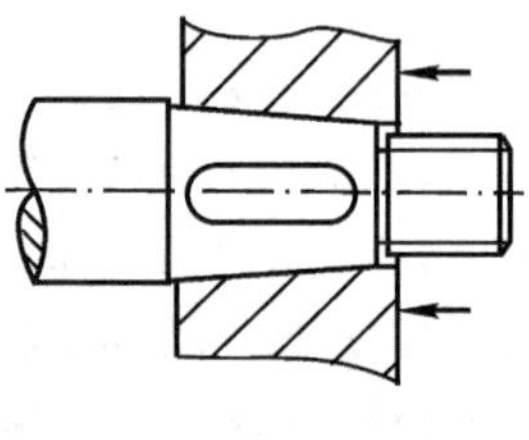

图 13-9　圆锥面定位

如图 13-10 和图 13-11 所示的挡圈和弹性挡圈定位结构简单、紧凑,能承受较小的轴向力,但可靠性差,可用在不太重要的场合。图 13-12 所示是轴端挡圈定位,它适用于轴端,可承受剧烈的振动和冲击载荷。在图 13-7 中,带轮的轴向固定是靠轴端挡圈。

圆锥销也可用做轴向定位,它结构简单,用于受力不大且同时需要轴向定位和固定的场合,如图 13-13 所示。

2. 轴上零件的周向固定

轴上零件周向固定的目的是使其能同轴一起转动并传递转矩。轴上零件的周向固定，大多采用键、花键或过盈配合等联接形式。具体可参考第 11 章内容。

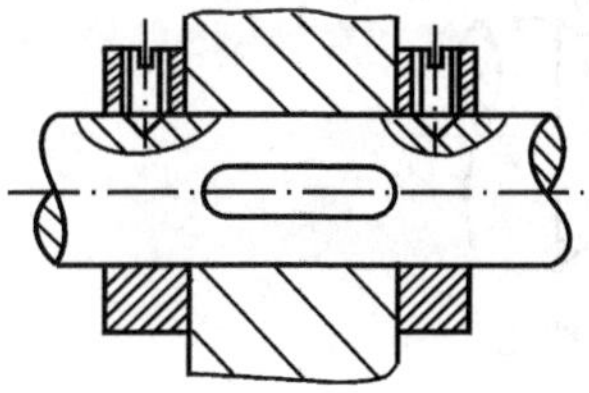
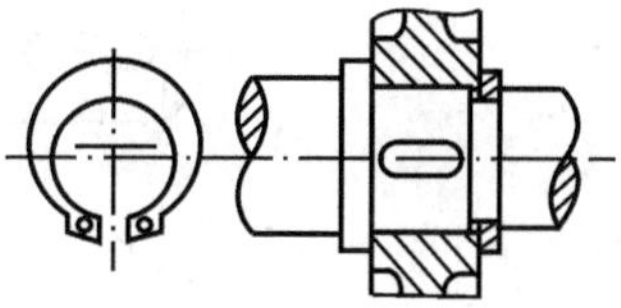

图 13-10　挡圈定位　　图 13-11　弹性挡圈定位

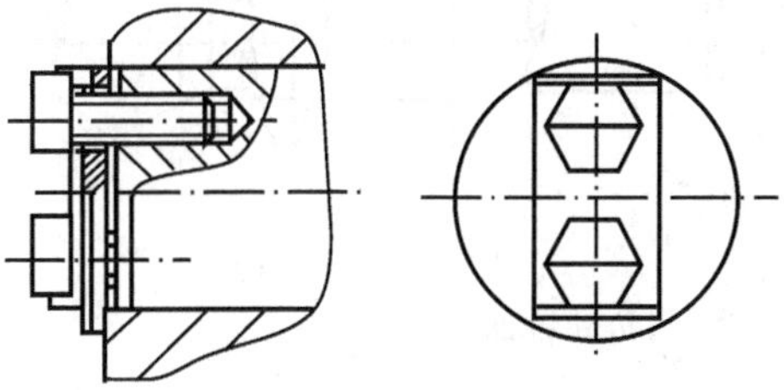
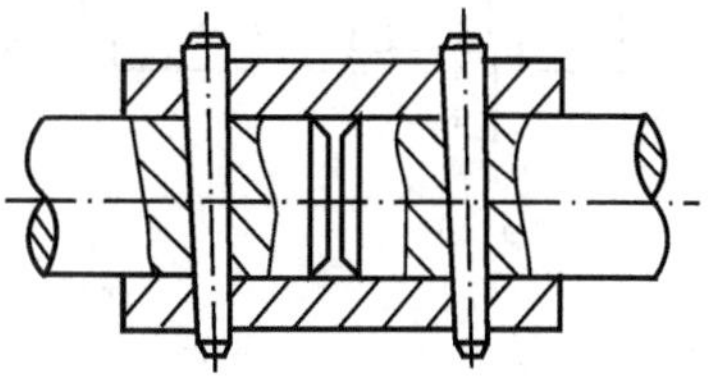

图 13-12　轴端挡圈定位　　图 13-13　销定位

13.2.3　结构工艺性要求

轴的形状，从满足强度和节省材料的角度考虑，最好是等强度的抛物线回转体。但这种形状的轴既不便于加工，也不便于轴上零件的固定；从加工的角度考虑，最好是直径不变的光轴，但光轴不利于轴上零件的装拆和定位。由于阶梯轴接近于等强度，而且便于加工和轴上零件的定位及装拆，所以实际轴的形状多呈阶梯形。为了能选用合适的圆钢和减少切削加工量，阶梯轴各轴段的直径不宜相差很大，一般取 5～10 mm。

为了保证轴上零件紧靠定位面(轴肩)，轴肩的圆角半径 r 必须小于相配零件的倒角 C_1 或圆角半径 R，轴肩高度 h 必须大于 C_1 或 R(见图 13-14)。

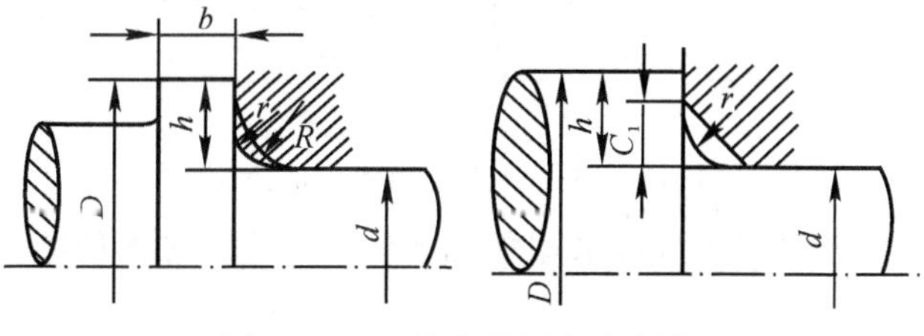

图 13-14　轴肩的圆角和倒角

在采用套筒、螺母、轴端挡圈作轴向固定时，应把装零件的轴段长度做得比零件轮毂短 2～3 mm，以确保套筒、螺母或轴端挡圈能靠紧零件端面(见图 13-7 和图 13-8)。

为了便于切削加工，一根轴上的圆角应尽可能取相同的半径，退刀槽取相同的宽度，倒角尺寸相同；一根轴上各键槽应开在轴的同一母线上，若开有键槽的轴段直径相差不大时，应尽可能采用相同宽度的键槽(见图 13-15)，以减少换刀次数；需要磨削的轴段应留有砂轮越程槽(见图 13-16(a))，以便磨削时砂轮可以磨到轴肩的端部；需切削螺纹的轴段，应留有退刀槽，以保证螺纹牙均能达到预期的高度(见图 13-16(b))。为了便于加工和检验，轴的直径应取圆整值；与滚动轴承相配合的轴颈应符合滚动轴承的内径标准；有螺纹的轴段直径应符合螺纹标准直径。为了便于装配，轴段应加工出倒角(一般为45°)，以免装配时把轴上零件的孔壁擦伤(见图13-16(c))；过盈配合零件装入端常加工出导向锥面(见图13-16(d))，以使零件能较顺利地压入。

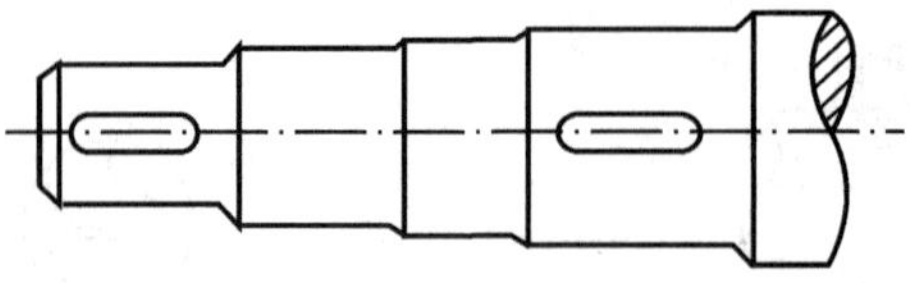

图13-15　键槽在同一加工母线上

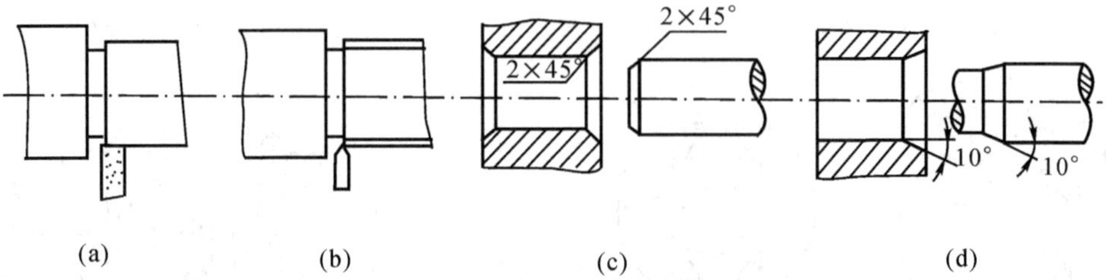

图13-16　越程槽、退刀槽、倒角和锥面

13.2.4　强度要求

在零件截面变化处会产生应力集中现象，从而削弱零件的强度。因此，进行结构设计时，应尽量减少应力集中。特别是合金钢材料对应力集中比较敏感，应当特别注意。在阶梯轴的截面尺寸变化处应采用圆角过渡，且圆角半径不宜过小。另外，设计时尽量不要在轴上开横孔、切口或凹槽，若必须开横孔时，须将边倒圆。在重要的轴的结构中，可采用卸载槽 B（见图13-17(a))、过渡肩环(见图13-17(b))或凹切圆角(见图13-17(c))增大轴肩圆角半径，以减少局部应力。在轮毂上做出卸载槽 B(见图13-17(d))，也能减少过盈配合处的局部应力。

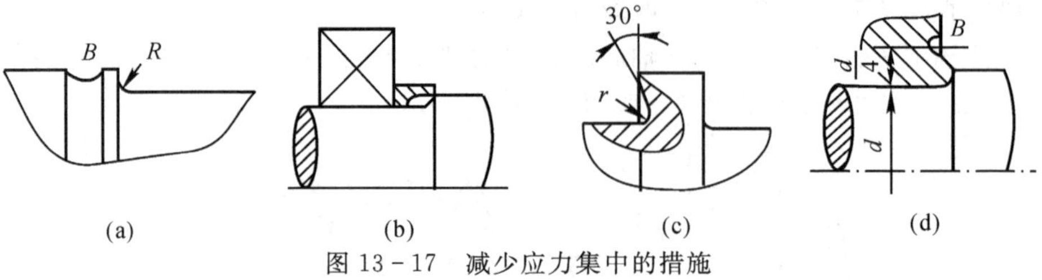

图13-17　减少应力集中的措施

当轴上零件与轴为过盈配合时，可采用如图13-18所示的各种结构，以减轻轴在零件配合处的应力集中。

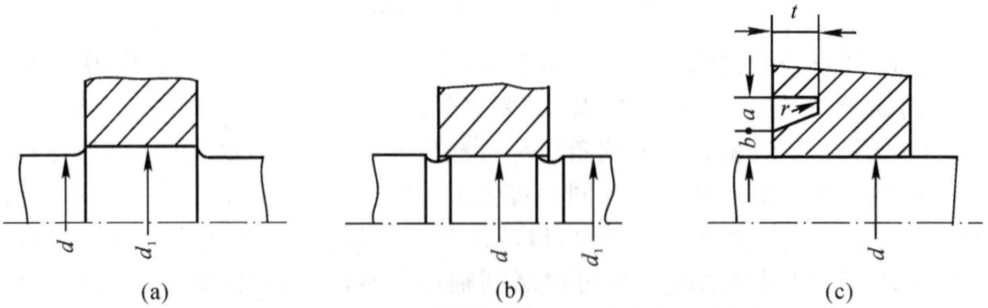

图13-18　几种轴与轮毂的过盈配合方法

(a) 增大配合处直径；(b) 在配合边缘开卸载槽；(c) 在轮毂上开卸载槽

此外，在进行结构设计时，还可以通过改善受力情况、改变轴上零件位置等措施以提高轴的强度。例如，在图 13－19 所示的起重机卷筒的两种不同方案中，图13－19(a)所示的结构是大齿轮和卷筒联成一体，转矩经大齿轮直接传给卷筒。这样，卷筒轴只受弯矩而不传递转矩，起重同样载荷 Q 时，轴的直径可小于图 13－19(b)所示的结构。

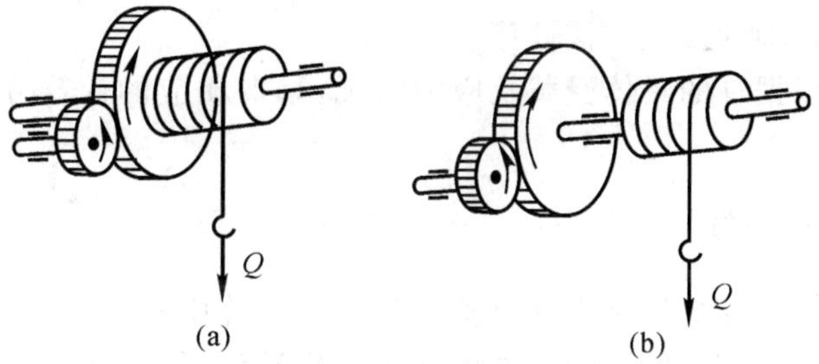

图 13－19　起重机卷筒

再如，当动力需从两个轮输出时，为了减小轴上的载荷，尽量将输入轮置在中间，如图 13－20(a)所示，这时轴的最大转矩为 T_1，而如图 13－20(b)所示，轴的最大转矩为 T_1+T_2。

如图 13－21 所示的车轮轴，如把轴配合面分为两段(图 13－21(b))，可以减小轴的弯矩，从而提高其强度和刚度；把转动的心轴(图 13－21(a))改成固定心轴(图 13－21(b))，可使轴不承受交变应力。

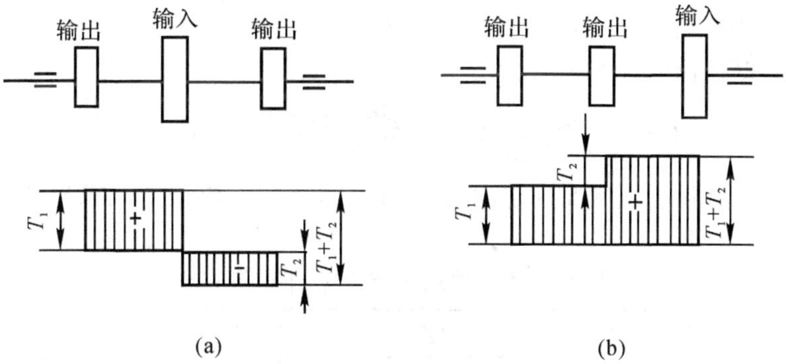

图 13－20　轴上零件的两种布置方案

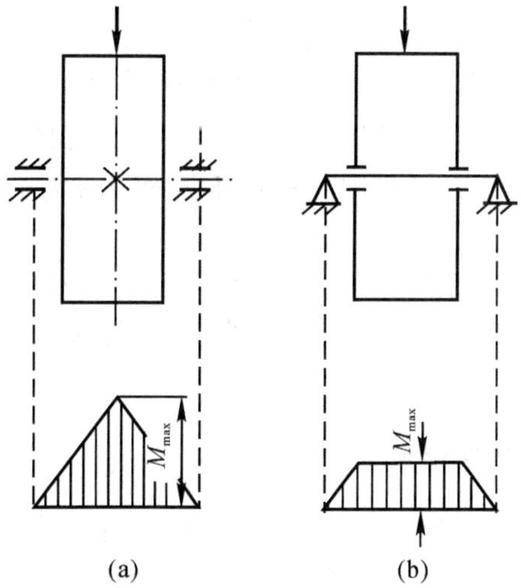

图 13－21　两种不同结构产生的轴弯矩

13.3 轴的强度设计

对于传递动力的轴，满足强度条件是最基本的要求。通过结构设计初步确定出轴的尺寸后，根据受载情况，进行轴的强度校核计算。

轴的强度计算应根据轴的具体受载及应力情况，采取相应的计算方法。常见轴的强度计算方法有以下两种。

13.3.1 按扭转强度计算

这种方法是指按轴所受的扭矩来计算轴的强度。计算中只考虑轴所承受的扭矩，而用降低许用应力的方法来考虑弯矩的影响。在作轴的结构设计时，通常按扭转强度条件初步估算轴受扭段的最小直径。对于不重要的轴，也可作为最后的计算结果。

由材料力学可知，轴受扭矩作用时，其强度条件为

$$\tau=\frac{T}{W_T}=\frac{9.55\times10^6P}{0.2d^3n}\leqslant[\tau] \quad (\mathrm{MPa}) \tag{13-1}$$

式中，τ 为扭转切应力(MPa)；T 为轴所受的扭矩(N・mm)；W_T 为轴的抗扭截面系数(mm^3)，圆轴的 $W_T=\pi d^3/16\approx0.2d^3$；$n$ 为轴的转速(r/min)；P 为轴传递的功率(kW)；d 为轴的直径(mm)；$[\tau]$为许用扭转切应力(MPa)，见表 13-1。

由式(13-1)得轴径的计算公式为

$$d\geqslant\sqrt[3]{\frac{9.55\times10^6}{0.2[\tau]}}\sqrt[3]{\frac{P}{n}}=C\sqrt[3]{\frac{P}{n}} \quad (\mathrm{mm}) \tag{13-2}$$

式中，C 是由轴的材料和承载情况确定的常数，见表 13-2。应用上式求出的 d 值作为轴最细处的直径。

表 13-2 常用材料的$[\tau]$值和 C 值

轴的材料	Q235,20	Q275,35	45	40Cr,35,SiMn
$[\tau]$/MPa	12～20	20～30	30～40	40～52
C	160～135	135～118	118～107	107～98

注：当作用在轴上的弯矩比传递的转矩小或只传递转矩时，C 取较小值；否则取较大值。

由式(13-2)计算出的直径为轴受扭段的最小直径。若该剖面有键槽，应将轴径适当放大；当有一个键槽时，增大 4%～5%；当同一截面上开两个键槽时，增大 7%～10%，然后圆整为标准直径。

此外，也可采用经验公式来估算轴的直径。例如在一般减速器中，高速输入轴的直径可按与其相连的电动机轴的直径 D 估算，$d=(0.8\sim1.2)D$；各级低速级轴的直径可按同级齿轮中心距估算，$d=(0.8\sim1.2)a$。

13.3.2 按弯扭合成强度条件计算

图 13-22 为一单级圆柱齿轮减速器设计草图，图中各符号表示有关的长度尺寸。显然当零件在草图上布置妥当后，外载荷和支反力的作用位置即可确定。由此可作轴的受力分析及绘制弯矩图和扭矩图。这时就可按弯扭合成强度计算轴径。

对于一般钢制的轴，可用第三强度理论（即最大切应力理论）求出危险截面的当量应力 σ_e，其强度条件为

$$\sigma_e=\sqrt{\sigma_b^2+4\tau^2}\leqslant[\sigma_b] \tag{13-3}$$

式中，σ_b 为危险截面上弯矩 M 产生的弯曲应力；τ 为转矩 T 产生的扭转切应力。对于直径为 d 的圆轴，有

$$\sigma_b=\frac{M}{W}=\frac{M}{\pi d^3/32}\approx\frac{M}{0.1d^3},\qquad \tau=\frac{T}{W_T}=\frac{T}{2W}$$

式中，W，W_T 为轴的抗弯和抗扭截面系数。将 σ_b 和 τ 值代入式(13－3)，得

$$\sigma_e=\sqrt{\left(\frac{M}{W}\right)^2+4\left(\frac{T}{2W}\right)^2}=\frac{1}{W}\sqrt{M^2+T^2}\leqslant[\sigma_b] \tag{13-4}$$

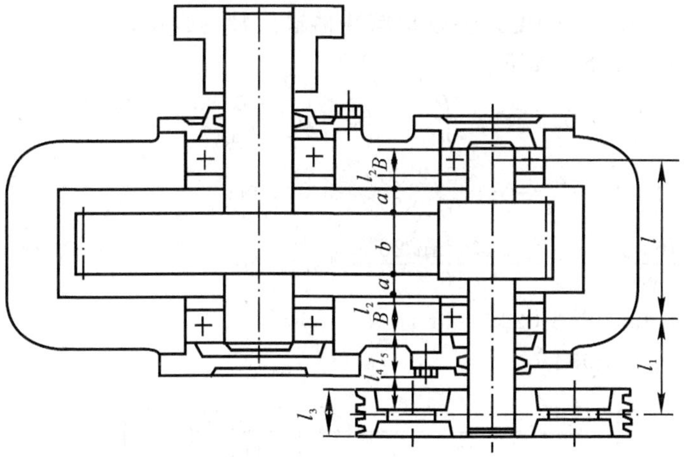

图 13－22　齿轮减速器设计草图

由于一般转轴的 σ_b 为对称循环变应力，而 τ 的特性往往与 σ_b 不同，考虑两者循环特性不同的影响，对上式中的转矩 T 乘以折合系数 α，即

$$\sigma_e=\frac{M_e}{W}=\frac{1}{0.1d^3}\sqrt{M^2+(\alpha T)^2}\leqslant[\sigma_{-1b}] \tag{13-5}$$

式中，M_e 为当量弯矩，$M_e=\sqrt{M^2+(\alpha T)^2}$；$\alpha$ 为根据转矩性质而定的校正因数。对不变的转矩 $\alpha\approx0.3$；当转矩脉动循环变化时，$\alpha\approx0.6$，对于频繁正反转的轴，τ 可作为对称循环变应力，$\alpha=1$，若转矩的变化规律不清楚，一般也按脉动循环处理。$[\sigma_{-1b}]$，$[\sigma_{0b}]$和$[\sigma_{+1b}]$的弯曲应力为对称循环变应力。

综上所述，按弯扭合成强度计算轴径的一般步骤如下：

(1)将外载荷分解到水平面和垂直面内。求垂直面内的支承反力 R_V 和水平面内支承反力 R_H；

(2)作垂直面弯矩图 M_V 和水平面弯矩图 M_H；

(3)作合成弯矩 M 图，$M=\sqrt{M_H^2+M_V^2}$；

(4)作转矩 T 图；

(5)弯扭合成，作当量弯矩 M_e 图，$M_e=\sqrt{M^2+(\alpha T)^2}$；

(6)计算危险截面轴径。由式(13－5)得

$$d\geqslant\sqrt[3]{\frac{M_e}{0.1[\sigma_{-1b}]}} \tag{13-6}$$

对于一般用途的轴，按上述方法设计计算即可；对于重要的轴，尚需作进一步的强度校核，其计算方法可参阅有关书籍。

下面举例说明轴的设计过程。

【例 13-1】 图 13-23 为某传动装置示意图，其中斜齿轮减速器低速轴的结构如图 13-24所示，轴的材料采用 45 钢，调质处理。已知：减速器输出轴上的功率 $P=6.85$ kW，转速 $n=123$ r/min，轴上齿轮分度圆直径 $d=351.82$ mm，螺旋角 $\beta=16.4°$（左旋），齿轮宽度 $b_2=94$ mm，轴上链轮压轴力 $F_Q=6\ 905$ N。试按弯扭合成强度条件校核减速器输出轴的强度。

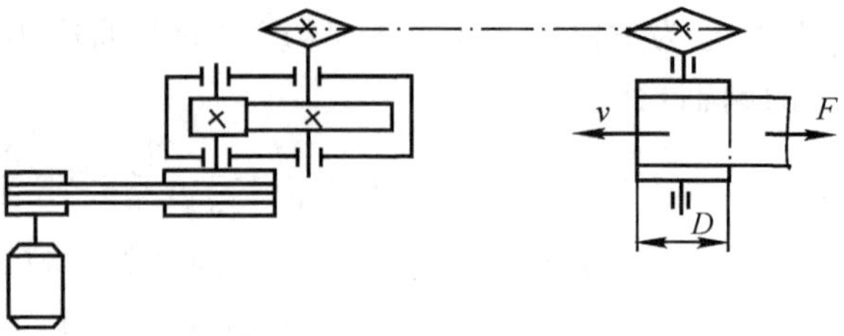

图 13-23　传动装置示意图

【解】 (1)轴的受力分析如下：

轴传递的转矩　$T=9.545\times10^6\dfrac{P}{n}=9.55\times10^6\times\dfrac{6.85}{123}=532\ 000\ \text{N}\cdot\text{mm}$；

齿轮上的圆周力　$F_t=\dfrac{2T}{d}=\dfrac{2\times532\ 000}{351.82}=3\ 024\ \text{N}$；

径向力　$F_a=\dfrac{F_t\tan\alpha_n}{\cos\beta}=\dfrac{3\ 024\times\tan 20°}{\cos 16.4°}=1\ 147\ \text{N}$；

轴向力　$F_a=F_t\tan\beta=3\ 024\times\tan 16.4°=890\ \text{N}$；

链轮压轴力　$F_Q=6\ 905$ N。

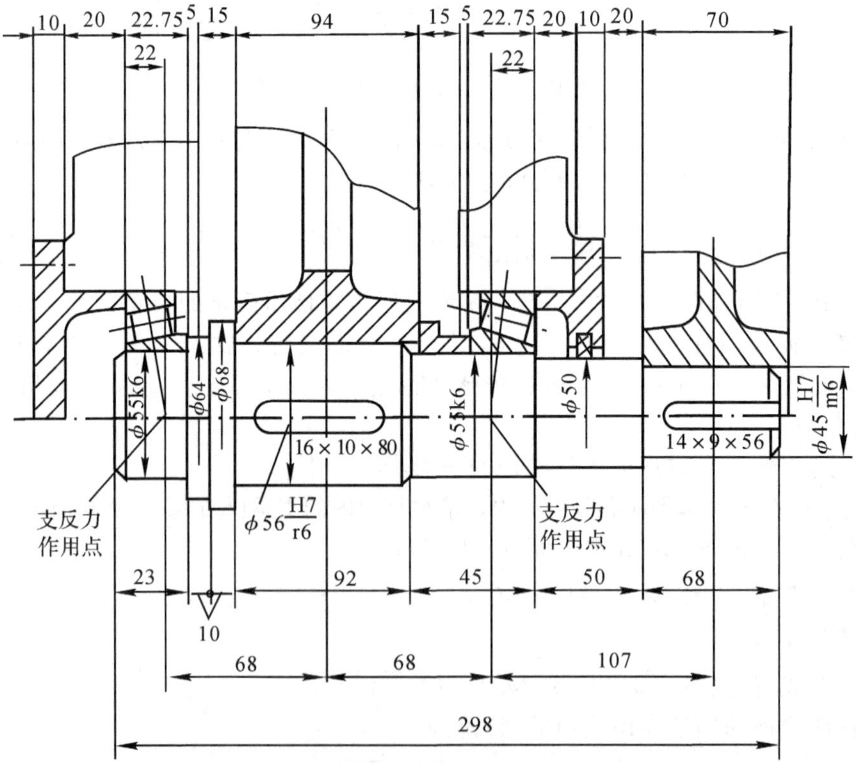

图 13-24　轴的结构设计

(2)确定跨距(见图 13-24),绘制轴的受力简图。

左端支反力作用点至齿轮上力作用点的距离$l_1=(22.75-22+5+15+94/2)=67.75$ mm≈68 mm;

右端支反力作用点至齿轮上力作用点的距离$l_2=(22.75-22+5+15+94/2)=67.75$ mm≈68 mm;

右端支反力作用点至链轮上力作用点的距离 $l_3=(22+20+10+20+70/2)=107$ mm;

绘制轴的受力简图如图 13-25(a)所示。

(3)求作用在轴上的外力和支反力。

1)求垂直面内支反力 R_{AV}及 R_{BV},并作垂直面受力图(见图 13-25(b))。

由$\sum M_B=0$ 可得:$R_{AV}(l_1+l_2)-F_t l_2=0$,所以

$$R_{AV}=\frac{F_t l_2}{l_1+l_2}=\frac{3\ 024\times 68}{68+68}=1\ 512\ \text{N}$$

同理可得

$$R_{BV}=\frac{F_t l_1}{l_1+l_2}=\frac{3\ 024\times 68}{68+68}=1\ 512\ \text{N}$$

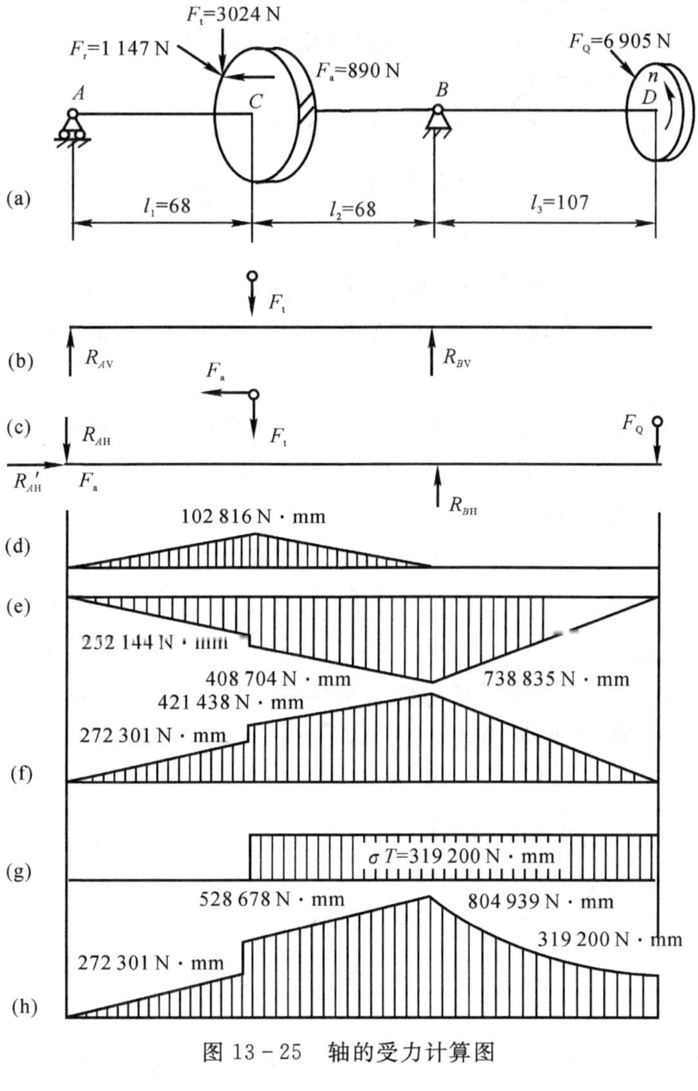

图 13-25　轴的受力计算图

2)求水平面内支反力 R_{AH} 及 R_{BH}，并作水平面受力图(见图 13-25(c))。

由 $\sum M_A=0$ 可得：$F_Q(l_1+l_2+l_3)-R_{BH}(l_1+l_2)+F_r l_1-F_a\dfrac{d}{2}=0$，所以

$$R_{BH}=\frac{F_Q(l_1+l_2+l_3)+F_r l_1-F_a\dfrac{d}{2}}{l_1+l_2}=$$

$$\frac{6\ 095\times(68+68+107)+1\ 147\times 68-890\times\dfrac{351.82}{2}}{68+68}=11\ 760\ \mathrm{N}$$

$$R_{AH}=R_{BH}-F_r-F_Q=11\ 760-1\ 147-6\ 905=3\ 708\ \mathrm{N}$$

(4)作弯矩图。

1)作垂直面弯矩 M_V 图(见图 13-25(d))。垂直面内截面 C 上的弯矩 $M_{CV}=R_{AV}l_1=1\ 512\times 68=102\ 816\ \mathrm{N\cdot mm}$；

2)作水平面弯矩 M_H 图(见图 13-25(e))。

水平面内截面 B 上的弯矩为

$$M_{BH}=-F_Q l_3=-6\ 905\times 107=-738\ 835\ \mathrm{N\cdot mm}$$

水平面内截面 C 上的弯矩为

$$M_{CH左}=-R_{AH}l_1=-3\ 708\times 68=-252\ 144\ \mathrm{N\cdot mm}$$

$$M_{CH右}=-\left(R_{AH}l_1+F_a\frac{d}{2}\right)=-\left(3\ 708\times 68+890\times\frac{351.82}{2}\right)=-408\ 704\ \mathrm{N\cdot mm}$$

(3)作合成弯矩图(见图 13-25(f))。

$$M_{C左}=\sqrt{M_{CV}^2+M_{CH左}^2}=\sqrt{102\ 816^2+252\ 144^2}=272\ 301\ \mathrm{N\cdot mm}$$

$$M_{C右}=\sqrt{M_{CV}^2+M_{CH右}^2}=\sqrt{102\ 816^2+408\ 704^2}=421\ 438\ \mathrm{N\cdot mm}$$

$$M_B=\sqrt{0+M_{BH}^2}=738\ 835\ \mathrm{N\cdot mm}$$

(5)作扭矩图(见图 13-25(g))。考虑启动、制动的影响，取折算系数 $a=0.6$，故

$$aT=0.6\times 532\ 000=319\ 200\ \mathrm{N\cdot mm}$$

(6)作当量弯矩图(见图 13-25(h))。

$$M_{eC左}=M_{C左}=272\ 301\ \mathrm{N\cdot mm}$$

$$M_{eC右}=\sqrt{M_{C右}^2+(aT)^2}=\sqrt{421\ 438^2+319\ 200^2}=528\ 678\ \mathrm{N\cdot mm}$$

$$M_{eB}=\sqrt{M_B^2+(aT)^2}=\sqrt{738\ 835^2+319\ 200^2}=804\ 839\ \mathrm{N\cdot mm}$$

(7)校核轴的强度。由于轴上当量弯矩最大的截面在右轴承支点 B 处，故为轴的危险截面。轴的材料为 45 钢，调质处理，查表 13-1 得 $[\sigma_{-1b}]=54$ MPa。

由式(13-5)可知，轴的弯扭合成强度条件为

$$\sigma_{eB}=\frac{M_{eB}}{W}=\frac{804\ 839}{0.1\times 55^3}=48.37\ \mathrm{MPa}<[\sigma_{-1b}]=54\ \mathrm{MPa}$$

因此该轴满足强度要求。

13.4　轴的刚度计算

轴在弯矩作用下会产生弯曲变形(见图 13-26)，在转矩作用下会产生扭转变形(见

图 13－27)。前者用轴的挠度 y 和转角 θ 来度量,后者用轴的扭角 φ 来度量。若轴的刚度不足,将产生过大的弯曲或扭转变形,会影响到轴和轴上零件的正常工作,甚至会影响整个机械的正常工作。同时,刚度不适当又往往是轴发生振动的重要原因。因此,必要时应进行轴的刚度计算。

轴的弯曲刚度条件为

$$y \leqslant [y] \tag{13-7}$$

$$\theta \leqslant [\theta] \tag{13-8}$$

轴的扭转刚度条件为

$$\varphi \leqslant [\varphi] \tag{13-9}$$

式中,$[y]$为轴的许用挠度(mm);$[\theta]$为轴的许用转角(rad);$[\varphi]$为轴的许用扭角((°)/m),可查机械设计手册。轴的刚度计算可参照材料力学中的有关公式进行。

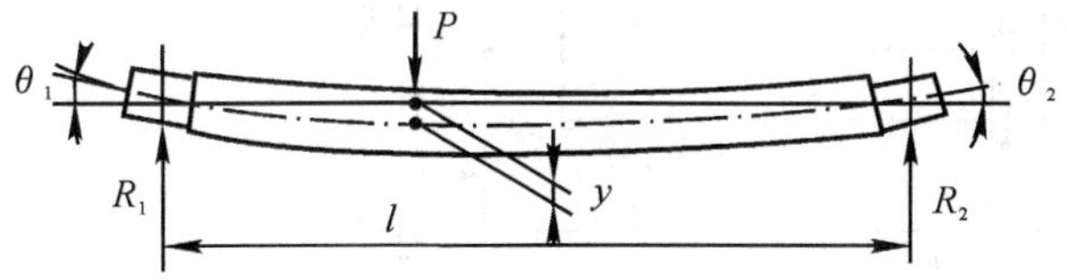

图 13－26　轴的挠度和转角

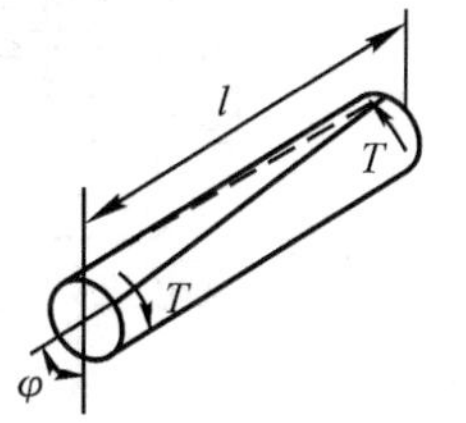

图 13－27　轴的扭转角

习题与思考题

13－1　轴有哪些类型?各有何特点?请各举 2～3 个实例。

13－2　轴的常用材料有哪些?它们各使用在什么场合?

13－3　进行轴的结构设计时,应考虑哪些问题?

13－4　轴上零件的轴向和周向定位方式有哪些?各适用于什么场合?

13－5　如图 13－28 所示,有三个齿轮,已知:$z_1=28$,$z_2=70$,$z_3=126$,$m=4$ mm,$\alpha_n=20°$,$a_2=400$ mm,$n_1=1\,000$ r/min,$P_1=10$ kW,不计摩擦。

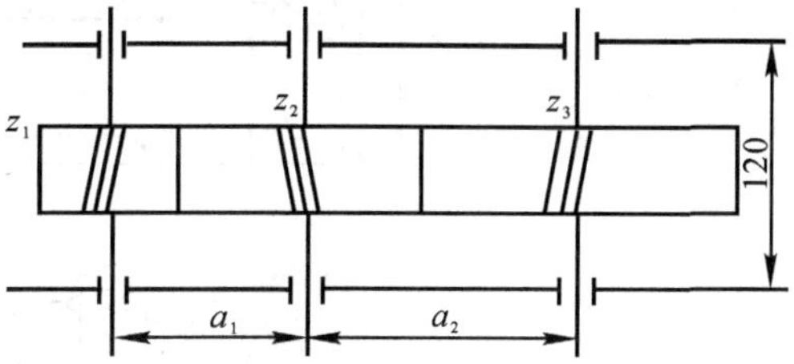

图　13－28

(1)分析中间齿轮的受力;

(2)求出各轴所受扭矩;

(3)求出中间轴直径(按许用弯曲应力计算);

(4)画出中间轴的结构图(齿宽 $b=60$ mm)。

13－6　设计如图 13－29 所示的单级斜齿圆柱齿轮减速器的低速轴。已知:电动机额定功率 $P_1=4$ kW,转速 $n_1=720$ r/min,低速轴转速 $n_2=130$ r/min,大齿轮分度圆直径 $d_2=300$ mm,宽度 $b_2=90$ mm,轮齿螺旋角 $\beta=12°$,法向压力角 $\alpha_n=20°$。轴承采用 70000 AC 型滚动轴承。

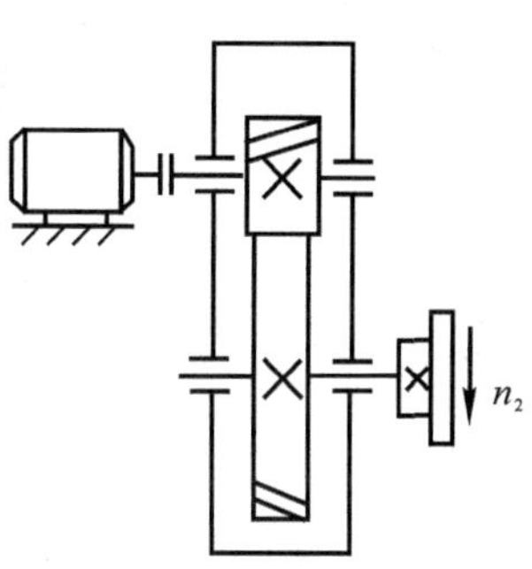

图　13－29

13-7　有一两级圆柱齿轮减速器中间轴，经结构设计后得图 13-30。现已知：①高速级为斜齿圆柱齿轮传动(图中左边齿轮)，其分度圆直径 $d_2=262$ mm，螺旋角 $\beta=16.7°$，左旋，轴传递的转矩 $T=500$ N·m，左视顺时针转动；②低速级为直齿圆柱齿轮(图中右边齿轮)，其分度圆直径 $d_3=100$ mm，要求：

(1)作此轴的受力分析并绘出轴的空间受力简图；

(2)按弯扭合成强度条件校核此轴的强度；

(3)校核图中平键联接的强度。

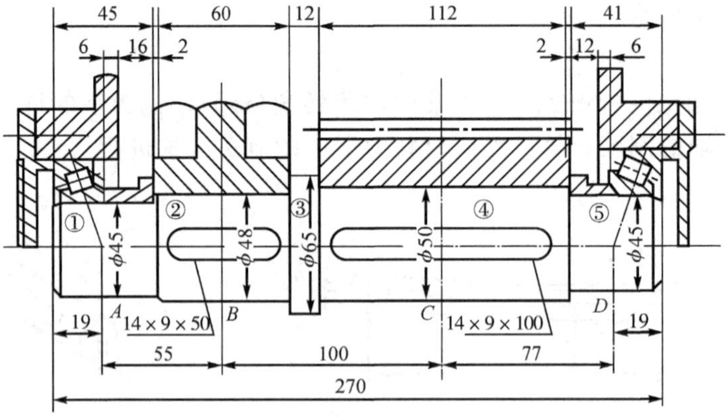

图　13-30

13-8　指出图 13-31 中各图的结构设计错误之处，说明其错误原因，并加以改正。

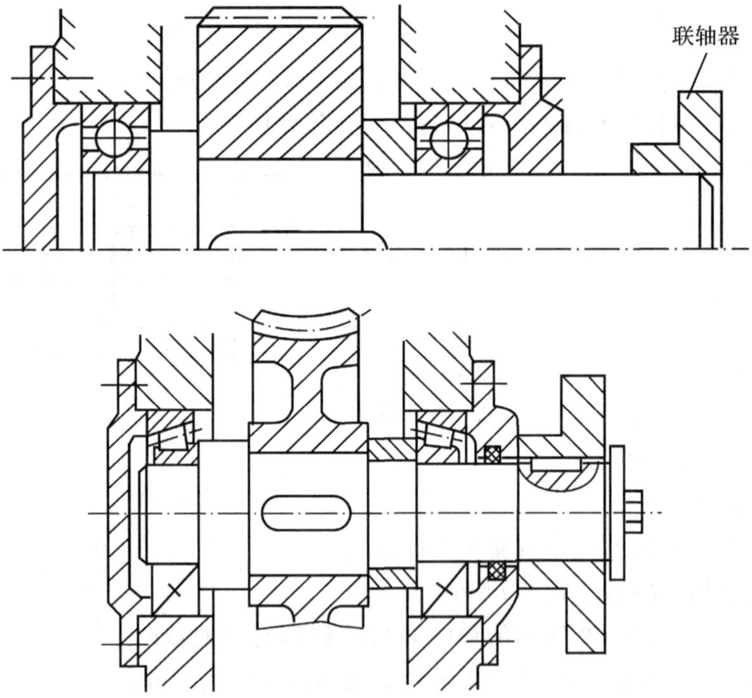

图 13-31

(a) 齿轮用油润滑，轴承用脂润滑；(b) 蜗轮用油润滑，轴承用脂润滑

第14章 滑动轴承

轴承一般分为两大类:滚动轴承与滑动轴承。滚动轴承有着一系列优点,在一般机器中获得了广泛的应用。但是在高速、高精度、重载、结构上要求剖分等场合下,滑动轴承就显示出它的优越性能。因而在汽轮机、离心式压缩机、内燃机、大型电机中多采用滑动轴承。此外,在低速而带有冲击的机器中,如水泥搅拌机、滚筒清砂机、破碎机等也常采用滑动轴承。

14.1 概 述

轴承用来支承轴及轴上零件,保持轴的旋转精度和减少转轴与支承之间的摩擦与磨损。按轴与轴承间的摩擦形式,轴承可分为两类:

(1)滑动轴承。滑动轴承工作时,轴与轴承间存在着滑动摩擦。为减少摩擦与磨损,在轴承内常加入润滑剂。

(2)滚动轴承。滚动轴承内有滚动体,运行时轴承与轴间为滚动摩擦。和滑动摩擦相比,滚动摩擦的摩擦和磨损都较小。

滚动轴承由于摩擦因数小,启动阻力小,而且已经标准化,设计、使用、润滑和维护都很方便,因此在一般机器中应用较广。但是在高速、高精度、重载、结构上要求剖分等场合,滑动轴承就显示出它的优越性能。因而在汽轮机、离心式压缩机、内燃机、大型电机中多采用滑动轴承。此外,在低速而带有冲击的机器中,如水泥搅拌机、滚筒清砂机、破碎机等也常采用滑动轴承。

14.2 滑动轴承的结构和材料

滑动轴承按照承受载荷的方向不同主要分为:①径向滑动轴承,又称向心滑动轴承,主要承受径向载荷;②止推滑动轴承,只能承受轴向载荷。

14.2.1 滑动轴承的结构

1. 径向滑动轴承的结构

(1)整体式径向滑动轴承。如图 14-1 所示为典型的整体式径向滑动轴承,它由轴承座 1 和整体轴瓦 2 组成。轴承中直接支承轴颈的零件是轴瓦。轴承座上面设有安装润滑油杯的螺纹孔,在轴套上开有油孔和油槽。整体式滑动轴承具有结构简单、成本低、刚度大等优点,但在装拆时需要轴承或轴作较大的轴向移动,故装拆不便。而且当轴瓦工作面磨损后,间隙无法调整，所以这种结构常用于低速、轻载、不需经常装拆且不重要的场合，如绞车、手动起重机械等。此类轴承已标准化，其标准号为 JB/T 2560—1991。

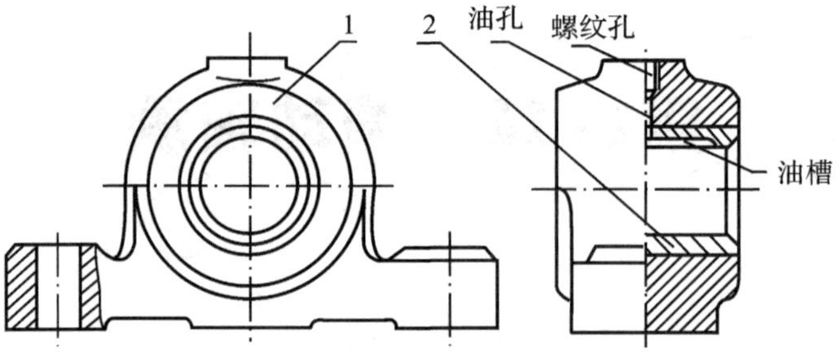

图 14-1　整体式径向滑动轴承

(2)剖分式径向滑动轴承。如图 14-2 所示为典型的剖分式径向滑动轴承，它由轴承座、轴承盖、剖分式轴瓦和联接螺栓等组成。为防止轴承座与轴承盖间相对横向错动，接合面要做成阶梯形或设止动销钉。这种结构装拆方便，且在接合面之间可放置垫片，通过调整垫片的厚度，可以调整轴瓦和轴颈的间隙，以补偿磨损造成的间隙。考虑到轴承受载方向，剖分方式又可分为水平剖分和 45°斜剖分(见图 14-3)。此类轴承也已标准化，其标准号为 JB/T 2561—1991。

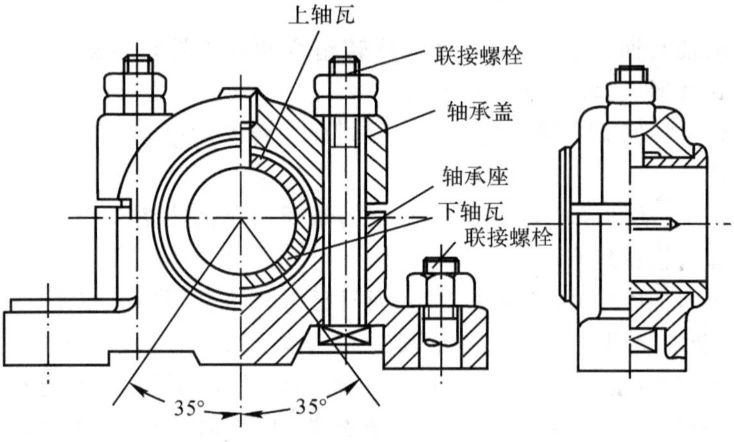

图 14-2　剖分式径向滑动轴承

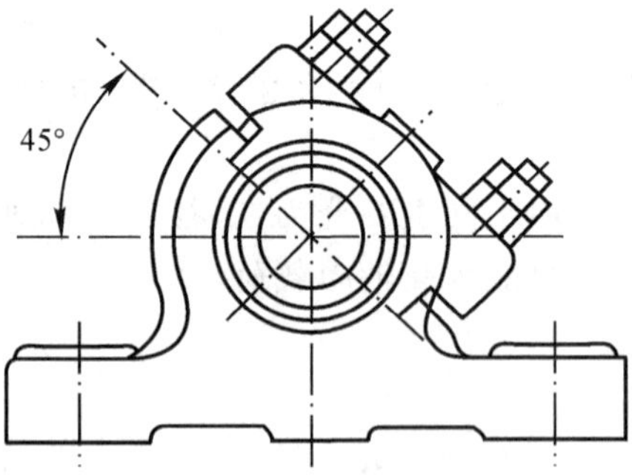

图 14-3　斜开径向滑动轴承

(3)调心式径向滑动轴承。当轴颈较长(宽径比 $B/d>1.5\sim1.75$)，轴的刚度较小，或由于两轴承不是安装在同一刚性机架上，同心度较难保证时，都会造成轴瓦端部的局部接触，这将导致轴瓦局部磨损严重。为此，可采用调心式轴承(见图 14-4)，其轴瓦 2 与轴承盖 1 和轴承座 3 之间以球面形成配合。当轴变形时，轴瓦可以自动调整位置，从而保证轴颈和轴瓦为面接触，但球面加工不易，所以这种结构一般只用在轴承的宽度 B 和直径 d 之比（即宽径比 B/d）较大的场合。

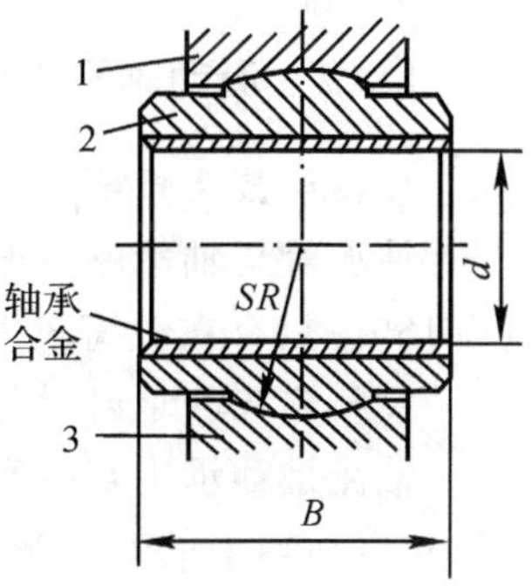

图 14－4　调心式滑动轴承

轴瓦是滑动轴承中的重要零件。径向滑动轴承的轴瓦内孔为圆柱形。若载荷方向向下，则下轴瓦为承载区，上轴瓦为非承载区。润滑油应由非承载区引入，所以在顶部开进油孔。在轴瓦内表面，以进油孔为中心沿纵向、斜向或横向开有油沟，以利于润滑油均布在整个轴颈上。油沟的形式很多，如图 14－5 所示。一般油沟离端面保持一定距离，防止润滑油从端部大量流失。

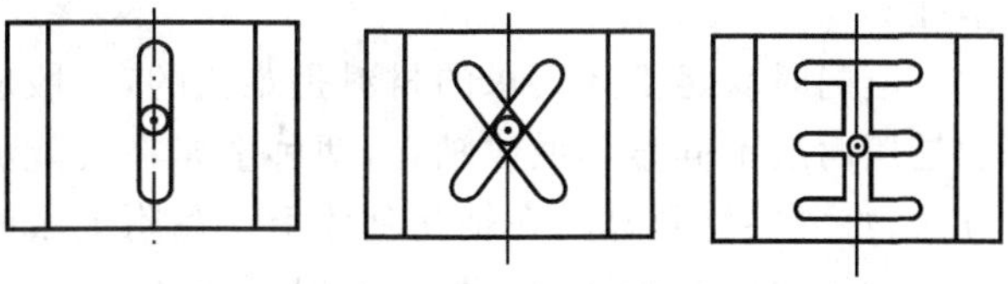
图 14－5　轴瓦上的油沟

图 14－6 所示为润滑油从两侧导入的结构，常用于大型的流体润滑滑动轴承中。一侧油进入后被旋转着的轴颈带入楔形间隙中形成动压油膜，另一侧油进入后覆盖在轴颈上半部，起着冷却作用，最后油从轴承的两端泄出。如图 14－7 所示的轴瓦两侧面镗有油室，这种结构可以使润滑油顺利地进入轴瓦轴颈的间隙。

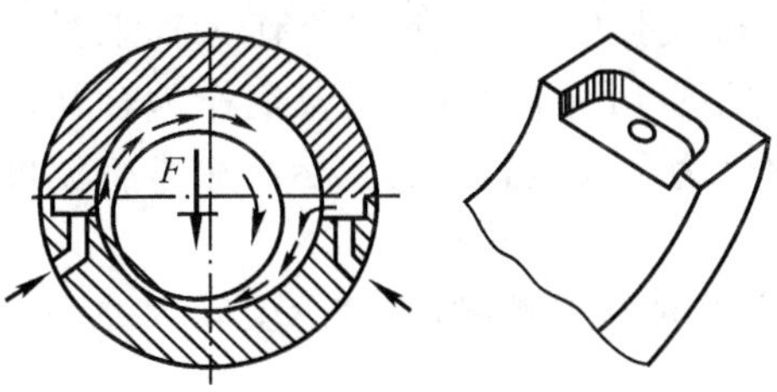

图 14－6　轴瓦上的润滑油导入结构

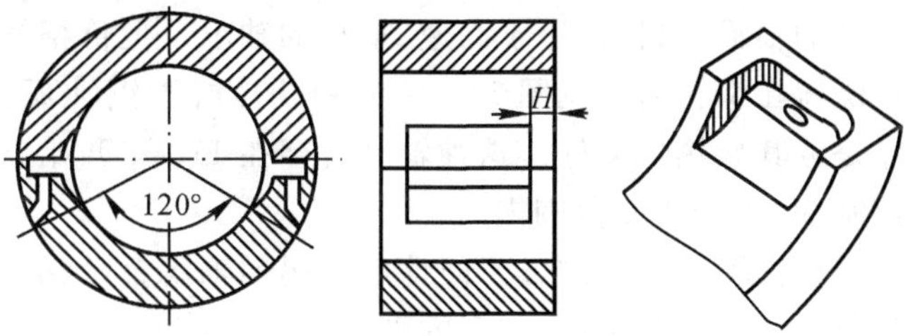

图 14－7　轴瓦上的油槽

2. 止推滑动轴承的结构

如图 14－8 所示为一种止推滑动轴承。它由轴承座 1、轴承盖 2、径向轴瓦 3、止推轴瓦 4 和防止轴瓦转动的止动销钉 5 等组成。止推轴瓦与轴承座做成球面配合，起自动调位作用。润滑油从底部进入，上部流出。这种轴承主要用于承受轴向载荷，但借助于径向轴瓦 3 也可承受部分径向载荷。

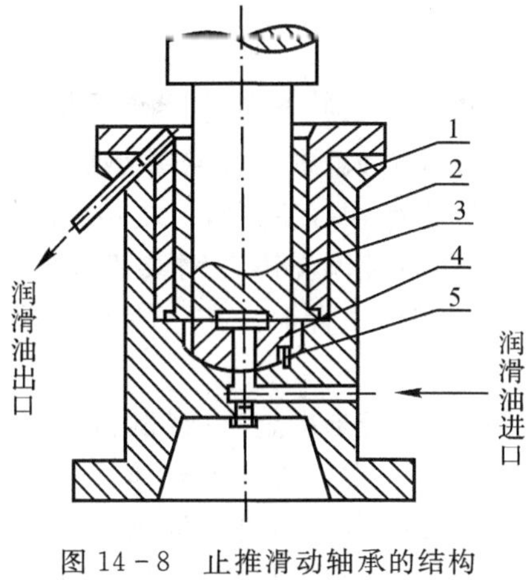

图 14－8　止推滑动轴承的结构

14.2.2 滑动轴承的材料

1. 轴承盖及轴承座材料

轴承盖与轴承座一般不与轴颈直接接触，主要起支承轴瓦的作用，常用灰铸铁制造，如HT150。只有在载荷较大及有冲击载荷时，才用铸钢制造。

2. 轴瓦及轴承衬材料

轴瓦是轴承中直接和轴颈接触的零件，是滑动轴承的主要组成部分，其材料选取是否适当，对滑动轴承的性能影响很大。根据轴承的工作情况，轴瓦的材料应具备下述性能：①摩擦因数小；②导热性好，热膨胀系数小；③耐磨、耐腐蚀、抗胶合能力强；④要有足够的强度和可塑性。

能同时满足上述要求的材料是难找的，一般应根据具体情况满足主要使用要求。较常见的是用两层不同金属做成轴瓦，两种金属在性能上取长补短。在工艺上可以用浇铸或压合的方法，将薄层材料黏附在轴瓦基体上。黏附上去的薄层材料通常称为轴承衬。

常用的轴瓦和轴承衬材料有以下几种：

(1)轴承合金(又称白合金、巴氏合金)。轴承合金有锡锑轴承合金和铅锑轴承合金两大类。锡锑轴承合金的摩擦因数小，抗胶合性能良好，对油的吸附性强，耐腐蚀性好，易跑合，是优良的轴承材料，常用于高速、重载的轴承。但价格贵且机械强度差，因此只能作为轴承衬材料浇铸在钢、铸铁(见图 14-9(a)和(b))或青铜轴瓦上(见图 14-9(c))。用青铜作为轴瓦基体是取其导热性良好。这种轴承合金在 110 ℃开始软化。为了安全，在设计、运行中常将温度控制在 60～80 ℃范围内。

铅锑轴承合金的各方面性能与锡锑轴承合金相近，但这种材料较脆，不宜承受较大的冲击载荷。一般用于中速、中载的轴承。

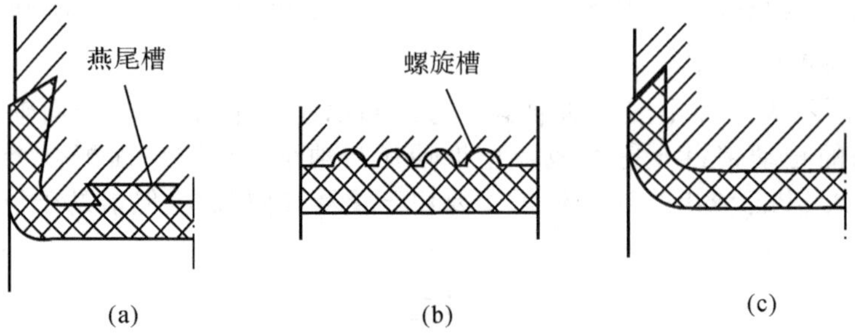

图 14-9 轴承合金的浇铸方法

(2)青铜。青铜的强度高，承载能力大，耐磨性与导热性都优于轴承合金。它可以在较高的温度(250 ℃)下工作。但它可塑性差，不宜跑合，与之相配的轴颈必须淬硬。青铜可以单独做成轴瓦。为了节省有色金属，也可将青铜浇铸在钢或铸铁轴瓦的内壁上。用做轴瓦材料的青铜，主要有锡磷青铜、锡锌铅青铜和铝铁青铜。在一般情况下，它们分别用于中速重载、中速中载和低速重载的轴承上。

(3)具有特殊性能的轴承材料。用粉末冶金法(经制粉、成型、烧结等工艺)做成的轴承，具有多孔性组织，孔隙内可以储存润滑油，常称为含油轴承。工作时，由于轴颈转动的抽吸作用及轴瓦发热的膨胀作用，油被挤入摩擦表面间进行润滑。在不运转时，大部分油又吸入微孔中，故在较长时间内不必添加润滑油而能起到很好的润滑效果，常用于加油不方便的场合。

在不重要的或低速轻载的轴承中，也常采用灰铸铁或耐磨铸铁作为轴瓦材料。

橡胶轴承具有较大的弹性，能减轻振动使运转平稳，可以用水润滑，常用于潜水泵、沙石清洗机、钻机等有泥沙的场合。

塑料轴承具有摩擦因数低，可塑性、跑合性良好，耐磨、耐蚀，可以用水、油及化学溶液润滑等优点。但它的导热性差，膨胀系数较大，容易变形。为改善此缺陷，可将薄层塑料作为轴承衬材料黏附在金属轴瓦上使用。

表 14－1 给出了常用轴瓦及轴承衬材料的性能。

表 14－1　常用轴承衬材料的性能

材　料	牌　号		$\frac{[p]}{\text{MPa}}$	$\frac{[v]}{\text{m}\cdot\text{s}^{-1}}$	$\frac{[pv]}{\text{MPa}\cdot\text{m}\cdot\text{s}^{-1}}$	轴颈最小硬度 HBS	最高工作温度 ℃	应用场合
锡锑轴承合金	ZSnSb11Cu6	平稳载荷	25	80	20	50	150	用于高速重载的重要轴承，变载荷下易疲劳，价高
	ZSnSb8Cu4	冲击载荷	20	60	15			
铅锑轴承合金	ZPbSb16Sn16Cu2		15	12	10	150	150	用于中速、中载轴承，不宜受显著的冲击载荷
	ZPbSb15Sn10		20	15	15			
铸锡青铜	ZCuSn5Pb5Zn5		8	3	15	200	280	用于中速、中载条件下
铸铝青铜	ZCuAl10Fe3		15	4	12	200	280	用于润滑充分的低速重载轴承
灰铸铁	HT150		4	0.5	—	—	—	用于低速、轻载、不重要的轴承
	HT200		2	1				
	HT250		1	2				

14.3　滑动轴承的润滑

滑动轴承润滑的主要目的是降低摩擦和减少磨损，提高轴承的效率，同时还起到冷却、吸振、防锈的作用。轴承能否正常工作，与选用润滑剂正确与否有很大关系。

14.3.1　润滑剂

润滑剂分为润滑油、润滑脂和固体润滑剂三种。在润滑性能上润滑油一般比润滑脂好，应用最广，但润滑脂具有不易流失等优点，也常用。固体润滑剂除能在特殊场合下使用外，目前正在逐步扩大适用范围。

1. 润滑油

润滑油是滑动轴承中应用最广的润滑剂，目前使用的润滑油多为矿物油。润滑油最重要的物理性能是黏度，它是选择润滑油的主要依据。黏度表征液体流动的内部摩擦性能，黏度越大，内摩擦阻力越大，液体流动性越差。

选用润滑油时，要考虑速度、载荷和工作情况。对于载荷大、温度高的轴承宜选黏度大的油，载荷小、速度高的轴承宜选黏度较小的油。

常用润滑油牌号及性质见有关资料。

2.润滑脂

润滑脂由润滑油和各种稠化剂(如钙、钠、铝、锂等金属皂)混合稠化而成。润滑脂密封简单,不需经常添加,不易流失,所以在垂直的摩擦表面也可以应用。润滑脂对载荷和速度的变化有较大的适应范围,受温度的影响不大,但摩擦损耗较大,机械效率较低,故不宜用于高速场合。且润滑脂易变质,不如润滑油稳定。总地来说,一般参数的机器,特别是低速或带有冲击的机器,都可以使用润滑脂润滑。

常用的润滑脂有钙基润滑脂、钠基润滑脂和锂基润滑脂。钙基润滑脂耐水性好,但不耐热,常用于 60 ℃以下的各种机械设备中轴承的润滑。钠基润滑脂耐热性好,但耐水性差,适用温度低于 115～145 ℃。锂基润滑脂性能优良,耐热性、耐寒性及耐水性都好,在－20～150 ℃范围内广泛使用,可以代替钙基、钠基润滑脂。

润滑脂主要用于速度低、不便经常加油和使用要求不高的场合。

3.固体润滑剂

常用的固体润滑剂有石墨和硫化钼,可以以其粉末直接放入轴承需润滑的部位,也可以粉剂加入润滑油或润滑脂中,用以提高其润滑性能,减少摩擦损失,提高轴承使用寿命。尤其是给高温、重载下工作的轴承中添加二硫化钼的润滑剂,能获得良好的润滑效果。

14.3.2　润滑装置

为了得到良好的润滑效果,除应正确地选择润滑剂外,还应选择适当的润滑方式和相应的润滑装置。润滑油与润滑脂的供油方法有所不同,下面分别进行叙述。

1.润滑油

(1)滴油润滑。如图 14－10 所示为针阀式油杯。平放手柄时,针阀借助弹簧的推压而堵住底部油孔。直立手柄时,针阀被提起,下端油孔敞开,润滑油自动滴进轴承。调节螺母可控

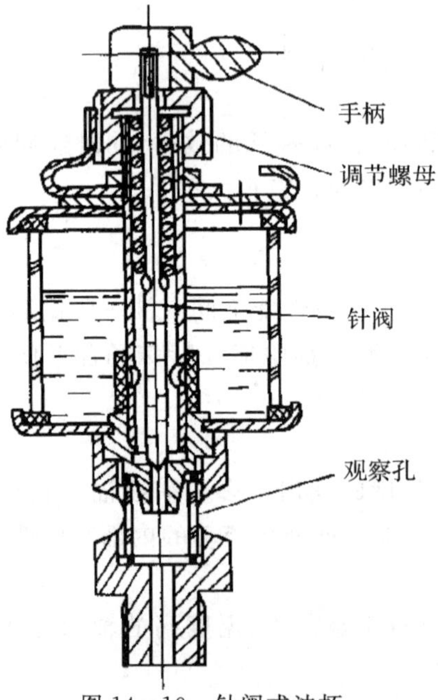

图 14－10　针阀式油杯

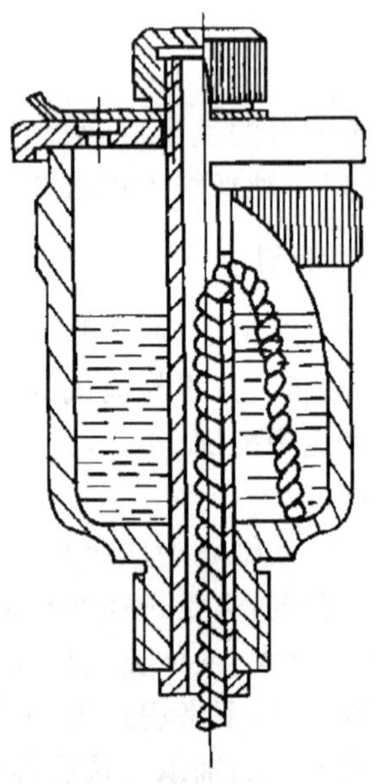

图 14－11　油芯式油杯

制油孔开口的大小以调节油量，这种连续供油方式用于较重要的轴承。

(2)油芯润滑。如图 14-11 所示为油芯式油杯。利用油芯的毛细管作用，把油吸到轴颈上。这种装置供油连续而均匀，但供油量不大且不易调节油量。

(3)油环润滑。如图 14-12 所示，在轴颈上套一油环，油环下部浸在油池中，当轴颈回转时，借助摩擦力带动油环转动而将润滑油带到轴颈上。这种润滑方式只能用于连续运转、水平放置的轴承，转速为 60～2 000 r/min。

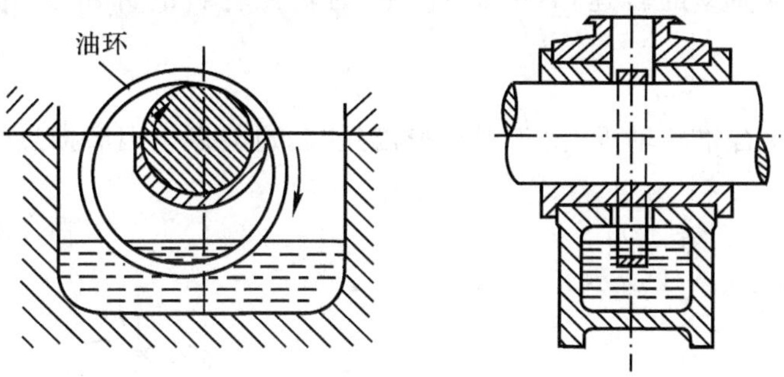

图 14-12　油环润滑

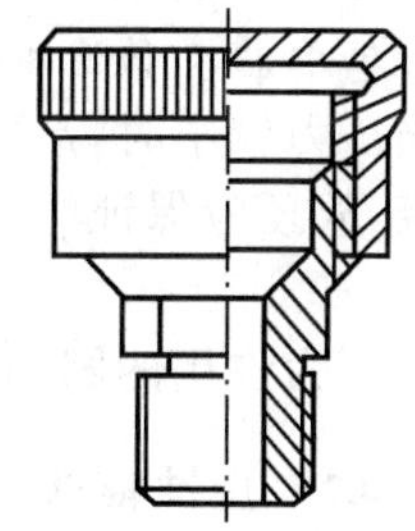

图 14-13　润滑脂杯

(4)飞溅润滑。利用浸在油池中的转动件(例如齿轮、曲轴等)搅动润滑油形成油星和油雾以润滑轴承。

(5)压力循环润滑。利用油泵循环给油可以供应充足的油量来润滑和冷却轴承。这种供油方法安全可靠，但设备费用较高，常用于高速且精密的重要机器中。

2. 润滑脂

润滑脂只能间歇供应。常用的是如图 14-13 所示的旋盖式润滑脂杯，每隔一定时间，旋进杯盖便可将杯内的润滑脂挤入轴承。

14.4　非液体摩擦滑动轴承的计算

非液体摩擦滑动轴承可用润滑油润滑，也可用润滑脂润滑。在润滑油、润滑脂中加入少量鳞片状石墨或二硫化钼粉末，有利于形成更坚韧的边界油膜，且可填平粗糙表面而减少磨损。但这类轴承不能完全排除磨损。

维持边界油膜不遭破坏，是非液体摩擦滑动轴承的设计依据。由于边界油膜的强度和破裂温度受多种因素影响而十分复杂，其规律尚未完全被人们掌握，因此目前采用的计算方法是间接的、有条件性的。实践证明，若能限制压强 $p\leqslant[p]$ 和压强与轴颈线速度的乘积 $pv\leqslant[pv]$，那么轴承是能够很好工作的。

14.4.1　径向轴承

1. 轴承的压强 p

限制轴承压强 p，以保证润滑油不被过大的压力挤出，从而避免轴瓦产生过度的磨损，即

$$p=\frac{F}{Bd}\leqslant[p] \tag{14-1}$$

式中，F 为轴承承受的径向载荷(N)；B 为轴承的宽度(mm)；d 为轴颈直径(mm)；$[p]$为轴瓦

材料的许用压强(MPa),如表 14-1 所示。

2. 轴承的 pv 值

pv 值与摩擦功率损耗成正比,它简略地表征轴承的发热因素。pv 值约高,轴承温升越高,容易引起边界油膜的破裂。pv 值的验算公式为

$$pv=\frac{F}{Bd}\cdot\frac{\pi nd}{60\times 1\ 000}=\frac{Fn}{19\ 100B}\leqslant[pv] \tag{14-2}$$

式中,v 为轴颈的圆周速度(m/s);n 为轴颈的转速(r/min);$[pv]$为轴瓦材料的许用 pv 值(MPa·m/s),如表 14-1 所示。

3. 轴承的滑动速度 v

当压力较小时,p 和 pv 值的验算均合格的轴承,由于滑动速度过高,也会发生因磨损过快而报废,故还应保证

$$v\leqslant[v] \tag{14-3}$$

式中,$[v]$为许用的圆周速度(m/s),如表 14-1 所示。

14.4.2 止推轴承

由图 14-14 可知,推力轴承应满足

$$p=\frac{F}{\frac{\pi}{4}(d_2^2-d_1^2)z}\leqslant[p] \tag{14-4}$$

$$pv_m\leqslant[pv] \tag{14-5}$$

式中,z 为轴环数;v_m 为轴环的平均速度,$v_m=\frac{\pi d_m n}{60\times 1\ 000}$;$d_m$ 为平均直径,$d_m=\frac{d_2+d_2}{2}$。

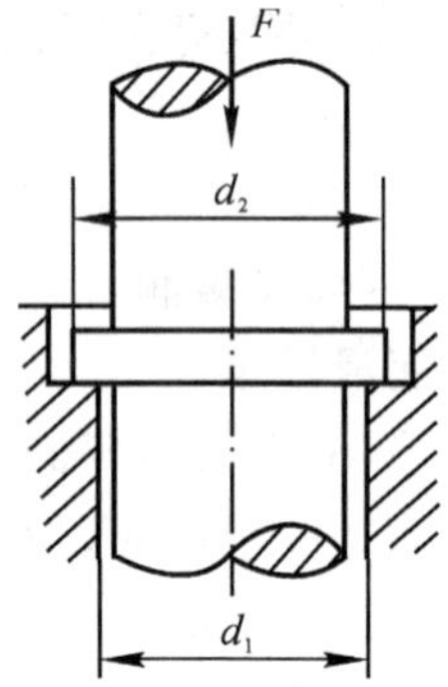

图 14-14　推力轴承

【例 14-1】 已知一支承起重机卷筒的滑动轴承所受的载荷 $F=25\ 000$ N,轴颈直径 $d=90$ mm,轴的转速 $n=83$ r/min,试设计此径向滑动轴承。

【解】 (1)选择轴承类型和轴瓦材料。因轴承承受径向载荷,并考虑使用条件,选用剖分式径向轴承。此轴承承受载荷大,转速低,根据表 14-1 选择轴瓦材料为 ZCuSn5Pb5Zn5,其 $[p]=8$ MPa,$[pv]=15$ MPa·m/s,$[v]=3$ m/s。

(2)选取轴承宽径比。选取轴承的宽径比 $B/d=1.0$,则轴承宽度 $B=d=90$ mm。

(3)验算轴承工作能力。轴承的 p,pv 和 v 分别为

$$p=\frac{F}{Bd}=\frac{25\ 000}{90\times 90}=3.1\ \text{MPa}$$

$$pv=\frac{Fn}{19\ 100B}=\frac{25\ 000\times 83}{19\ 100\times 90}=1.2\ \text{MPa}\cdot\text{m/s}$$

$$v=\frac{\pi dn}{60\times 1\ 000}=\frac{\pi\times 90\times 83}{60\times 1\ 000}=0.39\ \text{m/s}$$

计算表明,$p<[p]$,$pv<[pv]$,$v<[v]$,工作能力满足要求。

14.5　液体摩擦滑动轴承与气体轴承简介

液体摩擦是滑动轴承中的理想摩擦状态,根据摩擦面油膜的形成原理,可把液体摩擦滑动轴承分为动压轴承和静压轴承。

14.5.1　液体动压轴承

两个作相对运动的物体的摩擦表面，可借助于相对运动速度而产生的黏性流体膜将两摩擦表面完全隔开，由液体膜产生的压力来平衡外载荷，也称为液体动力润滑。

动压油膜的形成过程可以通过图 14－15 描述。图 14－15(a)表示轴处于静止状态，轴颈位于轴承孔最下方的位置，两表面形成楔形间隙；图 14－15(b)所示是当轴开始转动时，由于油的黏性而被带进楔形间隙。随着转速的增大、轴颈表面的圆周速度增大，带入楔形间隙的油量也逐渐增多。由于油具有一定的黏度和不可压缩性，从而在楔形间隙内产生一定的压力，形成一个压力区(见图 14－15(c))。随着压力的继续增高，楔形间隙中压力逐渐加大，当压力能够克服外载荷 F 时，就会将轴浮起，这使轴承处于流体动力润滑状态，油膜产生的压力与外载荷 F 平衡(见图 14－15(d))。

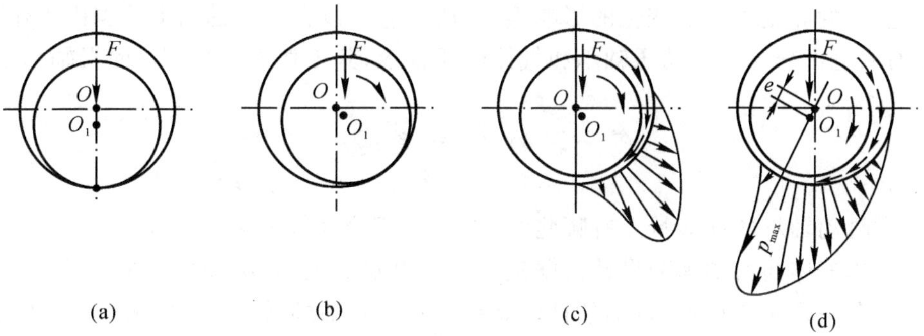

图 14－15　动压油膜的形成过程

液体动压轴承内的摩擦阻力仅为液体的内部摩擦阻力，所以其摩擦因数达到最小值。综上所述，形成液体动压油膜需要具备以下条件：

(1)轴颈和轴瓦工作表面间必须有一个收敛的楔形间隙。

(2)轴颈和轴瓦工作表面间必须有一定的相对速度，且它们的运动方向必须使润滑剂从大口流入，从小口流出。

(3)要有一定黏度的润滑剂，且供应充分。

14.5.2　液体静压轴承

静压轴承是依靠一套供油装置，将高压油压入轴承的间隙中，强制形成油膜，靠液体的静压来平衡外载。图 14－16 所示是静压轴承的示意图。高压油经节流器进入油腔，节流器是用来保持油膜稳定的。当载荷 $F=0$ 时，轴颈与轴承孔同心，各油腔的油压相等，即 $p_1=p_2=p_3=p_4$。当轴承承受向下外载荷 F 时，轴颈向下偏移，各油腔附近的间隙不同，受力大的油膜减薄，流量减小，因此经过这部分节流器的流量也减小，在节流器中的压力降也减小，但是，油泵的压力保持不变，所以下油腔中的压力 p_3 将加大。同理，上油腔中的压力 p_1 将减小，轴承依靠压力差来平衡外载荷 F。

静压滑动轴承的主要优点如下：

(1)润滑状态与油膜压力与轴颈转速关系很小，即使轴颈不转也可以形成压力油膜，因此可以在转速极低的条件下工作(如巨型天文望远镜的轴承)。

(2)提高油压就可以提高承载能力，因而可以在重载条件下工作(如球磨机和轧钢机的轴承)。

(3)转速不高时轴承摩擦因数极小，故可用于像测力天平这类仪器中。

14.5.3 气体轴承

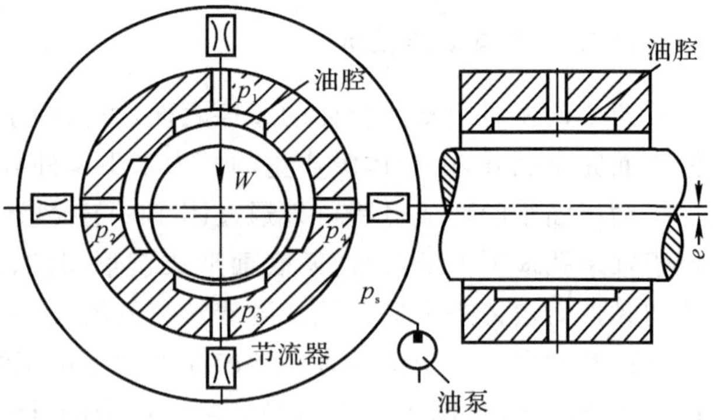

图 14-16 液体静压径向轴承工作原理

气体轴承是以气体作为润滑剂的滑动轴承。空气最为常用，其黏度仅为油的四五千分之一，所以气体轴承的摩擦阻力小，功耗甚微，常用于高速运转的轴承。目前气体轴承的转速可以达到每分钟几百万转。更为重要的是，空气的黏度受温度变化的影响很小，所以它可以在很大的温度范围内工作。

气体轴承也可分为气体动压轴承和气体静压轴承，其工作原理与液体润滑轴承基本相同。

习题与思考题

14-1 滑动轴承的性能特点有哪些？主要的应用场合有哪些？

14-2 非液体润滑轴承的设计依据是什么？限制 p 值和 pv 值的目的是什么？

14-3 有一径向滑动轴承，轴颈直径 $d=120$ mm，轴颈转速 $n=650$ r/min，轴承上受径向载荷 $F=5\ 000$ N，轴瓦宽度 $B=150$ mm，试选择轴承材料，并按非液体润滑滑动轴承校核。

14-4 试设计一提升机用非液体摩擦滑动轴承，已知径向载荷为 2×10^4 N，轴颈直径为 100 mm，转速为 1 200 r/min。

第15章 滚动轴承

15.1 滚动轴承的结构、类型和代号

与滑动轴承相比，滚动轴承应用更为广泛，其摩擦阻力小，功耗少，易启动。滚动轴承多为标准件，由专业工厂大量生产。正因为如此，在机械设计中，主要是根据滚动轴承的使用条件和工作状况来选择合适的轴承类型和型号，并做好轴承的组合设计。

15.1.1 滚动轴承的结构

滚动轴承由内圈 1、外圈 2、滚动体 3 和保持架 4 组成，如图 15-1 所示。在外圈的内表面和内圈的外表面上加工有滚道，滚动体在滚道中以点或线接触的形式滚动。保持架将各滚动体相互隔开，可避免运动过程中的碰撞和磨损。常见的滚动体的形状如图 15-2 所示。

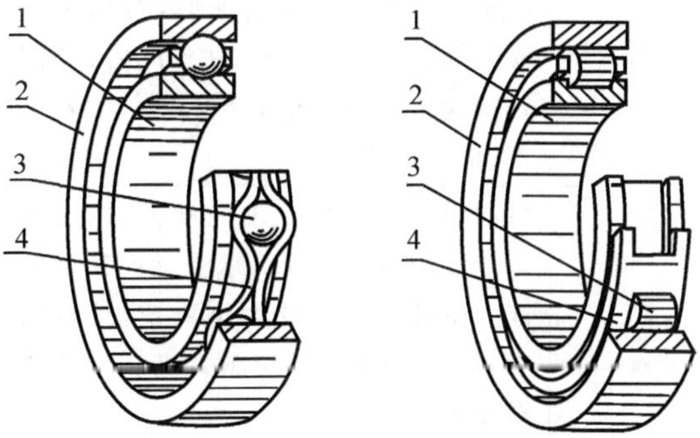

图 15-1 滚动轴承的结构

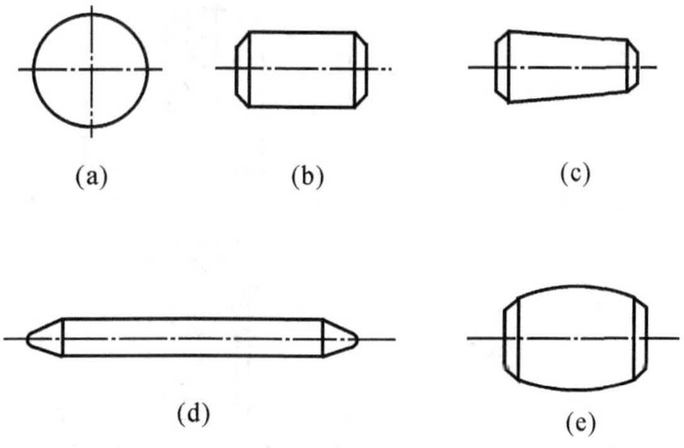

图 15-2 常用的滚动体形状

(a)球；(b)圆柱滚子；(c)圆锥滚子；(d)滚针；(e)鼓形滚子

15.1.2 滚动轴承的主要类型及性能

在滚动轴承的国家标准中，将滚动轴承分为 13 种基本类型，在表 15-1 中列出了其中常见的 8 种。

表 15－1　常用滚动轴承的主要类型和特性

名称及代号	结构简图和承载方向	极限转速	性能和特点
调心球轴承 10000	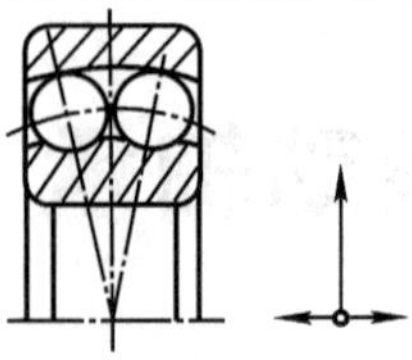	中	外圈滚道是以轴承中心为球心的内球面。故可以自动调心，允许内外圈轴线偏斜量小于等于 2°～3°。主要承受径向载荷，也能承受少量的轴向载荷
调心滚子轴承 20000C	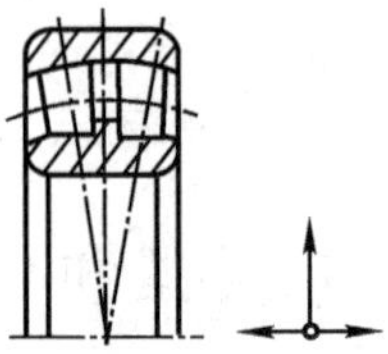	低	性能特点与调心球轴承相同，具有较大的径向承载能力和少量的轴向承载能力。允许内外圈轴线偏斜量小于等于 5°～2.5°
圆锥滚子轴承 30000	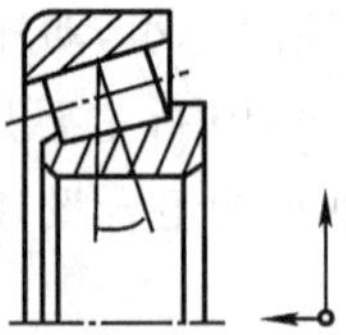	中	可同时承受径向及轴向载荷，承载能力大。内、外圈可分离，安装时可调整游隙。一般成对使用
推力球轴承 50000	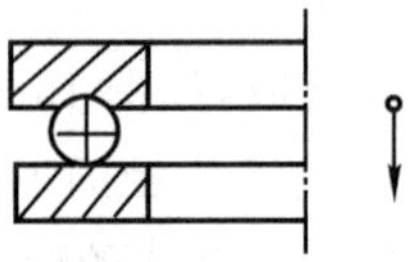	低	工作时必须加有一定的轴向载荷。高速时离心力大，钢球和保持架磨损、发热严重，寿命降低，故极限转速很低
深沟球轴承 60000	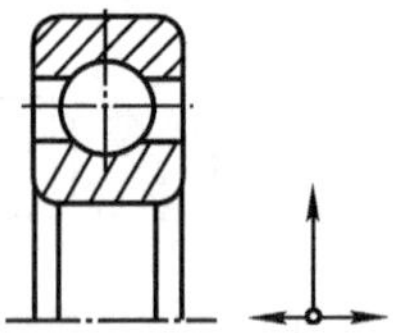	高	主要承受径向载荷，也可同时承受小的轴向载荷。在高转速时，可用来承受纯轴向载荷。工作中允许内、外圈轴线偏斜量小于等于 8′～16′，大量生产，价格最低
角接触球轴承 7000 C(α=15°) 7000 AC(α=25°) 7000 B(α=40°)	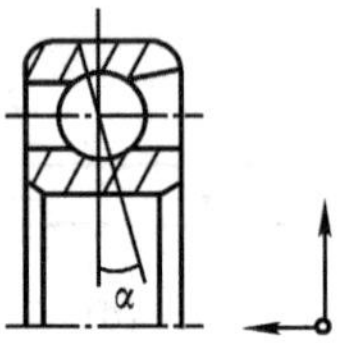	高	可同时承受径向及轴向载荷，也可用来承受纯轴向载荷。承受轴向载荷的能力由接触角 α 的大小决定，接触角大，承受轴向载荷的能力高。一般成对使用
圆柱滚子轴承 N 0000	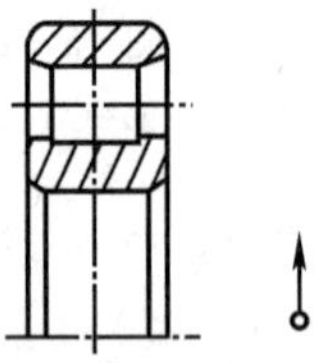	高	外圈(或内圈)可以分离，故不能承受轴向载荷，滚子由内圈(或外圈)的挡边轴向定位，有较大的径向承载能力，内、外圈轴线的允许偏斜量很小(2′～4′)
滚针轴承 NA 0000	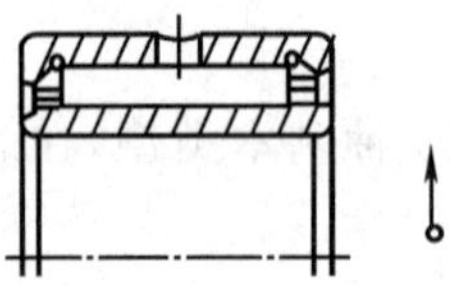	低	在同样的内径条件下，与其他类型轴承相比，其外径最小，内圈或外圈可以分离，有较大的径向承载能力。一般不带保持架。摩擦因数大

15.1.3　滚动轴承代号

滚动轴承的类型较多，而每一类型又有多种不同的结构、尺寸和公差等级，为便于组织生产和选用，有必要对其用统一代号来表示。国标 GB/T 272—1993 规定了轴承代号的表示方法。滚动轴承代号由基本代号、前置代号和后置代号组成，用数字和字母表示，其构成见表 15-2。

表 15-2　滚动轴承代号的构成

前置代号	基本代号				后置代号
成套轴承分部件代号	×	×	×	× ×	内部结构、公差等级及材料等
	类型代号	尺寸系列代号		内径代号	
		宽度系列代号	直径系列代号		

注：×——数字。

1. 基本代号

基本代号用来表示轴承的内径、直径系列、宽度系列和类型，其中直径系列和宽度系列统称为尺寸系列。

(1)内径代号。用基本代号右起第一、二位数字表示。对于轴承内径为 20～480 mm 的轴承，以内径 d 除以 5 的商数为内径代号，若商为个位数，则在商数左边加 0；对于轴承内径为 10 mm，12 mm，15 mm，17 mm的轴承，分别用 00，01，02，03 作为内径代号；对内径小于 10 mm 和大于 500 mm 的轴承的表示方法，可参阅 GB/T 272—1993。

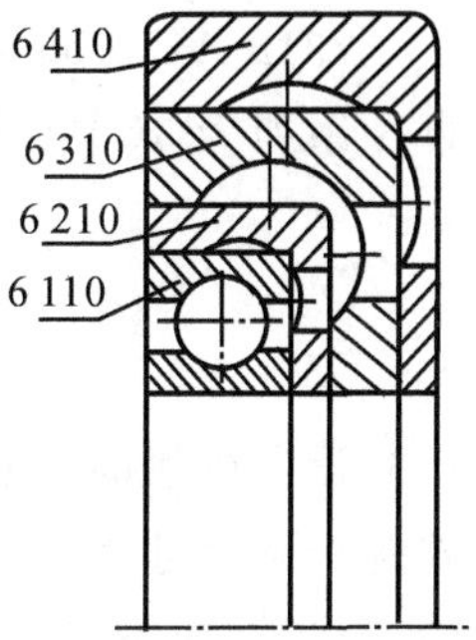

图 15-3　直径系列的对比

(2)轴承的直径系列。轴承的直径系列(即结构相同、内径相同的轴承在外径和宽度方面的变化系列)用基本代号右起第三位数字表示。如 0 系列、1 系列、2 系列、3 系列、4 系列等，尺寸依次递增。直径系列之间的尺寸对比如图 15-3 所示。

(3)轴承的宽度系列。轴承的宽度系列(即结构相同、内径和直径系列都相同的轴承，在宽度方面的变化系列)用基本代号右起第四位数字表示。宽度系列分为 8，0，1，2，3，4，5，6 等系列，宽度尺寸依次递增。当宽度系列为 0 系列时，在轴承代号中通常省略。不同类型的轴承，直径系列和宽度系列有特定的组合，可参阅 GB/T 273—1993。

(4)轴承类型代号。用基本代号右起第五位的数字或字母表示，见表 15-1。

2. 前置代号和后置代号

轴承的前置代号置于基本代号左边，用字母表示成套轴承的分部件。轴承的后置代号用字母(或加数字)表示，置于基本代号右边。轴承后置代号排列顺序如表 15-3 所示。

表 15-3　轴承后置代号排列顺序

后置代号(组)	1	2	3	4	5	6	7	8
含　义	内部结构	密封与防尘，套圈变形	保持架及其材料	轴承材料	公差等级	游　隙	配　置	其　他

内部结构代号如表 15－4 所示。例如角接触球轴承等随其不同公称接触角而标注不同代号。

表 15－4　轴承内部结构常用代号

代　号	含　　义	示　例
C	(1)角接触球轴承,公称接触角 $\alpha=15°$ (2)调心滚子轴承,C 型	7005C 23122C
AC	角接触球轴承,公称接触角 $\alpha=25°$	7210AC
B	(1)角接触球轴承,公称接触角 $\alpha=40°$ (2)圆锥滚子轴承,接触角加大	7210B 32310B
E	加强型(即内部结构设计改进,增大轴承承载能力)	NU207E

公差等级代号用以表示轴承制造的精度等级,分为 0 级、6x 级、6 级、5 级、4 级和 2 级,共 6 个级别,分别用/P0,/P6x,/P6,/P5,/P4,/P2 表示,精度按以上次序由低到高,0 级在轴承代号中省略不标出。

【例 15－1】 试说明轴承代号 62203 和 7312 AC/P6 的含义。

【解】 62203 表示内径 $d=17$ mm,深沟球轴承,宽度系列为 2(宽)系列,直径系列为 2(轻)系列,0 级公差等级。

7312 AC/P6 表示内径 $d=12\times5=60$ mm,角接触球轴承,宽度系列为 0 系列(不标出),直径系列为 3(中)系列,公称接触角 $\alpha=25°$,6 级公差等级。

15.2　滚动轴承的选择

设计机械时,滚动轴承的合理选择是很重要的环节。所谓合理选择,就是轴承的类型、公差等级和尺寸都要选择合适,使之既能可靠地起支承作用,在规定时间内失效概率不超过规定值,也不造成不必要的结构增大和浪费。

15.2.1　滚动轴承的类型选择

设计时可以参照类似机械中轴承的使用经验,并考虑下列各因素来选择轴承的类型。

1. 载荷的大小、方向和性质

轴承所承受载荷的大小、方向和性质是选择轴承的主要依据。

当轴承承受纯径向载荷 F_r 时,应选用向心轴承。当承受纯轴向载荷 F_a 且转速不很高时,宜采用推力轴承;如转速很高,则因离心力使滚动体与保持架之间的压力角增大,摩擦加剧而使寿命显著缩短,此时应选用角接触球轴承。当同时承受径向载荷 F_r 和轴向载荷 F_a 时,应根据比值 F_a/F_r 的大小来选择轴承类型。当 F_a/F_r 较小时,可选用深沟球轴承或接触角 α 较小的角接触轴承;当 F_a/F_r 很大时,可选用接触角 α 较大的角接触轴承,也可采用向心轴承和推力轴承组合在一起的方式,分别承受径向载荷和轴向载荷。

在外廓尺寸相同的条件下,滚子轴承比球轴承具有较大的承载能力,适用于载荷较大或有冲击载荷的场合。球轴承具有制造容易、价格便宜的优点。当载荷较小时,应优先采用球轴承。

采用角接触球轴承和圆锥滚子轴承时,需成对使用,对称安装。

2. 滚动轴承的转速

在转速较高时，转速对滚动轴承的寿命有明显的影响。因此，滚动轴承标准中规定了各种类型、各种尺寸的轴承的极限转速 $n_{\lim}$ 值，在轴承转速较高时，应校核其极限转速。

与滚子轴承相比，球轴承具有较高的极限转速，故在高速时应优先选用球轴承。

在内径相同的条件下，外径越小，滚动体越小，运转时，滚动体的离心力也就越小，可在更高的转速下工作。

此外，轴承的接触角越小，其座圈承受滚动体的离心力的条件越好，所以，在高速性能方面，接触角 α 为零的向心轴承优于角接触轴承和推力轴承。

3. 对调心性能的要求

当轴在工作时弯曲变形较大，或轴的跨距较大，或轴承座制造安装精度较低时，则要求轴承内、外圈能有一定的相对角位移，此时应采用调心轴承。除调心滚子轴承外，其他各类轴承对于两座圈的相对位移都非常敏感，在此情况下，应尽量避免采用。

4. 轴承的刚度

在一般情况下，滚动轴承受载荷后的弹性变形量是很微小的，对于大多数机械的工作性能影响不大，但对于某些高精度机械，如精密机床，其主轴轴承即使只有微量的弹性变形，也会影响工作性能。在要求轴承刚度高的场合，应选用滚子轴承。因为滚子轴承的滚动体与座圈滚道为线接触，而球轴承的滚动体与滚道为点接触，所以滚子轴承的接触弹性变形小、刚度高。

5. 对轴承尺寸的限制

当轴承的径向尺寸受限制时，可选用内径相同而外径较小的轴承，必要时可选用滚针轴承，甚至取消滚针轴承的内圈或外圈。当轴承的轴向尺寸受限制时，可选用内径相同而宽度较窄的轴承。

6. 装拆方便

在需要经常装拆或装拆困难的场合，可选用内、外圈可分离的轴承，如圆柱滚子轴承、圆锥滚子轴承。

当轴的跨距较大、弯曲刚度较小或由于加工安装等原因造成轴两端的轴承有较大不同心时，应采用具有自动调心性能的调心球轴承或调心滚子轴承。

此外，轴承类型的选择还应考虑轴承的效率、调整、轴承游隙的控制等是否方便，这些将在轴承的组合设计中进行进一步讨论。

15.2.2　滚动轴承尺寸的选择

滚动轴承的尺寸选择，就是根据载荷的大小、方向、性质以及对其使用寿命的要求等条件，通过计算，选出尺寸（型号）合适的轴承。

1. 滚动轴承的失效形式、基本额定寿命及基本额定动载荷

滚动轴承在工作时，轴承的内、外圈滚道和滚动体承受变化的接触应力，所以疲劳点蚀是滚动轴承的主要失效形式，轴承点蚀破坏后，会使轴承产生振动、噪声，发热增大，旋转精度下降等。

滚动轴承的寿命是指出现疲劳点蚀前转过的总转数，或在一定转速下总的工作小时数。由于存在制造精度、材料的均质程度等差异，即使是同样的材料、同样的尺寸以及同一批生产出来的轴承，在完全相同的条件下工作，它们的寿命也会不相同。寿命最长和最短的相差可达

几十倍。因此对单个轴承而言，很难准确预测其寿命。为了保证轴承工作的可靠性，在国家标准中规定以基本额定寿命为计算依据。轴承的基本额定寿命是指一批轴承在同样工作条件下，其中 10% 的轴承产生疲劳点蚀，而 90% 的轴承不产生疲劳点蚀时转过的总转数，以 L_{10} 表示。

轴承的额定寿命与所受的载荷大小有关，工作载荷愈大，轴承的寿命就愈短。为了表达各种型号轴承的承载特性，规定轴承基本额定寿命 L_{10} 为 10^6 r(转)时，轴承所能承受的最大载荷称为轴承的基本额定动载荷，用字母 C 表示。对于向心轴承，由于它是在纯径向载荷下进行寿命试验的，所以其基本额定动载荷称为径向基本额定动载荷，记作 C_r；对于推力轴承，它是在纯轴向载荷下进行试验的，故称之为轴向基本额定动载荷，记作 C_a。显然，轴承在基本额定动载荷作用下，工作 10^6 r 而不发生疲劳点蚀的可靠度为 90%。

不同型号的轴承有不同的基本额定动载荷值，它表征了不同型号轴承的承载特性。轴承的基本额定动载荷值可从机械设计手册中查取。

2. 轴承的寿命计算

当作用在轴承上的载荷 P 刚好等于其基本额定动载荷 C 时，轴承的寿命刚好就是 10^6 r。如果载荷 P 不等于 C 时，轴承的基本额定寿命又是多少呢？若在载荷 P 作用下，要求轴承的预期寿命为 L_h，那么轴承应具备多大的基本额定动载荷呢？（即应选择具有多大 C 值的轴承呢？）下面就来讨论这两个问题。通过试验并经数据处理后，得到轴承的基本额定寿命与载荷之间满足如下关系：

$$L_{10}=\left(\frac{C}{P}\right)^{\varepsilon} \quad (10^6\ \mathrm{r}) \tag{15-1}$$

式中，L_{10} 为轴承的额定寿命(10^6 r)；C 为轴承的基本额定动载荷(N)，其值可从机械设计手册中查取；P 为当量动载荷(N)；ε 为寿命指数，球轴承 $\varepsilon=3$，滚子轴承 $\varepsilon=10/3$。

若轴承转数为 n(r/min)，则以小时数(h)表示的轴承寿命公式为

$$L_h=\frac{10^6}{60n}\left(\frac{C}{P}\right) \quad (\mathrm{h})$$

轴承的工作温度高于 120 ℃，会使轴承表面软化而降低轴承承载能力；工作中冲击和振动，将使轴承实际载荷加大，故在计算时分别引入了温度因数 f_t（见表 15-5）和载荷因数 f_p（见表 15-6）进行修正。此时轴承寿命计算公式为

$$L_h=\frac{10^6}{60n}\left(\frac{f_t C}{f_p P}\right)^{\varepsilon} \quad (\mathrm{h}) \tag{15-2}$$

若载荷 P 和转速 n 已知，并取轴承的预期寿命为 L'_h，则所选轴承应具有的基本额定动载荷 C 可由式(15-2)得出，即

$$C=\frac{f_p P}{f_t}\left(\frac{60nL'_h}{10^6}\right)^{\frac{1}{\varepsilon}} \quad (\mathrm{N}) \tag{15-3}$$

表 15-5　温度因数 f_t

工作温度/℃	≤120℃	125	150	175	200	225	250	300	350
f_t	1	0.95	0.90	0.85	0.80	0.75	0.70	0.60	0.50

表 15-6　载荷因数 f_p

载荷性质	f_p	应用举例
无冲击或轻微冲击	1.0～1.2	电动机、汽轮机、通风机、水泵等
中等冲击	1.2～1.8	车辆、减速器、起重机、造纸机、卷扬机、机床等
强烈冲击	1.8～3.0	破碎机、轧钢机、石油钻机、振动筛等

3. 当量动载荷

轴承的 C 值是在规定的受载方向下试验得到的。在实际应用中，轴承的载荷往往与试验条件不同。因此，在进行轴承寿命计算时，应把实际载荷转换成与试验条件相同的载荷，转换后的载荷是一种假定的载荷，称为当量动载荷 P，可用下式计算：

$$P = XF_r + YF_a \tag{15-4}$$

式中，F_r 为轴承所受的径向载荷(N)；F_a 为轴承所受的轴向载荷(N)；X 为径向载荷因数；Y 为轴向载荷因数。X,Y 值可查表 15-7。

表 15-7　滚动轴承的载荷因数 X,Y

轴承类型		F_a/C_0	e	$F_a/F_r \leqslant e$		$F_a/F_r > e$	
				X	Y	X	Y
深沟球轴承		0.014	0.19	1	0	0.56	2.30
		0.028	0.22				1.99
		0.056	0.26				1.71
		0.084	0.28				1.55
		0.11	0.30				1.45
		0.17	0.34				1.31
		0.28	0.38				1.15
		0.42	0.42				1.04
		0.56	0.44				1.00
角接触球轴承	$\alpha=15°$	0.015	0.38	1	0	0.44	1.47
		0.029	0.4				1.40
		0.058	0.43				1.30
		0.087	0.46				1.23
		0.12	0.47				1.19
		0.17	0.50				1.12
		0.29	0.55				1.02
		0.44	0.56				1.00
		0.58	0.56				1.00
	$\alpha=25°$	—	0.68	1	0	0.41	0.87
	$\alpha=40°$	—	1.14	1	0	0.35	0.87
圆锥滚子轴承		—	$1.5\tan\alpha$	1	0	0.4	$0.4\cot\alpha$

4. 角接触轴承轴向载荷 F_a 的计算

角接触球轴承和圆锥滚子轴承的结构特点是在滚动体和滚道接触处存在着接触角 α，称为角接触轴承。当承受径向载荷 F_r 时，作用在承载区内第 i 个滚动体上的法向力 F_i 可分解为径向分力 F_i'' 和轴向分力 F_i'（见图 15－4）。各滚动体上所受轴向分力之和即为轴承的派生轴向力 F_s。F_s 可按照表 15－8中的公式计算。

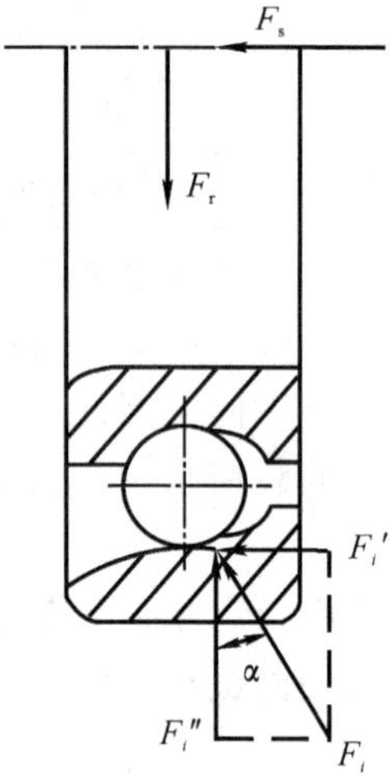

图 15－4 径向载荷产生的轴向派生力

表 15－8 角接触轴承派生轴向力 F_s

轴承类型	角接触球轴承			圆锥滚子轴承
	$\alpha=15°$	$\alpha=25°$	$\alpha=40°$	
F_s	eF_r	$0.68F_r$	$1.14F_r$	$F_r/(2Y)$ （Y 是 $\frac{F_a}{F_r}>e$ 时的轴向系数）

为了使角接触轴承的派生轴向力得到平衡，以免轴窜动，通常这种轴承都要成对使用，对称安装。安装方式有两种：图 15－5(a)所示为正装（两外圈窄边相对），图 15－5(b)所示为反装（两外圈宽边相对），图中 F_a 为轴向外载荷。计算轴承的轴向载荷 F_a 时还应将由径向载荷 F_r 产生的派生轴向力 F_s 考虑进去。图中 O_1，O_2 点分别为轴承 1 和轴承 2 的压力中心，即支反力作用点。O_1，O_2 与轴承端面的距离 a_1，a_2 可由机械设计手册中查得，但为了简化计算，通常可认为支反力作用在轴承宽度的中点。图 15－5(c)和图 15－5(d)所示为受力简图。

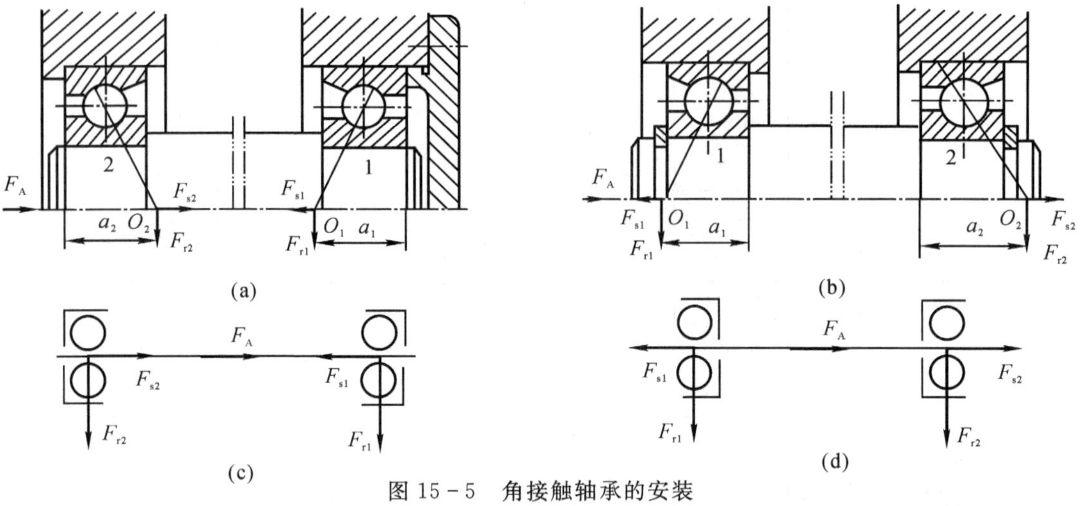

图 15－5 角接触轴承的安装

如图 15－5 所示，把派生轴向力的方向与外加轴向载荷 F_A 的方向一致的轴承标为 2，另一端的轴承标为 1，取轴和与其配合的轴承内圈为分离体，进行受力分析。

当 $F_A+F_{s2}>F_{s1}$ 时，轴向右压紧轴承 1，则轴承 1 上的轴向载荷为 F_A+F_{s2}，轴承 2 上的载荷不受影响，仍为自身的派生轴向力 F_{s2}，即

$$\left.\begin{aligned}F_{a1}&=F_A+F_{s2}\\F_{a2}&=F_{s2}\end{aligned}\right\}\qquad(15-5)$$

当 $F_A+F_{s2}<F_{s1}$ 时，即 $F_{s2}<F_{s1}-F_A$，轴向左压紧轴承 2，则轴承 2 上的轴向载荷为

$F_{s1}-F_A$，轴承 1 上的载荷不受影响，仍为自身的派生轴向力 F_{s1}，即

$$\left.\begin{aligned}F_{a1}&=F_{s1}\\F_{a2}&=F_{s1}-F_A\end{aligned}\right\}\tag{15-6}$$

当 $F_A+F_{s2}=F_{s1}$ 时，用式(15－5)或式(15－6)的计算结果是相同的。

显然，放松端轴承的轴向载荷等于它本身的内部轴向力，压紧端轴承的轴向载荷等于除本身内部轴向力外其余轴向力的代数和。

5. 滚动轴承的静载荷

在实际应用中，有一些滚动轴承是应用在基本不旋转，或慢慢摆动，或转速极低的情况下的。在这种情况下，滚动轴承的失效形式为轴承元件产生过大的塑性变形，所以 GB/T 4662—1993 规定，使受载最大的滚动体与滚道接触中心处引起的接触应力达到一定值的载荷作为轴承的基本额定静载荷，用 C_0 表示。只要轴承承受的载荷不超过 C_0，就不会影响其正常工作。按轴承静承载能力选择轴承的公式为

$$C_0\geqslant S_0P_0\tag{15-7}$$

式中，S_0 为轴承静强度安全因数，其值可查机械设计手册；P_0 为轴承的当量静载荷(N)，其计算公式同式(15－4)，载荷因数可查轴承手册。

【例 15－2】 某支承根据工作条件选用深沟球轴承。已知轴径 $d=35$ mm，转速 $n=2\ 900$ r/min，轴承所受径向载荷 $F_r=1\ 500$ N，轴向载荷为 $F_a=750$ N，轻微冲击，预期寿命 $L'_h=5\ 000$ h，试选择轴承型号。

【解】 (1)初选轴承型号。根据工作条件，初选轴承型号为 6207，查机械设计手册，基本额定动载荷 $C=25\ 500$ N，基本额定静载荷 $C_0=15\ 200$ N。

(2)计算当量动载荷。由 $F_a/C_0=750/15\ 200=0.049$，查表 15－7，用线性插值法求得 $e=0.25$。根据 $F_a/F_r=750/1\ 500=0.5>e$，由表 15－7 查得 $X=0.56$，用线性插值法求得 $Y=1.78$。

因此，轴承的当量动载荷

$$P=XF_r=0.56\times1\ 500+1.78\times750=2\ 175\ \text{N}$$

(3)校核基本额定动载荷。查表 15－5，得 $f_t=1$；查表 15－6，取 $f_p=1.1$，由式(15－3)得

$$C=\frac{f_pP}{f_t}\left(\frac{60nL'_h}{10^6}\right)^{\frac{1}{\varepsilon}}=1.1\times2\ 175\times\left(\frac{60\times2\ 900\times5\ 000}{10^6}\right)^{\frac{1}{3}}=22\ 840\ \text{N}<25\ 500\ \text{N}$$

所选轴承合适。若计算出的 C 值大于所选轴承的 C 值，则所选轴承不合适，应重新选择轴承。

【例 15－3】 一机械传动装置，采用一对角接触球轴承(见图 15－5(a))，并暂定轴承型号为 7307 AC。已知两轴承的径向载荷分别为 $F_{r1}=2\ 050$ N，$F_{r2}=1\ 200$ N，轴的轴向外载荷 $F_A=880$ N，转速 $n=5\ 000$ r/min，运转中受中等冲击，预期寿命 $L'_h=2\ 000$ h，试问所选轴承型号是否合适。

【解】 (1)计算轴承 1,2 的轴向载荷 F_{a1}，F_{a2}。7307AC 轴承的接触角 $\alpha=25°$，由表 15－8 查得轴承的派生轴向力为

$$F_{s1}=0.68F_{r1}=0.68\times2\ 050=1\ 394\ \text{N}$$

$$F_{s2}=0.68F_{r2}=0.68\times1\ 200=816\ \text{N}$$

因为　$F_A+F_{s2}=880+816=1\ 696\ \text{N}>F_{s1}$

所以，轴承 1 为压紧端，两轴承的轴向载荷分别为

$$F_{a1}=F_A+F_{s2}=880+816=1\ 696\ \text{N}$$

$$F_{a2}=F_{s2}=816\ \text{N}$$

(2)计算轴承1,2的当量动载荷。由表15-7查得$e=0.68$,而

$$\frac{F_{a1}}{F_{r1}}=\frac{1\ 696}{2\ 050}=0.83>e$$

$$\frac{F_{a2}}{F_{r2}}=\frac{816}{1\ 200}=0.68=e$$

查表15-7可得$X_1=0.41$,$Y_1=0.87$;$X_2=1.0$,$Y_2=0$ 。故当量动载荷为

$$P_1=X_1F_{r1}+Y_1F_{a1}=0.41\times 2\ 050+0.87\times 1\ 696=2\ 316\ \text{N}$$

$$P_2=X_2F_{r2}+Y_2F_{a2}=1\times 1\ 200+0\times 816=1\ 200\ \text{N}$$

(3)计算所需的径向基本额定动载荷C。因轴的结构要求两端选择同样尺寸的轴承,而$P_1>P_2$,故应以轴承1的当量动载荷P_1为计算依据。因工作温度正常,查表15-5得$f_t=1$;按中等冲击载荷,查表15-6取$f_p=1.5$。所以

$$C_1=\frac{f_pP_1}{f_t}\left(\frac{60nL'_h}{10^6}\right)^{\frac{1}{3}}=\frac{1.5\times 2\ 316}{1}\times\left(\frac{60\times 5\ 000\times 2\ 000}{10^6}\right)^{\frac{1}{3}}=29\ 301\ \text{N}$$

由机械设计手册查得7307 AC轴承的径向额定动载荷$C=32\ 800$ N。因为$C_1<C$,故所选7307 AC轴承合适。

15.3 滚动轴承组合设计

为了保证轴承和轴系零件在规定的期限内正常工作,除了要正确选择滚动轴承的类型、公差等级和尺寸外,还必须合理地解决轴承的配置、固定、装拆、调整、润滑和密封等问题,即合理地进行轴承的组合设计。

15.3.1 滚动轴承的配置

合理的轴承配置应考虑轴在机器中有正确的位置,防止轴向窜动以及轴受热后不致将轴承卡死等因素。常用的轴承配置方法有以下三种:

1.双支点单向固定(见图15-6)

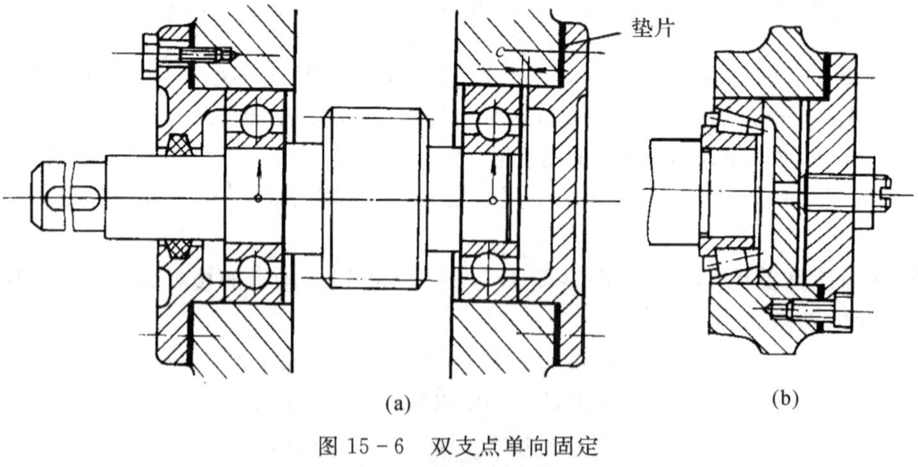

(a)　　(b)

图15-6　双支点单向固定

(a)垫片调整;(b)螺钉调整

如图15-6(a)所示,由轴两端的滚动轴承各限制一个方向的轴向移动,合在一起就可以限制轴的双向移动。它适用于支承跨距较小、温度变化不大的轴。为了补偿轴的受热伸长,在一端轴

承外圈与轴承盖之间留有间隙 c，$c=0.2\sim0.4$ mm，间隙由轴承盖和机座之间的垫片控制。

当采用角接触球轴承或圆锥滚子轴承时，轴的热伸长量由轴承内部的游隙补偿，可以采用调整垫片(见图 15-6(a))或调整螺钉(见图 15-6(b))。通过调整轴承外圈的位置来调整轴承内部的游隙。

2. 单支点双向固定

当轴的跨距较大($L>3\ 500$ mm)或工作温度较高($t>70$℃)时，应采用一端固定、一端游动的支承形式，如图 15-7 所示。

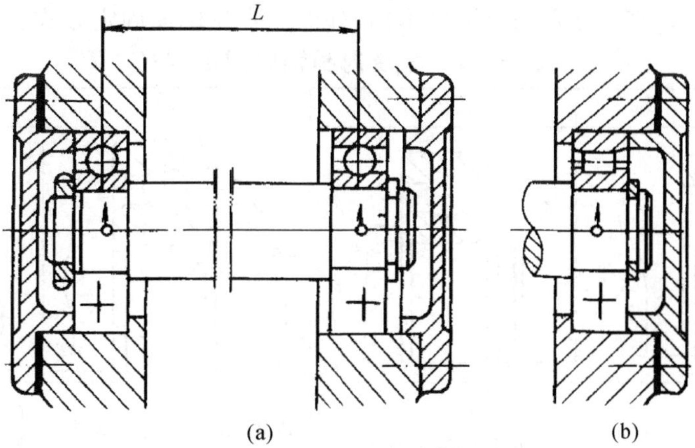

图 15-7　单支点双向固定

(a)深沟球轴承作游动支承；(b)滚子轴承作游动支承

选用深沟球轴承作为游动支承时，应在轴承外圈与轴承盖之间留适当间隙(见图 15-7(a))；选用圆柱滚子轴承时，轴承外圈与轴承盖之间不需要留有间隙，但轴承外圈应作双向固定(见图 15-7(b))，以保证内圈和滚子相对于外圈作较大的轴向移动。

3. 两端游动支承(见图 15-8)

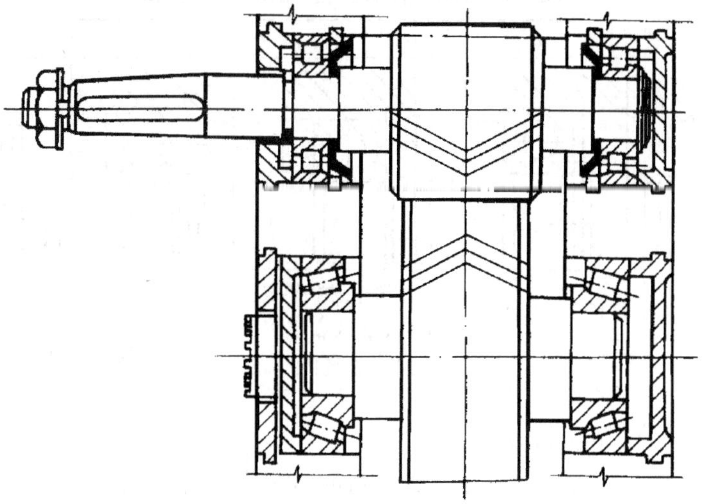

图 15-8　两端游动支承

如图 15-8 所示为人字齿轮传动。由于轮齿两侧螺旋角不易做到完全对称，为了防止轮齿卡死或两侧受力不均匀，应采用轴系能有左右微量游动的结构。图中，低速轴采用两端固定支承，而高速轴上小齿轮两端都选用圆柱滚子轴承，滚动体与外圈之间可轴向移动。由于人字齿轮的啮合作用，高速轴上的人字齿轮就能自动轴向调位，使两齿轮均匀接触。

15.3.2 滚动轴承的轴向固定

轴承内、外圈的轴向固定，都是为了实现轴在机器中的准确定位，其固定方法取决于轴承载荷的性质、大小和方向以及轴承类型和轴承在轴上的位置。当冲击、振动愈严重，轴向载荷愈大、转速愈高时，所用的固定方法应愈可靠。

表 15－9 和表 15－10 分别列出了轴承内、外圈的常见轴向固定方式。

表 15－9 轴承内圈轴向固定方式

序号	1	2	3	4
简图	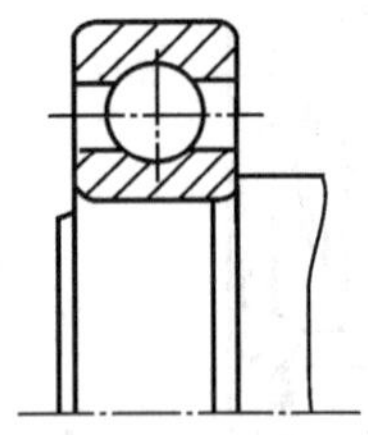	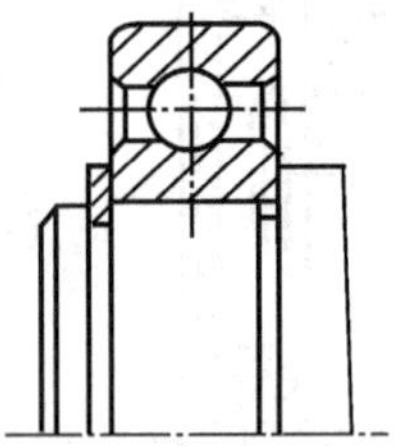	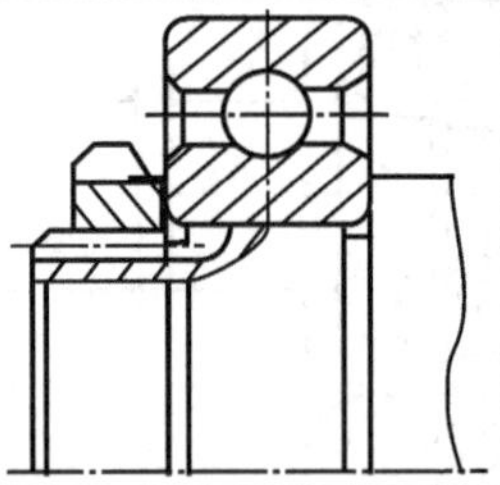	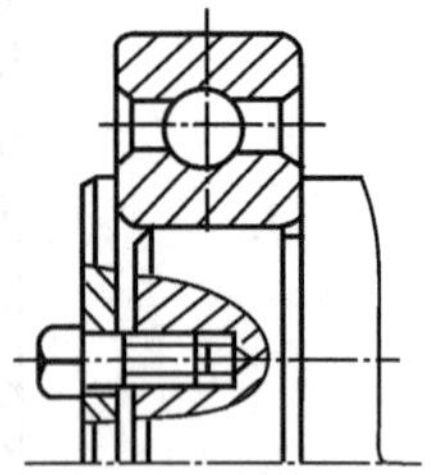
固定方式	内圈靠轴肩定位，外圈外侧用端盖紧固	用弹性挡圈紧固	内圈用螺母与止动垫圈紧固	在轴端用压板和螺钉紧固，用弹簧垫片和铁丝放松
特点	结构简单，装拆方便，占用空间小，可用于两端固定支承中	结构简单，装拆方便，占用空间位置小，多用于深沟球轴承的固定	结构简单，装拆方便、紧固可靠	不能调整轴承游隙，多用于轴颈 $d>70$ mm 场合，允许转速较高

表 15－10 轴承外圈轴向固定方式

序号	1	2	3	4	5
简图	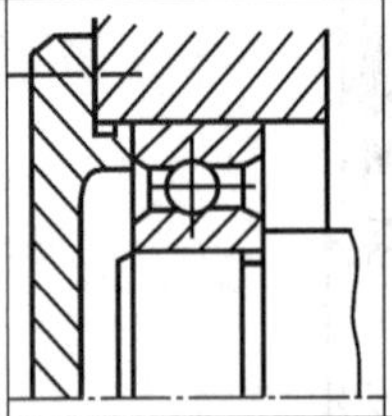	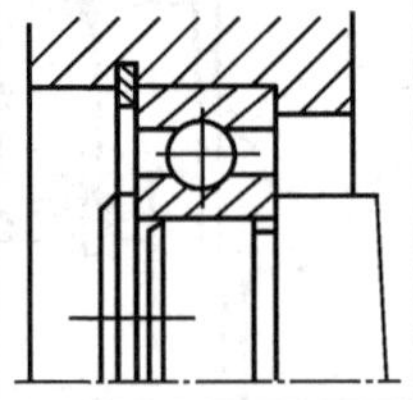	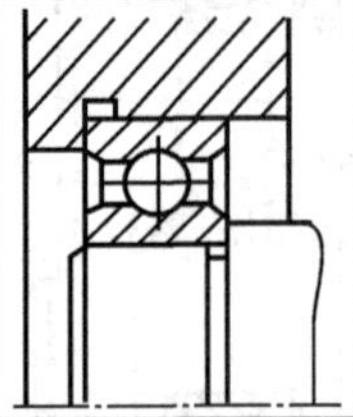	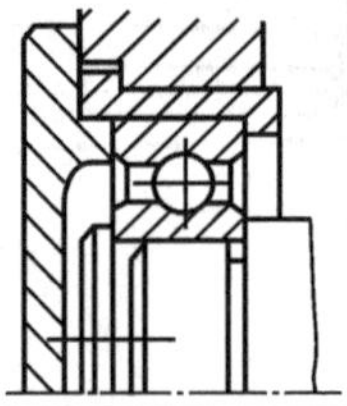	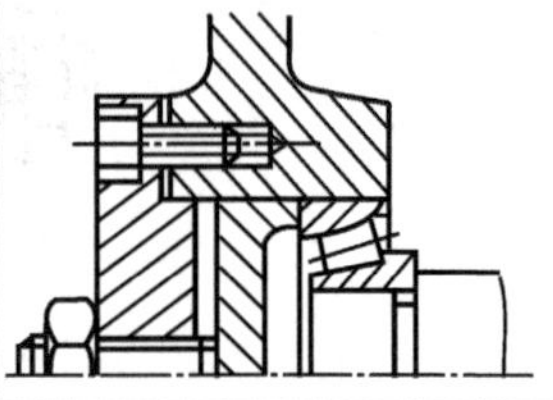
固定方式	外圈用端盖紧固	外圈用弹性挡圈紧固	外圈由挡肩定位，支承靠螺母或端盖紧固	外圈由套筒上的挡肩定位再用端盖紧固	外圈用螺钉和调节杯紧固
特点	结构简单，紧固可靠，调整方便	结构简单，装拆方便，占用空间小，多用于向心类轴承	结构简单，工作可靠	结构简单，外壳孔可为通孔，利用垫片可调整轴系的轴向位置，装配工艺性好	便于调整轴承游隙，用于角接触轴承的紧固

15.3.3　滚动轴承游隙和轴承组合位置的调整

游隙对轴承的寿命、效率、旋转精度、温升和噪声都有很大影响。调整轴承游隙的方法有：①靠增减轴承盖与机座之间的垫片厚度进行调整，如图 15－9(a)所示；②利用蝶形零件和螺钉进行调整，如图 15－9(b)所示。轴承组合位置调整的目的，是使轴上零件(如齿轮、带轮等)具有准确的工作位置。如圆锥齿轮传动，要求两个节锥顶点相重合，方能保证正确啮合；又如蜗杆传动，要求蜗轮中间平面通过蜗杆的轴线等。轴承组合位置的调整，也可用增减垫片的方法实现，如图 15－10 所示。

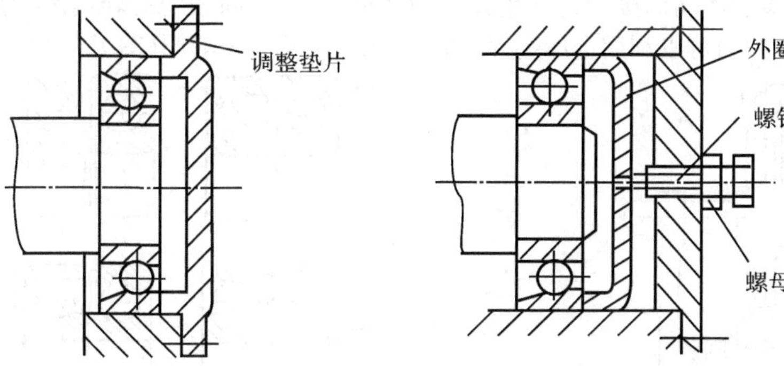

图 15－9　轴承轴向游隙的调整

(a)垫片调整；(b)螺钉调整

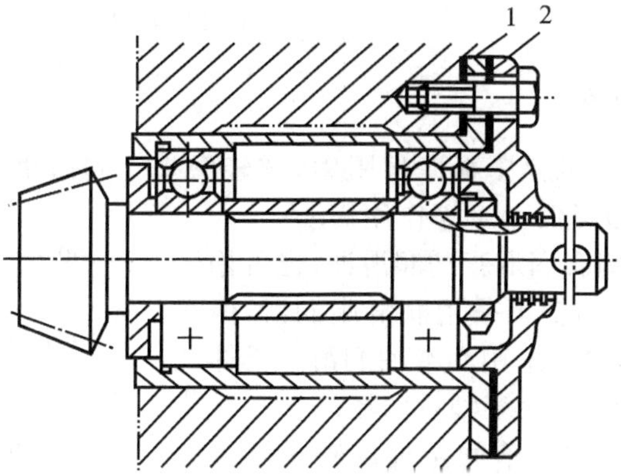

图 15－10　轴承组合轴向位置的调整

1—轴向位置调整垫片；2—轴向游隙调整垫片

15.3.4　滚动轴承的配合

轴承的配合是指内圈与轴颈及外圈与轴承座孔的配合。滚动轴承是标准件，因此其内圈与轴颈的配合采用基孔制，外圈与轴承座孔的配合采用基轴制。轴承配合的选择，应根据工作条件、载荷的大小及性质、转速的高低、工作温度及内外圈中哪一个转动等因素来决定。一般内圈随轴转动，常采用较紧的配合，外圈固定不转，常采用较松的配合。高速、重载情况下应采用较紧的配合。滚动轴承内外圈配合的具体选择，可参阅机械设计手册。

15.3.5　滚动轴承的装拆

轴承内圈通常与轴配合较紧，安装时可用压力机在内圈上施加压力，将轴承压套在轴颈上。对于中小型轴承也可用软锤将轴承内圈轻轻打入。拆卸轴承须用专用的拆卸工具，如图 15－11所示。为使拆卸工具的钩头能钩住内圈，应限制轴肩高度。

15.3.6　滚动轴承的预紧

对某些可调游隙的轴承，在安装时给与一定的轴向作用力(预紧力)，使内、外圈产生相对位移而消除游隙，并在套圈和滚动体接触处产生弹性预变形，借此提高轴的旋转精度和刚度，这种方法称为轴承的预紧。预紧力可以利用金属垫片(图 15－12(a))或磨窄套圈(图 15－12(b))等方法获得。

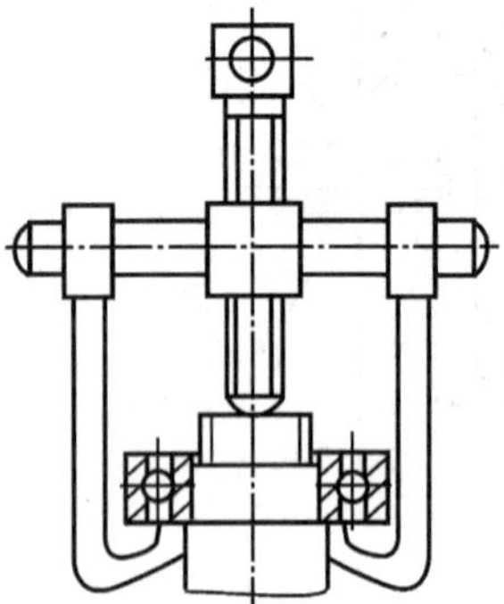

图 15－11　滚动轴承拆卸器

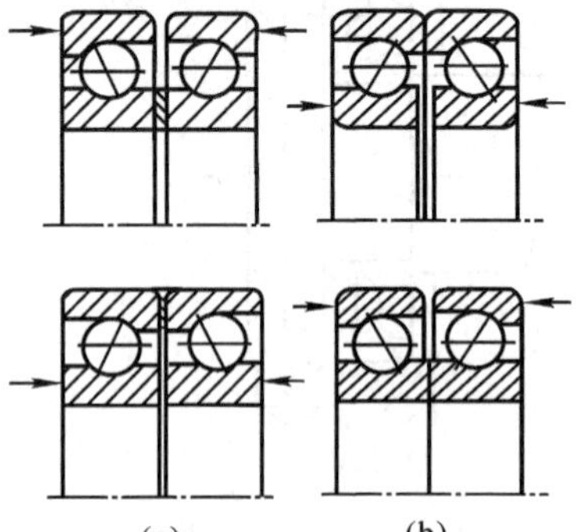

图 15－12　轴承的预紧
(a)利用金属垫片预紧；(b)利用磨窄套圈预紧

15.3.7　滚动轴承的润滑

滚动轴承润滑的主要目的是降低摩擦阻力，减轻磨损。润滑也有降低滚动体与座圈的接触应力、冷却、吸振、防锈和降低噪声等作用。

滚动轴承常用的润滑剂有润滑脂和润滑油，也可用固体润滑剂。一般情况下，滚动轴承采用润滑脂润滑，但在轴承附近已有润滑油源时，也可采用润滑油润滑。具体选择可按速度因素 dn 值来定。d 代表轴承内径(mm)；n 代表轴承套圈的转速(r/min)。dn 值间接地反映了轴颈的圆周速度。当 $dn<(2.0\sim3.0)\times10^5$ mm·r/min 时，一般可采用润滑脂润滑，超过这一范围宜采用润滑油润滑。

采用脂润滑时，因润滑脂不易流失，故便于密封和维护，且一次充填润滑脂可运转较长时间。油润滑的优点是比脂润滑的摩擦阻力小，并能散热，主要用于高速或工作温度较高的轴承。

润滑油的黏度可按轴承的速度因素 dn 和工作温度按图 15－13来确定。油量不宜过多，如果采用浸油润滑，则油面高度应不超过最低滚动体的中心，以免产生过大的搅油损耗和热量。高速轴承通常采用喷油或喷雾方法润滑。

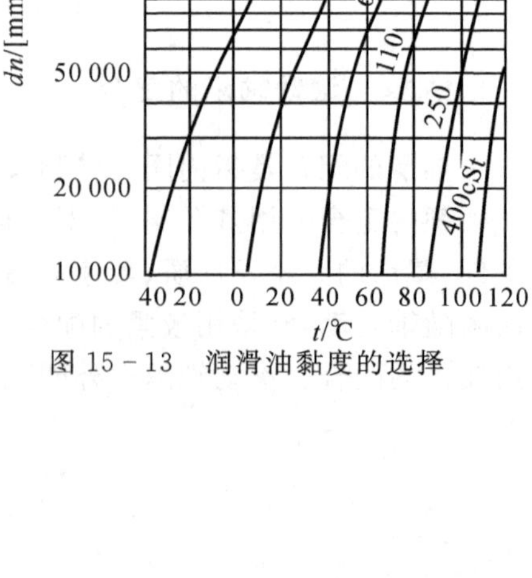

图 15－13　润滑油黏度的选择

15.3.8　滚动轴承的密封

滚动轴承密封的目的是防止润滑剂从油与轴承盖之间的缝隙露出和防止灰尘、水分及其他杂物进入轴承。

密封方法的选择与润滑的种类、工作环境、温度、密封表面的圆周速度有关。密封方法可分为两大类：接触式密封和非接触式密封。它们的密封形式、适用范围和性能可参阅表 15－11。

表 15－11　常用的滚动轴承密封装置的结构和特性

密封类型	图　　例	适用场合	说　　明
接触式密封	毛毡圈密封 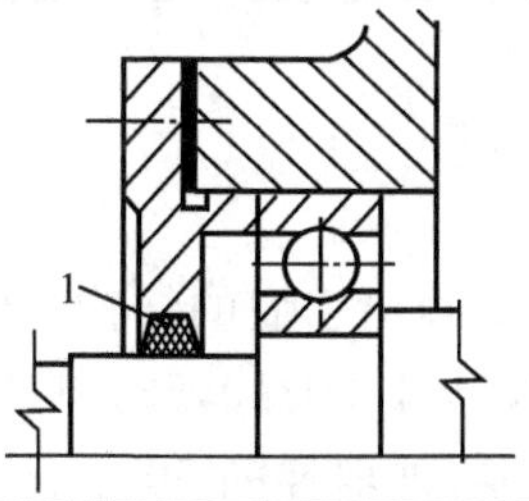 	脂润滑，要求环境清洁，轴颈圆周速度 v 不大于 4～5 m/s，工作温度不超过 90℃	矩形断面的毛毡圈 1 被安装在梯形槽内，它对轴产生一定的压力而起到密封作用
	密封圈密封 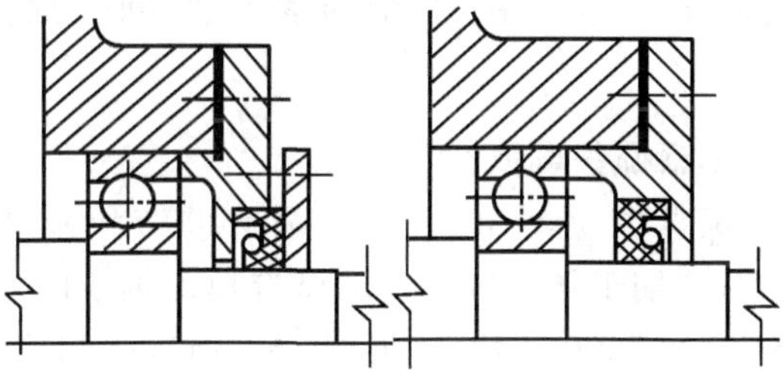 (a)　(b)	脂或油润滑，轴颈圆周速度 $v<$ 4～5 m/s，工作温度范围－40～100 ℃	密封圈用皮革、塑料或耐油橡胶组成，有的具有金属骨架，密封圈是标准件。图(a)密封唇朝里，目的是防漏油；图(b)密封唇朝外，主要目的是防灰尘、杂质进入
非接触式密封	间隙密封 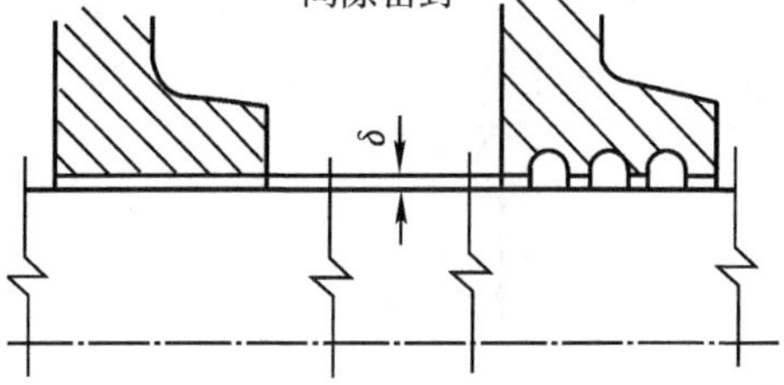 	脂润滑，干燥清洁环境	靠轴与盖间的细小环形间隙密封，间隙愈小愈长，效果愈好，间隙 δ 取 0.1～0.3 mm
	迷宫式密封 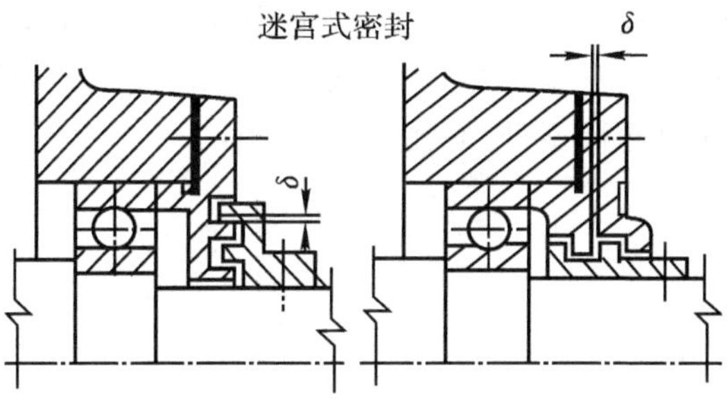 (a)　(b)	脂润滑或油润滑，工作温度不高于密封用脂的滴点。这种密封效果可靠	将旋转件与静止件之间的间隙做成迷宫(曲路)形式，并在间隙中充填润滑脂或润滑油以加强密封效果。分径向、轴向两种：图(a)为径向曲路，径向间隙 δ 不大于 0.1～0.2 mm；图(b)为轴向曲路，因考虑到轴受热后会伸长，间隙应取大些，δ=1.5～2 mm

续 表

密封类型	图 例	适用场合	说 明
组合密封	毛毯加迷宫密封 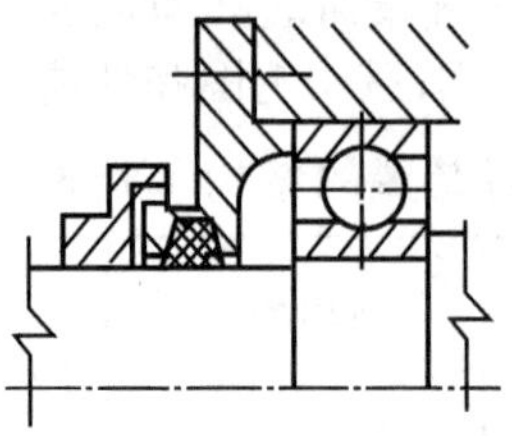	适用于脂润滑或油润滑	这是组合密封的一种形式，毛毡加迷宫，可充分发挥各自优点，提高密封效果。组合方式很多，在此不一一列举

习题与思考题

15-1 滚动轴承的类型有哪些？各有何特点？试画出它们的结构简图。

15-2 说明下列滚动轴承代号的意义：7321AC，6101，30310，52411/P5，NU2204E。

15-3 对一批相同型号的滚动轴承进行寿命检验，抽取样品 50 个，检验中轴承上承受其额定动载荷，轴承转速 $n=2\ 000$ r/min，运转 $8\frac{1}{3}$ h 后有 10 个轴承失效，问这批轴承是否合格？

15-4 为保证滚动轴承的正常工作，需注意哪些事项？

15-5 某设备采用了一深沟球轴承，轴颈直径为 35 mm，转速为 3 000 r/min，已知径向载荷为 $F_r=1\ 800$ N，轴向载荷为 $F_a=750$ N，预期工作寿 8 000 h，试选择此轴承的型号。

15-6 根据设计要求，在某一轴上安装一对 7000 C 轴承（见图 15-14），已知两个轴承的径向载荷分别为：$F_{r1}=2\ 000$ N，$F_{r2}=1\ 000$ N，外加轴向载荷 $F_A=880$ N，轴径 $d=40$ mm，转速 $n=5\ 000$ r/min，常温下运转，有中等冲击，预期寿命 $L_h'=5\ 000$ h，试选择轴承型号。

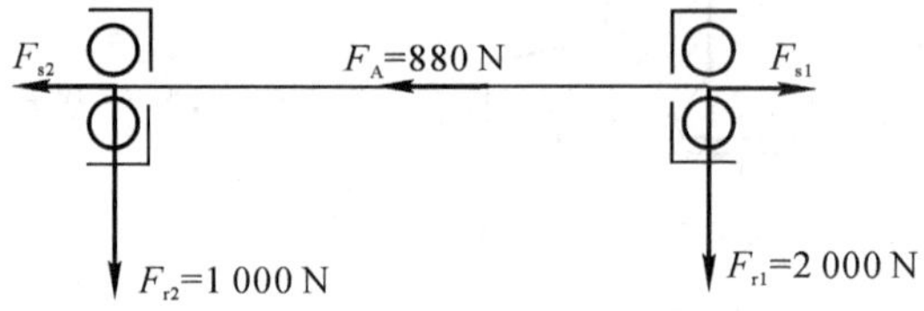

图 15-14

15-7 某机械的转轴，两端各用一个径向轴承支承。已知轴径 $d=40$ mm，转速 $n=1\ 000$ r/min，每个轴承的径向载荷 $F_r=5\ 880$ N，载荷平稳，工作温度 $t=125$℃，预期寿命 $L_h'=5\ 000$ h，试分别按深沟球轴承和圆柱滚子轴承选择型号，并比较之。

第16章 联轴器、离合器和制动器

16.1 概 述

16.1.1 功能

联轴器和离合器是各种机械传动中普遍运用的部件，用来联接两轴或其他回转件，是在传动运动和动力过程中一同回转的装置。

在机械运转时，联接的两轴不能分离，只有在机器停后用拆卸的方法才能分离的联接装置称为联轴器，见图 16－1。联轴器有时也可作为一种安全装置，用以防止被联接承受过大的载荷，起到过载荷保护作用。联轴器还具有补偿两轴相对位移的能力，有缓冲和减振安全保护等功能。

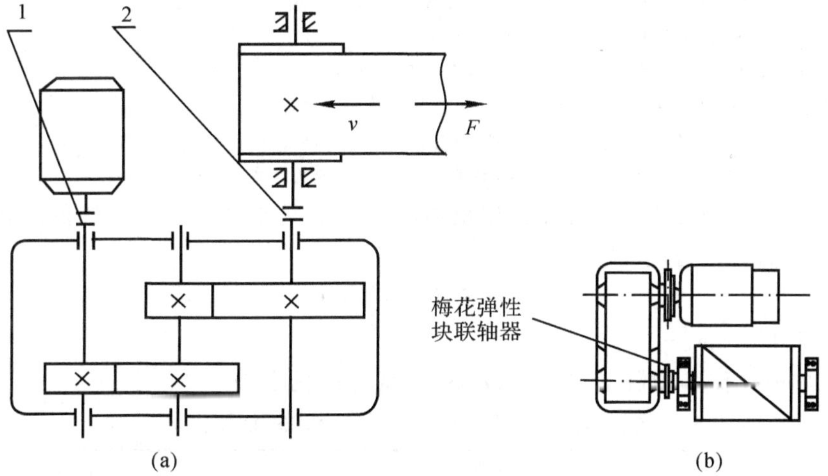

图 16－1

(a)带式输送传动系统简图；(b)起重机电动机与减速器的联接

在机器运转过程中，在不停机的情况下，通过各种操纵方式，具有将在同轴线上传递运动和动力的两轴随时接合或分离功能的装置，称之为离合器。通过离合器可实现机器传动系统的相对起动或停止，改变传动比，使传动件之间相互同步或超越运动，同时离合器还可作为起动或过载时的控制传递转矩大小的安全保护装置。

制动器是用于机构或机器减速或使其停止的装置，亦可用做调节或限制其运动速度，它是保证机构或机器正常安全工作的重要部件。

16.1.2 计算转矩

联轴器和离合器的类型很多，常用的均已列入标准或系列，只要根据其工作的要求(即计算转矩、工作条件)按机械设计手册选择合适类型，再按被联接件的轴径、转矩、转速在手册中选出适用的型号和尺寸即可。必要时应对主要零件和易损件强度进行验算。由于工作要求的特殊性，亦可参考同类的联轴器和离合器的主要尺寸自行设计。一般所选联轴器、离合器的许用转矩[T]，原则上要大于所需传递的计算转矩 T_c。所传递的转矩包括正常的工作载荷、启动时的动载荷及过载现象等。计算转矩为

$$T_c = KT \leqslant [T] \quad (\text{N} \cdot \text{m}) \tag{16-1}$$

式中，T 为联轴器和离合器理论上的传递转矩(N・m)；K 为工作情况因数，由表 16－1 确定。

表 16－1 联轴器、离合器工作情况因数 K

动力机		K					
		工作机					
		Ⅰ类	Ⅱ类	Ⅲ类	Ⅳ类	Ⅴ类	Ⅵ类
电动机、汽轮机		1.3	1.5	1.7	1.9	2.3	3.1
内燃机	四缸及四缸以上	1.5	1.7	1.9*	2.1	2.5	3.3
	二缸	1.8	2.0	2.2	2.4	3.8	3.6
	单缸	2.2	2.4	2.6	2.8	3.2	4.0

注：工作机分类：

Ⅰ类：转矩变化很小的机械：如发电机、小型通风机、小型离心泵。

Ⅱ类：转矩变化小的机械：如透平压缩机、木工机床、运输机。

Ⅲ类：转矩变化中等的机械：如搅拌机、增压泵、有飞轮的压缩机、冲床。

Ⅳ类：转矩变化和冲击载荷中等的机械：如织布机、水泥搅拌器、拖拉机。

Ⅴ类：转矩变化和冲击载荷大的机械：如造纸机械、挖掘机、起重机、碎石机。

Ⅵ类：转矩变化大，并有极强烈冲击载荷的机械，如压延机械、无飞轮的活塞泵、重型初轧机。

计算制动器的制动转矩 T_c，首先根据机器的结构情况计算制动器上的负载转矩 T_t，同时考虑一定的安全储备，可按公式

$$T_c = S_p T_t \quad (\text{N} \cdot \text{m}) \tag{16-2}$$

得出计算制动转矩 T_c。

式中，S_p 为考虑安全储备的制动安全因数，S_p 的推荐值见表 16－2。

表 16－2 制动安全因数 S_p 的推荐值

设备类型			S_p
矿井提升机			3
起重机械 起升机构	驱动形式	机构工作级别	
	人力驱动	M1(轻级)	1.5
	动力驱动	M1，M2，M3，M4(轻级)	1.5
		M5(中级)	1.75
		M6，M7(重级)	2.0
		M8(特重级)	2.5
	同一机构设两个制动器时的每台制动器		1.25

本章仅介绍常用的联轴器、离合器和制动器。

16.2　联 轴 器

16.2.1　联轴器的特点和分类

根据联轴器使用性能可分为刚性联轴器和挠性联轴器。刚性联轴器由刚性零件组合而成，要求被联接的两轴中心线严格对中，无缓冲减振能力，没有补偿的性能。

联轴器所联接的两轴由于制造和安装的误差、受载零件的变形、机座下沉及热变形等原因，引起两轴线不能保证对中，即产生不同程度的相对偏移与位移。这种偏移与位移只能靠挠性联轴器元件或靠弹性元件的弹性变形来补偿。挠性联轴器具有一定的位移补偿能力，能适应两轴间相对位移的变化，从而避免了两轴引起的附加应力，它还具有减振与缓冲的能力。两轴可能出现的偏移形式如图 16－2 所示。

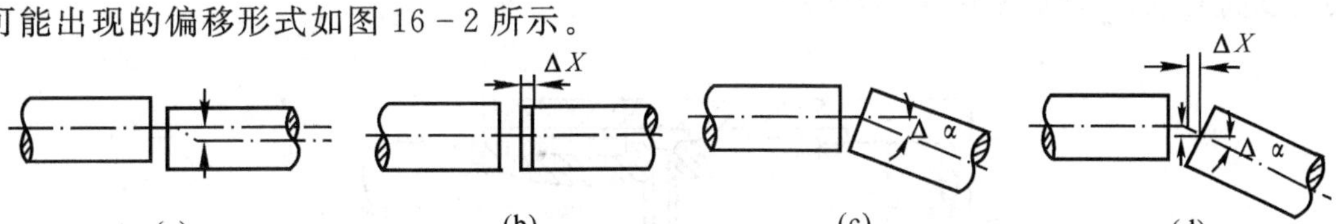

(a) 径向位移　(b) 轴向位移　(c) 角位移　(d) 综合位移

图 16－2　两轴的相对位移

联轴器的分类如下：

- 联轴器
  - 一般联轴器
    - 刚性联轴器（固定式刚性联轴器）
      - 套筒联轴器、凸缘联轴器
      - 夹壳联轴器
    - 挠性联轴器
      - 无弹性元件挠性联轴器（可移式刚性联轴器）
        - 齿式联轴器
        - 滚子联轴器
        - 万向联轴器
        - 滑块联轴器
      - 金属弹性元件挠性联轴器
        - 簧片联轴器
        - 蛇形弹簧联轴器
        - 螺旋弹簧联轴器
        - 卷簧联轴器
        - 膜片联轴器
        - 波纹管联轴器等
      - 非金属弹性元件挠性联轴器
        - 弹性套柱销联器
        - 弹性柱销联轴器
        - 梅花形弹性联轴器
        - 轮胎式联轴器
        - 弹性柱销齿式联轴器
        - 芯型弹性联轴器
        - H 形弹性块联轴器
        - 弹性块联轴器
        - 多角形橡胶联轴器
  - 安全联轴器 —— 剪切销安全联轴器
  - 特殊联轴器 —— 粉末联轴器、液力联轴器

16.2.2 固定式刚性联轴器

固定式刚性联轴器的结构简单、零件少、重量轻、制造容易、成本低，不具备补偿能力，但在转速不高、载荷平稳的场合下两轴偏移小，仍可应用。为减轻由两轴位移等因素造成的附加载荷影响，要求两轴选用刚性大而稳固的轴承，同时应将两轴调整到径向位移为 0.002 ～ 0.05 mm，(长轴取大值) 相对角位移在 0.05 mm 以内。

固定式刚性联轴器有套筒式、凸缘式、夹壳式、紧箍夹壳式等。

1. 套筒联轴器

套筒联轴器由一个公用套筒和联接键销钉或紧定螺钉组成，如图 16－3 所示，但是联接器装拆不方便，轴必须作较长的轴向移动。所以这种联轴器适用于轴的对中性好、低速、无冲击、安装精度高的场合，套筒常用 45 号钢制造。

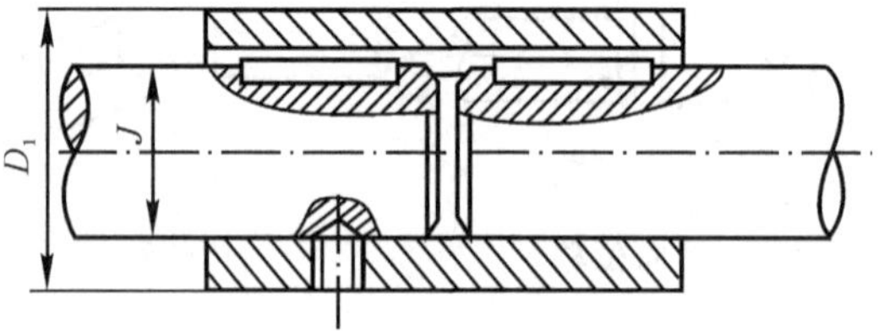

图 16－3　平轴套筒联轴器

2. 凸缘联轴器

凸缘联轴器是固定式刚性联轴器中应用最广泛的一种，装拆较方便，传递转矩大，工作可靠，可以联接两种不同直径的轴。两轴联接对中常用的三种办法如图 16－4 所示。图 16－4(a) 所示为利用铰制孔螺栓对中，这种螺栓联接是依靠螺栓与螺栓孔壁之间挤压来传递转矩，能提高传递能力。图 16－4(b) 所示为凹凸榫对中，这种凸缘加工不方便，装拆时需沿轴向移动，对中精度高，靠预紧螺栓在凸缘接触表面产生的摩擦力传递转矩。图 16－4(c) 所示为用一对剖分环对中，装拆时不需沿轴向移动，后两种凸缘联轴器可采用铰制孔螺栓联接，保证两轴的同轴度。

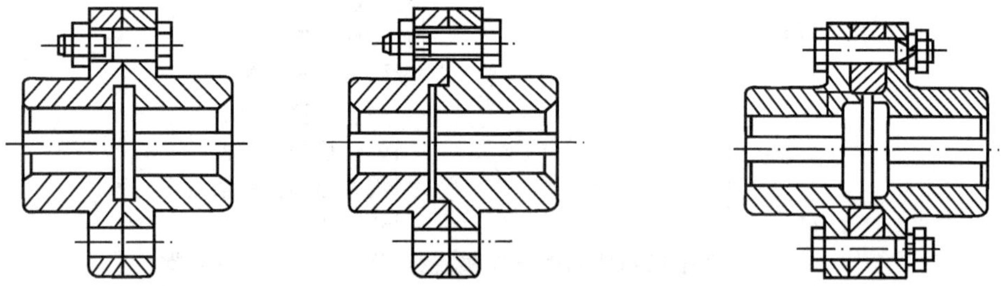

(a)　(b)　(c)

图 16－4　凸缘联轴器

3. 夹壳联轴器

夹壳联轴器由沿轴向割分的两半筒形联轴器(夹壳) 和螺栓组成。通过拧紧螺栓使夹壳夹紧两轴。并依靠夹壳和轴表面之间的摩擦力来传递转矩，如图16－5 所示。其特点是装拆方便，不需沿轴向移动，但夹壳联轴器只能联接轴径相同的两轴，缺点是不易平衡，高速时产生的离心力会降低夹紧表面的摩擦力，从而降低转矩，故一般只用于低速和立轴方向转动的轴系。

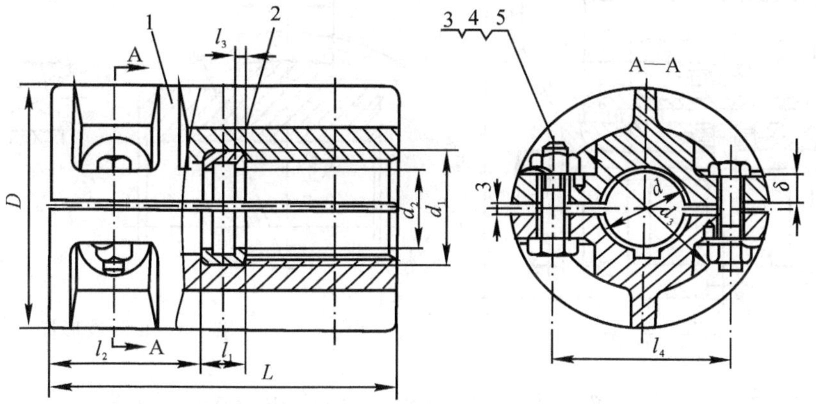

图 16-5　夹壳联接器

1—夹壳；2—半环；3—螺栓；4—螺母；5—外舌止动垫圈

16.2.3　无弹性元件挠性联轴器

无弹性元件挠性联轴器又称可移式刚性联轴器，它是利用自身具有相对可动的元件或间隙，可作位移补偿。因而允许两轴存在一定的相对位移，不致引起承受很大的附加载荷，使机械正常运转。因无弹性元件，所以这类联轴器没有缓冲和减振的功能。

1. 滑块联轴器

滑块联轴器是由两个端面带凹槽的半联轴器 Ⅰ，Ⅲ和一个两面具有十字交叉凸榫的中间圆盘（或方形滑块）所组成。如图 16-6 所示，安装时中间圆盘的凸榫分别嵌入左、右两半联轴器的凹榫中，两半联轴器分别与两轴固定联在一起。在机械工作时，中间圆盘上的凸榫可在两端半联轴器的凹槽内滑动，以实现两半联轴器的联接，并获得补偿两轴相对位移的能力。

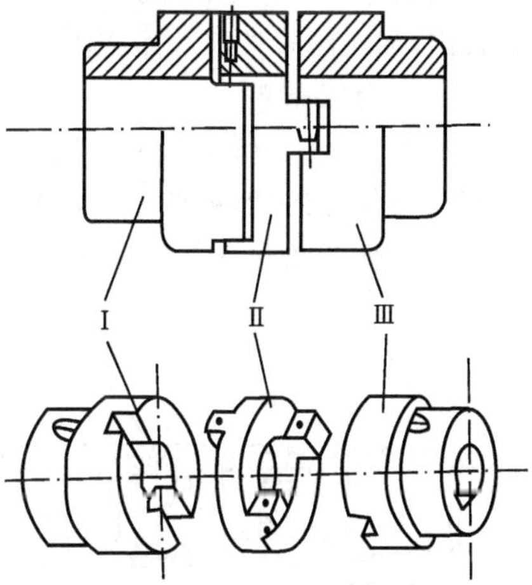

图 16-6　滑块联轴器

由于产生大的离心力附加动载荷，因此磨损也就大。为防止产生过大的离心力，所以在设计和制造时要尽量减小中间盘的质量，采取中空圆盘或轻质圆盘，且轴的转速不能太高，一般转速 $n < 250$ r/min。同时限制了轴线的相对偏移量。

这种联轴器一般用 45 钢制造，工作表面作热处理，径向尺寸较小，主要用于两轴间相对径向位移较大，传递转矩大，无冲击，低速传动要求不高的轴系中。

2. 齿式联轴器

齿式联轴器是在可移式刚性联轴器中应用最为广泛的一种，齿式联轴器一般由两个外齿轮轴套和两个内齿圈的外套组成，其中两个外齿轮轴套通过键分别与两轴相联接，两个齿圈的外套用螺栓互相联接，如图 16-7 所示。齿式联轴器是由一个外齿轮轴套和一个内齿圈啮合，内齿圈固定在凸缘半联轴器上。两个半联轴器同样用键分别与轴相联接。为了使齿式联轴器具有良好的补偿两轴综合位移的能力，将外齿轮的轮齿面做成鼓形齿面，如图 16－8 所示。

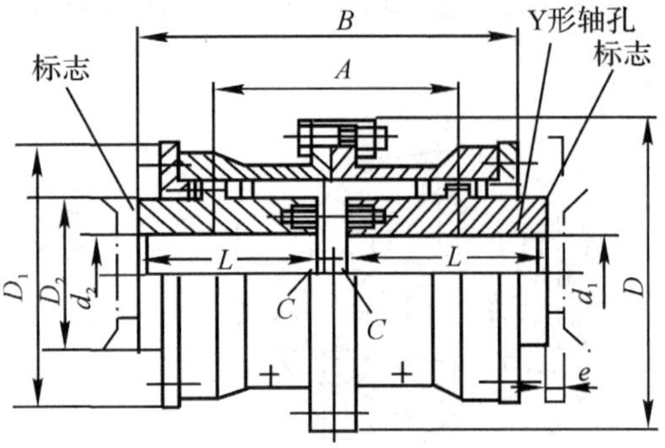

图 16－7　齿式联轴器

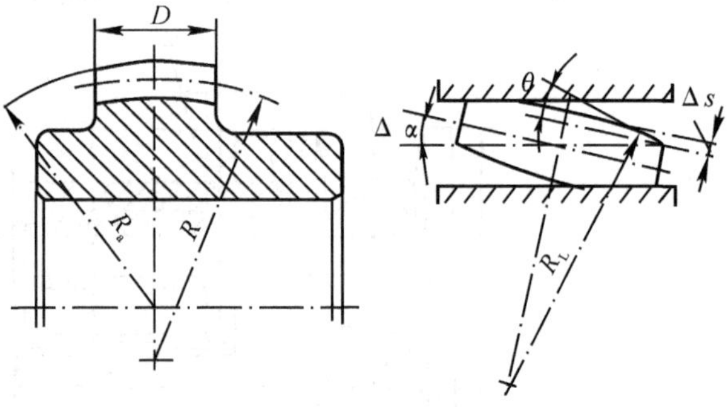

图 16－8　鼓形齿面

当两轴有相对角位移时，鼓形齿可以避免轮齿发生边缘接触，改善了啮合面上的压力分布均匀性。并可增加许用角位移。一般角位移 $\alpha \leqslant 30'$，采用鼓形齿时，允许角位移 $\alpha \leqslant 3^{\circ}$，如图 16－9 所示。齿式联轴器承载能力大，可在高速重载下可靠地工作，具有较强的位移补偿能力（一般允许径向位移 $y \leqslant 0.4 \sim 6.3$ mm）。该联轴器易安装，常用于启动频繁，正反转变化多的设备中。如起重机械、轧钢机等重型机械和高速大功率的透平机械、汽轮机、透平压缩机等。但是这种联轴器制造困难、要求精度高，所以成本较高，现在已多种列入标准化。

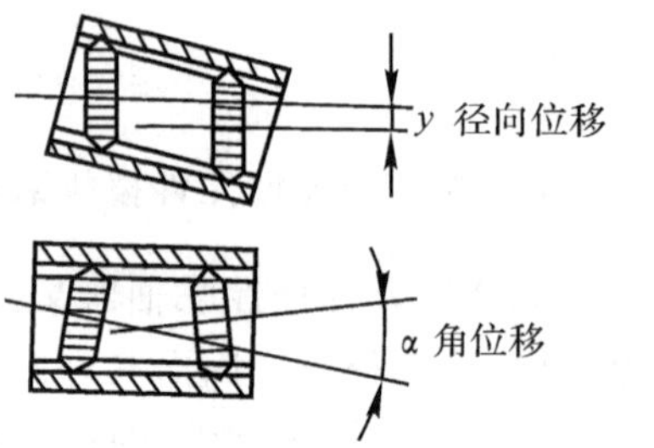

图 16－9　齿形联轴器两轴相对位移

3. 万向联轴器

如图 16－10 所示为十字轴万向联轴器，它具有允许两轴间大角位移的特点，两轴间的角度偏移最大可达 $35^{\circ} \sim 45^{\circ}$，而且在运转过程中可以随时改变两轴的轴间角。它是由两个叉形零件、一个十字形零件和轴销等组成。

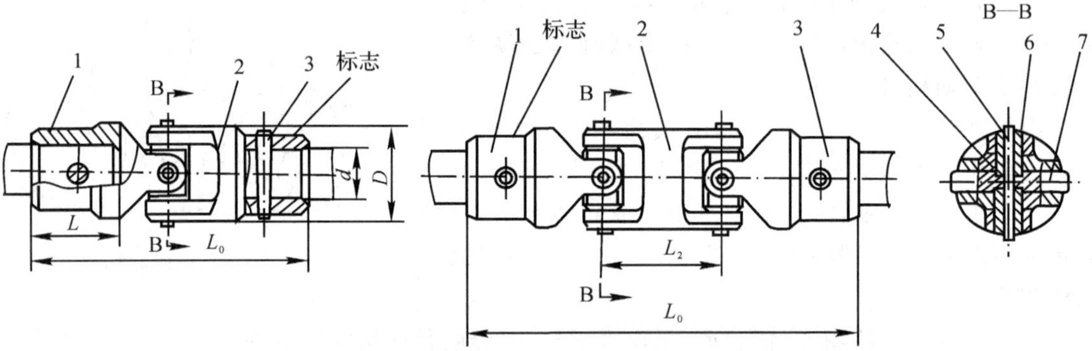

(a)　　　　　　(b)

图 16－10　WS，WSD 型十字轴万向联轴器

(a) WSD 型：1，2— 半联轴器；3— 圆锥销；4— 十字轴；5— 销钉；6— 套筒；7— 圆柱销

(b) WS 型：1，3— 半联轴器；2— 叉形接头；4— 十字轴；5— 销钉；6— 套筒；7— 圆柱销

由图可知，交叉形零件与轴销之间构成可动铰链联接，允许两轴有较大的角偏移，其缺点是两轴不在同一轴线时，主动轴以定角速度 ω_1 回转，而从动轴角速度 ω_2 将在 $\omega_1\cos\alpha$ 至

$\omega_1/\cos\alpha$ 范围内作周期性变化，因而在传动中引起附加动载荷。在从动轴上的零件转动惯量愈大，即所产生的附加载荷也就愈大，为此常将万向联轴器成对使用，如图 16－10(b) 所示，并且使轴的两个叉子位于同一平面内，主、从动轴与中间轴之间所成的夹角 α 亦必须相等。这样主、从动轴的角速度亦随时相等，从而避免附加载荷的产生。十字轴式万向联轴器因具有传动效率高的优点，故得到广泛应用，如汽车、拖拉机、轧钢机、金属切削机床等，已列入标准化JB/T 5901－1991。

16.2.4　弹性元件挠性联轴器

弹性元件挠性联轴器就是利用弹性元件的弹性变形来补偿两轴的相对位移。因可动元件之间的间隙小，能缓和冲击，减轻振动，并能改善传动装置的动态特性，所以其特别适宜于需要经常启动或逆转传动的轴系。

弹性联轴器的减振性能主要取决于弹性元件的材料和结构。弹性元件所能储存的能量愈多，则联轴器的缓冲能力愈强，元件的弹性滞后性能愈好，联轴器的消振能力也愈强，因此在启动频繁、变载荷、高速动转，两轴又不能严格对中的场合，应用弹性联轴器最好。弹性元件有以金属材料为元件和以非金属材料为元件的两种。弹性元件主要是各种弹簧，其特点是强度大、传动载荷能力大、尺寸小、寿命较长。非金属弹性元件的材料主要有橡胶、尼龙和聚氨脂等工程塑料，弹性模量低，弹性变形量大，可得各向异性弹性的特性，有弹性滞后特性，因此消振能力强，缓冲性能好，而且重量轻、价格便宜。

1. 金属弹性元件挠性联轴器

(1) 弹性阻尼簧片联轴器(GB/T 12922－1991)。弹性阻尼簧片联轴器由若干沿径向辐射状分布的弹簧片组构成，如图 16－11 所示。各片长度从中部向两侧对称地逐渐缩短，传递转矩时，组成可动联接，有振动时，簧片弯曲变形，即增加阻尼达 0.5 ～ 0.9。其特点是：弹性高，阻尼大，传递转矩能力大，结构紧凑，工作可靠，使用寿命长，适宜于载荷变化大、有扭转振动的轴系，如高速大功率柴油机机组等。

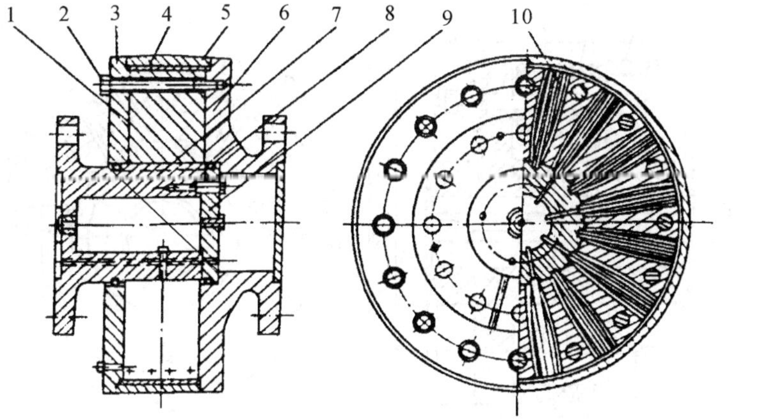

图 16－11　弹性阻尼簧片联轴器

1— 中间块；2— 六角头螺栓；3— 侧板；4— 中间圈；5— 紧固圈；6— 法兰；7— 花键轴；8—O 形橡胶密封圈；9— 密封圈座；10— 簧片组片

(2) 挠性杆联轴器(GB/T 14653－1993)。挠性杆联轴器的结构如图 16－12 所示，它由若干分离的薄弹簧组成一个封闭的多边形，每一边用螺拴交叉地与主、从动部分联接，同时弹簧片的两端联接点不在同一直径的圆周上，一对弹簧片交叉错位均匀分布。在工作时，其中一片弹簧受拉，另一片弹簧片受压，一共有 6 ～ 8 对弹簧片，挠性杆联轴器的弹性较低，扭转刚度大，承受载荷能力强，不受油和温度等的影响，尺寸小，重量轻，寿命长，适用于载荷平稳的中高速传动轴系。

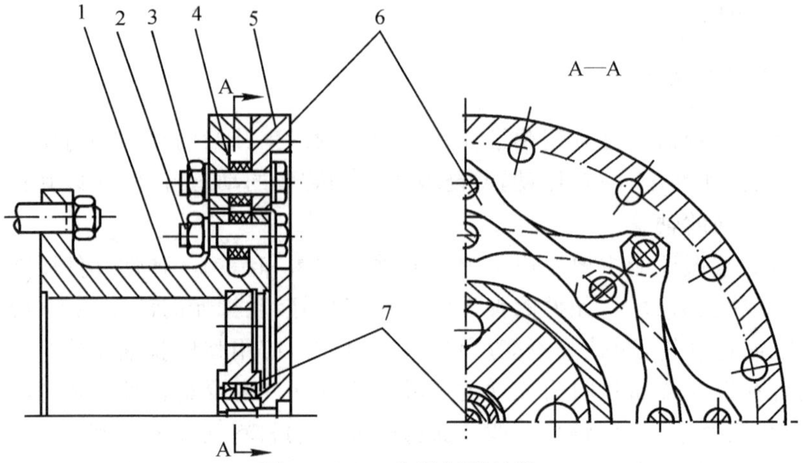

图 16－12　挠性杆联轴器

1— 内构件；2，3— 六角头螺栓；4— 外圈；5— 法兰盘；6— 挠性杆；7— 关节轴承

（3）螺旋弹簧联轴器。如图 16－13 所示，螺旋弹簧联轴器由压缩螺旋弹簧组成，6 个螺旋弹簧沿两半联轴器的圆周分布，每一弹簧的两端分别套在与主、从动半联轴器的扇形块相联的圆柱部分上，在联轴器单向运转时，一半螺旋弹簧受压缩传递扭矩；反转时，另一半弹簧受压缩传递扭矩。为消除间隙，弹簧在装配时必须预压缩变形。其结构简单，易制造，弹性好，附加载荷好，效率不高，承载能力低，适用于有冲击载荷或正反转动的轴系。

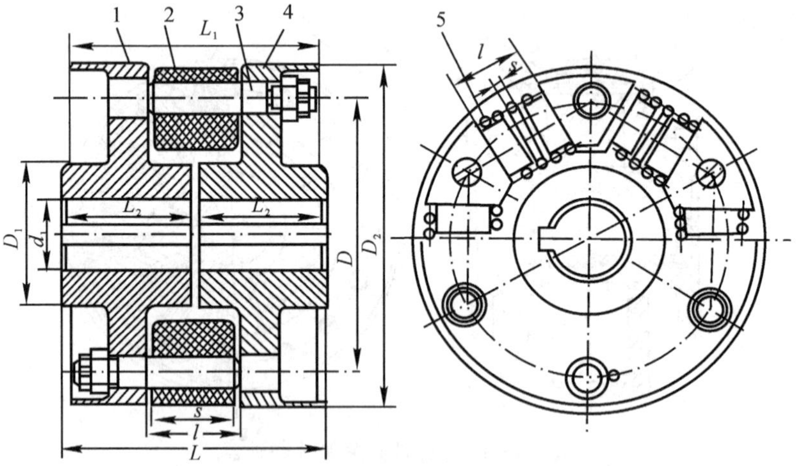

图 16－13　螺旋弹簧联轴器

1，4— 半联轴器；2— 扇形块；3— 销；4— 螺旋弹簧

2. 非金属弹性元件挠性联轴器

(1) 弹性柱销联轴器。弹性柱销联轴器就是利用若干非金属材料(如尼龙)等制成的柱销,置于两半联轴器凸缘上的孔中,使两半联轴器联接,如图 16-14 所示。因柱销富有弹性,并与半联轴器上的柱销孔有间隙,所以具有很好的位移补偿能力和缓冲消振能力。其制造方便、耐久性好,适用于轴向窜动大,有正、反转、启动频繁的轴系。

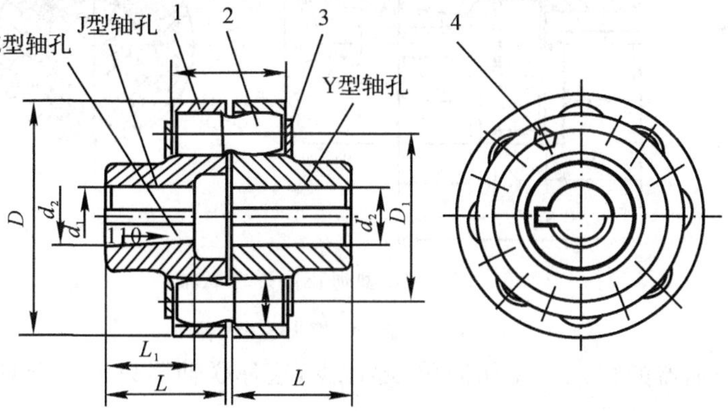

图 16-14　HL 型弹性柱销联轴器

1— 半联轴器;2— 柱销;3— 挡板;4— 螺钉

(2) 轮胎式联轴器。轮胎式联轴器其结构就是利用外形呈轮胎状的橡胶元件与金属板硫化黏结在一起,再用螺拴与两半联轴器联接在一起,如图 16-15 所示。

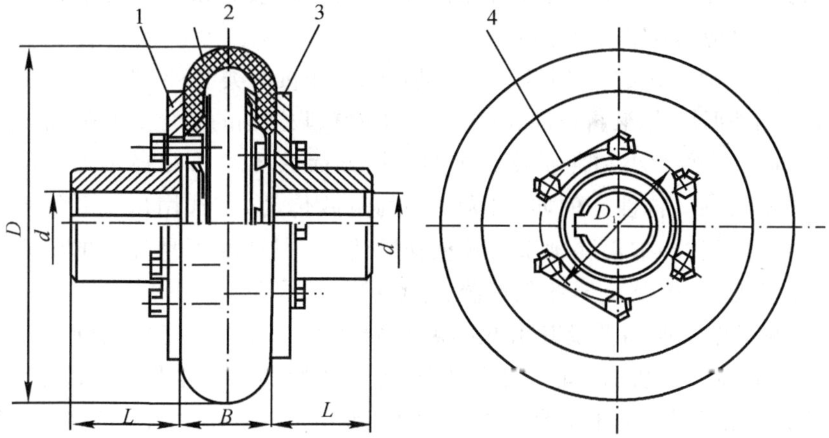

图 16-15　UF 型轮胎式联轴器

1,3— 半联轴器;2— 轮胎环;4— 止退垫板

轮胎式联轴器的优点是具有很高的柔度、阻尼大、补偿两轴位移量大、结构简单、制造成本低,相对扭转角 $\varphi=60^\circ\sim30^\circ$。其缺点是随扭转角的增加,在两轴上会产生相当大的附加轴向力,在高速下运转时,由于外径扩大会引起轴向收缩而产生较大的轴向拉力,为消除这些不利因素,则要保持一定量的轴向预压缩变形。

(3) 梅花型弹性联轴器。将梅花型弹性元件置于半联轴器凸爪之间以实现两半联轴器的联接,如图 16-16 所示。联轴器工作时,沿转动方向嵌在主动至从动凸爪之间的弹性体(瓣)

传递转矩。梅花型弹性元件的材料以聚氨酯橡胶为主，具有高的弹性和耐磨性，且耐冲击，耐油性好。

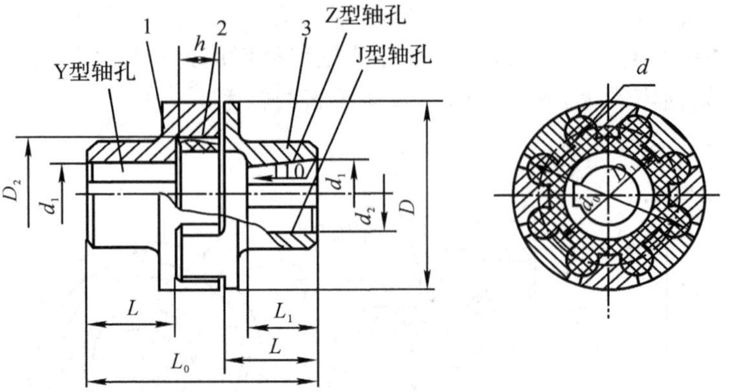

图 16-16　ML 型梅花形弹性联轴器

1，3— 半联轴器；2— 梅花形弹性元件

梅花形弹性联轴器的特点是结构简单、零件少，这种联轴器只适用于对减振、缓冲、补偿性要求不高的中小功率传动轴系。

16.2.5　联轴器类型型号的选择

联轴器大部分已标准化，选用者应根据使用要求，如机械机构类型、要求传递工作情况、计算转矩、工作转速、轴径、伸出轴头、被联接的两轴最大位移量等和工作条件来确定选用类型和规格。具体在选择时应考虑以下几点：

(1) 机械类型和传动系统的配置情况，如原动机和工作机的类型、传动系统的质量和转动惯量的大小、传动系统的外形尺寸、装拆空间、所联接轴的位置、联接轴的配合要求孔形和平衡要求。

(2) 所需传递转矩的大小和性质及对缓冲消振方面的要求。在稳定工作情况下，所运转的最大转矩和转矩的时间特性。例如：对大功率的重载传动，可选用齿式联轴器；对有载荷变化大，在严重冲击载荷和要求消除轴系扭转振动的传动，同轴度不易保证的轴系，可选用有弹性元件的挠性联轴器，如橡胶金属环联轴器、轮胎式联轴器。

(3) 联轴器的工作转速高低及其引起的离心力大小。对于高速传动轴，宜选用平衡精度高的联轴器，如对载荷大的机器，宜选用重量轻，转动惯量小的联轴器；对正反转变化多、启动频繁，又有较大的冲击载荷，两轴又易对中的轴系，则应选用无弹性元件的挠性联轴器。

(4) 两轴相对位移的大小和方向。当安装调整后，难以保持两轴严格精确对中，或工作过程中两轴产生较大的附加相对位移时，应选用挠性联轴器，例如当径向位移较大时，可选用滑块联轴器；角位移较大或相交两轴的联接，可选用万向联轴器等。

(5) 联轴器的可靠性、使用寿命和工作环境。通常由金属元件制成的不需润滑的联轴器比较可靠，而需要润滑的联轴器使用寿命较长。含有橡胶等非金属元件的联轴器对温度、油类腐蚀性介质有敏感性，但容易老化。

(6) 对联轴器在满足使用性能的前提下，必须考虑到制造、安装、维护、装拆等因素。成本最低的联轴器，(如刚性联轴器)，一般非金属弹性元件联轴器(如弹性套柱销联轴器、梅花弹性联轴器等)，由于其具有良好的综合性能，故适用于中小功率传动轴系。

16.3　离 合 器

16.3.1　离合器的特点和分类

离合器是利用各种操纵方法来实现主、从动部分在同轴线上传递运动和动力，具有接合或分离功能的装置。按原动机、工作机各部件间工作的要求，离合器实现启动和停止，以改变传动件的工作状态、传动比，还可用做控制传递转矩的大小，以达到安全保护作用。

离合器按接合元件传动工作原理可分为离嵌合式离合器和摩擦式离合器；按离合过程的动作可分为操纵式离合器和自控式离合器。操纵式又分为机械式、气压式、液压式。离合器的分类如下：

- 离合器
  - 操纵式离合器
    - 机械操纵式离合器
      - 嵌合式离合器
        - 牙嵌式离合器、健式离合器
        - 齿轮式离合器、棘轮式离合器
      - 摩擦式离合器
        - 圆盘摩擦式离合器、片式离合器
        - 锥面摩擦式离合器、块式离合器
        - 闸带式离合器、闸块式离合器
    - 液压（操纵）式离合器
    - 气压（操纵）式离合器
    - 电磁（操纵）式离合器
  - 自控式离合器
    - 超越式离合器
    - 离心离合器
    - 安全离合器

16.3.2　对离合器的要求

(1) 离合迅速，平衡无冲击，分离彻底，动作准确可靠，利用离合器联接的两个轴必须保持同轴线。

(2) 结构简单，重量轻，惯性小，工作安全，效率高，体积小。

(3) 接合元件耐磨性高，使用寿命长，散热条件好。

(4) 操作方便，省力，制造容易，调整维修方便，成本低。

16.3.3　操纵式离合器

机械离合器利用杠杆等机构直接操纵接合元件，使离合器结合分离。中小型离合器可用人力操纵，操纵力在 80 ～ 160 N 范围内。脚踏板操纵力一般在 100 ～ 200 N 范围内，行程均为 100 ～ 150 mm。

1. 嵌合式离合器

如图 16－17 所示为牙嵌离合器的典型结构。这种离合器是由端面带牙的两个半离合器 1 和 3 组成。半离合器 1 用平键与主动轴联接，而另一半离合器 3 用导键与从动轴联接，并用滑环 4 操纵离合器的分离和接合，以中环 2 用来保证两轴不发生歪斜。

离合器的牙形有矩形、梯形、锯齿形等多种，如图 16－18 所示。

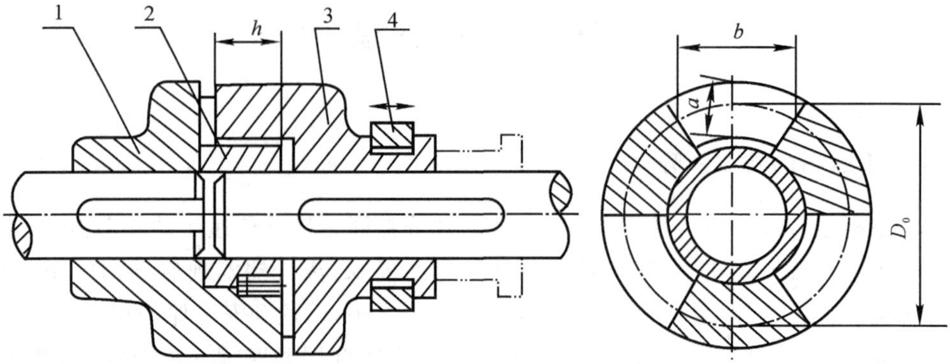

图 16－17　牙嵌式离合器

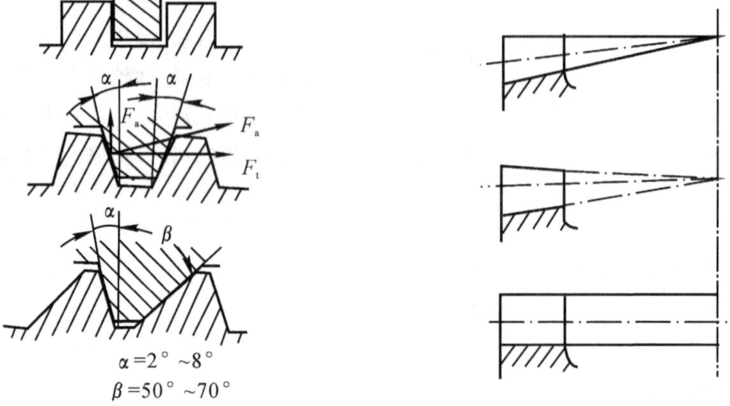

图 16－18　牙嵌式离合器牙形

矩形牙不便于离合，但能传递正、反两个方向的转矩；梯形牙强度较高，能传递的转矩最大，并能补偿牙的磨损和牙侧间隙，以保证两个半离合器接合时无间隙；锯齿形牙的强度最高，但只能传递单方向的转矩。为了保证离合器在传递转矩时所产生的轴向分力不致使离合器分离，离合器的牙侧倾角 α 应取得小一些，一般为 2° ～ 8°。

离合器的牙数一般取 3 ～ 60，传递转矩大时，牙数应取少；要求接合时间短时，牙数应取多些。

为使牙嵌离合器的尺寸小、重量轻，一般采用低碳钢材渗碳淬火处理或中碳钢表面淬火处理，使牙面具有较高硬度，以提高其耐磨性。

牙嵌式结构简单，没有滑动，尺寸较小。但不能在转速差较大时进行接合，只能在转速差很小时进行，以免牙嵌受冲击而断裂。多用在转矩不大，低速时接合的场合。牙嵌式只能在圆周速度差小于 0.7 ～ 0.8 m/s，或转速差小于 100 ～ 150 r/min 时的工况中。

2. 摩擦式离合器

摩擦离合器是靠工作面上的摩擦力来传递转矩，摩擦元件上的压力是靠各种机构产生的，常用的有弹簧和杠杆机构，对远距操纵的离合器则用液压、气压或电磁装置等。摩擦离合器的工作面可做成圆盘形、圆锥形等，圆盘摩擦离合器又分为单盘式和多盘式两种，如图 16－19 所示。

在图 16-19(a) 中，半离合器 1 与主动轴圆定联接，而另一半离合器 2 可在从动轴上滑动，当用力 Q 压紧两半离合器时，两轴就接合，靠其接合而产生摩擦力而传递转矩。图 16-19(b) 所示为两组摩擦片，滑环 6 通过压块 4 压紧摩擦片，所有摩擦片受到压紧力 Q 的作用，传递转矩。

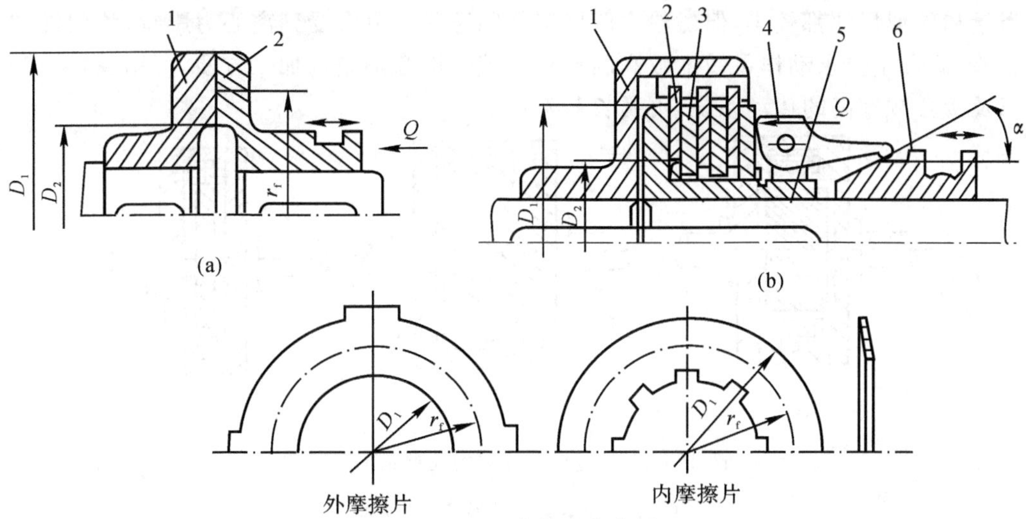

图 16-19　摩擦式离合器

摩擦式离合器与牙嵌式离合器相比，其优点在于：在任何速度下，两轴都可以接合或分离，接合过程平稳、冲击、振动较小；从动轴的加速度时间和所传递的最大转矩可以调节，从动轴转速总是小于主动轴的转速，因而内、外摩擦片间就有相对滑动产生，必须消耗功率，并引起摩擦片的摩损和发热，温度升高时会引起摩擦因数的改变，甚至导致摩擦片的胶合，塑性变形。因此，钢制摩擦片，应限制其表面温度不超过 300 ～ 400 ℃，而整个离合器的平均温度不大于100 ～ 200 ℃。

3. 磁粉离合器

(1) 磁粉离合器的工作原理。磁粉离合器借助磁粉间的结合力和磁粉与工作面间的摩擦力来传递转矩。图 16-20 所示为磁粉离合器的原理图，与主动轴 1 联接的主动件 3 为一圆柱形的壳体，从动轴 8 与转子 6 联接，转子上嵌有激磁线圈 4，在转子与壳体之间的同心环形间隙中，充填着磁粉。当电流经过滑环 9 通入线圈时，产生垂直于间隙的磁通，于是磁粉被磁化聚集形成磁粉链，产生磁联接力，使磁粉黏度增大，导致转子和壳体间的刚性联接。这样，动力就由磁粉层间的磁力和摩擦力从主动轴传至从动轴。线圈断电后，磁粉去磁恢复为松散状态，并在离心力作用下，将磁粉甩向壳体内壁，在转子与磁粉间形成一定的间隙，此时磁粉就失去了传递转矩的作用，离合器脱开。

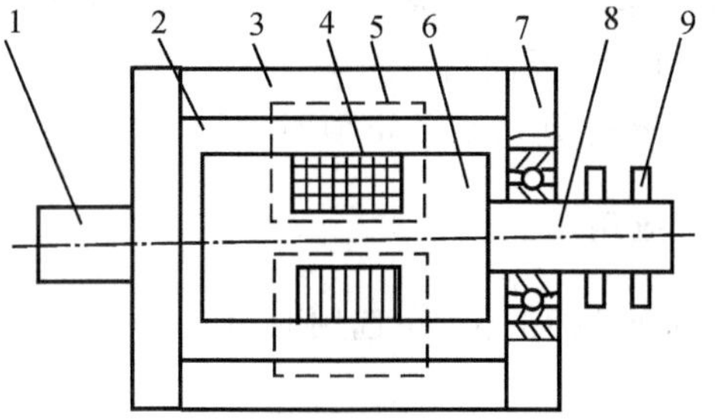

图 16-20　磁粉离合器结构原理图

1— 主动轴；2— 磁粉；3— 主动件；4— 线圈；5— 磁路；6— 转子；7— 端盖；8— 从动轴

(2) 磁粉离合器的类型。按线圈的运动状态有滑环式和无滑环两类;按工作表面的形状则有圆柱形、圆筒形和圆盘形三种,如图 16-21 所示。圆柱形的结构尺寸和转动惯量比较大,但强度高,磁粉分布均匀,性能稳定,可用于传递转矩大的传动轴系。圆筒形结构从动部分的转动惯量和外形尺寸都较小,但磁粉在两层工作间隙间的分布受到离心力影响,均匀性和分散性都较差,适合于要求动作灵敏度较高的传动系统。圆盘形结构加工方便,可用在转矩较小的场合以及接合频率高的传动系统,可延长其寿命。

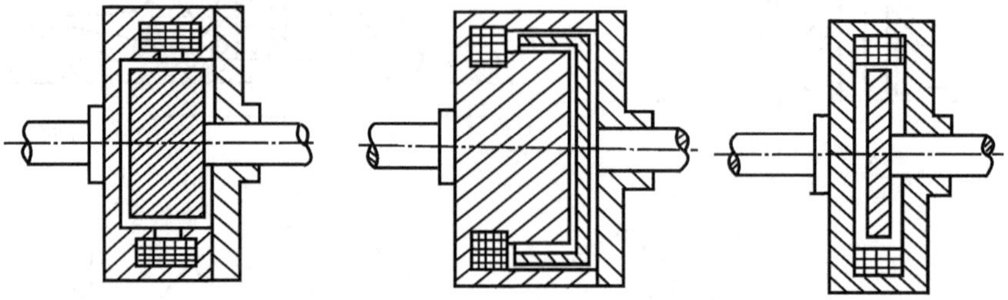
(a) (b) (c)

图 16-21 磁粉离合器的几种结构形式

(a) 圆柱形;(b) 圆筒形;(c) 圆盘形

(3) 磁粉离合器的特点。

1) 转矩随激磁电流呈线性变化,转矩控制范围广,控制精度高,输出转矩与转速无关,可在主、从动轴转速同步或有转速差的条件下工作。

2) 接合平稳、动作迅速、响应快、控制功率小(约为输出功率的 1%),而且传递转矩大。

3) 从动部分转动惯量小、结构简单、重量轻、噪声低。

4) 具有恒转矩特性及过载保护作用。

磁粉离合器主要用于接合频率高,要求接合平稳,需要调节起动时间,或过载时能起安全保护作用及要求自动调节转矩、转速和保持的恒转矩的传动系统中。

16.3.4 自动离合器

根据机器运转参数的改变能自动完成接合和分离动作的离合器称为自动离合器,常用的自动离合器可分为以下三类:

(1) 安全离合器。当载荷超过一定数值时,能自动分离,载荷恢复正常后又能自动接合,断续传递动力,有防止过载系统的安全作用。

(2) 定向离合器(亦称超越离合器)。根据主、从动轴间的相对速度差的不同,实现分离、接合,或是只按一个转向传递转矩,反向自动分离,停止传递。

(3) 离心离合器。当轴的转速到达某一定值时,靠离心力自动分离或自动接合。

16.3.5 离合器的选择及应用

离合器的型式很多,大部分已标准化,在选用时可从机械设计手册或有关使用说明书中查找选用。

在选择离合器时,根据机器工作的特点和使用要求,按各类各种离合的性能特点,首先确定离合器的类型,然后可根据机器的要求和参数及两轴的直径计算出设计计算转矩和主、从动轴转速，在手册中查出适用的型号、规格，在必要时，对主要件进行承载能力的核算、分析、比较，最后再决定具体选用的类型。

16.4　制 动 器

16.4.1　制动器的特点和要求

制动器的工作原理：利用摩擦副中产生的摩擦力矩实现制动作用，使机器、机构减速或使其停止。

16.4.2　制动器的类型

制动器的类型很多，按用途分，有停止式和调速式两种，停止式只有停止或支持物体运动的作用，调速式除上述作用外还有调节机械运动速度的作用；按结构特征可分为块式、带式和盘式三种；按操纵方式分为手动、自动和混和合式三种；按工作状态分为常开式制动器和常闭式制动器，常开式是指经常处于松闸状态，必须施加外力才能实现制动，常闭式的工作状态与常开式相反，即经常处于合闸制动状态（通常为机器停机时用），只有施加外力时才能解除制动状态（如机器在启动和运转时），如起重机中的提升机构常采用常闭式制动器，而在各种车辆中其制动器采用常开式。制动器的控制方式有自动式和操纵式两种。

常用的制动器多数已标准化或系列化。制动器通常是装在机构中转速较高的轴上，以使制动器尺寸小些。在设计中，一般根据参数和要求，求出所需制动力矩和一定的安全因数，再依据设计计算制动力矩来选用合适的制动器型号，对制动器时间和制动盘的发热情况等进行验算。制动器体系如下：

- 制动器
  - 磨损制动器（常开、常闭式）
    - 外抱块式制动器 —— 长行程块式、短行程块式
    - 内张蹄式制动器 —— 双蹄式、多蹄式
    - 带式制动器 —— 简单带式、差动带式、综合带式、短行程带式
    - 盘式制动器
      - 钳盘 —— 固定钳式，浮动钳式
      - 全盘 —— 单盘式、多盘式、载荷自制盘式
      - 锥盘 —— 锥盘式、载荷自制锥盘式
  - 非磨式制动器
    - 磁粉式制动器（半摩擦式）
    - 磁涡流式制动器
    - 水涡流式制动器

1. 短行程电磁铁双瓦块式制动器

短行程电磁铁双瓦块式制动器的工作原理如图 16 - 22 所示。由图可知，电磁铁线圈 5 断电，主弹簧 8 回复使左、右两制动臂 4 接近，两个互块 3 同时闸紧制动轮 10，此时为制动状态。当电磁线圈通电时，电磁铁 6 绕 O 点逆时针回转，迫使推杆 7 向右移动，于是弹簧 8 被压缩，左右两制动臂 4 的上端距离增大，两互块 3 离开制动轮 10，制动器处于开启状态，将两个制动臂对称装于制动轮两侧，并把两个互块铰接上，这样可使两互块的正压力和两制动臂 4 上的合闸力相等，从而消除制动轮上的横向力。将电磁铁装在制动臂上，可使制动行程缩短 5 mm 以下。主弹簧的压力可由位于其端部，由装在推杆 7 上的螺母来调节。制动臂张开程度由限位螺钉 2 来调定。

这种制动器的优点是：制动开启，灵敏，半径尺寸小，重量轻，更换互块电磁铁方便，并易于调整互块和制动轮之间的间隙。不足之处是制动时冲击力较大，开启时所需的电磁铁吸引力大，电磁铁的尺寸和电能消耗亦大，这种制动器不宜用于需要很大制动力矩和频繁制动的场合。

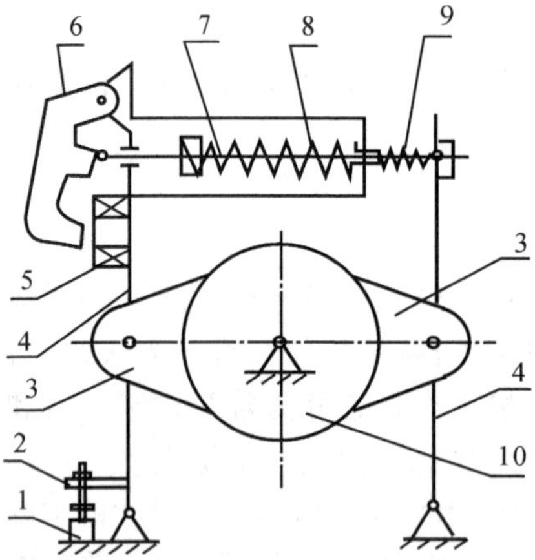

图 16-22　短行程电磁铁双瓦块式制动器

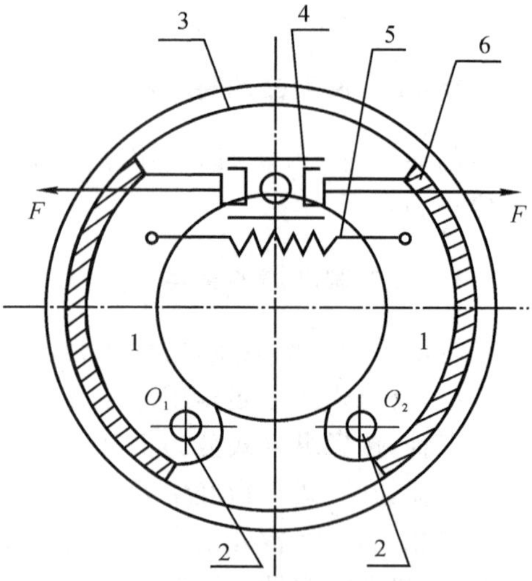

图 16-23　内涨蹄式制动器

2. 内涨制动器

如图16-23所示内涨制动器两个制动蹄分别通过销轴1与机架的制动底板铰接，制动轮3与所需制动的轴固定联接，制动轮内圆柱表面装有摩擦材料6，当压力油进入制动油缸4时，即推动左右两个活塞，两个制动蹄在活塞的推力作用下向外摆动，压向制动轮内圆柱面，从而闸住制动轮。油路卸压后，弹簧5使两制动蹄与制动轮分离，制动器便处于松闸状态。

这种制动器结构紧凑，形状尺寸有自动增力的效果，广泛用于各种车辆及结构尺寸受限制的机器上。

3. 带式制动器

带式制动器是用挠性钢带，包围制动轮，而带的两端分别固定接在杠杆上，操纵杠杆使带压紧制动轮而产生摩擦力，从而实现制动。如图16-24所示，当在杠杆上作用外力F后，收紧闸带抱住制动轮，依靠带与轮间的摩擦力实现制动。由于制动带的包角大，制动力矩大，但制动带易磨损，容易断裂，对轴的作用力大，所以在应用上受到一定的限制，一般用于中、小型起重设备和铰车中。

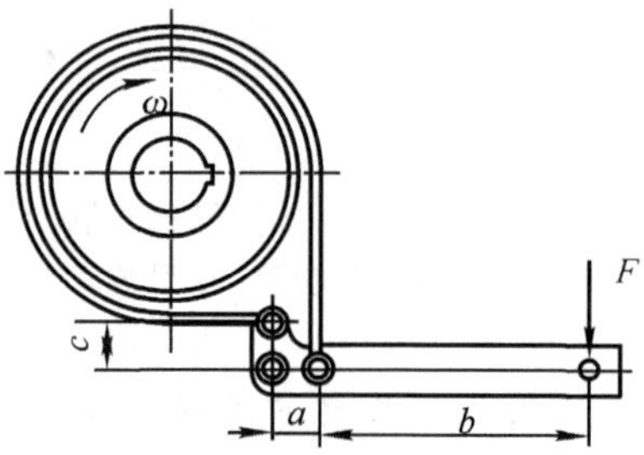

图 16-24　带式制动器

16.4.3　制动器类型的选择

制动器类型的选择应依据使用要求和工作条件，选择时应考虑以下几点：

(1) 需要应用制动器的机构、机器的工作性质和条件。例如对于起重机械的起升和变幅机构都必须采用常闭式制动器。而对于车辆及起重机械的运行和旋转机械等，为了控制制动转矩的大小以便准确停车，则多采用常开式制动器。

(2) 应充分注意制动器使用的环境条件，制动转矩要考虑足够的安全因数，如果主机上有液压系统，则选用带液压的制动器。如主机要求干净，有直流电源，则选用直流短程电磁铁制动器；如果要求运动平稳 、无声，则选用液压制动器或磁粉制动器。

(3) 考虑应用场所，如安装制动器的地点有足够的空间时，则可选用外抱块式制动器，空间受限制处则可采用内蹄式、带式或盘式制动器。

(4) 考虑制动器安装位置和体积，一般将制动器安装在传动中的高速轴上，但制动力矩要小，制动体积小，重量轻。

确定类型型号，根据机器运转情况计算制动轴上的负载力矩，求出计算制动力矩，以计算制动力矩为依据，选出标准型号，再进行必要的对发热、制动时间(或距离、转角) 等的验算，对主要环节件进行承载能力的校核。

16.4.4　制动器的设计

设计制动器的步骤如下：

(1) 计算制动轴上的转矩，即计算转矩 T_c。根据机器类型和载荷情况，考虑安全因数，算出计算转矩 T_c。

(2) 根据计算转矩，选择合适的制动器类型和结构形式，如选用标准制动器要标出其型号和规格，必要时要作验算。

(3) 按摩擦元件的退出距离求出松闸推力的行程。

(4) 对主要零件作必要的强度计算，对制动臂、传力杠杆等应进行刚度验算，对摩擦元件作发热验算。

(5) 根据对制动器的具体要求技术参数，在机械设计手册或产品使用说明书中查出制动器主要尺寸。

习题与思考题

16-1　联轴器和离合器的主要功能是什么？二者功能的主要区别是什么？

16-2　刚性联轴器和挠性联轴器的主要区别是什么？

16-3　离合器应满足哪些基本条件？

16-4　散热问题对离合器和制动器是否同等重要？

16-5　电动机与离心泵之间用联轴器相联，已知电动机功率 $P=22$ kW，转速 $n=970$ r/min，电动机外伸轴的轴径 $d=50$ mm，水泵外伸轴轴径 $d=48$ mm，试选择联轴器型号。

16-6　某卷扬机的驱动电机为 YB25-4，额定功率为 $P=5.5$ kW，转速为 $n=1\,440$ r/min。电动机伸出轴直径 $d=30$ mm，伸出轴长 50 mm，减速机输入轴直径 $d=30$ mm，轴头长 $E=400$ mm，工作类型 JC25%，载荷有中等冲击，在电动机前后分别装联轴器和制动器，试选择此联轴器和制动器。

第17章　弹　簧

17.1　弹簧的功能和类型

弹簧是通过其自身产生较大的弹性变形而进行工作的一种弹性元件，它在机械设备、电器仪器、军工装备、交通运输设备和日常生活器具等方面均得到广泛的应用。

17.1.1　弹簧的功能

弹簧是一种弹性元件，它利用材料的弹性和结构上的特点，在工作时就可以产生较大的弹性变形，吸收机械动能，或将变形能转化成动能。弹簧的主要功用有：

(1) 控制机械设备、仪器、仪表的运动，如内燃机的阀门、各种气门、离合器、制动器上用的弹簧；

(2) 有缓冲、减振能力，如车辆上装的弹簧，各种缓冲器、联轴器中的弹簧；

(3) 有储存能量的功能，在各种自动控制机构、仪表、钟表上的原动弹簧等；

(4) 用以检测力和力矩的测量，如测力器、弹簧秤上的弹簧等。

17.1.2　弹簧的类型和特点

弹簧的分类办法很多，按所用材料的不同，弹簧可分为金属和非金属弹簧；按受力的性质不同，弹簧可分为拉伸弹簧、压缩弹簧、扭转弹簧和弯曲弹簧；按弹簧的形状不同，可分为螺旋弹簧、环形弹簧、蝶形弹簧、板弹簧等。表 17－1 中列出了常用弹簧的类型、特点和应用。

在本章中，主要以最常用的圆柱螺旋弹簧为重点讲述其类型和特性，并进行设计计算。

表 17－1　常用弹簧的主要类型、特点和应用

名称	简图	特性线	说明
圆柱螺旋弹簧	圆截面材料压缩弹簧 	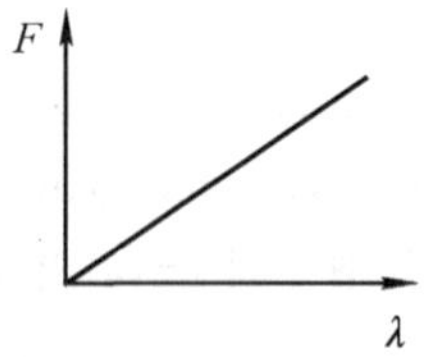	特性线为直线，刚度稳定。结构比较简单，制造方便，应用最广

续　表

名称	简图	特性线	说明
圆柱螺旋弹簧	变节距压缩弹簧 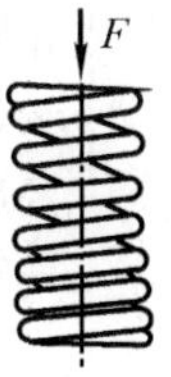	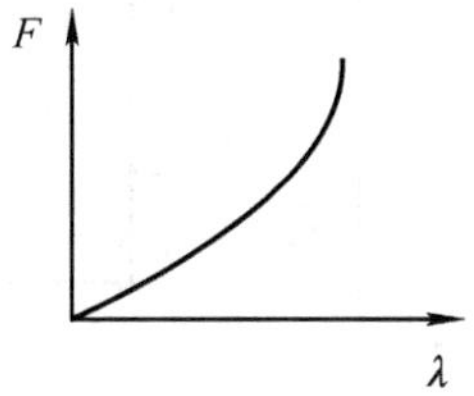	当弹簧压缩到有一部分簧圈开始接触后，随着载荷增大，接触圈数逐渐增加，特性线变为非线性，刚度及自振频率均为变值，利于消除或缓和共振的影响。可用于高速变载机构
	拉伸弹簧 	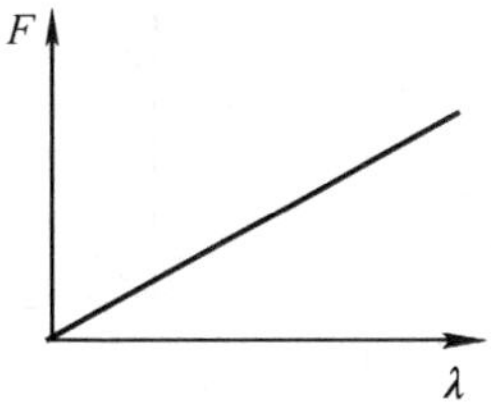	特性线为直线，刚度稳定，结构比较简单，应用广泛
	扭转弹簧 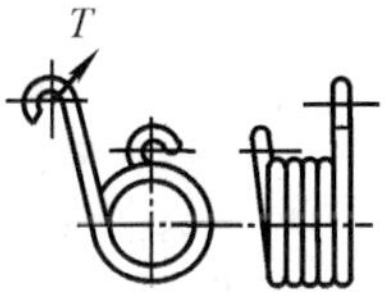	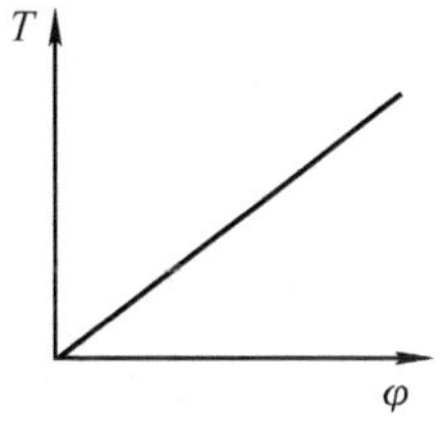	主要用做压紧或储能装置
非圆柱螺旋弹簧	圆锥螺旋弹簧 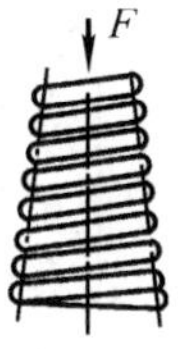	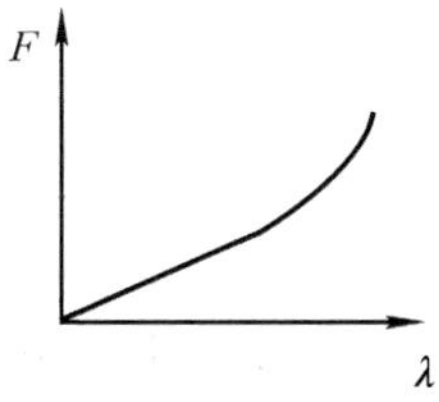	当压缩到有一部分簧圈开始接触后，特性线变为非线性，自振频率为变值，防共振能力比变节距压缩弹簧强。稳定性好、结构紧凑
板弹簧	多板弹簧 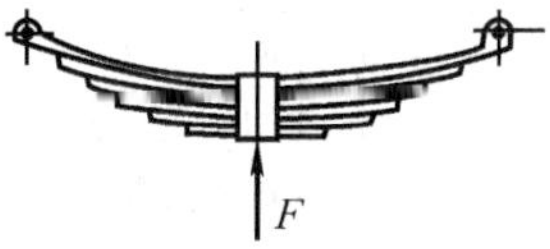	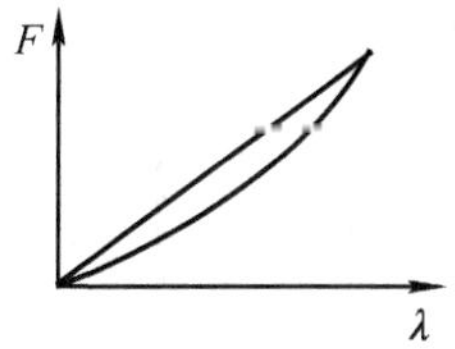	分为单板弹簧和多板弹簧，多板弹簧缓冲和减振性能好。主要用于汽车、拖拉机和铁路车辆的悬挂装置
蝶形弹簧	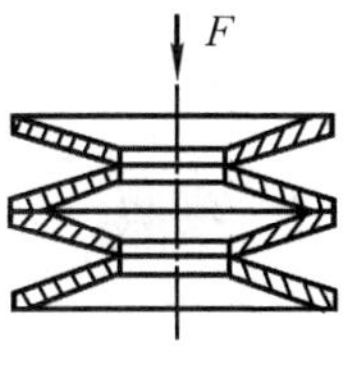	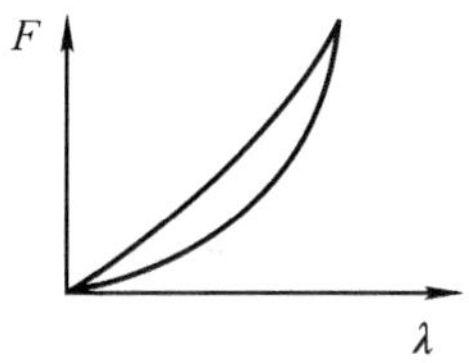	缓冲和减振能力强，采用不同的组合（叠加式或对合）可以得到不同的特性线，多用于重型机械的缓冲和减振装置

续　表

名称	简图	特性线	说明
涡圈弹簧	截锥涡卷弹簧 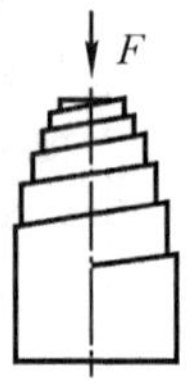	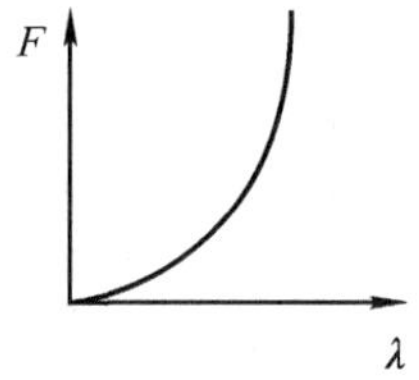	比圆锥螺旋弹簧吸收的能量大，但制造困难，只在空间受限制时，用以代替圆锥螺旋弹簧
	平面涡卷弹簧 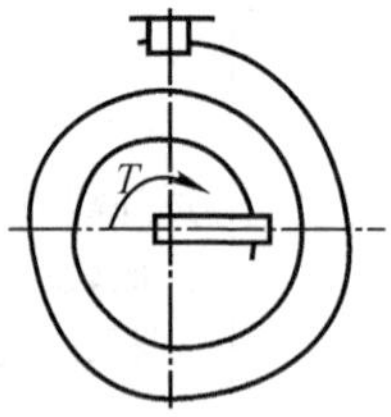	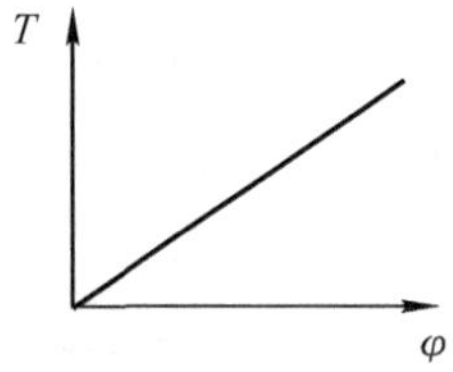	可设计成具有较多圈数，有大变形角，能储存大能量，多用做压紧弹簧和仪器、钟表中的储能弹簧
环形弹簧	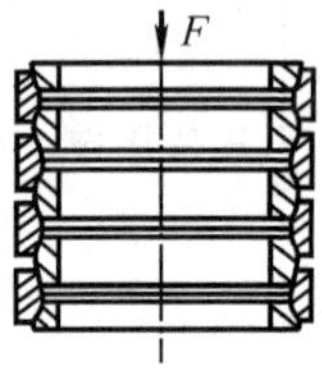	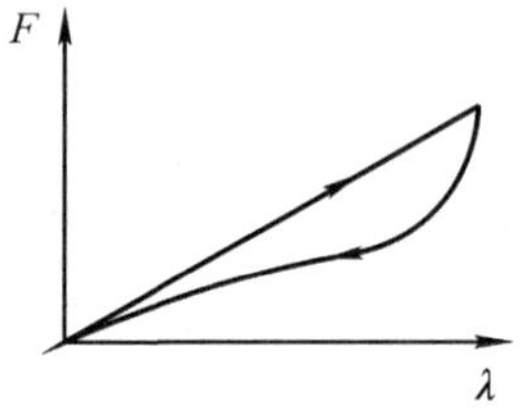	减振能力强，常用于重型设备的缓冲装置
空气弹簧	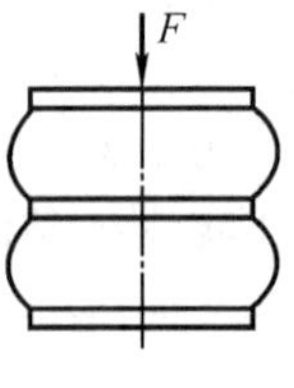	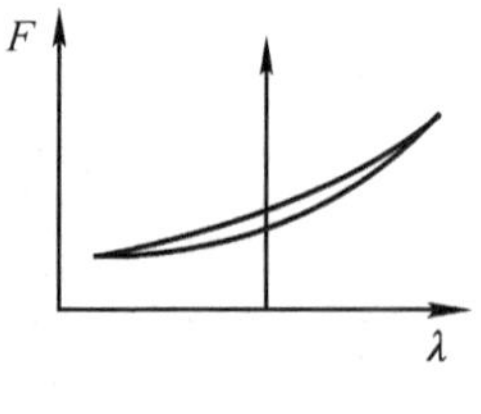	可按工作需要设计特性曲线和调节高度，多用于车辆悬挂装置
橡胶弹簧	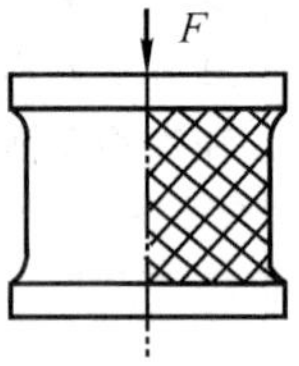	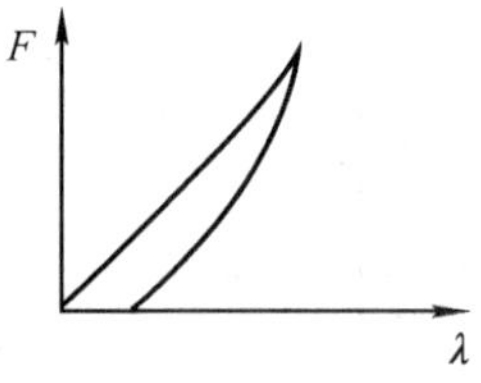	利用橡胶的弹性模量小，易于得到所需要的非线性特性。外形不受限制，各向刚度可自由选择。可承受来自多方面的载荷

17.2　圆柱形螺旋弹簧的结构和几何参数

在设计圆柱形螺旋弹簧时，应该首先考虑到弹簧在受载荷作用下，其产生的工作应力要在弹簧材料的弹性极限范围之内，这时载荷和变形即形成一条直线的关系，如图 17－1 所示。

17.2.1　圆柱形螺旋弹簧的特性线

1. 圆柱形压缩螺旋弹簧特性线

图 17-1(a) 中所示是压缩弹簧的特性线，H_0 为压缩弹簧在未受载荷作用时的自由长度。但是一般压缩弹簧在安装时，必须要给以预加一个压力 $F_{\min}$，称之为安装载荷，或称最小工作载荷。其相应的弹簧长度由 H_0 压缩到长度为 H_1，压缩变形量为 $\lambda_{\min}$。如果弹簧受到最大的工作载荷 $F_{\max}$ 时，则弹簧的长度又要从 H_1 减到 H_2，其压缩变形量增至 $\lambda_{\max}$，最大和最小压缩变形量的差值，就是弹簧的工作行程，即 $h=\lambda_{\max}-\lambda_{\min}=H_1-H_2$。如果继续加载到极限载荷 $F_{\lim}$，弹簧丝中的应力达到弹簧材料的弹性极限 $\tau_{\lim}$。相应地弹簧被压缩到长度为 H_3，压缩变形量为 $\lambda_{\lim}$。

等节距圆柱螺旋压缩弹簧的特性线为一直线，亦即刚度为常数，即

$$K=\frac{F_{\min}}{\lambda_{\min}}=\frac{F_{\max}}{\lambda_{\max}}=\text{常数}$$

在设计时应保持其线性特性，弹簧的最大工作载荷应小于极限载荷，一般 $F_{\max}=0.8F_{\lim}$，为使弹簧具有比较稳定的刚度，弹簧的工作变形量一般取$(0.2\sim0.8)\lambda_{\lim}$；最小工作载荷 $F_{\min}$ 取为$(0.1\sim0.5)F_{\max}$。

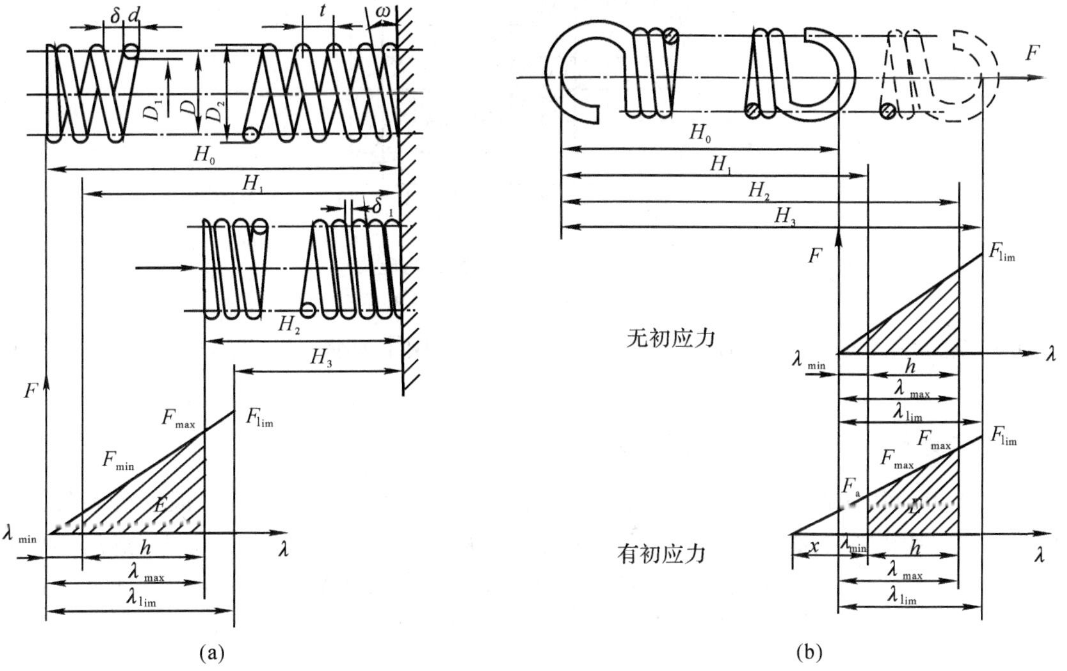

图 17-1　圆柱形螺旋压缩和拉伸弹簧特性线

2. 圆柱形拉伸弹簧特性线

如图 17-1(b) 所示为拉伸弹簧的特性线，拉伸弹簧分无初应力和有初应力两种，F_0 为拉伸弹簧的初拉力(N)，用不需要淬火、回火材料制成的密卷拉伸弹簧，在簧圈间形成的轴向压力即是初拉力，当所加载荷超过初拉力后，弹簧才开始变形，卷挠成形后，需要淬火的弹簧没有初拉力。

初拉力计算式为

$$F_0=\frac{\pi d^3}{8DK}\cdot\tau_0 \tag{17-1}$$

式中，τ_0 为初切应力（MPa）；F_0 为初拉力（N）；d 为弹簧丝直径（mm）；D 为弹簧卷中径（mm）。

当弹簧直径 $d<5$ mm 时，初拉力值 $F_0\approx\frac{1}{3}F_{\lim}$，$d>5$ mm 时，$F_0\approx\frac{1}{4}F_{\lim}$。

初拉力 F_0 亦可按弹簧指数 C 选取，$C\leqslant10$ 时，$F_0=(0.2\sim0.3)F_{\lim}$；$C>10$ 时，$F_0=(0.1\sim0.2)F_{\lim}$。式中初切应力为 τ_0，其可在图 17－2 中的阴影区范围内选取，亦可用

$$\tau_0=\frac{G}{1\,000} \tag{17-2}$$

计算。

式中，G 为切变模量（MPa），由表 17－6 中选取。

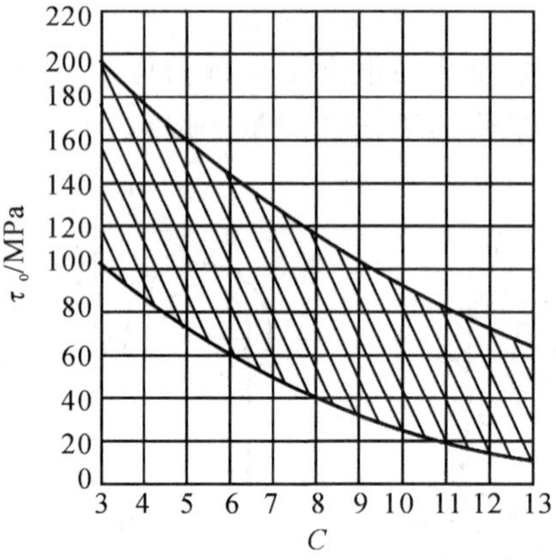

图 17－2　拉伸弹簧的初应力

C 为弹簧指数，$C=D/d$，一般 $4\leqslant C\leqslant16$

无初应力弹簧的特性线和压缩弹簧的特性线完全相同，如图 17－1(b) 中无初应力特性线图所示。

其拉伸变形量

$$\lambda_{\max}=\frac{8F_{\max}C^3n}{Gd} \tag{17-3}$$

有初应力的拉伸弹簧如图 17－1(b) 中有初应力弹簧特性线图所示。因这种弹簧有轴向压缩力，要将弹簧拉长，必须先给弹簧足够的初拉力 F_0，用以克服轴向压缩力，然后继续加载使弹簧伸长。由于这种弹簧的拉伸变形是在初拉力 F_0 作用开始后继续加载下才产生的。当拉伸载荷增加到 $F_{\max}$ 时，载荷增加量为 $F_{\max}-F_0$，拉伸变形量为 $\lambda_{\max}$，得

$$\lambda_{\max}=\frac{8(F_{\max}-F_0)C^3n}{Gd} \tag{17-4}$$

17.2.2　弹簧结构

1. 圆柱形压缩螺旋弹簧的结构

压缩弹簧端部结构形式多样，按工作需要亦可自行设计，一般弹簧两端有 $\frac{3}{4}\sim1\frac{1}{4}$ 圈与邻圈并紧，只起支承或固定作用，不作弹簧变形，称为支承圈。支承圈的数目与弹簧端部结构

形式有关,其端部结构形式如表 17-2 所示。一般要保证支承面与弹簧轴线垂直,如 YⅠ型,两端圈并紧磨平,两端与支承座接触好,不致歪斜,工作稳定性好。两端圈不并紧,不磨平,如 YⅢ 型,一般用于弹簧丝直径小,不太重要的地方。

表 17-2　圆柱形螺旋压缩弹簧的端部结构及代号(GB/T 1239.6—1992)

类型	代号	简图	端部结构形式
冷卷压缩弹簧(Y)	YⅠ	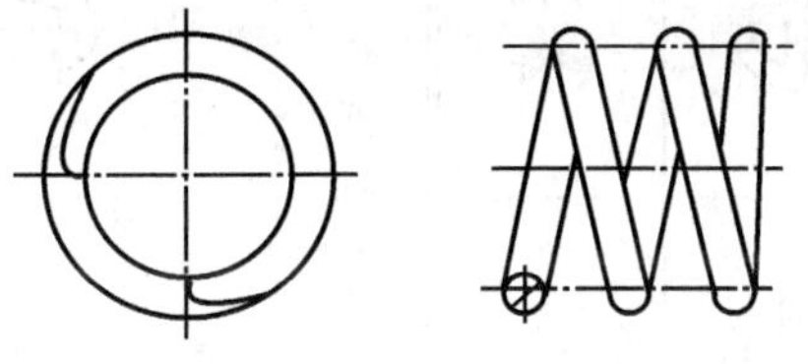	两端圈并紧磨平 $n_2 = 1 \sim 2.5$
	YⅡ	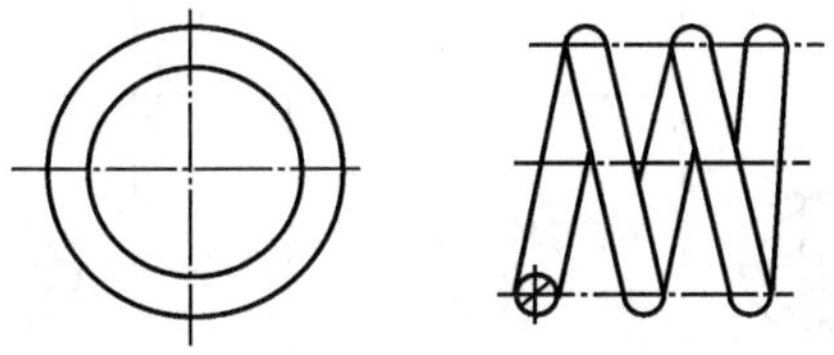	两端圈并紧不磨平 $n_2 = 1.5 \sim 2$
	YⅢ	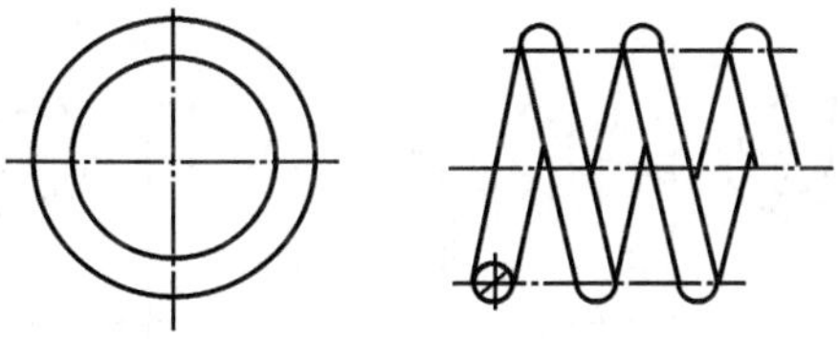	两端圈不并紧 $n_2 = 0 \sim 1$
热卷压缩弹簧(RY)	RYⅠ	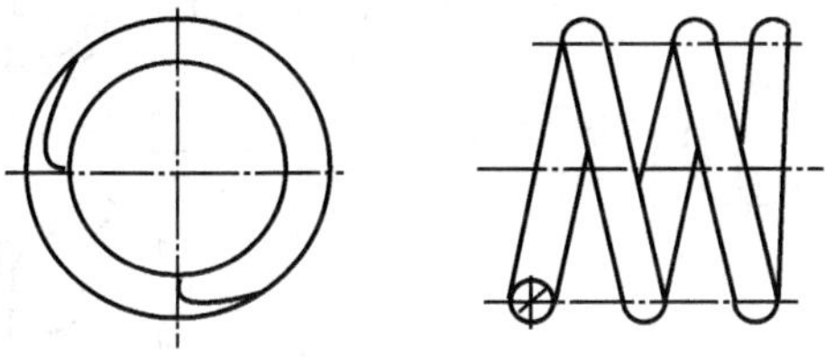	两端圈并紧磨平 $n_2 = 1.5 \sim 2.5$
	RYⅡ	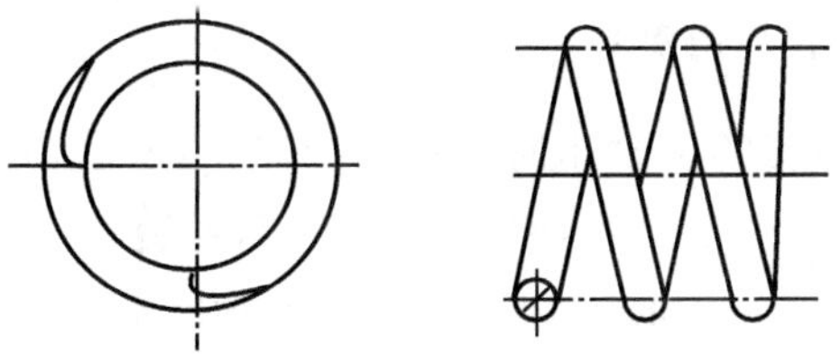	两端圈置扁并紧磨平或不磨平 $n_2 = 1.5 \sim 2.5$

2. 圆柱形拉伸螺旋弹簧的结构

圆柱形拉伸螺旋弹簧端部有挂钩,以便安装和加载,表 17-3 列举了拉伸弹簧的几种端部结构形式,常用的为钩环式。钩环由弹簧圈弯曲而成,由于是强烈地弯曲成形,在钩环内侧产生高的应力,降低拉伸弹簧的强度。为减轻这种影响,可采用附加钩环结构,如表 17-3 中可调式弹簧,但成本较高。

表 17－3　圆柱形螺旋拉伸弹簧的端部结构及代号(GB/T 1239.6－1992)

类型	代号	简图	端部结构形式	类型	代号	简图	端部结构形式
冷卷拉伸弹簧(L)	LⅠ	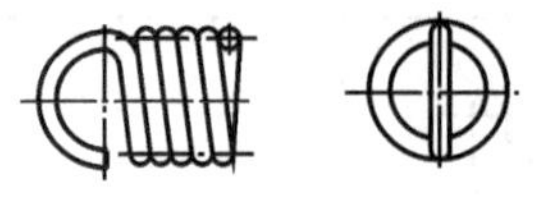	半圆钩环	冷卷拉伸弹簧(L)	LⅥ	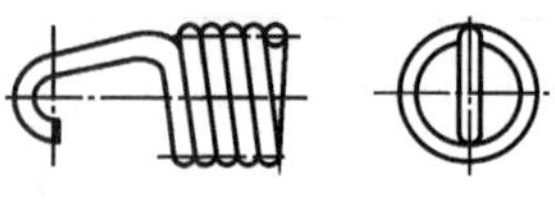	长臂小圆钩环
	LⅡ	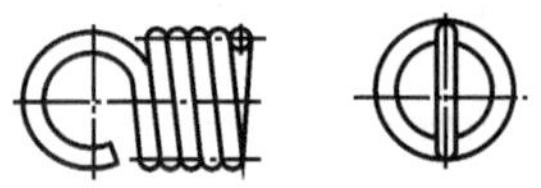	圆钩环		LⅦ	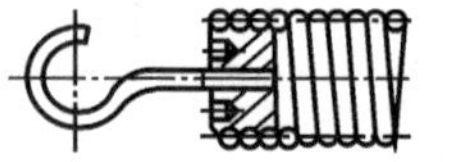	可调式拉簧
	LⅢ	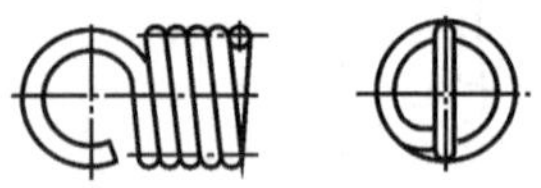	圆钩环压中心		LⅧ	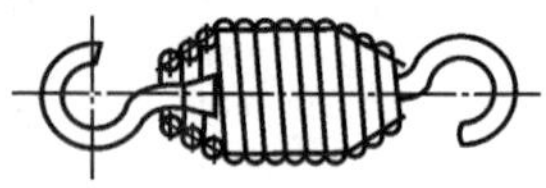	两端具有可转钩环
	LⅣ	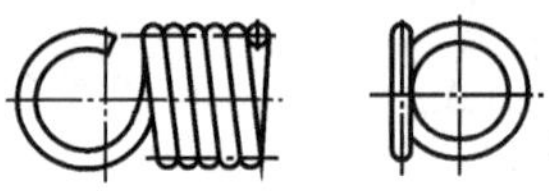	偏心圆钩环	热卷拉伸弹簧(RL)	RLⅠ	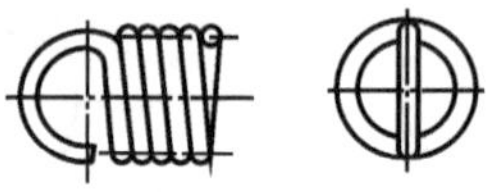	半圆钩环
	LⅤ	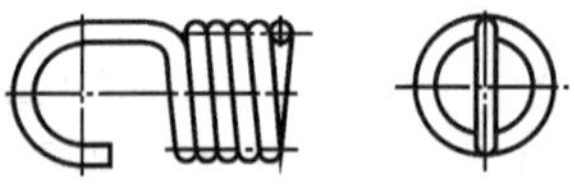	长臂半圆钩环		RLⅡ	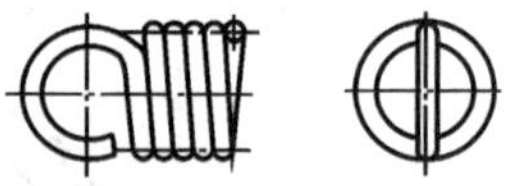	圆钩环
					RLⅢ	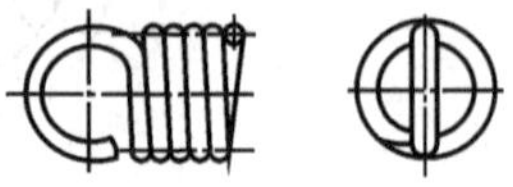	圆钩环压中心

17.2.3　圆柱形螺旋弹簧的几何参数

圆柱形压缩弹簧和拉伸弹簧的主要几何参数如图 17－3 所示，基本几何参数之间的相互计算公式见表 17－5。圆柱弹簧的主要尺寸：弹簧丝直径 d，弹簧外径 D_2，弹簧内径 D_1，弹簧中径 D，节距 t，螺旋角 α，自由长度 H_0，变形量 λ。在弹簧设计中，弹簧指数 C 是设计中最重要的参数之一，$C=D/d$，弹簧指数愈小，其刚度 K 愈大，则弹簧愈硬。常用弹簧指数的选择见表 17－4。

圆截面弹簧丝材料的直径系列及弹簧圈的中径系列根据 GB/T 1 358—1 993 规定，下面列出常用值。

簧丝直径系列 /mm：1，1.2，1.6，2，2.5，3，3.5，4，4.5，5，6，8，10，12，16，20，25，30，35，40；

弹簧圈中径(平均直径)尺寸 /mm：4，4.2，4.5，5，5.5，6，6.5，7，7.5，8，8.5，9，10，12，14，

16,18,20,22,25,28,30,32,38,42,45,48,50,52,55,58,60,65,70,80,90,95,100,105,110,115,120,125,130,135,140,145,150,160,170,180,190,200,210,220,230,240,250,260,270,280,300。

表 17－4　圆柱形螺旋弹簧常用弹簧指数 C

弹簧丝直径 d/mm	0.2 ～ 0.4	0.5 ～ 1	1.1 ～ 2.2	2.5 ～ 6	7 ～ 16	18 ～ 40
指数 $C = D/d$	7 ～ 14	5 ～ 12	5 ～ 10	4 ～ 10	4 ～ 8	4 ～ 6

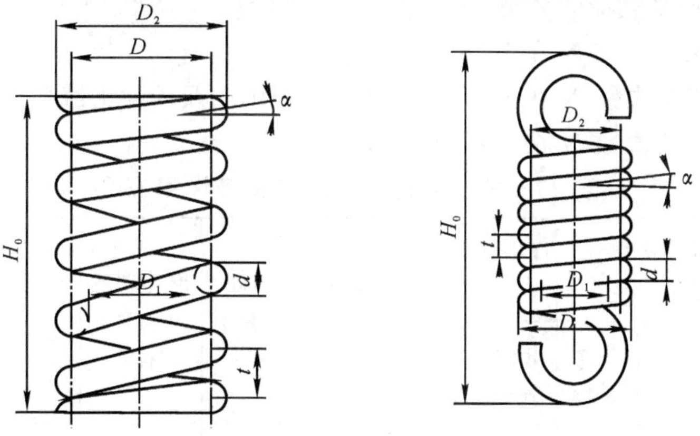

(a)　　　　(b)

图 17－3　圆柱形螺旋弹簧的几何参数

(a) 压缩弹簧；(b) 拉伸弹簧

表 17－5　圆柱形螺旋压缩(拉伸)弹簧基本几何参数关系式

参数名称及代号	计算公式：	
	压缩弹簧	拉抻弹簧
弹簧的中径 D	$D = cd$	
弹簧的外径 D_2	$D_2 = D + d = D_1 + 2d$	
弹簧的内径 D_1	$D_1 = D - d = D_2 - 2d$	
弹簧的有效圈数 n	根据要求变形量,按式(17－10)和式(17－11)计算	
弹簧的支撑圈数 n_2	支撑圈数 n_2(见表 17－2)	
弹簧的总圈数 n_1	$n_1 = n + n_2$	$n_1 = n$
弹簧的节距 t	$t = d + \frac{\lambda_{\max}}{n} + \delta = \frac{D}{3} \sim \frac{D}{2}$	$t = d$
弹簧的螺旋角 α	$\alpha = \arctan \frac{t}{\pi D} = 5° \sim 9°$	/
弹簧的自由高度 H_0	并紧不磨平端 $H_0 = n_1 t + (n_1 - n + 1)d$ 并紧磨平端 $H_0 = n_1 t + (n_1 - n + 0.5)d$	$H_0 = nd$ + 挂钩尺寸
弹簧丝展开长度	$L = \frac{\pi D n_1}{\cos \alpha}$	$L = \frac{\pi D n_1}{\cos \alpha}$ + 钩环展开长度

注：n—— 有效圈数；δ—— 压缩弹簧的余隙 $\delta \geqslant 0.1d$；n_2—— 支撑圈数；C—— 弹簧指数(又称旋绕比),C 值为 4 ～ 16,常用 $C = 5 \sim 10$。

17.2.4　弹簧的材料

弹簧在载荷下要可靠地工作，其材料除了满足具有较高的强度极限和屈服极限外，还必须具有较高的弹性极限、疲劳极限、冲击韧性、塑性和良好的热处理工艺性等，表 17－6 列出了几种主要弹簧材料及其性能，实际中最常用的弹簧钢包括：碳素弹簧钢、低锰弹簧钢、硅锰弹簧钢、铬钒钢等。表 17－7 给出了碳素弹簧钢丝的抗拉强度极限。计算许用应力时，应该注意下述圆柱形螺旋弹簧所受载荷的分类。

Ⅰ 类：受循环载荷次数 N 在 10^6 以上。

Ⅱ 类：受循环载荷次数 N 在 $1\times10^3\sim10^6$ 次范围内及受冲击载荷。

Ⅲ 类：受循环载荷次数 N 在 1×10^3 以下。

表 17－6　主要弹簧材料及其许用应力

类别	代号	许用切应力 $[\tau]$/MPa			许用弯曲应力 $[\sigma_b]$/MPa		切变模量 G GPa	弹性模量 E GPa	推荐硬度范围 HRC	推荐使用温度 ℃	特性及用途
		Ⅰ 类弹簧	Ⅱ 类弹簧	Ⅲ 类弹簧	Ⅱ 类弹簧	Ⅲ 类弹簧					
钢丝	碳素弹簧钢丝 B,C,D 级	$(0.3\sim0.38)\sigma_B$	$(0.38\sim0.45)\sigma_B$	$0.5\sigma_B$	$(0.6\sim0.68)\sigma_B$	$0.8\sigma_B$				－40 ～ 130	强度高，性能好，B 级用于低应力弹簧，C 级用于中等应力弹簧，D 级用于高应力弹簧
	65 Mn B,C,D 级	340	455	570	570	710	80	206			
	55Si2Mn 60Si2MnA	445	590	740	740	925			45 ～ 50	－40 ～ 200	弹性好、回火稳定、易脱碳，适于做受大载荷的弹簧
	50CrVA									－40 ～ 210	疲劳强度高，淬透性、回火稳定性好，用于较高工作温度的高应力弹簧
	55CrMnA 60CrMnA	430	570	710	710	890	78	196	47 ～ 52	－40 ～ 250	抗高温，强度高，用于较重载荷的较大弹簧
不锈钢丝	1Cr18Ni9 1Cr18Ni9Ti	$(0.28\sim0.34)\sigma_B$	$(0.34\sim0.38)\sigma_B$	$0.45\sigma_B$	$(0.55\sim0.65)\sigma_B$	$0.75\sigma_B$	71	193		－200 ～ 300	耐腐蚀，耐高、低温，适于做小弹簧

续 表

<table>
<tr><th rowspan="2">类别</th><th rowspan="2">代号</th><th colspan="3">许用切应力
[τ]/MPa</th><th colspan="2">许用弯曲应力
[σ_b]/MPa</th><th rowspan="2">切变
模量 G
GPa</th><th rowspan="2">弹性
模量 E
GPa</th><th rowspan="2">推荐硬度
范围
HRC</th><th rowspan="2">推荐使
用温度
℃</th><th rowspan="2">特性及用途</th></tr>
<tr><th>Ⅰ类
弹簧</th><th>Ⅱ类
弹簧</th><th>Ⅲ类
弹簧</th><th>Ⅱ类
弹簧</th><th>Ⅲ类
弹簧</th></tr>
<tr><td rowspan="3">青铜丝</td><td>QSi－3</td><td rowspan="3">(0.25～0.30) σ_B</td><td rowspan="3">0.30～0.35 σ_B</td><td rowspan="3">0.40 σ_B</td><td rowspan="3">(0.55～0.65) σ_B</td><td rowspan="3">0.75 σ_B</td><td>41</td><td rowspan="2">93.2</td><td rowspan="2">HBS
90～100</td><td>－40～120</td><td>较高的耐腐蚀和防磁性，用于机械或仪表的弹性元件</td></tr>
<tr><td>QSn 4－3</td><td>40</td><td>－250～120</td><td>较高的耐磨性、耐腐蚀和防磁性，用于机械或仪表的弹性元件</td></tr>
<tr><td>Qbe2</td><td>44</td><td>129.5</td><td>37～40</td><td>200～120</td><td>耐磨、耐腐蚀，防磁，导电性好，用于电气或仪表的精密弹性元件</td></tr>
</table>

注：(1) 按受力循环次数 N 的不同，弹簧分为三类：Ⅰ类 $N > 10^6$；Ⅱ类 $N = 10^3 \sim 10^5$ 以及受冲击载荷的场合；Ⅲ类 $N < 10^3$。

(2) 碳素弹簧钢丝按力学性能不同分为 B,C,D 三级。

(3) 弹簧的工作极限应力 τ_{lim}。Ⅰ类：小于等于 1.67[σ_b]；Ⅱ类：小于等于 1.25[σ_b]；Ⅲ类：小于等于 1.12[σ_b]。

(4) 碳素钢丝的拉伸强度极限查表 17－7，其他弹簧材料的垃伸强度极限可查阅有关手册。

(5) 表中许用切应力值为压缩弹簧的许用值，拉伸弹簧的许用切应力为压缩弹簧的 80%。

表 17－7 碳素钢丝的抗拉强度 σ_b 下限值(GB/T 4 357—1 989)

<table>
<tr><th rowspan="2">钢丝直径
d/mm</th><th colspan="3">级 别</th><th rowspan="2">钢丝直径
d/mm</th><th colspan="3">级 别</th></tr>
<tr><th>B</th><th>C</th><th>D</th><th>B</th><th>C</th><th>D</th></tr>
<tr><td>0.5</td><td>11 860</td><td>2 200</td><td>2 550</td><td>2.5</td><td>1 420</td><td>1 660</td><td>1 760</td></tr>
<tr><td>0.8</td><td>1 710</td><td>2 010</td><td>2 400</td><td>2.8</td><td>1 370</td><td>1 620</td><td>1 710</td></tr>
<tr><td>0.9</td><td>1 710</td><td>2 010</td><td>2 350</td><td>3.0</td><td>1 370</td><td>1 570</td><td>1 710</td></tr>
<tr><td>1.0</td><td>1 660</td><td>1 960</td><td>2 250</td><td>3.2</td><td rowspan="2">1 320</td><td rowspan="2">1 570</td><td rowspan="2">1 660</td></tr>
<tr><td>1.2</td><td>1 620</td><td>1 910</td><td>2 150</td><td>3.5</td></tr>
<tr><td>1.4</td><td>1 620</td><td>1 860</td><td>2 150</td><td>4.0</td><td rowspan="2">1 320</td><td rowspan="2">1 520</td><td rowspan="2">1 620</td></tr>
<tr><td>1.6</td><td>1 570</td><td>1 810</td><td>2 110</td><td>4.5</td></tr>
<tr><td>1.8</td><td>1 520</td><td>1 760</td><td>2 010</td><td>5.0</td><td>1 320</td><td>1 470</td><td>1 570</td></tr>
<tr><td>2.0</td><td>1 470</td><td>1 710</td><td>1 910</td><td>5.5</td><td>1 270</td><td>1 470</td><td>1 570</td></tr>
<tr><td>2.2</td><td>1 420</td><td>1 660</td><td>1 810</td><td>6.0</td><td>1 220</td><td>1 420</td><td>1 520</td></tr>
</table>

注：碳素弹簧钢丝用 25～80,40 Mn～70 Mn 钢制造。

在选择弹簧材料时，应根据弹簧的功用和工作条件、载荷性质大小及循环特性、工作温度和周围介质，选择不同类型的材料。

(1) 碳素钢。常用于尺寸小的螺旋弹簧及板弹簧，价格便宜、弹性极限低。

(2) 合金弹簧钢。适用于受变载荷或冲击载荷下的弹簧，常用的合金弹簧钢有锰弹簧钢（例如 65Mn）、硅锰弹簧钢（如 60Si2Mn）、50 铬钒钢（50GrVA）等。

(3) 不锈钢和铜合金材料。对于一些有特殊要求的弹簧，例如防腐蚀、防磁性和导电性弹簧，必须选用具有特殊性能的钢和铜合金材料。

(4) 非金属材料。有橡胶、高强度塑料、空气等。

17.3 圆柱形螺旋压缩和拉伸弹簧的设计计算

17.3.1 弹簧的强度计算

1. 弹簧的受力

当弹簧受轴向压力 F 时，在弹簧丝任何截面上均受扭距、弯距、切向力、法向力，因此螺旋弹簧丝的受力就相当于曲杆受扭距和切向力。

2. 弹簧的应力

弹簧的受力较为复杂，综合考虑弹簧受力的影响，弹簧丝横切面上的最大扭转切应力应满足：

$$\tau_{\max}=K_{n}\frac{8FD}{\pi d^{3}}\leqslant[\tau] \tag{17-5}$$

式中，$K_{n}=\dfrac{4C-1}{4C-4}+\dfrac{0.615}{C}$，称为曲度因数，弹簧丝直径由下式确定：

$$d\geqslant\sqrt{\frac{K_{n}FC}{[\tau]}} \tag{17-6}$$

式中，$[\tau]$ 为许用剪应力（MPa）；F 为最大工作载荷（N）；C 为弹簧指数，由表 17-4 查得。

17.3.2 弹簧的变形计算

由弹簧的强度计算确定了弹簧圈的中径 D 和选定弹簧丝的直径 d，圆柱形螺旋弹簧在轴向载荷的作用下产生轴向变形，其变形量 λ，由变形可得到弹簧刚度，由弹簧刚度确定有效圈数。

1. 圆柱形螺旋弹簧的变形

弹簧变形量公式为

$$\lambda=\frac{8FD^{3}n}{Gd^{4}}=\frac{8FC^{3}n}{Gd} \tag{17-7}$$

式中，n 为弹簧的有效圈数；G 为弹簧材料的切变模量（MPa），由表 17-6 查得。

在最大的轴向载荷 $F_{\max}$ 的作用下，弹簧将产生最大的轴向变形量 $\lambda_{\max}$。

对于压缩弹簧和无初应力的拉伸弹簧，有

$$\lambda_{\max}=\frac{8F_{\max}C^{3}n}{Gd} \tag{17-8}$$

对于有初应力的拉伸弹簧，有

$$\lambda_{max}=\frac{8(F_{max}-F_0)C^3n}{Gd} \tag{17-9}$$

式中，F_0 为初应力。

2. 弹簧的圈数和刚度

由公式(17－8) 可得出：

压缩弹簧

$$n=\frac{Gd}{8F_{max}C^3}\lambda_{max}=\frac{Gd\lambda_{max}}{8F_{max}D^3}\lambda_{max} \tag{17-10}$$

拉伸弹簧

$$n=\frac{Gd\lambda_{max}}{8(F_{max}-F_0)C^3} \tag{17-11}$$

对于拉伸弹簧，$n_1>20$ 时，一般为整圈数；$n_1<20$ 时，则可圆整为 1/2 圈。对于压缩弹簧，总圈数 n_1 的尾数取 1/4，1/2 或整圈，常用 1/2 圈。弹簧的有效圈数 $n\geqslant 2$，才能保证弹簧具有稳定性。

由公式(17－10) 可得出：

$$n=\frac{G\lambda_{max}d}{8F_{max}C^3}=\frac{G\lambda_{max}d^4}{8F_{max}D^3}$$

弹簧刚度

$$K=\frac{F}{\lambda}=\frac{Gd}{8C^3m}=\frac{Gd^4}{8D^3n} \tag{17-12}$$

由公式(17－12) 知道旋绕比 C 值的大小，对弹簧的刚度影响甚大，所以要合理选择 C 值。C 值小，弹簧的刚度愈大，曲率就大，弹簧的制圈加工困难，工作时引起较大的扭转切应力。但 C 值太大，弹簧圈成后也易松开，C 值越大，弹簧刚度越小，弹簧就越软，易产生轴向颤动，在设计时，要综合考虑。

【例题 17－1】 设计一车辆减振装置用圆柱螺旋压缩弹簧，在变载荷下工作，并有冲击，当最大载荷 $F_{max}=15\ 000$ N 时，其变形量 $\lambda_{max}=45$ mm，寿命为 1×10^4 次。

【解】 (1) 选用材料及许用应力、剪切弹性模量。因弹簧承受较大的变载荷，寿命为 1×10^4 次，按表 17－6 选择弹簧材料及其许用剪应力$[\tau]$，剪切弹性模量 G，选用 60Si2MnA，$[\tau]=500$ MPa，$G=80\ 000$ MPa。

(2) 选定弹簧指数 C 及曲度因数 K_n。由表 17－4 选定弹簧指数 $C=5$。由公式(17－5) 可知曲度因数

$$K_n=\frac{4C-1}{4C-4}+\frac{0.615}{C}=\frac{4\times5-1}{4\times5-4}+\frac{0.615}{5}=1.3$$

(3) 确定弹簧丝直径 d。

由式(17－6) 可知

$$d\geqslant1.6\sqrt{\frac{K_nFC}{[\tau]}}=1.6\sqrt{\frac{1.3\times15\ 000\times5}{590}}=20.568\ \text{mm}$$

取用标准值 $d=20$ mm。

(4) 求弹簧中径 D。$D=d\times C=20\times5=100$ mm。

(5) 求弹簧的有效圈数。由公式(17-10)得

$$n=\frac{\lambda Gd}{8FC^3}=\frac{45\times 80\ 000\times 20}{8\times 15\ 000\times 5^3}=4.8$$

取5圈。

总圈数 $n_1=n+n_2=5+2=7$;式中死圈数 $n_2=2$。

(6) 求极限变形量 λ_{lim}。取 $\lambda/\lambda_{\mathrm{lim}}=0.8$,则 $\lambda_{\mathrm{lim}}=\lambda/0.8=45/0.8=56.25$ mm。

(7) 几何尺寸计算:

弹簧外径 $D_2=D+d=100+20=120$ mm;

弹簧内径 $D_1=D-d=100-20=80$ mm;

弹簧节距 $t=d+\frac{\lambda_{\mathrm{lim}}}{n}=20+\frac{56.25}{5}=31.25$ mm;

螺旋角 $\alpha=\arctan\frac{1}{\pi D}\arctan\frac{31.25}{\pi\times 100}=5.68°$;

弹簧自由高度 $H_0=nt(n_2-0.5)d=5\times 31.25+1.5\times 20=186.25$ mm,两端并紧,磨平;

弹簧丝展开长度 $L=\frac{\pi D\cdot n_1}{\cos\alpha}=\frac{\pi\times 100\times 7}{\cos 5.68°}=2\ 209.96\ \mathrm{mm}\approx 2\ 210$ mm;

弹簧稳定性的验算

$$B=\frac{H_0}{D}=\frac{186.25}{100}=1.865<3$$

因 $B<3$,小于许用值,即弹簧在载荷15 000 N下工作是稳定的,弹簧安全因数的验证(略)。

【例题17-2】 一个有初拉力的拉伸弹簧,承受静载荷。已知弹簧钢丝选用C级碳素弹簧钢丝,钢丝直径 $d=4$ mm,有效圈数为24圈,弹簧中圈直径 $D=22$ mm,试求该弹簧能够承受的工作载荷及其变形量。

【解】 (1) 确定许用应力。

由表17-7可知,C级碳素弹簧钢丝,$d=4$ mm,$\sigma_b=1\ 520\ \mathrm{N/mm^2}$。

由表17-6得

$$[\tau]=0.45\sigma_b\times 80\%=0.45\times 1\ 520\times 0.8=547.2\ \mathrm{N/mm^2}\approx 600\ \mathrm{N/mm^2}$$

(2) 求承受的工作载荷 F_2。

弹簧指数 $$C=D/d=\frac{22}{4}=5.5$$

由公式(17-5),得

$$K_n=\frac{4C-1}{4C-4}+\frac{0.615}{C}=\frac{4\times 5.5-1}{4\times 5.5-4}+\frac{0.615}{5.5}=1.28$$

$$\tau=\frac{8KF_2D}{\pi d^3}=\frac{8KF_2C}{\pi d^2}$$

$$F_2=\frac{\pi d^3[\tau]}{8KD}=\frac{\pi\times 4^3\times 600}{8\times 1.28\times 22}=535.5\ \mathrm{N}$$

(3) 求弹簧的拉伸变形量 λ。

1) 计算初拉力 F_0。根据 $C=5.5$,由图17-2查得 $\tau_0=70\sim 150\ \mathrm{N/mm^2}$。

取 $\tau_0=120\ \mathrm{N/mm^2}$,按公式(17-1)得初拉力为

$$F_0=\frac{\pi d^3\tau_0}{8KD}=\frac{\pi\times 4^3\times 120}{8\times 1.28\times 22}=107\ \mathrm{N/mm^2}$$

2)求在工作载荷下的变形量λ_{max}。由表17-6查得$G=80\ 000\ N/mm^2$。按公式(17-4),可得

$$\lambda_{max}=\frac{8(F_{max}-F_0)C^3n}{Gd}=\frac{8(F_{max}-F_0)C^3n}{Gd}=\frac{8\times(535.5-107)\times22^3}{80\ 000\times4^4}\times24=42.6\ mm$$

因此,变形量为 42.6 mm

习题与思考题

17-1　弹簧有哪些类型?各有什么功用?

17-2　设计一受静载荷并有初拉力的圆柱形螺旋拉伸弹簧,已知工作载荷为$F_1=180$ N,$F_2=360$ N,变形为$\lambda_1=7$ mm,$\lambda_2=16.5$ mm,弹簧中径$D=12$ mm,外径为$D_2\leqslant16$ mm,工作条件为一般。

17-3　设计一圆截面螺旋压缩弹簧。当最大工作载荷$F_{max}=1\ 000$ N时,其对应的变形量$\lambda_{max}=15$ mm,所受载荷为静载荷。

17-4　一圆柱形螺旋压缩弹簧承受静载荷,已知弹簧丝直径$d=6$ mm,弹簧中径$D=36$ mm,有效工作圈数$n=10$,用 Ⅱ 组碳素弹簧钢丝制造,当载荷$F=900$ N时,弹簧变形量是多少?

第18章　机械传动系统设计

18.1　概　　述

在实际机械工业中，要把原动机的运动转变为生产任务要求的执行构件的运动，绝大部分情况下仅靠一种机构是不能实现的，必须把若干种机构根据需要组合起来，构成一个机械传动系统来完成。

机械传动系统是机械的重要组成部分，其既要实现速度变换、运动形式转换及各执行构件间协调配合工作的所谓预期运动，同时还要实现把原动机输出的功率和转矩传递到执行构件上即所谓的传递动力，这就是机械传动系统的两个基本任务。为此，本章对组成机械传动系统的各个基本机构的运动形式、特点及其组合方式和变异演化方法、机械传动系统方案设计的基本步骤和基本要点等进行分析讨论。

18.2　机械传动系统设计

机械传动系统方案设计是一项比较复杂的工作，不仅需要对各种传动机构的性能、工作特点和应用场合等有较深入和全面的了解，而且需要具备较丰富的实践知识和设计实验的经验。虽然机械传动系统设计有一定的规律，但这些规律不是一成不变的模式，因此要做好此项工作，更需要充分发挥设计者的创造能力。

18.2.1　机械传动系统方案设计的基本步骤

1. 选定机械的工作原理和机械传动方案

机械为完成同一生产工作任务，可以根据不同的工作原理来实现。机械的工作原理不同，其传动方案也不同。例如螺栓的螺纹可以车削、攻螺纹，也可以滚压加工，即使用同一工作原理，也可以有不同的机械传动方案，例如展成法加工齿轮，可以在滚齿机上用滚刀切制齿轮，也可以在插齿机上用插刀切制齿轮。显然，滚齿机和插齿机的传动方案是完全不一样的。根据相同或不同机械工作原理拟订出的不同传动方案必然有优劣之分，故在设计时应综合评价，选出最佳传动方案。

机械的工作原理是否先进，在很大程度上决定了该机械的先进程度。其传动方案系统设计是否恰当，对机械性能、质量及成本有着决定性的影响。同时，在选择和拟订传动方案时，必须考虑机械工作的适应性、可靠性、先进性、工艺性和经济性等多方面的因素。

根据机械的工作原理和传动方案，就可以确定出机械所需要的执行构件的数目、运动形式以及它们之间的运动协调配合等要求。

2. 确定传动系统主要性能参数

确定各执行构件的运动参数和生产阻力，如牛头刨床刨刀行程的大小、行程速比因数、切削时的切削阻力等，并选择原动机，确定其类型、运动参数和功率。

3. 选择机构类型，确定各构件运动和几何参数

合理选择组成机械传动系统的各种机构类型、机械的组合方案，绘制机械传动系统示意图。根据执行构件和原动机的运动参数、传动比以及各执行构件间运动协调配合的要求，确定各构件的运动参数和各构件的几何参数，绘制机械传动系统的机构运动简图。

4. 机械的力分析计算

根据机械的生产阻力或原动机的额定转矩进行机械中力的分析计算(如各级传动轴传递的转矩及各零件所承受的载荷)，以作为零件强度计算的依据。

5. 各执行构件间的运动协调配合

在机械传动系统中，各执行构件之间必须保证严格的运动协调配合以实现生产工作的先后顺序，完成正常的工作任务。

18.2.2　机械传动类型的选择

传动装置的类型很多，选择不同类型的传动机构，将会得到不同形式的传动方案。为了获得理想的方案，需要合理选择传动类型。根据传动的方式不同，传动的类型和特点分述如下：

1. 机械传动

利用机构实现的传动称为机械传动，其优点是工作稳定、可靠，对环境的干扰不敏感。缺点是影响速度慢。常用的传动机构如齿轮机构、凸轮机构、连杆机构等我们已在前面的章节中学习过。

(1) 齿轮传动。齿轮机构应用最为广泛，直齿圆柱齿轮和斜齿圆柱齿轮都具有实现较大传动比及传动动力的作用。斜齿圆柱齿轮传递运动更平稳，直齿圆柱齿轮易实现齿轮变速中的换档；圆锥齿轮主要用来改变运动方向，它的装配精度的调整较困难。齿轮-齿条传动可实现运动形式——回转运动与直线运动——的变换。蜗杆传动可以实现大的减速比，并具有反向驱动的自锁性能，它在不可逆向传递运动的机械中得到了广泛的应用，但其传动效率较低。在重载齿轮传动中，如矿山、冶金设备中，圆弧齿轮传动的应用日益增多，因为在与同体积的渐开线齿轮减速装置比较后可知，前者所传递的功率要大得多。

(2) 连杆机构。连杆机构在机械设备及生活用品中均有大量应用。连杆机构结构简单，制造容易，能实现多种规律运动，还可以增力、增大行程，有丰富的连杆曲线可供选用。其各构件间靠低副联接，传递动力范围很大，从家用缝纫机调线机构到几百吨的压力机构，都有连杆机构的存在，但低副联接对机构的传动精度有一定影响。

连杆机构不同于齿轮机构及带传动，在机械设备中，有时它既是传动机构又是执行机构，因为执行机构很可能就是连杆机构的组成部分之一。实际上，机器人就是一个开链多杆

机构。

(3) 凸轮机构。凸轮机构是高副接触，主要用于传递运动。它的最大优点是可以实现从动件的任意运动规律。凸轮机构本身不宜传递远距离的运动，但与其他机构，如连杆机构组合在一起形成组合机构后，其优点就可以发挥了。在自动机械、轻工机械中，凸轮机构有着十分广泛的的应用。

(4) 螺旋机构。在许多机械设备中大量应用螺旋机构(又称丝杠传动)，它的主要作用是将回转运动转变为直线运动。用于传动的丝杠齿形一般为梯形，车床中为加工螺纹工件而带动刀架纵向运动的丝杠即是如此。在许多精密仪器中已大量应用滚珠丝杠传动，与一般丝杠传动比较，它的最大优点是摩擦大大减小，传动效率大有提高。由于丝杠与螺母间采取了消隙措施，使其正反向旋转时传动精度显著提高。因此，滚珠丝杠传动广泛应用于高精度的机械设备中。许多搬运、焊接作业机器人的大小臂的关节驱动就采用了滚珠丝杠传动。丝杠传动的另一个优点是具有大的减速比，正确地选择螺距可以达到设计所要求的减速目的。

2. 液压、液力传动

利用液压泵、阀、执行器等液压元件实现的传动称为液压传动；液力传动则是利用叶轮通过液体的动能变化来传递能量的。

液压、液力传动的主要优点是速度、转矩和功率可连续调节；调速范围大，能迅速换向和变速；传递功率大；结构简单，易实现系列化、标准化，使用寿命长；易实现远距离控制、动作快速；能实现过载保护。缺点主要是传动功率低，不如机械传动准确；制造、安装精度要求高；对油液质量和密封性要求高。

3. 气压传动

以压缩空气为工作介质的传动称为气压传动。气压传动的优点是易快速实现往复移动、摆动和高速转动，调速方便；气压元件结构简单、适合标准化、系列化，易制造、易操纵；响应速度快、可直接用气压信号实现系统控制，完成复杂动作；管路压力损失小，适于远距离输送；与液压传动相比，经济且不宜污染环境。缺点是传动效率低；因压力不能太高，故不能传递大功率；因空气的可压缩性，故载荷变化时，传递运动不太稳定；排气噪音大。

18.2.3 机械传动系统方案的拟订

机械传动系统的首要作用是将原动机的运动转变为执行构件所需的运动，而执行构件的运动形式和运动参数又是选定原动机的类型、运动参数和运动形式的依据。

1. 执行构件的运动形式和运动参数

执行构件常见的运动形式有回转运动、直线运动、曲线运动及复合运动等四种。前两种形式是最基本的。

(1) 回转运动。连续回转运动如车床、铣床、钻床等的主轴转动的运动参数为每分钟的转数；间歇回转运动的运动参数为每分钟的次数、转角大小和运动因数等；往复摆动的运动参数为每分钟摆动次数、摆角大小和行程速比因数等。

(2) 直线运动。往复直线运动的运动参数为每分钟往复次数、行程大小和行程速比因数等；带停歇的往复直线运动的运动参数为一个工作循环中停歇次数、停歇位置、停歇时间、行程大小和工作速度等；带停歇的单向直线运动的运动参数为每次进给量的大小等。

(3) 曲线运动。定曲线运动的运动参数为坐标 x,y,z 的变化规律；变曲线运动的运动参数由各方向移动的配合关系而定。

(4) 复合运动。由单一运动组合而成的运动其运动参数由单一运动及其组合关系而定。

2. 原动机的类型及运动形式

原动机的运动形式主要有回转运动、往复摆动和往复直线运动等。电动机、液压马达、气动马达等原动机可作连续回转运动，后两者也可作往复摆动；往复式液压缸、汽缸或直线电动机等原动机可作往复直线运动。原动机的选择对整个机械性能、机械传动系统的组成及繁简程度将有直接影响。原动机种类很多，各有其特性和适用场合。选择与机械性能要求相适应的原动机的类型及参数，是机械传动系统设计的重要环节。

3. 各执行构件间运动的协调及其工作循环图

在某些机械传动系统中，各执行构件的运动彼此独立，因此在设计中可不考虑运动的协调配合问题，而在另一些机械传动系统中，各执行构件的运动之间必保证严格的协调配合，才能实现机械的职能。

(1) 执行构件动作先后应协调配合。如牛头刨床刨刀和工作台的动作必须协调配合，保证退刀在先，工作台进给在后的顺序。

(2) 执行构件运动速度的协调配合。如用展成法加工齿轮时，刀具和工件的展成速度也必须保持某一传动比恒定；用车床车制螺纹时，主轴的转速和刀架的进给速度也必须保持严格的恒定速比关系。

为保证机械工作时各执行构件间运动的协调配合关系，在设计机械时，应编制以表明一个工作循环中各执行构件运动配合关系的工作循环图。编制时应选定一个构件的运动位置为其他执行构件运动先后次序的基础。

如图 18-1 所示为牛头刨床主体机构——曲柄导杆机构——的直线式工作循环图。曲柄转角为基准，曲柄转 360° 为一工作循环，由图可知，工作台的进给行程是在刨刀空回程中完成的。 如图 18-2 所示为四冲程内燃机的圆周式工作循环图。曲轴转角为基准，曲轴每转两转为一工作循环，在这期间，进、排气凸轮轴转一周。

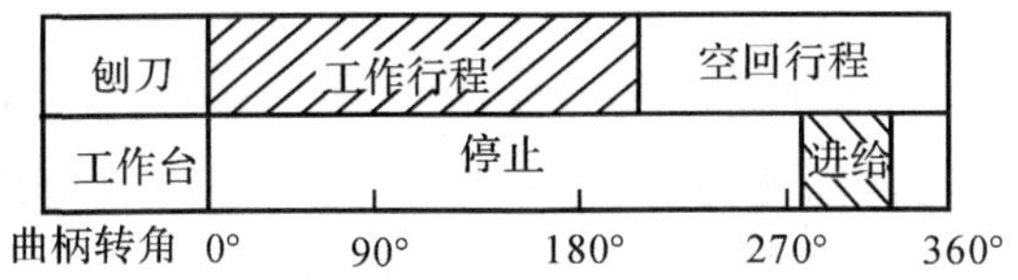

图 18-1　曲柄导杆机构的直线式工作循环图

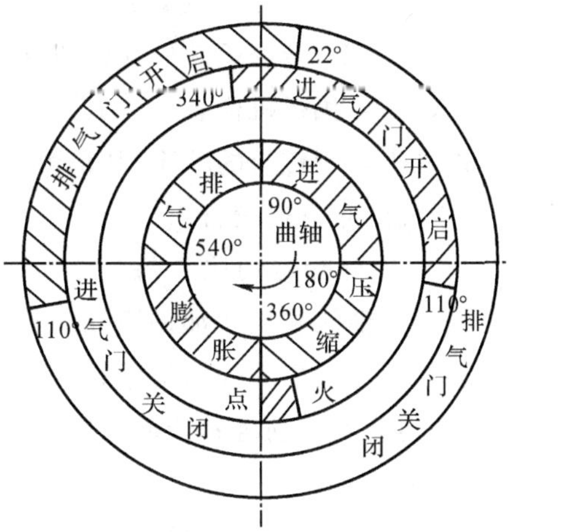

图 18-2　四冲程内燃机的圆周式工作循环图

上述两种工作循环图，仅表示了各执行构件动作的先后次序和动作持续时间的长短，而不能显示出各执行构件在工作时间内的运动规律及其在位置上的协调配合关系。

如图 18-3 所示为一种饼干包装纸折边机构的直角坐标式工作循环图，图中横坐标表示机械分配轴运动的转角，纵坐标表示执行构件的转角。此图既能表示两执行机构动作的先后次序，又能表示出两执行构件的工作行程和空间行程的运动规律及其运动上的配合关系，因此该图是比较完善的工作循环图。

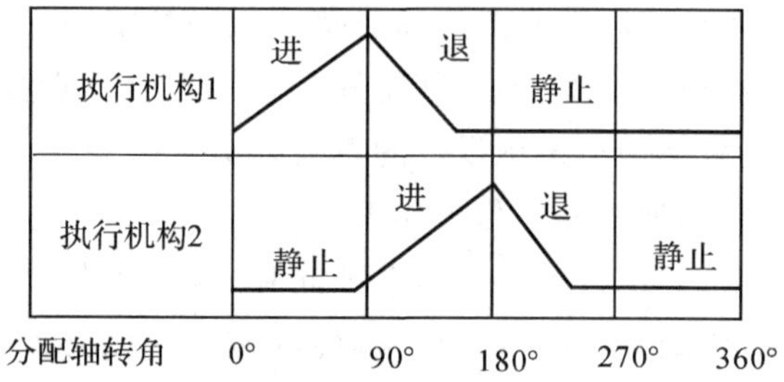

图 18-3　直角坐标式工作循环图

4. 机械传动系统方案的拟订的基本要点

下面对机械传动系统方案拟订的一些基本要点进行简要论述。

(1) 运动链应尽量短。在满足机械工作需要的前提下，应使运动链尽可能短，这有利于降低机械的重量及成本，减小积累误差和提高传动效率。为使运动链简短，在机械各运动链之间没有严格速比要求的情况下，可考虑为每一运动链各选一台原动机来驱动，同时注意对各原动机类型及其运动参数的选择，以简化运动链。

(2) 应使机械有较高的机械效率。机械的效率决定于组成机械的各个机构的效率。因此，当机械中包含效率较低的机构时，就会使机械的总效率随之降低。但要注意，机械中各运动链所传递的功率的大小往往相差很大，在设计时主要应使传递功率大的各主运动链具有较高的机械效率，而对于传递功率较小的辅助运动链，其机械效率的高低则可放在次要地位，而着眼于其他方面的要求。

(3) 合理安排传动机构的顺序。一般说来，在机构的排列顺序上有如下一些规律：首先，在可能的条件下，转变运动形式的机构(如连杆机构、螺旋机构、凸轮机构等) 通常总是放在运动链的末端，与执行机构靠近。其次，带传动等摩擦传动一般都安排在转速较高的运动链的起始端，以减小其所传递的转矩，从而减小它的尺寸。这样安排，也有利于运动平稳和过载保护，而且原动机的布置也较自由。

(4) 合理分配传动比。每一级传动的传动比应在常用的范围内选取。若一级传动比过大，对机构的性能和尺寸都是不利的。当齿轮传动的传动比为 8 ～ 10 时，一般应设计成两级传动；当传动比大于 30 时，常设计成两级以上传动。但无特殊需要时，带传动很少采用多级传动。减速传动的运动链其传动比应按前小后大的原则分配，这样可使各级中间轴有较高的转速及较小的转矩。

5. 保证机械的安全运转

设计机械传动系统时，必须十分注意机械的安全运转问题，防止发生损坏机械或出现人身事故的可能性。例如起重机械的起吊部分，必须防止在荷重的作用下自动倒转，为此在传动链中应设置具有自锁能力的机构或装设制动器。又如为防止机械因过载而损坏，可采用具有过载打滑现象的摩擦传动机构或装置安全联轴器等。

习题与思考题

18.1　设计一台机器一般应遵循哪几个步骤？

18.2　机械运动方案设计的一般原则是什么？主要包括哪些内容？

18.3　机械的执行构件有哪些运动类型？哪些典型机构可以实现这些运动？

18.4　试选择一种机器，分析其结构组成、执行机构运动规律及机器的工艺过程，并画出机构运动简图。

18.5　欲设计一机构，其原动件连续回转，输出件往复摆动，且在一极限位置的角速度和角加速度同时为零，现初拟下列两种方案：

方案 1　采用凸轮机构，试问应选用何种从动件运动规律？

方案 2　采用连杆机构，绘出一种能满足上述要求的机构运动简图。

参考文献

1 杨可桢,程光蕴.机械设计基础.第4版.北京:高等教育出版社,1999
2 郑文纬,吴克坚.机械原理.第7版.北京:高等教育出版社,1997
3 孙恒,陈作模.机械原理.第5版.北京:高等教育出版社,1996
4 荣辉,杨梦辰.机械设计基础.北京:北京理工大学出版社,2003
5 濮良贵,纪名刚.机械设计.第7版.北京:高等教育出版社,2001
6 申永胜.机械原理教程.北京:清华大学出版社,1999
7 朱家诚,王纯贤.机械设计基础.合肥:合肥工业大学出版社,2001
8 宋宝玉.机械设计基础.第2版.哈尔滨:哈尔滨工业大学出版社,2004
9 秦伟.机械设计基础.北京:机械工业出版社,2004
10 成大先.机械设计手册.第4版.北京:化学工业出版社,2002
11 卢玉明.机械设计基础.第6版.北京:高等教育出版社,1998
12 吴守泽.机械结构设计.北京:机械工业出版社,1998
13 张春林等.机械创新设计.北京:机械工业出版社,1999
14 徐灏.机械设计手册.第2版.北京:机械工业出版社,2002
15 钟毅芳,吴昌林,唐增宝.机械设计.武汉:华中理工大学出版社,1999
16 邱宣怀.机械设计.第4版.北京:高等教育出版社,1997
17 刘助柏,梁辰.知识创新学.北京:机械工业出版社,1986
18 王步瀛.机械零件强度计算的理论和方法.北京:高等教育出版社,1986
19 孟宪源.现代机构手册.北京:机械工业出版社,1994
20 李柱国.机械设计与理论.北京:科学出版社,1994
21 黄平,朱文坚.机械设计基础.广州:华南理工大学出版社,2003
22 李靖华,王进戈,唐良宝.机械设计.重庆:重庆大学出版社,2002
23 常见机构的原理及应用编写组.常见机构的原理及应用.北京:机械工业出版社,1998
24 王振华.实用轴承手册.上海:上海科学技术文献出版社,1991
25 周桂如,马冀,全永昕.流体润滑理论.杭州:浙江大学出版社,1990
26 章宏甲.液压与气压传动.北京:机械工业出版社,2000
27 李壮云.液压元件与系统.北京:机械工业出版社,2000
28 Fany Chen. Mechanics and Design of Cam Mechanisms. 见 CHSuh, CWRoddife. Kinematics and Mechanisms Design. 1978